概率论
与数理统计

同济大学数学科学学院 编

中国教育出版传媒集团
高等教育出版社·北京

内容提要

本书共九章,前五章介绍概率论,包括随机事件与概率、离散型随机变量、连续型随机变量、随机向量、大数定律和中心极限定理等内容,后四章介绍数理统计,包括统计量及其分布、参数估计、假设检验、相关分析和回归分析等内容。本书涵盖全国硕士研究生招生考试数学考试大纲中概率论与数理统计全部要点。本书设计为新形态教材,数字资源包括重难点讲解、习题讲解、交互模拟试验、自测题、应用案例等。

本书系统地介绍概率论与数理统计的基本概念、方法、理论和应用,深入浅出地介绍原理和方法的背景,并通过大量的例题和习题帮助学生掌握知识点。书中除传统的案例外,还精心设计了一批反映前沿科技与经济社会发展目标的应用实例,包括电磁工业问题、投篮问题、诚信问题、环境保护问题、生物医学问题等,这些例子有机融入教材内容中,与课程内容紧密贴合。

本书可以作为高等院校理工类各专业概率论与数理统计课程的教材,也可供学生考研复习使用。

图书在版编目(CIP)数据

概率论与数理统计 / 同济大学数学科学学院编. --
北京:高等教育出版社,2023.8(2024.9重印)
ISBN 978-7-04-060655-3

Ⅰ. ①概… Ⅱ. ①同… Ⅲ. ①概率论-高等学校-教材②数理统计-高等学校-教材 Ⅳ. ①O21

中国国家版本馆 CIP 数据核字(2023)第 106656 号

Gailülun yu Shuli Tongji

策划编辑	杨 帆	责任编辑	杨 帆	封面设计	王 琰	版式设计	于 婕
责任绘图	杨伟露	责任校对	张 薇	责任印制	高 峰		

出版发行	高等教育出版社	网 址	http://www.hep.edu.cn	
社 址	北京市西城区德外大街4号		http://www.hep.com.cn	
邮政编码	100120	网上订购	http://www.hepmall.com.cn	
印 刷	固安县铭成印刷有限公司		http://www.hepmall.com	
开 本	787 mm×1092 mm 1/16		http://www.hepmall.cn	
印 张	22.5			
字 数	430 千字	版 次	2023 年 8 月第 1 版	
购书热线	010-58581118	印 次	2024 年 9 月第 3 次印刷	
咨询电话	400-810-0598	定 价	49.80 元	

本书如有缺页、倒页、脱页等质量问题,请到所购图书销售部门联系调换
版权所有 侵权必究
物 料 号 60655-00

前　言

概率论与数理统计是高等院校理工类各专业的基础课程,它的理论和方法广泛应用于自然科学、社会科学、工程技术、生物医学等领域。早在 20 世纪 60 年代王福保教授就为我校的一些工科专业的学生开设了概率论与数理统计课程,使同济大学成为我国最早开设概率论与数理统计课程的高校之一。1984 年王福保教授等编写了教材《概率论及数理统计》,在国内产生了较大影响并获国家教育委员会优秀教材奖。1992 年何迎晖教授等主编的《概率统计》教材出版,此后不断改进,并于 2009 年出版至第四版。2008 年柴根象教授等主编的《工程数学　概率统计简明教程》和《工程数学　新编统计学教程》先后由高等教育出版社出版,其中《工程数学　概率统计简明教程》及其教学辅导书入选"十二五"普通高等教育本科国家级规划教材,被众多高校选用。上述教材的出版对我国概率论与数理统计教学起到了积极的推动作用。

本书是在吸取上述教材优点的基础上结合近十几年来的教学实践编写而成的,编写过程中参考了相关期刊、教材和网络资源,在内容处理上做了如下一些尝试:

(1) 将数字特征的计算穿插在各章中进行,将随机向量部分适当向后调整,便于与高等数学多重积分的衔接,有助于在大学一年级第二学期开设概率论与数理统计课程的高校学生使用;

(2) 对多维正态分布及其相关性质进行了详细的介绍和讨论,这些知识有助于学生理解正态总体下统计量的分布,也会为学生进一步学习随机过程和多元统计等相关课程奠定基础;

(3) 增加了充分统计量的概念,使学生更容易解释常用的统计推断方法的优势;

(4) 适应高中新课程标准,注重与高中数学内容的衔接,对高中已学过的知识进行重塑,重视统计思想的培养;

(5) 通过实际问题引出基本概念和基本方法,增加了一些如辛普森悖论、诚信问题等有趣的例题,激发学生的学习兴趣;

(6) 改变了以往每一章后安排习题的做法,在每一小节后面都安排了难易不同的习题,方便教师和学生做到每课一练;

　　(7) 章末增加了与本章内容相关数学家及其成就的介绍,希望激发读者的好奇心、想象力、探求欲,使其热爱科学、崇尚科学,树立追求科学真理、勇攀科学高峰的人生目标。

　　本书是纸质教材与数字资源一体化设计的新形态教材。数字资源包括

　　30 个重难点讲解视频:遴选课程中的重点、难点录制讲解视频;

　　60 个习题讲解视频:筛选书中有代表性的例题、习题录制讲解视频;

　　9 套自测题:精选一批考核课程基本概念、理论与方法的自测题设于章末,扫二维码可以做答并自行判解;

　　10 个应用案例:均来自于土木工程、环境工程、生物医药等领域,包括中英文摘要、案例背景、数据选取、统计分析等,供有兴趣的学生通过挑战性自主学习进行研究;

　　12 个交互模拟试验:通过调整不同参数进行实时交互,将教材内容由抽象转化为直观可视,加深读者对教材内容的理解,读者可以通过计算机访问 http://2d.hep.cn/12281010/5 观看交互模拟试验及使用说明。

　　本书可以适合不同课时的教学使用。全书适用于每周 4 学时的课程教学;每周 3 学时的课程可以在教学中不讲标有 * 的章节和 §8.4(含 §8.4)以后的章节;每周 2 学时的课程可以在教学中讲授第一章至第四章、第六章和第七章,并且不讲标有 * 的章节。

　　本书由杨筱菡(第一、八章)、李莉娜(第二章)、王勇智(第三章)、花虹(第四章)、钱伟民(第五、六章)、钱志坚(第七、九章)、周叶青(习题参考答案)编写初稿,由钱伟民和花虹统稿。感谢缪柏其教授、高旅端教授认真仔细审阅了本书初稿并提出很好的修改意见和建议,感谢张帼奋教授、马文联教授、严继高教授、荣腾中教授、温永仙教授和赵小艳教授仔细审阅了本书的部分章节并提出很好的意见和建议,使本书质量有进一步的提高。本书的写作得到了同济大学数学科学学院领导许学军教授和李忠华教授的关心、支持和鼓励,在此向他们表示感谢。最后感谢高等教育出版社对我们的支持和帮助。由于水平有限,不当之处在所难免,恳请广大教师和学生提出宝贵意见,我们会在以后做进一步改进。

编　者
2023 年 3 月

目　录

第一章

随机事件与概率

在高考填志愿时，很多学生会问：选这个专业四年后的就业率会在 95% 以上吗？没人能够给出准确的回答，因为未来并不可知. 其实这个问题涉及"这个专业四年后的就业率在 95% 以上"这个事件发生的可能性的大小. 事件的概率就是对事件发生的可能性大小的度量. **法国数学家拉普拉斯说过："人生中最重要的问题绝大多数实质上只是概率问题."** 本章将介绍随机事件及其概率的定义和常用的计算概率的方法.

§1.1 随机事件及其运算

一、随机现象与随机试验

概率论研究随机现象的统计规律性. 随机现象在自然界和人类活动中无处不在. 例如，经过十字路口遇到红灯还是绿灯？你所喜爱的球队在下一场比赛中能否获胜？又如，抛掷一枚均匀的一元硬币一次，面额面（称为正面）朝上还是另一面（称为反面）朝上都有可能，将这枚硬币抛掷多次，正面朝上的次数和反面朝上的次数会随着抛掷次数的增加逐渐趋于相等. 每天乘坐地铁，等候地铁进站的时间可长可短，假设上海地铁 10 号线同济大学站每隔 3 min 有一班地铁进站，则从长期跟踪记录可以推测出乘客在站台平均等待的时间约为 1.5 min. 这些随机现象有一个特点，就是在一次试验中呈现不确定的结果而在大量重复试验中结果呈现某种规律性，这一规律性称为统计规律性. 为了研究随机现象的统计规律性，就要对随机现象进行重复观察，观察的过程叫随机试验. 例如为了研究喝咖啡和骨质疏松的关系，观察了若干个体，记录下每个个体每天的咖啡摄入量和骨密度检测结果. 概率论所讨论的**随机试验**（简称为**试验**）有以下三个特点：

（1）**可重复性**：观察可以在相同的条件下重复进行；

（2）**结果多样性和明确性**：每次试验的可能结果不止一个,而且试验之前可以明确知道试验的所有可能结果;

（3）**结果不确定性**：每次试验将要发生什么样的结果是事先无法预知的.

记随机试验为 E 或 E_i. 值得注意的是,随机试验中提及的可重复性是一个宏观的概念,正如不可能存在两次完全相同的抛掷硬币,其抛掷角度、力度和落点都不完全相同,因此概率是基于宏观意义上的指标.

例 1.1 随机试验的例子:

（1）私家车司机观察自驾上班途中的路况;

（2）抛掷一颗均匀骰子,观察出现的点数;

（3）观察学校夜排档网红烧烤等位的人数;

（4）记录买火车票排队等候的时间;

（5）观察暑期航班上座率.

二、样本空间与随机事件

称随机试验的所有可能的结果构成的集合为**样本空间**,记为 Ω. 样本空间中的每个元素,即试验的每一个可能结果称为**样本点**,记为 ω.

例 1.2 请给出例 1.1 中随机试验的样本空间 Ω:

（1）$\Omega_1 = \{$通畅,堵车$\}$;

（2）$\Omega_2 = \{1,2,\cdots,6\}$;

（3）$\Omega_3 = \{0,1,2,\cdots\}$;

（4）$\Omega_4 = \{t: t \geq 0\}$;

（5）$\Omega_5 = \{x\%, 0 \leq x \leq 100\}$.

从这个例子中可以看出,样本空间中的元素可以是数,也可以不是数. 从样本空间中含有样本点的个数来看,可以是有限个也可以是无限个;可以是可列个也可以是不可列个,例如 Ω_1 和 Ω_2 中样本点的个数是有限个,Ω_3,Ω_4 和 Ω_5 中样本点的个数是无限个;Ω_1,Ω_2 和 Ω_3 中样本点的个数是可列个,而 Ω_4 和 Ω_5 中样本点的个数是不可列个.

在随机试验中,常常会关心其中某一些事件是否出现. 例如,今晚学校的夜排档网红烧烤不用等位;今天的早高峰高架道路不堵车;买的股票明天涨停;等等. 这些在一次试验中可能出现,也可能不出现的事件称为**随机事件**,简称为**事件**,随机事件通常用大写字母 $A,B,C,\cdots$ 表示.

例如,抛掷一颗均匀的骰子,样本空间 $\Omega=\{1,2,\cdots,6\}$. 关心掷出的点数是否是偶数,定义事件 A:"掷出的点数是偶数",即是一个可能发生也可能不发生的随机事件,可描述为 $A=\{2,4,6\}$,它是样本空间 $\Omega=\{1,2,\cdots,6\}$ 的一个子集. 因此,从集合的角度来看,随机事件是样本空间 Ω 的部分样本点构成的子集. 若试验结果 ω 属于该子集,则称事件 A 在这次试验中发生了. 相反地,若试验结果 ω 不属于该子集,则称事件 A 在这次试验中不发生. 例如,若抛掷骰子试验结果为 2,则事件 $A=\{2,4,6\}$ 在这次试验中发生;若试验结果为 3,则事件 $A=\{2,4,6\}$ 在这次试验中不发生. 仅含一个样本点的子集称为**基本事件**. 由于样本空间 Ω 自身也是自己的一个子集,所以也称它为一个随机事件. 又由于 Ω 包含所有可能试验结果,所以 Ω 在每一次试验中一定发生,故 Ω 又称为**必然事件**. 相应地,空集 $\varnothing$ 也是样本空间 Ω 的一个子集,因此它也称为一个随机事件. 又由于 $\varnothing$ 中不包含任何元素,所以 $\varnothing$ 在每一次试验中一定不发生,故 $\varnothing$ 又称为**不可能事件**.

  例 1.3 抛掷一颗均匀骰子的样本空间为 $\Omega=\{1,2,\cdots,6\}$,随机事件 $A=\{$出现 1 点$\}=\{1\}$,A 是一个基本事件;随机事件 $B=\{$出现奇数点$\}=\{1,3,5\}$;随机事件 $C=\{$出现偶数点$\}=\{2,4,6\}$;随机事件 $D=\{$出现的点数不超过 6$\}=\{1,2,\cdots,6\}=\Omega$,$D$ 为必然事件;随机事件 $E=\{$出现的点数超过 6$\}=\varnothing$,E 为不可能事件.

三、随机事件间的关系与运算

  众所周知,集合之间是有各种关系、可以进行运算的. 因此,在随机事件之间也可以讨论相互的关系,进行相应的运算. 通过这些事件间的关系和运算,可以用简单事件表示复杂事件.

  给定一个随机试验 E,Ω 是它的样本空间,$A,B,C,\cdots$ 都是 Ω 的子集,随机事件间的关系有以下几种:

  (1) **子事件** 若事件 A 发生必定导致事件 B 发生,则称事件 B 包含事件 A,记为 $A\subset B$(或 $B\supset A$),见图 1.1. 在例 1.3 中,事件 $A=\{$出现 1 点$\}$ 的发生必然导致事件 $B=\{$出现奇数点$\}$ 的发生,故 $A\subset B$.

  若事件 A 发生必定导致事件 B 发生,且事件 B 发生必定导致事件 A 发生,则称事件 A 与事件 B 相等,记为 $A=B$.

  (2) **并事件** 设事件 $C=\{$事件 A 发生或事件 B 发生$\}$,称事件 C 为事件 A 和事件 B 的并事件,记为 $A\cup B$,见图 1.2,表示由事件 A 与事件 B 中所有样本点组成的新事件.

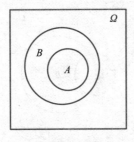

图 1.1 $A\subset B$

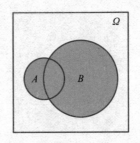

图 1.2 $A\cup B$

并事件可以推广到有限多个事件的并事件 $\bigcup\limits_{j=1}^{n}A_j=\{A_1,A_2,\cdots,A_n$ 中至少有一个发生$\}$ 和可列多个事件的并事件 $\bigcup\limits_{j=1}^{\infty}A_j=\{A_1,A_2,\cdots$ 中至少有一个发生$\}$.

（3）**交事件**　设事件 $C=\{$事件 A 与事件 B 都发生$\}$，称事件 C 为事件 A 和事件 B 的交事件，记为 $A\cap B$（或 AB），见图 1.3，表示由事件 A 与事件 B 中公共的样本点组成的新事件.

交事件可以推广到有限多个事件的交事件 $\bigcap\limits_{j=1}^{n}A_j=\{A_1,A_2,\cdots,A_n$ 都发生$\}$ 和可列多个事件的交事件 $\bigcap\limits_{j=1}^{\infty}A_j=\{A_1,A_2,\cdots$ 都发生$\}$.

（4）**互不相容事件与对立事件**　若事件 A 发生时事件 B 一定不发生，且事件 B 发生时事件 A 也一定不发生，即事件 A 与事件 B 不可能同时发生，则称事件 A 与事件 B 互不相容（或称为**互斥**）. 见图 1.4，表示事件 A 与事件 B 没有公共的样本点. 在例 1.3 中，事件 $A=\{$出现 1 点$\}$ 与事件 $C=\{$出现偶数点$\}$ 不相容，它们不可能同时发生.

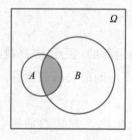

图 1.3　$A\cap B$

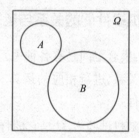

图 1.4　A 与 B 互不相容

若事件 A 与事件 B 互不相容，且 $A\cup B=\Omega$，则称事件 B 为事件 A 的**对立事件**（或称为**逆事件、余事件**），记为 $\bar{A}$，见图 1.5，表示由 Ω 中且不在事件 A 中的所有样本点组成的新事件，即事件 $\bar{A}$ 表示事件 A 不发生.

（5）**差事件**　设事件 $C=\{$事件 A 发生而事件 B 不发生$\}$，称事件 C 为事件 A 对事件 B 的差事件，记为 $A-B$，即 $A-B=A\cap\bar{B}$，见图 1.6，$A-B$ 表示由在事件 A 中且不在事件 B 中的样本点组成的新事件. 前面定义的对立事件可以表示为 $\bar{A}=\Omega-A$.

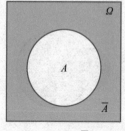

图 1.5　$\bar{A}$

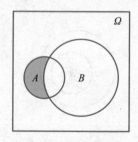

图 1.6　$A-B$

例 1.4 抛掷一颗均匀骰子, 记事件 $A = \{$出现点数不超过 $3\} = \{1,2,3\}$, 事件 $B = \{$出现偶数点$\} = \{2,4,6\}$, 则并事件 $A \cup B = \{1,2,3,4,6\}$, 交事件 $A \cap B = \{2\}$, 差事件 $A - B = \{1,3\}$, 对立事件 $\bar{A} = \{4,5,6\}$.

如集合的运算性质一样, 事件的运算满足下述定律 (设 A, B, C 为事件):

(1) **交换律**: $A \cup B = B \cup A$, $AB = BA$;

(2) **结合律**: $(A \cup B) \cup C = A \cup (B \cup C)$, $(AB)C = A(BC)$;

(3) **分配律**: $(A \cup B)C = AC \cup BC$, $(AB) \cup C = (A \cup C)(B \cup C)$;

(4) **对偶律 (德摩根 (De Morgan) 律)**: $\overline{\bigcup\limits_{j=1}^{n} A_j} = \bigcap\limits_{j=1}^{n} \bar{A}_j$, $\overline{\bigcap\limits_{j=1}^{n} A_j} = \bigcup\limits_{j=1}^{n} \bar{A}_j$, 即 "$n$ 个事件至少有一个事件发生" 的对立事件为 "这 n 个事件都不发生"; "n 个事件都发生" 的对立事件为 "这 n 个事件中至少有一个事件不发生". 特别地, $\overline{A \cup B} = \bar{A} \bar{B}$, 并事件的对立事件等于对立事件的交; $\overline{AB} = \bar{A} \cup \bar{B}$, 交事件的对立事件等于对立事件的并. 对偶律可以推广到可列多个事件的情形, 即 $\overline{\bigcup\limits_{j=1}^{\infty} A_j} = \bigcap\limits_{j=1}^{\infty} \bar{A}_j$, $\overline{\bigcap\limits_{j=1}^{\infty} A_j} = \bigcup\limits_{j=1}^{\infty} \bar{A}_j$.

例 1.5 用事件 A, B, C 的运算关系式表示下列事件:

(1) A 发生, B, C 都不发生 (记为 E_1);

(2) 所有三个事件都发生 (记为 E_2);

(3) 三个事件都不发生 (记为 E_3);

(4) 三个事件中至少有一个发生 (记为 E_4);

(5) 三个事件中至少有两个发生 (记为 E_5);

(6) 至多一个事件发生 (记为 E_6);

(7) 至多两个事件发生 (记为 E_7).

解 (1) $E_1 = A\bar{B}\bar{C}$;

(2) $E_2 = ABC$;

(3) $E_3 = \bar{A}\bar{B}\bar{C}$;

(4) $E_4 = A \cup B \cup C$;

(5) $E_5 = AB \cup AC \cup BC$;

(6) $E_6 = \bar{A}\bar{B}\bar{C} \cup A\bar{B}\bar{C} \cup \bar{A}B\bar{C} \cup \bar{A}\bar{B}C = \overline{E_5} = \overline{AB \cup AC \cup BC}$;

(7) $E_7 = \overline{ABC} = \overline{E_2} = \bar{A} \cup \bar{B} \cup \bar{C}$.

习题 1.1

1. 写出下列随机试验的样本空间 Ω 与随机事件 A:

（1）本学期的概率论与数理统计期末考试实行等级评价，分 5 个等级，事件 $A=\{$不及格$\}$；

（2）抛掷二颗均匀的骰子，事件 $A=\{$两颗骰子的点数相等$\}$；

（3）记录一天内收到的垃圾短信数，事件 $A=\{$总次数不超过 5 次$\}$；

（4）观察上海迪士尼乐园"创极速光轮"项目排队等候时间，事件 $A=\{$等候时间不超过 2 h$\}$；

（5）在以原点为圆心的一单位圆内随机取一点，事件 $A=\{$所取的点与圆心的距离大于 0.5$\}$.

2. 随着手机的普及，人们选择手机支付的方式呈现多样化，$A=\{$支付宝支付$\}$，$B=\{$微信支付$\}$，$C=\{$银联云闪付$\}$，试用 A,B,C 的运算表示下列各个事件：

（1）仅使用"支付宝支付"方式（记为 E_1）；

（2）仅使用其中一种支付方式（记为 E_2）；

（3）至少使用其中两种支付方式（记为 E_3）；

（4）三种支付方式都使用（记为 E_4）.

3. 化简下列事件：

（1）$(A\cup B)(A\cup\overline{B})$；　（2）$\overline{B}\cup(A-B)$.

§1.2　概率的公理化定义与概率的性质

　　1654 年，法国数学家帕斯卡（Pascal）和费马（Fermat）之间的关于机会博弈的通信通常被认为是概率论的开端. 惠更斯（Huygens）1657 年出版的著作《论赌博中的计算》中，详细描述了掷骰子等赌博中出现各种情况的概率的计算. 1713 年，雅科布·伯努利（Jacob Bernoulli）的《猜度术》不仅对以前的成果做了总结和发挥，更提出了"大数定律"这一划时代的重要命题，并将概率论应用到了社会、道德和经济各领域. 其后，拉普拉斯（Laplace）在 1812 年出版了《概率论的分析理论》，首先明确给出了概率的古典定义，后经过高斯（Gauss）和泊松（Poisson）等数学家的努力，概率论在数学中的地位基本确立. 直到 1933 年，苏联数学家柯尔莫哥洛夫（Kolmogorov）提出了概率的公理化体系，给出了概率运算必须遵守的几条规则，这标志着近现代概率论的开端.

　　本节将讨论等可能概型和概率的统计定义，给出概率的公理化定义，并由此建立概率的常用计算公式.

一、等可能概型

　　在随机试验中，某一随机事件 A 可能发生，也可能不发生，我们用概率来表示随机事件发生的可能性大小，记为 $P(A)$. 如何定义一个随机事件的概率？在概率论发展的历史上，最先研究的是一类最直观和最简单的随机现象. 在这类随机现象中，样本空间中的每一个样本点发生的可能性都相同，这样的数学模型称为**等可能概型**. 其中,当样本空间只包含有限个不同的可能结果(即样本点)时,例如抛掷一枚均匀的硬币、抛掷一颗均匀的骰子等,这一类随机现象的数学模型称为**古典概型**. 而当样本空间是某个区域(可以是一维区间、二维平面区域或三维空间区域)时,例如搭乘地铁需要等待的时间等,这一类随机现象的数学模型称为**几何概型**.

1. 古典概型

一般地,古典概型的基本假定为

(1) 随机试验的样本空间只有有限个样本点,不妨记作 $\Omega = \{\omega_1, \omega_2, \cdots, \omega_n\}$;

(2) 每个样本点发生的可能性相等,即

$$P(\{\omega_1\}) = \cdots = P(\{\omega_n\}) = \frac{1}{n}.$$

在上述条件下,若随机事件 A 中含有 n_A 个样本点,则定义事件 A 的概率为

$$P(A) = \frac{A \text{ 中所含样本点的个数}}{\Omega \text{ 中所有样本点的个数}} = \frac{n_A}{n}.$$

例 1.6 中国国际进口博览会需要从上海某高校招募 50 名女生和 50 名男生作为志愿者,现该高校共有 1500 名男生和 500 名女生报名,其中数学科学学院有 20 名女生和 20 名男生报名,请问数学科学学院恰有一男一女被选上的概率.

解 设事件 $A = \{$数学科学学院恰有一男一女被选上$\}$.

在 1500 名男生和 500 名女生中随机选 50 名女生和 50 名男生,因此样本空间中样本点总数 $n = \binom{1500}{50}\binom{500}{50}$. 事件 A 中所包含的样本点个数 $n_A = \binom{20}{1} \times \binom{20}{1} \times \binom{1480}{49} \times \binom{480}{49}$. 从而

$$P(A) = \frac{n_A}{n} = \frac{\binom{20}{1} \times \binom{20}{1} \times \binom{1480}{49} \times \binom{480}{49}}{\binom{1500}{50}\binom{500}{50}} = 0.0954.$$

古典概型是概率论发展初期确定概率的常用方法,所得的概率又称为古典概率. 古典概型的解题关键是计算样本空间的样本点总数 n 和随机事件中包含的样本点个数 n_A. 因此,应该先分析完成随机试验和随机事件的先后步骤,并正确计算每个步骤的结果数. 在此过程中恰当地使用"排列"或"组合"等计数方法.

例 1.7(抽奖问题) 在某综艺娱乐节目中有一环节,要求嘉宾完成一系列的任务后从导演手中抽取一张线索提示卡,提示卡上的线索有多有少. 导演自称先到先抽的嘉宾,获得线索多的提示卡的概率更大,请问这种说法对吗?

解 不妨设共有 m 位嘉宾参加此节目,线索提示卡共有 m 张,其中线索多的提示卡有 n 张,$n<m$. 记事件 $A=\{$第 k 位嘉宾抽取到线索多的提示卡$\}$.

易见,这属于"不放回抽样"情形,前 k 位嘉宾抽取提示卡的所有抽取结果的样本空间中样本点总数为 $m(m-1)\cdots[m-(k-1)]$,而若第 k 位嘉宾抽取到线索多的提示卡,则在计算样本点时优先考虑第 k 位嘉宾先从全部的 n 张线索多的提示卡里选一张,前 $k-1$ 位嘉宾从剩余的 $m-1$ 张提示卡中依次不放回地抽取 $k-1$ 张,因此事件 A 中包含的样本点个数为 $n\cdot(m-1)(m-2)\cdots[(m-1)-(k-2)]$,所求概率为

$$P(A)=\frac{n\cdot(m-1)(m-2)\cdots\big[(m-1)-(k-2)\big]}{m(m-1)\cdots\big[m-(k-1)\big]}=\frac{n}{m}.$$

此概率值与抽样次数 k 无关. 这表明每位嘉宾不管轮到第几个抽取提示卡,抽到线索多的提示卡的概率都相等,导演的说法只是个噱头,为了增加节目的娱乐性而已.

2. 几何概型

几何概型是古典概型的推广,保留每个样本点发生的等可能性,但去掉了有限个样本点的限制,即容许试验可能结果有无限个.

一般地,几何概型的基本假定为:

(1) 随机试验的样本空间 Ω 是某个区域(可以是一维区间、二维平面区域或三维空间区域);

(2) 每个样本点等可能地出现,即试验结果落在任一相同度量大小的区域内是等可能的.

在条件(1)和(2)下定义事件 A 的概率为

$$P(A)=\frac{m(A)}{m(\Omega)},$$

其中 $m(\Omega)$ 和 $m(A)$ 在一维区间下分别表示 Ω 和 A 的长度,在二维平面区域下分别表示 Ω 和 A 的面积,在三维空间区域下分别表示 Ω 和 A 的体积. 求几何概率的关键在于对样本空间 Ω 和所求事件 A 用图形正确地描述,然后计算出相关图形的度量(一般为长度、面积或体积).

例 1.8 在区间 $[0,1]$ 上任意产生两个随机数,求(1)两数之差的绝对值不小于 0.5 的概率;(2)两数之和等于 1 的概率;(3)两数不相等的概率.

解 记区间 $[0,1]$ 上任意产生的两个随机数分别为 x,y,则 $\Omega=\{(x,y):0\leqslant x\leqslant 1,0\leqslant y\leqslant 1\}$. 记问题(1),(2),(3)中所求的事件分别为 A,B,C,则

(1) $A=\{(x,y):0\leqslant x\leqslant 1,0\leqslant y\leqslant 1,|x-y|\geqslant 0.5\}$,由几何概率的计算公式,有

$$P(A)=\frac{m(A)}{m(\Omega)}=\frac{A \text{ 的面积}}{\Omega \text{ 的面积}}=0.25;$$

(2) $B=\{(x,y):0\leq x\leq1,0\leq y\leq1,x+y=1\}$,则

$$P(B)=\frac{m(B)}{m(\Omega)}=0;$$

(3) $C=\{(x,y):0\leq x\leq1,0\leq y\leq1,x\neq y\}$,则

$$P(C)=\frac{m(C)}{m(\Omega)}=1.$$

在例 1.8 中,我们对样本空间 Ω 和事件 A,B,C 的度量采用区域的面积来表示. 此外,例 1.8 的问题(2)和(3)告诉我们,**概率为零的事件未必就是不可能事件,概率为 1 的事件未必就是必然事件.**

重难点讲解
1-1

例 **1.9**(蒲丰(**Buffon**)投针问题) 蒲丰投针试验是一个用几何形式表达概率问题的早期例子. 如图 1.7 所示,假设平面上画满间距为 a 的平行直线,向该平面随机投掷一枚长度为 l ($l<a$)的针,求针与任一平行线相交的概率.

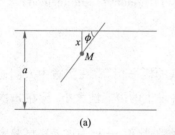 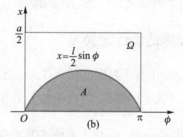

图 1.7 蒲丰投针问题示意图

解 设 M 为针的中点,x 为 M 与最近平行线的距离,ϕ 为针与平行线的交角. 故可得样本空间 $\Omega=\left\{(x,\phi):0\leq x\leq\dfrac{a}{2},0\leq\phi\leq\pi\right\}$,$m(\Omega)=\dfrac{\pi a}{2}$.

显然,设事件 $A=\{$针与平行线相交$\}$,A 发生的充要条件是 $x\leq\dfrac{l}{2}\sin\phi$,故 $A=\left\{(x,\phi):x\leq\dfrac{l}{2}\sin\phi\right\}$,$m(A)=\displaystyle\int_0^\pi\dfrac{l}{2}\sin\phi\mathrm{d}\phi=l$.

由几何概率的计算公式,有

$$P(A)=\frac{m(A)}{m(\Omega)}=\frac{2l}{\pi a}.$$

另外,从随机试验的角度出发,我们用 n 表示投针试验的总次数,n_A 表示针与平行线相交的次数,可以用 $\dfrac{n_A}{n}$ 作为 $P(A)$ 的估计值(参见概率的统计定义),即

$$\frac{n_A}{n}\approx\widehat{P(A)}=\frac{2l}{\pi a},$$

于是有

$$\pi \approx \frac{2nl}{an_A}.$$

这就是用随机试验方法求 π 值的近似公式. 一般来说,试验次数越多,求得的近似解越精确. 历史上有一些学者曾亲自做过这个试验,用概率的方法得到了圆周率 π 的近似值. 表 1.1 是一些试验数据.

表 1.1　蒲丰投针试验数据

试验者	时间	投掷次数	相交次数	圆周率 π 的估计值
沃尔夫(Wolf)	1850 年	5000	2532	3.1596
史密斯(Smith)	1855 年	3204	1218.5	3.1554
拉泽里尼(Lazzerini)	1901 年	3408	1808	3.1415929
雷娜(Reina)	1925 年	2520	859	3.1795

随着计算机的发展,可以实现对大量随机试验的计算机模拟,此方法即为在自然科学、社会科学等领域被广泛应用的蒙特卡罗方法(Monte Carlo method).

二、概率的统计定义

在随机试验中并不能保证每个样本点出现的概率相等. 在实践中人们通过重复试验,观测事件 A 发生的情况,用频率来定义事件发生的可能性大小. 设在 n 次重复试验中事件 A 发生了 n_A 次,n_A 称为事件 A 发生的**频数**,比值 $\frac{n_A}{n}$ 称为这 n 次试验中事件 A 发生的**频率**,记为 $f_n(A) = \frac{n_A}{n}$. **概率的统计定义**就是用事件发生的频率作为事件发生的概率. 例 1.9 中用随机试验的方法求 π 值的过程中就运用了概率的统计定义. 我们将在第五章大数定律中证明,当试验次数 n 很大时,事件发生的频率可以作为事件发生的概率的近似值. 由于 Ω 是必然事件,Ω 在每次试验中都发生,所以按照概率的统计定义 $P(\Omega) = 1$;而 $\varnothing$ 是不可能事件,$\varnothing$ 在每次试验中都不发生,所以规定 $P(\varnothing) = 0$.

例 1.10(抛掷硬币试验)　抛掷一枚均匀的硬币,可能出现正面朝上也可能出现反面朝上. 随着抛掷硬币的次数越来越多,出现正面和出现反面的频率逐渐逼近 0.5. 历史上曾有很多数学家做过试验,结果如表 1.2 所示.

表 1.2　抛掷硬币试验数据

试验者	试验次数	出现正面次数	频率
德摩根	2048	1061	0.5181
蒲丰	4040	2048	0.5069
皮尔逊(Pearson)	12000	6019	0.5016
皮尔逊	24000	12012	0.5005
维纳(Wiener)	30000	14994	0.4998

从上述表格可以看出:硬币出现正面的频率各不相同. 经过长期的实践发现,在大量试验中,当试验次数 n 充分大时,任一随机事件 A 发生的频率 $f_n(A)$ 具有稳定性,会稳定在一个常数 p ($0 \leqslant p \leqslant 1$)附近(详细的讨论见第五章大数定律),这个数是由随机事件 A 的属性决定的,称其为随机事件 A 发生的概率,因此频率提供了估计概率的一种方法. 但是作为概率的定义,概率的统计定义还是比较粗糙,不够精确.

例 1.11 为了设计某复杂交叉路口的各类红绿灯,在每天的早高峰的 5 min 时间段内观测经过该路口的车辆数,采集了若干天的数据,统计结果如下:

	掉头	左转	直行	右转	合计
经过车辆平均数 n_A	50	10	150	40	250
频率 $f_n(A)$	0.2	0.04	0.6	0.16	1

以频率作为概率在应用领域已经被广泛使用,即使当试验次数不太大时,也是如此.

三、 概率的公理化定义与性质

古典概率和几何概率建立在等可能的基础上,因而它们的定义与使用都有很大的局限性. 频率是一种较为有效的估计概率的方法,但是需要大量的重复试验,且不同的试验得到的同一事件的频率不尽相同. 经过研究发现,无论是频率还是古典概率或几何概率,都具有若干基本性质,据此,1933 年苏联著名数学家柯尔莫哥洛夫提出了概率的公理化定义.

1. 概率的公理化定义

定义 1.1(概率的公理化定义) 设 E 为随机试验,Ω 为相应的样本空间,若对任意事件 A,有唯一实数 $P(A)$ 与之对应,且满足下面的条件,则称数 $P(A)$ 为事件 A 的概率:

(1)(**非负性**)对于任意事件 A,总有 $P(A) \geqslant 0$;

(2)(**规范性**)$P(\Omega) = 1$;

(3)(**可列可加性**) 若 $A_1, A_2, \cdots, A_n, \cdots$ 为两两互不相容的事件组,即 $A_i A_j = \varnothing$, $i \neq j, i,j = 1,2,\cdots$,则有 $P\left(\bigcup\limits_{i=1}^{\infty} A_i\right) = \sum\limits_{i=1}^{\infty} P(A_i)$.

和前面介绍的古典概率、几何概率和概率的统计定义不同,概率的公理化定义并没有给出如何求概率的方法,它给出了概率必须满足的三个条件,只要有其中的一个条件不满足就不能称其为概率. 容易验证:在给定的条件下,前面介绍的古典概率、几何概率和概率的统计定义都满足概率的公理化定义中的三个条件.

2. 概率的性质

从概率的公理化定义可以得到概率的一些常用性质,熟悉并掌握这些性质对于概率的计算至关重要.

性质 1.1　$P(\varnothing) = 0$.

证明　由可列可加性公理,不妨取 $A_i = \varnothing$, $i = 1, 2, \cdots$,则 $P(\varnothing) = P\left(\bigcup_{i=1}^{\infty} A_i\right) = \sum_{i=1}^{\infty} P(A_i) = \sum_{i=1}^{\infty} P(\varnothing)$,由非负性公理,$P(\varnothing) \geqslant 0$,因此,由 $P(\varnothing) = \sum_{i=1}^{\infty} P(\varnothing)$ 可得 $P(\varnothing) = 0$.

性质 1.2(有限可加性)　设 $A_1, A_2, \cdots, A_n$ 为两两互不相容的事件,即 $A_i A_j = \varnothing$, $i \neq j, i, j = 1, 2, \cdots, n$,则有 $P\left(\bigcup_{i=1}^{n} A_i\right) = \sum_{i=1}^{n} P(A_i)$.

证明　在可列可加性公理中,不妨取 $A_i = \varnothing$, $i = n+1, n+2, \cdots$,则

$$P\left(\bigcup_{i=1}^{n} A_i\right) = P\left(\bigcup_{i=1}^{\infty} A_i\right) = \sum_{i=1}^{\infty} P(A_i) = \sum_{i=1}^{n} P(A_i) + \sum_{i=n+1}^{\infty} P(\varnothing) = \sum_{i=1}^{n} P(A_i).$$

性质 1.3　对任意事件 A,有 $P(\overline{A}) = 1 - P(A)$.

证明　因为事件 A 与 $\overline{A}$ 互不相容,且 $\Omega = A \cup \overline{A}$,所以由规范性公理和性质 1.2 可知,$P(\Omega) = P(A) + P(\overline{A}) = 1$,由此得证.

这个性质告诉我们,某些事件的概率直接求解较为复杂,但如果求其对立事件概率相对比较简单,则可以利用性质 1.3.

例 1.12(生日问题)　$n(n \leqslant 365)$ 个人中至少有两个人的生日相同的概率是多少?

解　一年以 365 天计,记事件 $A = \{n$ 个人中至少有两个人的生日相同$\}$,对该事件的讨论非常复杂,包含非常多的情况,例如恰好只有 2 人生日相同;恰好只有 3 人生日相同;某 2 人生日相同,且另外有 3 人生日又相同;等等,因此考虑其对立事件 $\overline{A} = \{n$ 个人的生日全不相同$\}$,该对立事件的发生过程比较单一,故其概率的求解就很简单,概率为

$$P(\overline{A}) = \frac{365 \times 364 \times 363 \times \cdots \times [365 - (n-1)]}{365^n},$$

$$P(A) = 1 - P(\overline{A}) = 1 - \frac{365 \times 364 \times 363 \times \cdots \times [365 - (n-1)]}{365^n}.$$

计算结果见表 1.3,可知随着 n 的增大,这个概率将快速地趋于 1.

表 1.3　n 个人中至少有两个人的生日相同的概率

人数	20	23	30	40	50	60	64	100
概率	0.411	0.507	0.706	0.891	0.970	0.992	0.997	0.9999997

当 $n=23$ 时, n 个人中至少有两个人的生日相同的概率就超过了 50%, 这出乎人们的直观想象; 当 $n=64$ 时, 概率约为 0.997, 也就是说, 当有任意的 64 个人聚在一起时, 他们中至少有两人的生日在同一天的可能性极大. 人们在长期的实践中总结得到

实际推断原理: 概率很小的事件在一次试验中实际上几乎是不会发生的. 当 $n=64$ 时, n 个人生日各不相同的概率约为 $1-0.997=0.003$, 这个概率极小, 所以, 一般可以认为一个由 64 人组成的班级中至少会有两个人的生日相同.

性质 1.4（减法公式） 设 A,B 为任意两个事件, 则 $P(B-A)=P(B)-P(AB)$. 特别地, 当 $A \subset B$ 时, $P(B-A)=P(B)-P(A)$.

证明 因为 $B=AB \cup (B-A)$, 且 AB 与 $B-A$ 互不相容, 所以由性质 1.2 有限可加性得

$$P(B)=P(B-A)+P(AB),$$

由此得到

$$P(B-A)=P(B)-P(AB).$$

特别当 $A \subset B$, $AB=A$, 于是 $P(B-A)=P(B)-P(A)$.

推论 1.1 若事件 $A \subset B$, 则 $P(A) \leqslant P(B)$.

证明 由非负性公理, $P(B)-P(A)=P(B-A) \geqslant 0$, 因此 $P(A) \leqslant P(B)$.

值得注意的是, 推论 1.1 的逆命题不一定成立, 即若 $P(A) \leqslant P(B)$, 则无法判断事件 A 与 B 的关系.

性质 1.5（加法公式） 设 A,B 为任意两个事件, 则

$$P(A \cup B)=P(A)+P(B)-P(AB).$$

证明 因为 $A \cup B=A \cup (B-AB)$, 且 A 与 $B-AB$ 互不相容, 所以由性质 1.2 有限可加性得

$$P(A \cup B)=P(A)+P(B-AB)=P(A)+P(B)-P(AB).$$

性质 1.5 的加法公式可以推广到多个事件的情形. 例如, 设 A,B,C 为任意的三个事件, 则

$$P(A \cup B \cup C)=P(A)+P(B)+P(C)-P(AB)-P(AC)-P(BC)+P(ABC).$$

注意到 $A \cup B \cup C=(A \cup B) \cup C$, 上述公式可以用两次加法公式得到.

更一般地, 概率的加法公式可以推广到 n 个事件的情形: 对于任意 n 个事件 A_1, $A_2, \cdots, A_n$, 有

$$P\left(\bigcup_{i=1}^{n} A_i\right)=\sum_{i=1}^{n} P(A_i)-\sum_{1 \leqslant i < j \leqslant n} P(A_i A_j)+\sum_{1 \leqslant i < j < k \leqslant n} P(A_i A_j A_k)-\cdots+(-1)^{n-1} P(A_1 A_2 \cdots A_n).$$

适当地运用概率的性质有助于简化计算较为复杂事件的概率.

例 1.13 对事件 A,B,C, 已知 $P(A)=P(B)=P(C)=0.25$, $P(AB)=0$, $P(AC)=P(BC)=0.0625$. 求:

(1) $P(A \cup B)$；(2) $P(\overline{BC})$；(3) $P(A \cup B \cup C)$；(4) $P(AC\overline{B})$.

解　(1) $P(A \cup B) = P(A) + P(B) - P(AB) = 0.25 + 0.25 - 0 = 0.5$.

(2) 因为 $\{B,C$ 都不发生 $\}$ 的对立事件是 $\{B,C$ 至少发生一个 $\}$，所以

$$P(\overline{B} \cap \overline{C}) = P(\overline{B \cup C}) = 1 - P(B \cup C) = 1 - [P(B) + P(C) - P(BC)] = 0.5625.$$

(3) 显然 $ABC \subset AB$，由推论 1.1，得 $P(ABC) \leq P(AB) = 0$，又由非负性公理，得 $P(ABC) \geq 0$，可知 $P(ABC) = 0$. 再由加法公式，A,B,C 至少发生一个的概率

$$P(A \cup B \cup C) = P(A) + P(B) + P(C) - P(AB) - P(AC) - P(BC) + P(ABC)$$
$$= 0.25 + 0.25 + 0.25 - 0 - 0.0625 - 0.0625 + 0 = 0.625.$$

(4) 由减法公式得，

$$P(AC\overline{B}) = P(AC - B) = P(AC) - P(ABC) = 0.0625.$$

习题 1.2

1. 掷两颗骰子，求下列事件的概率：

(1) 点数一样；　(2) 点数之和超过 6；　(3) 点数之和为奇数.

2. 一班级推选出了一支 10 人团队参加年级乒乓球循环赛，其中 3 人是乒乓球特长生，3 人是乒乓球中等水平的爱好者，剩余 4 人是乒乓球初学者. 为了增加趣味性，每轮比赛都将从团队的全部 10 位选手中任选 3 人参加与其他 3 个班级的比赛. 求

(1) 第一轮抽到的 3 人都是乒乓球特长生的概率；

(2) 第一轮和第二轮都没抽到乒乓球初学者的概率.

3. 一个盒子中装有 6 个蓝色和 6 个粉色的玻璃杯，现在作不放回抽样，接连取 2 次，每次随机地取 1 只.试求下列事件的概率：

(1) 2 个杯子都是蓝色；

(2) 1 个是蓝色 1 个是粉色；

(3) 至少有 1 个是蓝色.

4. 概率论与数理统计的复习提纲中包含 50 个知识点，喜多多同学只掌握了其中的 40 个，求期末考试考到的 30 个知识点恰好都是他已掌握了的概率.

5. 将 3 个完全相同的小球随机地放入 10 个盒子中，设每个盒子都足够大，可以容纳任意多个球. 求：

(1) 3 个球都在同一个盒子里的概率；

(2) 3 个球都在不同的盒子里的概率；

(3) 某指定的盒子中恰好有 2 个球的概率.

6. 5 个女生、5 个男生抽签组队，求某两个特定男生恰好组成一队的概率.

7. 居委会大厅有一乒乓球台免费开放供附近居民锻炼身体，限定每次使用不超过 1 h. 某两人随机来到居委会，发现有人正在使用乒乓球台，请问他们俩至少要等待 15 min 的概率.

8. 某一仅取 0 和 1 的未知参数 θ,现对其进行预测. 在 $[0,1]$ 区间内任意产生一个随机数,若该随机数小于 0.6,则预测 θ 为 0,否则,预测 θ 为 1,求:

(1) 若未知参数 θ 真值为 0,则预测正确的概率;

(2) 若未知参数 θ 真值为 1,则预测错误的概率.

9. (π 的估计)在一边长为 1 的正方形内有一内接圆,随机向正方形内抛掷一个点,求该点落在圆内的概率.

10. 射击运动的枪靶是由 10 个同心圆组成的,每两个相邻同心圆的半径之差等于中间最小圆的半径,从外向里各个圆环依次叫做 1 环、2 环、…、9 环,正中最小圆围成的区域叫做 10 环,求运动员打出 10 环的概率.

11. 随机地向半圆 $0<y<\sqrt{2ax-x^2}$ (a 为正常数)内抛掷一个质点,质点落在半圆内任何地方的概率与区域的面积成正比,求原点和该点的连线与 x 轴的夹角小于 $\frac{\pi}{4}$ 的概率.

习题讲解 1-2

12. 已知 $P(A)=0.4$,$P(B)=0.6$,分别在下列三种情况下求解 $P(\bar{A})$,$P(\bar{B})$,$P(\bar{A}\cap\bar{B})$,$P(AB)$,$P(A-B)$,$P(\bar{A}B)$,$P(\bar{A}\cup B)$.

(1) 事件 A,B 存在包含关系; (2) 事件 A,B 互斥; (3) $P(A\cap B)=0.2$.

13. 设 A,B,C 是任意三个事件,证明:

(1) $P(AB)\geqslant P(A)+P(B)-1$;

(2) $P(AB)+P(AC)+P(BC)\geqslant P(A)+P(B)+P(C)-1$;

(3) $P(AB)+P(AC)-P(BC)\leqslant P(A)$.

习题讲解 1-3

§1.3 条件概率与事件的独立性

一、条件概率

条件概率是概率论中一个既重要又实用的概念. 例如,考试成绩常常受到情绪的影响. 王同学开始预测自己概率论与数理统计课程得优的概率为 0.7,但当他得知自己的线性代数课程得优后,自信心大增,预测概率论与数理统计课程再得优的概率变为 0.9. 又如在购买车险时,若上一年度没有发生理赔,则本年度的保费会降低. 我们发现,以上两种情况由于特定条件的加入使得概率值发生了变化,可用条件概率的方式给出. 条件概率是指,在事件 A 已经发生的条件下,求另一事件 B 发生的概率,记为 $P(B\mid A)$,它与 $P(B)$ 是不同的两类概率.

例 1.14 新年联欢会上主持人拿出三个红包 A,B,C,其中一个红包里装的是某在线课程应用程序年度会员卡,其他两个红包里装的是月度会员卡. 王同学随机选定红包 A,若记事件 $E_1=\{$红包 A 里是年度会员卡$\}$,则 $P(E_1)=\dfrac{1}{3}$. 主持人要求王同学不能打开红包,并同时把红包 C 打开了,里面是月度会员卡,若记事件 $E_2=\{$红包 C 里是月度会员卡$\}$,则 $P(E_1\mid E_2)=0.5$.

若回到原来的样本空间 Ω,不妨用 $A_{年}\,B_{月}\,C_{月}$ 表示红包 A 内是年卡,红包 B 和红包 C 内是月卡,类似可定义 $A_{月}\,B_{年}\,C_{月}$,$A_{月}\,B_{月}\,C_{年}$,则

$$\Omega=\{A_{年}\,B_{月}\,C_{月},A_{月}\,B_{年}\,C_{月},A_{月}\,B_{月}\,C_{年}\},$$
$$E_1=\{A_{年}\,B_{月}\,C_{月}\},\ E_2=\{A_{年}\,B_{月}\,C_{月},A_{月}\,B_{年}\,C_{月}\},E_1E_2=\{A_{年}\,B_{月}\,C_{月}\},$$
$$P(E_1)=\frac{1}{3},\quad P(E_2)=\frac{2}{3},\quad P(E_1E_2)=\frac{1}{3},$$

$$P(E_1\mid E_2)=0.5=\frac{\dfrac{1}{3}}{\dfrac{2}{3}}=\frac{P(E_1E_2)}{P(E_2)}.$$

再看一个例子.

例 1.15 抛掷两颗均匀骰子,观察它们出现的点数,已知两颗骰子的点数相等,求点数之和等于 8 的概率.

解 记事件 $A=\{$两颗骰子的点数相等$\}$,$B=\{$两颗骰子的点数之和等于 8$\}$,而样本空间

$$\begin{aligned}\Omega=\{&(1,1),\ (1,2),\ (1,3),\ (1,4),\ (1,5),\ (1,6),\\
&(2,1),\ (2,2),\ (2,3),\ (2,4),\ (2,5),\ (2,6),\\
&(3,1),\ (3,2),\ (3,3),\ (3,4),\ (3,5),\ (3,6),\\
&(4,1),\ (4,2),\ (4,3),\ (4,4),\ (4,5),\ (4,6),\\
&(5,1),\ (5,2),\ (5,3),\ (5,4),\ (5,5),\ (5,6),\\
&(6,1),\ (6,2),\ (6,3),\ (6,4),\ (6,5),\ (6,6)\},\\
A=\{&(1,1),(2,2),(3,3),(4,4),(5,5),(6,6)\},\\
B=\{&(2,6),(3,5),(4,4),(5,3),(6,2)\}.\end{aligned}$$

现在的问题是:已知事件 A 发生了,即知试验所有可能结果所组成的集合就是 A,包含有 6 个样本点,在这基础上观察满足事件 B 的样本点只有 1 个,即为 $(4,4)$,故事件 B 发生的概率为 $P(B\mid A)=\dfrac{1}{6}$. 易知 $P(A)=\dfrac{6}{36}$,$P(AB)=\dfrac{1}{36}$,而

$$P(B\mid A)=\frac{1}{6}=\frac{\dfrac{1}{36}}{\dfrac{6}{36}}=\frac{P(AB)}{P(A)}.$$

这两个例子启发我们:可以用 $P(AB)$ 与 $P(A)$ 之比作为条件概率 $P(B\mid A)$ 的一般性定义.

定义 1.2 设 E 是随机试验,Ω 是样本空间,A,B 是事件且 $P(A)>0$,称

$$P(B\mid A)=\frac{P(AB)}{P(A)}$$

重难点讲解
1-2

为在事件 A 发生的条件下事件 B 发生的概率,称为**条件概率**,记为 $P(B\mid A)$.

可以验证,条件概率也满足概率的公理化定义的三个条件,即非负性、规范性和可列可加性:设 $P(B)>0$,则

(1)(**非负性**) 对于任意事件 A,总有 $P(A\mid B)\geqslant 0$;

(2)(**规范性**) $P(\Omega\mid B)=1$;

(3)(**可列可加性**) 若 $A_1,A_2,\cdots,A_n,\cdots$ 为两两互不相容事件组,则有

$$P\left(\bigcup_{i=1}^{\infty}A_i\mid B\right)=\sum_{i=1}^{\infty}P(A_i\mid B).$$

由上可知,§1.2 中关于概率的性质 1.1~1.5 对条件概率依然适用,需要注意的是,使用计算公式时必须在同一条件下进行.

例 1.16 设 A,B,C 是任意三个事件,且 $P(C)>0$,证明:

(1) $P(A\cup B\mid C)=P(A\mid C)+P(B\mid C)-P(AB\mid C)$;

(2) $P(A-B\mid C)=P(A\mid C)-P(AB\mid C)$;

(3) $P(\overline{A}\mid C)=1-P(A\mid C)$.

证明 (1) $P(A\cup B\mid C)=\dfrac{P((A\cup B)C)}{P(C)}=\dfrac{P(AC\cup BC)}{P(C)}$

$$=\frac{P(AC)+P(BC)-P(ABC)}{P(C)}$$

$$=P(A\mid C)+P(B\mid C)-P(AB\mid C);$$

(2) $P(A-B\mid C)=\dfrac{P((A-B)C)}{P(C)}=\dfrac{P(AC)-P(ABC)}{P(C)}=P(A\mid C)-P(AB\mid C)$;

(3) $P(\overline{A}\mid C)=\dfrac{P(\overline{A}C)}{P(C)}=\dfrac{P(C)-P(AC)}{P(C)}=1-P(A\mid C)$.

例 1.17 设 A,B,C 是事件,A 与 C 互不相容,$P(AB)=\dfrac{1}{2}$,$P(C)=\dfrac{1}{3}$,求 $P(AB\mid \overline{C})$.

解 由已知条件 A 与 C 互不相容,即有 $AC=\varnothing$,$ABC\subset AC$,$P(ABC)\leqslant P(AC)=0$,因此 $P(ABC)=0$. 又 $P(C)=\dfrac{1}{3}$,可得 $P(\overline{C})=\dfrac{2}{3}$. 由条件概率公式知

$$P(AB\mid \overline{C})=\frac{P(AB\overline{C})}{P(\overline{C})}=\frac{P(AB)-P(ABC)}{P(\overline{C})}=\frac{3}{4}.$$

对条件概率定义式两端同乘 $P(A)$,可得如下定理:

定理 1.1(概率的乘法定理) 设 A,B 为试验 E 的事件,且 $P(A)>0$,则有

$$P(AB) = P(A)P(B \mid A).$$

同理,若 $P(B) > 0$,则有

$$P(AB) = P(A \mid B)P(B).$$

乘法公式可以推广到多个事件的情形. 例如,设 A, B, C 为任意的三个事件,且 $P(AB) > 0$,则

$$P(ABC) = P(A)P(B \mid A)P(C \mid AB).$$

更一般地,有下列公式:

设 $A_1, A_2, \cdots, A_n$ 为事件组,且 $P(A_1 A_2 \cdots A_{n-1}) > 0$,则

$$P(A_1 A_2 \cdots A_n) = P(A_1)P(A_2 \mid A_1)P(A_3 \mid A_1 A_2) \cdots P(A_n \mid A_1 A_2 \cdots A_{n-1}).$$

例 1.18　种子是粮食的"芯片",培育和保护良种是粮食安全重要的保障. 假设良种的挑选过程分为 5 个阶段,每个阶段的淘汰率为 70%,求 1 粒种子最终能称为良种的概率.

解　以 $A_i(i = 1, 2, 3, 4, 5)$ 表示事件{种子在第 i 个阶段未被淘汰},故事件 $B =$ {种子是良种} 可以表示成 $A_1 A_2 A_3 A_4 A_5$,

$$P(B) = P(A_1 A_2 A_3 A_4 A_5)$$

$$= P(A_1)P(A_2 \mid A_1)P(A_3 \mid A_1 A_2)P(A_4 \mid A_1 A_2 A_3)P(A_5 \mid A_1 A_2 A_3 A_4)$$

$$= 0.3 \times 0.3 \times 0.3 \times 0.3 \times 0.3 = 0.00243.$$

二、事件的独立性

一般来说,设 A, B 为试验 E 的两个事件,且 $P(A) > 0$,通常事件 A 的发生对事件 B 发生的概率是有影响的,这时条件概率 $P(B \mid A) \neq P(B)$. 来看一个例子.

例 1.19　某企业为了统计公司内部的二胎率情况展开了调研,收集到如下信息:全部适龄适育员工共 105 人,其中 60 男 45 女;公司内部家有二胎的员工有 28 人,其中 20 男 8 女. 随机地从这些人中抽取 1 人,用事件 A 表示{该员工为男性},事件 B 表示{该员工家有二胎}. 求 $P(A), P(B), P(A \mid B), P(B \mid A)$.

解　$P(A) = \dfrac{60}{105} = \dfrac{4}{7}, \quad P(B) = \dfrac{28}{105} = \dfrac{4}{15},$

$$P(A \mid B) = \dfrac{20}{28} = \dfrac{5}{7}, \quad P(B \mid A) = \dfrac{20}{60} = \dfrac{1}{3}.$$

在上述计算结果中 $P(A \mid B) \neq P(A), P(B \mid A) \neq P(B)$.

但例外的情况也不在少数,再看一个例子.

例 1.20　某企业为了统计公司内部的二胎率情况展开了调研,收集到如下信息:全部适龄适育员工共 105 人,其中 60 男 45 女,公司内部家有二胎的员工有 28 人,其中 16 男 12 女. 随机地从这些人中抽取 1 人,用事件 A 表示{该员工为男性},事件 B

表示{该员工家有二胎},求 $P(A),P(B),P(A|B),P(B|A)$.

解 $P(A)=\dfrac{60}{105}=\dfrac{4}{7}$, $P(B)=\dfrac{28}{105}=\dfrac{4}{15}$,

$$P(A|B)=\frac{16}{28}=\frac{4}{7}, \qquad P(B|A)=\frac{16}{60}=\frac{4}{15}.$$

在上述计算结果中 $P(B|A)=P(B),P(A|B)=P(A)$. 这个结果可以解释为事件 A 发生与否对事件 B 发生的概率没有影响,事件 B 发生与否对事件 A 发生的概率没有影响. 直观上认为事件 A 与事件 B 没有"关系". 由 $P(B|A)=P(B)$,根据条件概率的乘法公式,可得 $P(AB)=P(A)P(B|A)=P(A)P(B)$.

反之,若 $P(AB)=P(A)P(B)$,则当 $P(A)>0,P(B)>0$ 时,根据条件概率的乘法公式亦可得

$$P(B|A)=P(B), \qquad P(A|B)=P(A).$$

当 $P(A)=0$ 时,设 B 为任意一事件,显然 $AB\subset A$,故有 $P(AB)\leqslant P(A)=0,P(AB)=0=P(A)P(B)$,所以 $P(AB)=P(A)P(B)$ 仍然成立. 当 $P(B)=0$ 时亦可得类似结论. 故我们得到如下关于事件相互独立的定义:

定义 1.3 设 A,B 为随机试验 E 的两个事件,若满足等式

$$P(AB)=P(A)P(B),$$

重难点讲解
1-3

则称事件 A 与事件 B **相互独立**,简称 A 与 B **独立**.

事件 A 与事件 B 相互独立表示事件 A 发生与否对事件 B 发生的概率没有影响,事件 B 发生与否对事件 A 发生的概率没有影响.

在例 1.19 中,男员工家有二胎的比例大于全部员工家有二胎的比例,因此在已知是男员工的条件下,家有二胎的条件概率 $P(B|A)$ 自然要大于家有二胎的无条件概率 $P(B)$. 而在例 1.20 中,男员工家有二胎的比例和全部员工家有二胎的比例都是 $\dfrac{4}{15}$,所以"是男员工"对"该员工家有二胎"的概率大小没有影响.

例 1.21 在区间 $[0,1]$ 中随机地取 1 个值,记为 x,事件 $A=\{x:0\leqslant x\leqslant 0.5\}$,$B=\{x:0.25\leqslant x\leqslant 0.75\}$,问事件 A 与事件 B 是否独立?

解 易知 $AB=\{x:0.25\leqslant x\leqslant 0.5\}$,因此 $P(AB)=0.25$,而 $P(A)=0.5$,$P(B)=0.5$,$P(AB)=P(A)P(B)$,故事件 A 与事件 B 独立.

从例 1.21 可以看出,独立是关于事件概率的性质,而事件本身的关系可以互不相容,可以包含,也可以如例 1.21 中交事件不为空.

由独立性的定义容易推出如下定理:

定理 1.2 事件 A 与事件 B 相互独立的充要条件是下列各对事件也相互独立:A 与 $\overline{B}$,$\overline{A}$ 与 B,$\overline{A}$ 与 $\overline{B}$,即

$$P(AB)=P(A)P(B)$$
$$\Leftrightarrow P(A\bar{B})=P(A)P(\bar{B})$$
$$\Leftrightarrow P(\bar{A}B)=P(\bar{A})P(B)$$
$$\Leftrightarrow P(\bar{A}\bar{B})=P(\bar{A})P(\bar{B}).$$

证明　若事件 A 与事件 B 相互独立,即 $P(AB)=P(A)P(B)$,所以 $P(A\bar{B})=P(A)-P(AB)=P(A)-P(A)P(B)=P(A)[1-P(B)]=P(A)P(\bar{B})$,因此,$A$ 与 $\bar{B}$ 独立. 这表明:**由事件 A 与事件 B 相互独立可以推出事件 A 与事件 $\bar{B}$ 相互独立**. 因此,由事件 A 与事件 $\bar{B}$ 相互独立可以推出事件 $\bar{A}$ 与事件 $\bar{B}$ 相互独立;再由 $\bar{\bar{B}}=B$,知由事件 $\bar{A}$ 与事件 $\bar{B}$ 相互独立又可推出事件 $\bar{A}$ 与事件 B 相互独立;由 $\bar{\bar{A}}=A$,知由事件 $\bar{A}$ 与 B 相互独立可推出事件 A 与事件 B 相互独立.

这个定理告诉我们,以上四对事件中,只要有一对是相互独立的,则其余三对也相互独立. 即直观理解为:若事件 A 与 B 相互独立,则 A 的发生不会影响 B 发生的概率,A 的发生也不会影响 B 不发生的概率,A 的不发生也不会影响 B 发生的概率,A 的不发生也不会影响 B 不发生的概率.

下面我们将独立性推广到三个事件的情形.

定义 1.4　设 A,B,C 是随机试验 E 的三个事件,如果满足等式
$$P(AB)=P(A)P(B),$$
$$P(AC)=P(A)P(C),$$
$$P(BC)=P(B)P(C),$$
则称事件 A,B,C **两两独立**.

定义 1.5　设 A,B,C 是随机试验 E 的三个事件,如果满足等式
$$P(AB)=P(A)P(B),$$
$$P(AC)=P(A)P(C),$$
$$P(BC)=P(B)P(C),$$
$$P(ABC)=P(A)P(B)P(C),$$
则称**事件 A,B,C 相互独立**.

例 1.22　在区间 $[0,1]$ 中随机地取 1 个值,记为 x,事件 $A=\{x:0\leqslant x\leqslant 0.5\}$,$B=\{x:0.25\leqslant x\leqslant 0.75\}$,$C=\{x:0.125\leqslant x\leqslant 0.375,0.625\leqslant x\leqslant 0.875\}$,问事件 A,B,C 是否相互独立?

解　由几何概率的求解方法,易知 $P(A)=P(B)=P(C)=0.5$.$AB=\{x:0.25\leqslant x\leqslant 0.5\}$,因此 $P(AB)=0.25$. $AC=\{x:0.125\leqslant x\leqslant 0.375\}$,因此 $P(AC)=0.25$. $BC=\{x:0.125\leqslant x\leqslant 0.25,0.625\leqslant x\leqslant 0.75\}$,因此 $P(BC)=0.25$. 故而满足
$$P(AB)=P(A)P(B),\quad P(AC)=P(A)P(C),\quad P(BC)=P(B)P(C).$$

又 $ABC=\{x:0.25\leqslant x\leqslant 0.375\}$，因此 $P(ABC)=0.125=P(A)P(B)P(C)$，所以事件 A，B，C 相互独立.

例 1.23 在例 1.22 中，再令事件 $D=\{x:0.2\leqslant x\leqslant 0.45,0.7\leqslant x\leqslant 0.95\}$，问事件 A，B，D 是否相互独立？

解 易知

$$P(D)=0.5,\quad AD=\{x:0.2\leqslant x\leqslant 0.45\},\quad P(AD)=0.25.$$
$$BD=\{x:0.25\leqslant x\leqslant 0.45,0.7\leqslant x\leqslant 0.75\},\quad P(BD)=0.25.$$

因此满足 $P(AB)=P(A)P(B)$，$P(AD)=P(A)P(D)$，$P(BD)=P(B)P(D)$，所以事件 A，B，D 两两独立.

但是 $ABD=\{x:0.25\leqslant x\leqslant 0.45\}$，$P(ABD)=0.2\neq P(A)P(B)P(D)$，因此事件 A，B，D 不相互独立.

例 1.24 在例 1.22 中，再令事件 $E=\{x:0.375\leqslant x\leqslant 0.875\}$，问事件 A，B，E 是否相互独立？

解 易知 $P(E)=0.5$，$ABE=\{x:0.375\leqslant x\leqslant 0.5\}$，$P(ABE)=0.125=P(A)P(B)P(E)$. 但是 $AE=\{x:0.375\leqslant x\leqslant 0.5\}$，$P(AE)=0.125\neq P(A)P(E)$，因此事件 A，B，E 不相互独立.

例 1.24 中三个事件交事件的概率等于三个事件概率的乘积，即 $P(ABE)=P(A)P(B)P(E)$，但仍然有可能 $P(AE)\neq P(A)P(E)$，因此三个事件相互独立定义中的 4 个关系式缺一不可. 推广到 n 个事件亦是如此.

一般地，设 $A_1,A_2,\cdots,A_n$ 是随机试验 E 的 n（$n\geqslant 2$）个事件，如果对于其中任意 2 个事件的交事件的概率等于各事件概率的积，则称事件 $A_1,A_2,\cdots,A_n$ 两两独立；如果对于其中任意 2 个事件，任意 3 个事件，$\cdots$，任意 n 个事件的交事件的概率等于各事件概率的积，则称**事件** $A_1,A_2,\cdots,A_n$ **相互独立**. 事件 $A_1,A_2,\cdots,A_n$ 相互独立涉及等式的数量为 $\binom{n}{2}+\binom{n}{3}+\cdots+\binom{n}{n}=2^n-\binom{n}{0}-\binom{n}{1}=2^n-1-n$. 当 n 较大时要验证如此众多的等式是不现实的，因此，当 n 较大时一般通过常识来判断事件 $A_1,A_2,\cdots,A_n$ 相互独立.

三、独立性在可靠性问题中的应用

可靠性问题是研究系统或组成系统的元件正常工作的概率问题，是应用概率的一个重要分支. 在可靠性理论中，把元件正常工作的概率称为元件的可靠性，把系统正常工作的概率称为系统的可靠性. 通常情况下，假定组成系统的各个元件能否正常工作是相互独立的.

例 1.25 设有若干个元件独立工作，分别按照串联、并联和混联的方式组成三个

系统 A,B 和 C（如图 1.8 所示），已知第 k 个元件正常工作的概率为 p_k，分别求系统 A，B 和 C 的可靠性（即系统正常工作的概率）.

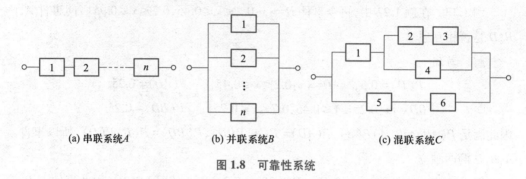

(a) 串联系统 A　　　　　(b) 并联系统 B　　　　　(c) 混联系统 C

图 1.8　可靠性系统

解　记 $A_i=\{$ 第 i 个元件正常工作 $\}$，$i=1,2,\cdots,n$，可知事件 $A_1,A_2,\cdots,A_n$ 相互独立.

用事件 A 表示 $\{$ 串联系统 A 正常工作 $\}$，事件 B 表示 $\{$ 并联系统 B 正常工作 $\}$，事件 C 表示 $\{$ 混联系统 C 正常工作 $\}$，则

$$A=A_1 A_2\cdots A_n,$$
$$B=A_1\cup A_2\cup\cdots\cup A_n,$$
$$C=[A_1(A_2 A_3\cup A_4)]\cup A_5 A_6.$$

所以，由相互独立的性质可知

$$P(A)=P(A_1)P(A_2)\cdots P(A_n)=p_1 p_2\cdots p_n.$$

$$P(B)=P(A_1\cup A_2\cup\cdots\cup A_n)=1-P(\overline{A_1}\,\overline{A_2}\cdots\overline{A_n})$$
$$=1-P(\overline{A_1})P(\overline{A_2})\cdots P(\overline{A_n})=1-(1-p_1)(1-p_2)\cdots(1-p_n).$$

$$P(C)=P((A_1(A_2 A_3\cup A_4))\cup A_5 A_6)=1-P(\overline{A_1(A_2 A_3\cup A_4)})P(\overline{A_5 A_6})$$
$$=1-(1-P(A_1)P(A_2 A_3\cup A_4))(1-P(A_5 A_6))$$
$$=1-(1-p_1(p_2 p_3+p_4-p_2 p_3 p_4))(1-p_5 p_6).$$

若 $p_k=0.999(k=1,2,\cdots,n)$，则取不同的 n 值，$P(A)$ 的值如表 1.4 所示.

表 1.4　n 个元件的串联系统可靠性

n	50	100	200	500	1000	2000	5000	8000
$P(A)$	0.9512	0.9048	0.8186	0.6064	0.3677	0.1352	0.0067	0.0003

可以发现，随着 n 的变大，$P(A)$ 的值急速变小. 1 个运载火箭由超过 10 万个零件组成，可想而知，要保证系统具有很高的可靠性，无数的航天科技工作者为此付出多少努力！

习题 1.3

1. 社区对家养宠物进行调查,整理数据得知没有宠物的家庭有 150 户,有宠物的家庭有 50 户,其中饲养宠物狗的家庭有 40 户,饲养宠物猫的家庭有 20 户,已知某户家有宠物,请问该户饲养宠物狗的概率.

2. 在游戏的某一环节中,玩家获取了 10 把造型一样的钥匙,只有一把能打开下一个房间的大门,求试了 3 次就把门打开的概率.

3. 喜多多同学在犹豫下学期的二外选修课选修法语还是德语. 他预估法语难学,可是得优的概率高,为 $\frac{2}{3}$;德语相对好学,可是得优的概率低,为 $\frac{1}{2}$. 最后他通过抛硬币决定. 如果是正面,那么选修法语;如果是反面,那么选修德语. 求喜多多同学下学期德语得优的概率.

4. 一副扑克牌去掉大小王剩 52 张牌,充分洗牌后随机地平均分成 4 堆,求 4 个 A 恰好在 4 堆的概率.

5. 设事件 A,B 相互独立,$P(B)=0.5$,$P(A-B)=0.3$,求 $P(B-A)$.

6. 设两两独立的事件 A,B 和 C 满足条件:$ABC=\varnothing$,$P(A)=P(B)=P(C)<\frac{1}{2}$,且已知 $P(A\cup B\cup C)=\frac{9}{16}$,求 $P(A)$.

7. 设 $P(A)=0.2$,$P(B)=0.3$,事件 A,B 相互独立. 试求 $P(A-B)$,$P(A\mid A\cup B)$.

8. 设事件 A 与 B 相互独立,且 $P(\overline{A}\,\overline{B})=\frac{1}{16}$,$P(A\overline{B})=P(\overline{A}B)$. 求 $P(A)$,$P(B)$.

9. 设事件 A,B,C 相互独立,且 $P(A)=P(B)=P(C)=0.2$,求(1) $P(A\cup B\cup C)$;(2) $P((B-C)\cap A)$.

10. 射击运动中,一次射击最多是 10 环. 设某运动员在一次射击中击中 10 环的概率为 0.4,击中 9 环的概率为 0.3,击中 8 环的概率为 0.2,求该运动员在 5 次独立射击中不少于 48 环的概率.

习题讲解 1-4

11. 假期里 3 人参加密室逃脱的游戏,这 3 人要组队依次从 4 个房间逃脱,每个人在房间里发现逃脱线索的概率都一致,但 4 个房间的逃脱难度不同,逃脱线索被发现的概率依次为 0.9,0.7,0.6,0.5.假定 3 个人在房间里能否发现逃脱线索是相互独立的.

习题讲解 1-5

(1) 求这 3 人最终能"顺利出逃"的概率;

(2) 至少要多少人一起玩,才能使"顺利出逃"的概率大于 95%?

12. 设 A,B 是两个随机事件,且 $P(A)>0$,$P(B)>0$,事件 A 与 B 相互独立,证明事件 A 与 B 相容.

13. 设随机事件 A 满足 $P(A)=0$,B 是任一随机事件,证明事件 A 与事件 B 相互独立.

§1.4 全概率公式与贝叶斯公式

对于一些较为复杂的概率计算问题,有时可以将它们分解为一些较容易计算的情况分类讨论求解概率,全概率公式就是一个解决复杂概率计算问题的有效方法.

设 E 是试验,Ω 是相应的样本空间,假设 $A_1,A_2,\cdots,A_n$ 为事件组,若 $A_1,A_2,\cdots,A_n$ 满足条件:(1) $A_i \cap A_j = \varnothing$ $(i \neq j, i,j = 1,2,\cdots,n)$;(2) $A_1 \cup A_2 \cup \cdots \cup A_n = \Omega$,则称事件组 $A_1,A_2,\cdots,A_n$ 为样本空间 Ω 的一个**完备事件组**(如图 1.9).

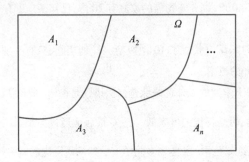

图 1.9　完备事件组

定理 1.3(全概率公式)　设 $A_1,A_2,\cdots,A_n$ 为样本空间 Ω 的一个完备事件组,且 $P(A_i) > 0$ $(i = 1,2,\cdots,n)$,B 为任一事件,则有

$$P(B) = \sum_{i=1}^{n} P(A_i) P(B \mid A_i).$$

证明　图 1.10 给出了事件 B 的完备剖分.

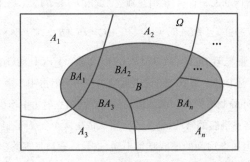

图 1.10　全概率公式证明示意图

因为 $B = \Omega B = (A_1 \cup A_2 \cup \cdots \cup A_n) B = A_1 B \cup A_2 B \cup \cdots \cup A_n B$,且 $A_1 B, A_2 B, \cdots, A_n B$ 两两互不相容,所以由性质 1.2 有限可加性和定理 1.1 概率的乘法定理得

$$P(B) = P(A_1 B) + P(A_2 B) + \cdots + P(A_n B)$$

$$= P(A_1) P(B \mid A_1) + P(A_2) P(B \mid A_2) + \cdots + P(A_n) P(B \mid A_n)$$

$$= \sum_{i=1}^{n} P(A_i) P(B \mid A_i).$$

全概率公式是概率论中较为重要的一个基本公式,它提供了计算复杂事件概率的一种有效途径.全概率公式可以理解为,欲求一个复杂事件 B 的概率,可用一个完备事件组 $A_1,A_2,\cdots,A_n$ 对 B 进行不遗漏不重叠的完备剖分,先求 B 在每个条件 A_i 下的

条件概率 $P(B \mid A_i)$,再对条件概率 $P(B \mid A_i)$ 以 $P(A_i)$ 为权重进行加权求和.

例 1.26 某课程的任课教师根据历年数据统计发现课程出勤率达到 80% 以上的学生考试通过率为 99%,出勤率在 50%~80% 的学生考试通过率为 70%,出勤率低于 50% 的学生考试通过率为 30%.现学期接近尾声,教师统计学生一学期的出勤情况,得知本学期出勤率达到 80% 以上的学生有 80%,出勤率在 50%~80% 的学生有 15%,出勤率低于 50% 的学生有 5%,预测本学期的学生该课程考试的通过率.

解 任选一名学生,记 $A_1 = \{$该学生的出勤率达到 80% 以上$\}$,$A_2 = \{$该学生的出勤率在 50%~80%$\}$,$A_3 = \{$该学生的出勤率低于 50%$\}$,$B = \{$该学生通过了考试$\}$.

现已知 $P(B \mid A_1) = 0.99$,$P(B \mid A_2) = 0.70$,$P(B \mid A_3) = 0.30$,$P(A_1) = 0.80$,$P(A_2) = 0.15$,$P(A_3) = 0.05$. 由全概率公式,有

$$P(B) = \sum_{i=1}^{3} P(A_i)P(B \mid A_i) = 0.99 \times 0.80 + 0.70 \times 0.15 + 0.30 \times 0.05 = 0.912.$$

即预测本学期的学生该课程考试的通过率为 91.2%.

例 1.27(辛普森悖论) 在美国职业篮球联赛(NBA)历史上有两位伟大的篮球运动员马龙和詹姆斯,根据 NBA 中文数据库截至 2020 年 8 月 4 日的统计,马龙投了 25900 个两分球,命中了 13443 个;投了 310 个三分球,命中了 85 个. 马龙的两分球命中率为 51.9%,三分球的命中率为 27.4%. 詹姆斯投了 19245 个两分球,命中了 10564 个;投了 5409 个三分球,命中了 1860 个. 詹姆斯的两分球命中率为 54.9%,三分球的命中率为 34.4%.这样看来詹姆斯的两分球命中率和三分球命中率都比马龙高,由此,是否可以得到詹姆斯的投篮命中率高于马龙呢?

马龙两分球在投篮中占比为 $\dfrac{25900}{26210} = 98.82\%$,马龙三分球在投篮中占比为 1.18%.詹姆斯两分球在投篮中占比为 $\dfrac{19245}{24654} = 78.06\%$,詹姆斯三分球在投篮中占比为 21.94%. 我们用全概率公式算一下两人的投篮命中率. 记 $B = \{$投篮命中$\}$,$A_1 = \{$投两分球$\}$,$A_2 = \{$投三分球$\}$,将以上信息进行汇总见表 1.5.

表 1.5 马龙和詹姆斯的投篮数据

	马龙		詹姆斯	
	投篮比例	投篮命中(B)	投篮比例	投篮命中(B)
投两分球(A_1)	98.82%	51.9%	78.06%	54.9%
投三分球(A_2)	1.18%	27.4%	21.94%	34.4%

按照全概率公式 $P(B) = \sum_{i=1}^{2} P(A_i)P(B \mid A_i)$,得到马龙的投篮命中率为 $P(B) = 98.82\% \times 51.9\% + 1.18\% \times 27.4\% = 51.6\%$;詹姆斯的投篮命中率为 $P(B) = 78.06\% \times$

54.9%+21.94%×34.4%＝50.4%.

计算结果表明:综合来说,马龙的投篮命中率比詹姆斯高了 1.2 个百分点;从表 1.5 可以看出詹姆斯不管是两分球命中率还是三分球命中率都比马龙高,这就是辛普森悖论.究其原因是:马龙两分球在投篮中占比为 98.82%,这远高于詹姆斯两分球在投篮中占比 78.06%,并且马龙的两分球命中率 51.9% 远高于詹姆斯的三分球的命中率 34.4%. 似乎这对詹姆斯不太公平,我们将在例 2.3 中再讨论马龙和詹姆斯的平均得分能力.

例 1.28(例 1.26 续) 在例 1.26 中,如果在考试成绩公布后有一学生没有通过考试,求他(她)出勤率低于 50% 的概率.

这个问题相当于知道他(她)没有通过考试这一结果,倒过来看原因,即求条件概率 $P(A_3\mid\overline{B})$. 如果不知道他(她)没有通过考试这一结果,那么他(她)出勤率低于 50% 的概率为 0.05,这一般称为**先验概率**. 现在知道他(她)没有通过考试这个信息后,再来考察他(她)出勤率低于 50% 的概率 $P(A_3\mid\overline{B})$,这个条件概率称为**后验概率**.

定理 1.4(贝叶斯公式) 设 $A_1,A_2,\cdots,A_n$ 为样本空间 Ω 的一个完备事件组,$P(A_i)>0,\ i=1,2,\cdots,n,B$ 为任一事件且 $P(B)>0$,则

$$P(A_i\mid B)=\frac{P(A_i)P(B\mid A_i)}{\sum_{j=1}^{n}P(A_j)P(B\mid A_j)},\quad i=1,2,\cdots,n.$$

证明 由条件概率的定义和全概率公式可得

$$P(A_i\mid B)=\frac{P(A_iB)}{P(B)}=\frac{P(A_i)P(B\mid A_i)}{\sum_{i=1}^{n}P(A_i)P(B\mid A_i)}.$$

贝叶斯公式在概率论与数理统计、医学和人工智能中都非常有用. 一般地,设 $A_1,A_2,\cdots,A_n$ 为样本空间 Ω 的一个完备事件组,$P(A_i)\ (i=1,2,\cdots,n)$ 称为**先验概率**. 若现在知道事件 B 已经发生,则称条件概率 $P(A_i\mid B)\ (i=1,2,\cdots,n)$ 为**后验概率**. 贝叶斯公式给出了利用试验结果将先验概率调整到后验概率的方法.

例 1.28 的解 沿用例 1.26 中的记号,由贝叶斯公式

$$P(A_3\mid\overline{B})=\frac{P(A_3)P(\overline{B}\mid A_3)}{P(\overline{B})}=\frac{0.05\times(1-0.3)}{1-0.912}=0.3977.$$

本例中利用补充信息和贝叶斯公式,我们将先验概率 $P(A_3)=0.05$ 调整到了后验概率 $P(A_3\mid\overline{B})=0.3977$. 在他(她)没有通过考试的情形下,该生出勤率低于 50% 的后验概率和先验概率相比放大了接近 8 倍.

贝叶斯公式可以用于解决判别问题,例如在例 1.28 中这位同学没有通过考试,要

预判他(她)的课程出勤情况,现在有三个类:$A_1 = \{$该学生的出勤率达到80%以上$\}$, $A_2 = \{$该学生的出勤率在50%~80%$\}$, $A_3 = \{$该学生的出勤率低于50%$\}$,判断这位学生属于哪个类呢?

用贝叶斯公式计算后验概率

$$P(A_1 \mid \bar{B}) = \frac{P(A_1)P(\bar{B} \mid A_1)}{P(\bar{B})} = \frac{0.80 \times (1-0.99)}{1-0.912} = 0.0909,$$

$$P(A_2 \mid \bar{B}) = \frac{P(A_2)P(\bar{B} \mid A_2)}{P(\bar{B})} = \frac{0.15 \times (1-0.70)}{1-0.912} = 0.5114, \quad P(A_3 \mid \bar{B}) = 0.3977.$$

由于 $P(A_2 \mid \bar{B})$ 的值最大,所以可以判断他(她)的课程出勤率在50%~80%.

贝叶斯公式常常用于医学诊断中.

例 1.29 设患肺结核病的人通过胸部透视,被诊断出患有肺结核病的概率为 0.95,而未患肺结核病的人,通过胸部透视,被误诊为患有肺结核病的概率为 0.002, 又设某城市成年居民患肺结核病的概率为 0.01%. 若从该城市成年居民中随机地选出一个人来,通过透视这人被诊断为患有肺结核病,求这个人确实患有肺结核病的概率.

解 记 $B = \{$这个人被诊断出患有肺结核病$\}$, $A_1 = \{$这个人确实患有肺结核病$\}$, $A_2 = \{$这个人未患有肺结核病$\}$,则 $P(A_1) = 0.01\%$, $P(A_2) = 99.99\%$, $P(B \mid A_1) = 0.95$, $P(B \mid A_2) = 0.002$,由全概率公式得到

$$P(B) = P(A_1)P(B \mid A_1) + P(A_2)P(B \mid A_2)$$
$$= 0.01\% \times 0.95 + 99.99\% \times 0.002 = 0.0020948.$$

由贝叶斯公式得到

$$P(A_1 \mid B) = \frac{P(A_1)P(B \mid A_1)}{P(B)} = \frac{0.01\% \times 0.95}{0.0020948} = 0.04535 = 4.535\%.$$

通过胸部透视被诊断出患有肺结核病的人实际患有肺结核病的概率并不大,为 4.535%. 但是也看到,通过胸部透视,此人患有肺结核病的概率已经从原来的 0.01% 提高到 4.535%,提高的幅度很大. 因此可以通过其他的医学手段进一步进行诊断. 在下一次诊断时,此人患有肺结核病的先验概率为 4.535%. 也就是说,可以反复利用贝叶斯公式进行调整,得到更为可靠的结果. 现在有一项新的检查方法(例如 CT 扫描)和胸部透视有一样的诊断准确率,即 $P(B \mid A_1) = 0.95$, $P(B \mid A_2) = 0.002$,现在 $P(A_1) = 4.535\%$, $P(A_2) = 95.465\%$. 若通过新的检查此人仍被诊断为患有肺结核病,则

$$P(B) = P(A_1)P(B \mid A_1) + P(A_2)P(B \mid A_2)$$

$$= 4.535\% \times 0.95 + 95.465\% \times 0.002 = 0.0449918.$$

由贝叶斯公式得到

$$P(A_1 \mid B) = \frac{P(A_1)P(B \mid A_1)}{P(B)} = \frac{4.535\% \times 0.95}{0.0449918} = 0.95756 = 95.756\%.$$

经过两项检查后此人患有肺结核病的概率非常大,医生可以据此判断这个人患有肺结核病.

例 1.30(诚信的重要性) 大家小时候都听过狼来了的故事. 设事件 $A_0 = \{$农夫相信放羊娃说的话是真实的$\}$,事件 $B_i = \{$放羊娃第 i 次说谎$\}$ $(i=1,2,3)$,农夫起初相信放羊娃的概率为 $P(A_0) = 0.8$.我们认为可信的孩子偶尔也会说谎,其说谎的可能性为 0.1,即 $P(B_1 \mid A_0) = 0.1$. 不可信的孩子说谎的可能性较大,为 0.5,即 $P(B_1 \mid \overline{A}_0) = 0.5$.

放羊娃第一次说谎,第一次农夫上山打狼发现狼没有来,这时农夫对放羊娃的信任度变为

$$P(A_0 \mid B_1) = \frac{P(A_0)P(B_1 \mid A_0)}{P(A_0)P(B_1 \mid A_0) + P(\overline{A}_0)P(B_1 \mid \overline{A}_0)} = \frac{0.8 \times 0.1}{0.8 \times 0.1 + 0.2 \times 0.5} = 0.444.$$

这表明农夫上了一次当以后对放羊娃的信任度由原来的 0.8 降到了 0.444,即现在

$$P(A_0 \mid B_1) \mathrel{\hat=} P(A_1) = 0.444^{①}, \quad P(\overline{A}_1) = 0.556.$$

(1)若放羊娃第一次说谎,第二次又说谎,假设 $P(B_2 \mid A_1) = 0.1, P(B_2 \mid \overline{A}_1) = 0.5$,则农夫对他的信任度为

$$P(A_1 \mid B_2) = \frac{P(A_1)P(B_2 \mid A_1)}{P(A_1)P(B_2 \mid A_1) + P(\overline{A}_1)P(B_2 \mid \overline{A}_1)}$$

$$= \frac{0.444 \times 0.1}{0.444 \times 0.1 + 0.556 \times 0.5} = 0.138.$$

这表明农夫经过两次上当,对这个放羊娃的信任度已经从 0.8 降到了 0.138.

(2)若放羊娃第二次没说谎,则农夫对他的信任度为

$$P(A_1 \mid \overline{B}_2) = \frac{P(A_1)P(\overline{B}_2 \mid A_1)}{P(A_1)P(\overline{B}_2 \mid A_1) + P(\overline{A}_1)P(\overline{B}_2 \mid \overline{A}_1)}$$

$$= \frac{0.444 \times 0.9}{0.444 \times 0.9 + 0.556 \times 0.5} = 0.590,$$

$$P(A_1 \mid \overline{B}_2) \mathrel{\hat=} P(A_2) = 0.59, \quad P(\overline{A}_2) = 0.41.$$

(3)若放羊娃第一次说谎,第二次没说谎,第三次也没说谎,假设 $P(B_3 \mid A_2) = 0.1, P(B_3 \mid \overline{A}_2) = 0.5$,则农夫对他的信任度为

$$P(A_2 \mid \overline{B}_3) = \frac{P(A_2)P(\overline{B}_3 \mid A_2)}{P(A_2)P(\overline{B}_3 \mid A_2) + P(\overline{A}_2)P(\overline{B}_3 \mid \overline{A}_2)}$$

---

① 本书记号 $\hat=$ 表示"定义为"或"记为".

$$= \frac{0.59 \times 0.9}{0.59 \times 0.9 + 0.41 \times 0.5} = 0.721.$$

这表明农夫第 1 次上当后,对放羊娃的信任度由 0.8 降为 0.444;第二次放羊娃即使没说谎,信任度也只上升为 0.590;在第一次说谎、第二次没说谎的基础上,放羊娃第三次仍然没说谎,农夫对他的信任度上升为 0.721,依然没有达到开始的信任度 0.8,这表明丧失的信用要弥补回来,往往成倍的努力都不够!

贝叶斯公式看上去仅是条件概率和全概率公式的简单推论,但它蕴含了深刻哲理和实践意义,在人工智能时代,贝叶斯公式所蕴含的思想大放异彩. 贝叶斯公式反映了人们对未知事物的认知过程,$P(A_0)$ 可视为人们在没有新的信息的情况下,对事物 A_0 发生可能性大小的认识,即 $P(A_0)$ 为先验概率. 当知道事件 B_1 发生了,有了新的信息,人们就会对 A_0 发生的可能性大小有新的认识,即 $P(A_0 | B_1)$ 为后验概率. 这个后验概率又可作为下一条新的信息更新前的先验概率 $P(A_0 | B_1) \hat{=} P(A_1)$. 如此往复,随着信息量的不断增多,对 A_0 的认识将越来越接近其本质属性,这也是贝叶斯公式的精髓.

习题 1.4

1. 设某市由 A,B,C 三个地区组成,现在该市爆发了某种流行病,该病在 A,B,C 三个地区的户籍人口中的发病率分别为 $\frac{1}{6}, \frac{1}{4}, \frac{1}{3}$;已知 A,B,C 三个地区的户籍人口数之比为 1:2:3,现从该市户籍人口中任意抽取一人.

（1）求抽到的人感染这种流行病的概率;

（2）如果已知抽到的人感染这种流行病,求此人来自 A 地区的概率.

2. 在自动驾驶路况识别的图形识别模型中经常需要识别行人和树木. 假设在一次模拟实验过程中,个体中有 50% 是人,另外 50% 是树木. 由于个体形状具有相似性,当前方个体是行人时,模型分别以概率 0.9 和 0.1 识别为行人和树,当前方个体是树时,模型分别以概率 0.95 和 0.05 识别为树和行人. 求（1）模型识别为树的概率;（2）模型识别为树,却是行人的概率.

3. 设同一项目的 A,B,C 三个核心模块分别由甲、乙、丙三个人负责编写代码,设这 A,B,C 三个模块在整个项目中的占比分别为 0.5,0.25,0.25. 甲、乙、丙编写的代码出错的概率分别为 0.5,0.25,0.25.（1）求项目运行报错的概率;（2）如果项目运行报错,求是因为甲编写的代码出错的概率.

4. 以往数据分析结果表明,某区域内三家企业每天产生的废水占比为 5:3:2. 由于污水是造成环境污染的重要原因之一,因此排放的废水中污染物的浓度有严格要求. 假设经评估,这三家企业的废水中污染物浓度超标的概率分别为 0.2,0.3,0.4.如果某次常规例行下游水质监测中发现污染物浓度超标,请问最有可能是哪家企业排放的?（仅考虑有一家企业超标）

5. 期末考试时,乐多多的线性代数课程得优的概率为 0.7,他的概率论与数理统计课程得优的

习题讲解
1-6

概率为0.7.我们知道学生考试成绩常常受到情绪的影响.乐多多在线性代数先考并得到优的条件下,他的概率论与数理统计得优的概率为0.8.在线性代数先考的情况下,试求:(1)乐多多这两门课程都得优的概率;(2)乐多多在线性代数考试没得优的条件下,概率论与数理统计得优的概率;(3)乐多多在这两门课程中至少有一门得优的概率.

6. 某购物中心各门店的年终大促活动采用三类营销方式,它们是"满300送200购物券""买二赠一"和"促销7折",该购物中心的全部门店分别采用这三种大促活动的占比为0.6,0.3和0.1.根据历史统计数据可知,采用"满300送200购物券"方式毛利润率超10%的概率为0.7,采用"买二赠一"方式毛利润率超10%的概率为0.4,采用"促销7折"方式毛利润率超10%的概率为0.2.(1)求某门店毛利润率超10%的概率;(2)若某门店毛利润率超10%,求该门店采用"满300送200购物券"方式的概率.

7. 有甲乙两个口袋,甲口袋中有9个黑球和1个白球,乙口袋中有10个白球.每次从两个口袋中各任取一球,并将取出的球交换放入甲乙口袋.

(1)求1次交换后,全部黑球还在甲袋中的概率;

(2)求2次交换后,全部黑球还在甲袋中的概率.

相关数学家及其成就

贝叶斯(Thomas Bayes)
(1702—1761)

贝叶斯是英国数学家.1702年生于英国伦敦,1761年4月17日卒于英国坦布里奇韦尔斯.

1742年,贝叶斯被选为英国皇家学会会员.1763年,在贝叶斯去世后由他人整理发表的《论机会学说问题的求解》中,提出了一种归纳推理的理论,其中的"贝叶斯定理(或贝叶斯公式)"给出了在已知结果E后,对所有原因C计算其条件概率(后验概率)$P_E(C)$公式,可以看作是最早的一种统计推断程序,以后被一些统计学者发展为一种系统的统计推断方法,称为贝叶斯方法.采用这种方法作为统计推断所得的全部结果,构成贝叶斯统计方法的内容. 贝叶斯统计在理论上的进展以及它在应用上的方便和效益,使该观点为许多的人所了解,并对一些统计学者产生吸引力. 而认为贝叶斯方法是唯一合理的统计推断方法的统计学者,形成数理统计学中的贝叶斯学派.如今在概率、数理统计学中以贝叶斯命名的有贝叶斯公式、贝叶斯风险、贝叶斯决策函数、贝叶斯决策规则、贝叶斯估计量、贝叶斯方法、贝叶斯统计等.

在关于微积分基础的论战中,为了反对贝克莱主教对微积分的攻击,贝叶斯于1736年发表了《流数术学说入门》.

柯尔莫哥洛夫(Andrey Nikolayevich Kolmogorov)

(1903—1987)

柯尔莫哥洛夫是现代概率论的开拓者之一. 1933 年,柯尔莫哥洛夫的专著《概率论的基础》出版,书中第一次在测度论基础上建立了概率论的严密公理体系,奠定了近代概率论的基础,从而使概率论建立在完全严格的数学基础之上.这一光辉成就使他名垂史册.

20 世纪 20 年代,他和辛钦成功地找到了具有相互独立的随机变量的项的级数收敛的充要条件. 他成功地证明了大数定律的充要条件;证明了在项上加上极宽的条件时独立随机变量列的重对数律;得到了在独立同分布项情形下强大数定律的充要条件. 柯尔莫哥洛夫是随机过程论的奠基人之一. 20 世纪 30 年代,他建立了马尔可夫过程的两个基本方程. 他的卓越论文《概率论的解析方法》为现代马尔可夫随机过程论和揭示概率论与常微分方程及二阶偏微分方程的深刻联系奠定了基础. 他还创立了具有可数状态的马尔可夫链理论. 他找到了连续的分布函数与他的经验分布函数之差的上确界的极限分布,这个结果是非参数统计中分布函数拟合检验的理论依据,成为统计学的核心之一. 1949 年,格涅坚科和柯尔莫哥洛夫发表了专著《相互独立随机变数之和的极限分布》,柯尔莫哥洛夫建立了希尔伯特空间几何与平稳随机过程和平稳随机增量过程的一系列问题之间的联系,给出了这两种过程的谱表示,完整地研究了他们的结构以及平稳随机过程的内插与外推问题等,创造了一个全新的随机过程论的分支,在科学和技术上有广泛的应用,而他的关于平稳增量随机过程的理论对于各向同性湍流的研究有深刻的影响.

第一章
重难点讲解

第一章
习题讲解

第一章
自测题

第二章

离散型随机变量

观察在随机试验中产生的各类随机现象,有时并不直接表现为数量,比如某种疾病医学检验结果呈阳性或者阴性. 为了对这些复杂随机现象的统计规律性进行定量的数学处理,需要将随机现象的结果数量化,由此引入随机变量的概念,从而更方便进行数学上的推导与计算,处理随机现象也更加简洁和统一. 本章我们主要讨论一类比较简单的随机变量——一维离散型随机变量,并研究它的分布规律以及相关的数字特征.

§2.1 随 机 变 量

通过第一章的学习,我们了解到有些随机试验的样本空间 Ω 中的元素为实数,比如抛掷一枚均匀的骰子出现的点数、某交通道口 1 h 内的车流量、电子元件的寿命,等等. 但是同时也存在样本空间 Ω 不是数集的情形. 例如,在篮球训练中练习投掷三分球,每次投掷下来我们只关心投中与否,这个试验可能的结果即为"投中"或"未投中". 如果在一次试验中,只关心某个事件 A 是否发生,则称这个试验为**伯努利**(**Bernoulli**)**试验**. 此时样本空间 Ω 可表示为 $\{A$ 发生, $\bar{A}$ 发生$\}$,并非一个数集. 因此制定一个规则,将 Ω 中的元素分别与某个实数相对应. 例如,在伯努利试验中,约定事件 A 发生对应数字 1,事件 $\bar{A}$ 发生对应数字 0. 这样就将样本空间 Ω 转化成了实数集 $\{0,1\}$.

上面的对应关系类似于一个"函数",只不过这个"函数"作用的对象可能不是传统的实数,而是作为随机结果的样本点. 我们可以把这个"函数"记为 $X(\omega)$,它确定了一个由样本空间 Ω 到实数集合上的映射. 在上述伯努利试验中,

$$X(\omega) = \begin{cases} 1, & \omega = A \text{ 发生}, \\ 0, & \omega = \bar{A} \text{ 发生}. \end{cases}$$

如果样本空间 Ω 本身就是数集,那么这个"函数"可以定义为恒等映射,即 $X(\omega)=\omega(\forall\omega\in\Omega)$. 由此我们可以得到随机变量的一般定义.

重难点讲解
2-1

定义 2.1　设随机试验的样本空间为 Ω,若 $X=X(\omega)$ 为定义在样本空间 Ω 上的实值单值函数,则称 $X=X(\omega)$ 为(一维)**随机变量**.

本书中,随机变量通常用大写字母 $X,Y,Z,\cdots$ 来表示,对应小写字母 $x,y,z,\cdots$ 表示实数. 这个定义表明随机变量 X 是样本点 ω 的一个函数,它的定义域是样本空间 Ω,值域可记为 Ω_X,为实数集 **R** 的一个子集. 在一次随机试验之前,我们无法确定哪个样本点 ω 会出现,因此对应随机变量 $X(\omega)$ 的取值也是随机的,这也是随机变量与普通函数的本质区别.

随着随机变量的引入,前面我们遇到的随机事件及其发生的概率均可以通过随机变量的取值来表示. 回到前面伯努利试验中,引入随机变量 X,值域 $\Omega_X=\{0,1\}$. 那么事件 A 可表示成 $\{\omega:X(\omega)=1\}$,为了简化记号,事件 A 也可简写成 $\{X=1\}$. 事件 A 发生的概率 $P(A)$ 可以表示成 $P(\{X=1\})$ 或 $P(X=1)$.

例如,观察上午 7:00 至 9:00 到达某公交车站的乘客情况,记随机变量 Y 为上述时间段内到达该公交车站的乘客数,值域 $\Omega_Y=\{0,1,2,\cdots\}$. 令事件 B 为 $\{$至多来 300 位乘客$\}$,它可以表示成 $\{Y\leqslant300\}$,事件 B 发生的概率 $P(B)$ 可表示成 $P(Y\leqslant 300)$.

再比如,记随机变量 Z 表示某种电子元件的寿命,值域 $\Omega_Z=[0,\infty)$. 事件 C 为 $\{$电子元件的寿命在 10000 h 到 12000 h$\}$,它可以表示成 $\{10000<Z<12000\}$,事件 C 发生的概率 $P(C)$ 可表示成 $P(10000<Z<12000)$.

一般地,若 H 为实数轴上任意一个集合,随机变量 X 在 H 上的取值可表示成事件 D,即

$$D=\{\omega:X(\omega)\in H\},$$

其对应发生的概率为

$$P(D)=P(\{\omega:X(\omega)\in H\})=P(X\in H).$$

由此我们可以利用随机变量来描述各种随机现象,并通过随机变量的取值规律来刻画随机现象背后的统计规律性.

若将伯努利试验独立重复地进行 n 次,这里的独立是指各次试验结果互不影响,重复是指每次试验中事件 A 发生的概率 $P(A)=p$ 始终保持不变,则将这 n 次独立重复试验称为 n **重伯努利试验**.

下面以 3 重伯努利试验为例来阐述和伯努利试验相关的随机变量及其取值规律. 记随机变量 X 为 3 重伯努利试验中事件 A 发生的次数,A_i 表示第 i 次试验中事件 A 发生,$i=1,2,3$,那么,利用试验的独立性,有

$$P(X=0)=P(\overline{A_1}\,\overline{A_2}\,\overline{A_3})=P(\overline{A_1})P(\overline{A_2})P(\overline{A_3})=(1-p)^3=\binom{3}{0}p^0(1-p)^3,$$

$$P(X=1)=P(A_1\,\overline{A_2}\,\overline{A_3})+P(A_2\,\overline{A_1}\,\overline{A_3})+P(A_3\,\overline{A_2}\,\overline{A_1})$$

$$=3p\,(1-p)^2=\binom{3}{1}p^1(1-p)^{3-1},$$

$$P(X=2)=P(A_1A_2\,\overline{A_3})+P(A_1A_3\,\overline{A_2})+P(A_3A_2\,\overline{A_1})$$

$$=3p^2(1-p)=\binom{3}{2}p^2\,(1-p)^{3-2},$$

$$P(X=3)=P(A_1A_2A_3)=p^3=\binom{3}{3}p^3\,(1-p)^{3-3}.$$

一般地,我们得到

$$P(X=k)=\binom{3}{k}p^k\,(1-p)^{3-k},\quad k=0,1,2,3.$$

进一步,若记随机变量 X 为 n 重伯努利试验中事件 A 发生的次数,此时 X 的值域为 $\{0,1,2,\cdots,n\}$. 由于各次试验是相互独立的,所以事件 A 在指定的 k 次试验中发生,同时在其他的 $n-k$ 次试验中事件 A 不发生的概率为 $p^k(1-p)^{n-k}$. 而这种指定方法共有 $\binom{n}{k}$ 种,并且它们两两互不相容,则在 n 重伯努利试验中,事件 A 恰好发生 k 次的概率即为

$$P(X=k)=\binom{n}{k}p^k(1-p)^{n-k},\quad k=0,1,2,\cdots,n.$$

在伯努利试验中,每次试验中事件 A 发生的概率为 $P(A)=p$ $(0<p<1)$,令随机变量 Y 为事件 A 首次发生时试验的次数,A_i 表示第 i 次试验中事件 A 发生, $i=1,2,3,\cdots$,则有

$$P(Y=k)=P(\overline{A_1}\,\overline{A_2}\cdots\overline{A_{k-1}}A_k)=(1-p)^{k-1}p,\quad k=1,2,\cdots.$$

更进一步,在伯努利试验中,每次试验中事件 A 发生的概率为 $P(A)=p$ $(0<p<1)$,令随机变量 Z 为事件 A 第 r 次发生时试验的次数, A_i 表示第 i 次试验事件 A 发生, $i=1,2,3,\cdots$,则对于 $k=r,r+1,\cdots$,有

$$P(Z=k)=P(\{\text{前 }k-1\text{ 次试验中事件 }A\text{ 恰好发生 }r-1\text{ 次}\}A_k)$$

$$=P(\{\text{前 }k-1\text{ 次试验中事件 }A\text{ 恰好发生 }r-1\text{ 次}\})P(A_k).$$

由前面随机变量 X 的取值规律可知

$$P(\{\text{前 }k-1\text{ 次试验中事件 }A\text{ 恰好发生 }r-1\text{ 次}\})=\binom{k-1}{r-1}p^{r-1}(1-p)^{k-1-(r-1)},$$

由此得到

$$P(Z=k)=\binom{k-1}{r-1}p^{r-1}(1-p)^{k-1-(r-1)}p$$

$$=\binom{k-1}{r-1}p^{r}(1-p)^{k-r}, \quad k=r,r+1,\cdots.$$

习题 2.1

1. 在以下随机试验中,试引入随机变量来表示相应随机事件:

(1) 观察某公园从早上 6:00 开园到下午 17:00 闭园的游客入园情况,试表示随机事件{入园人数超过 500};

(2) 观察明天的天气情况,只考察下雨与否,试表示随机事件{明天不下雨};

(3) 某人进货 1000 件品牌服装进行售卖,每件衣服进价为 80 元,售出价格为 200 元,未卖出的服装不能退回,试表示随机事件{该人售卖这些品牌服装赔钱}.

2. 分别求解下列随机变量的值域:

(1) 从 100 个献血者中随机抽取 15 个人,随机变量 X 为抽取的人中血型为 A 型的数量;

(2) 将一颗均匀的骰子连续抛掷两次,随机变量 X 为连续两次抛掷后的点数之和;

(3) 观察某河流流域历年的洪水情况,随机变量 X 为十年间该流域发生洪水的次数;

(4) 加工某型号螺丝,随机变量 X 为该型号螺丝直径的测量值;

(5) 一名职工每天乘公交车上班,随机变量 X 为他每天上班途中的等车时间.

§2.2　一维离散型随机变量

如果一个随机变量所有可能取值为有限个或者是可列多个(即值域包含有限个元素或可列多个元素),那么称该随机变量为**离散型随机变量**. 如前面 §2.1 提到的伯努利试验中的随机变量 X,可能取值为 0 和 1,这是一个离散型随机变量. n 重伯努利试验中事件 A 发生的次数 X,可能取值为 $0,1,\cdots,n$. 这也是一个离散型随机变量. 再比如某篮球运动员在一天训练中投中篮圈的次数是离散型随机变量,上午 8:00 到 9:00 通过某个高速公路收费站的车辆数也是离散型随机变量.

要研究离散型随机变量 X 的统计规律性,自然要确定 X 所有可能取值以及取得每一个可能取值对应的概率. 此时,不妨设离散型随机变量 X 所有可能取值为 x_i($i=1,2,\cdots,n,\cdots$),则称 X 取值 x_i 的概率

$$P(X=x_i)\hat{=}p_i, \quad i=1,2,\cdots,n,\cdots$$

为离散型随机变量 X 的**分布律**.

根据概率的定义及性质,此时 p_i 满足以下两个条件:

(1) $p_i \geq 0$, $i=1,2,\cdots,n,\cdots$;

(2) $\displaystyle\sum_{i=1}^{\infty} p_i = \sum_{i=1}^{\infty} P(X=x_i) = P\left(\bigcup_{i=1}^{\infty}\{X=x_i\}\right) = P(\Omega) = 1.$

以上两个条件既为离散型随机变量的分布律必须具备的性质,同时也是判定某个数列是不是分布律的条件.

分布律除了可用上述公式法表示以外,还经常用如下的列表法来表示:

X	x_1	x_2	$\cdots$	x_n	$\cdots$
P	p_1	p_2	$\cdots$	p_n	$\cdots$

上述表格十分直观地展示了随机变量 X 所有可能取值以及取每个值对应的概率,要求这些概率加起来的和一定为 1. 通常取值概率 $p_i = 0$ 的项不再列出. 离散型随机变量一旦确定其分布律,那么随机变量取值概率均能得到相应计算结果.

例 2.1 抽查有三个孩子的家庭,令随机变量 X 为该家庭中的男孩数量,求 X 的分布律.

解 若将男孩记做"b"(boy),女孩记做"g"(girl),则样本空间为

$\Omega = \{(g,g,g),(g,g,b),(g,b,g),(b,g,g),(g,b,b),(b,g,b),(b,b,g),(b,b,b)\}.$

随机变量 X 的值域为 $\Omega_X = \{0,1,2,3\}$,取值概率分别为

$$P(X=0) = P(\{(g,g,g)\}) = \frac{1}{8},$$

$$P(X=1) = P(\{(g,g,b),(g,b,g),(b,g,g)\}) = \frac{3}{8}$$

类似地可得 $P(X=2) = \dfrac{3}{8}$,$P(X=3) = \dfrac{1}{8}$. 由此 X 的分布律可列表如下:

X	0	1	2	3
P	$\dfrac{1}{8}$	$\dfrac{3}{8}$	$\dfrac{3}{8}$	$\dfrac{1}{8}$

在上例中,若要求"抽查三个孩子的家庭中至少有一个男孩"的概率,即求

$$P(\{X \geq 1\}) = P(\{X=1\} \cup \{X=2\} \cup \{X=3\}).$$

上述表达式中的三个事件 $\{X=1\}$,$\{X=2\}$,$\{X=3\}$ 两两互不相容,所以有

$$P(X \geq 1) = P(X=1) + P(X=2) + P(X=3) = \frac{3}{8} + \frac{3}{8} + \frac{1}{8} = \frac{7}{8}.$$

进一步,若求"已知该家庭中至少有一个男孩的情况下,同时还有女孩"的概率,即求条件概率

$$P(\{X \leqslant 2\} \mid \{X \geqslant 1\}) = \frac{P(\{X \leqslant 2\} \cap \{X \geqslant 1\})}{P(\{X \geqslant 1\})} = \frac{P(X=1) + P(X=2)}{P(X \geqslant 1)} = \frac{6}{7}.$$

一般地,对任意一个实数轴上的集合 D,有

$$P(X \in D) = \sum_{i:x_i \in D} P(X = x_i) = \sum_{i:x_i \in D} p_i.$$

由上述例子我们发现,已知离散型随机变量的分布律,利用事件可用随机变量取值来表示的事实,可以计算出任意事件发生的概率. 由此可见分布律的重要地位,它精确刻画了离散型随机变量的取值规律(或分布情况).

习题 2.2

1. 确定常数 c,使得下列数列为某个离散型随机变量的分布律:

(1) $P(X=k) = ck$, $k=1,2,3,4,5,6$;

(2) $P(X=k) = c\left(\dfrac{1}{3}\right)^k$, $k=1,2,\cdots$.

2. 假设随机变量 X 可能取值为 $1,2,3,4,5$. 已知 $P(X<3) = 0.4$ 且 $P(X>3) = 0.5$,试求概率值 $P(X=3)$ 和 $P(X<4)$.

3. 某保险代理人有两位客户,每位客户都投了一份人寿保险保单,承诺死亡后赔付 20 万元. 假设两个客户未来一年内的死亡概率分别为 0.05 和 0.08,且两位客户是否死亡相互独立. 以随机变量 X 表示将于未来一年内支付给客户的受益人的赔付金额,试求 X 的分布律.

4. 在某个公开招聘职位的 12 个应聘者中有 7 个女性和 5 个男性,假设在这些应聘者中随机选取 3 个人,以随机变量 X 表示其中女性的数量,试求 X 的分布律.

5. 独立投掷一枚均匀的骰子两次,令随机变量 X 为两次投掷结果的点数之差的绝对值,试求 X 的分布律.

6. 某篮球运动员投中篮圈的概率为 0.9,求他两次独立投篮后投中篮圈次数 X 的分布律以及他至少投中 1 次的概率.

7. 现在一台计算机中放置 5 块微芯片,其中 2 块有缺陷. 在组装计算机之前,随机地在这 5 块芯片中挑选 2 块进行检查. 用随机变量 X 表示在检查的 2 块芯片当中发现有缺陷的芯片数量,求 X 的分布律,并由此计算 2 块被检查芯片中不超过 1 块有缺陷的概率.

8. 设 100 个某种型号的灯泡中的次品数 X 为一个随机变量,已知 X 的分布律为

X	0	1	2
P	0.5	0.4	0.1

现从这 100 个灯泡中随机取出 10 个.

(1) 求取出的这 10 个灯泡中只有一个次品的概率;

(2) 若已知取出的 10 个灯泡中只有一个次品的情况下,求原来的 100 个灯泡中恰好有 2 个次品的概率.

习题讲解
2-1

§2.3 离散型随机变量的数学期望与方差

通过前面的学习,我们了解到分布律能全面描述离散型随机变量取值的统计规律性,并由此可计算出有关随机事件发生的概率. 但是在实际问题中,我们往往无法确定随机变量的确切分布,或者有时仅仅想知道随机变量在某些方面的取值特征. 比如我们通常比较关心某种杂交水稻的平均亩①产量,这从一个侧面反映了亩产量分布的特征. 再比如考察某市居民的家庭收入情况,我们关注家庭平均年收入的同时还关心不同家庭之间的收入差距,这些特征在概率论中统称为随机变量的**数字特征**. 本节主要介绍离散型随机变量的两个重要数字特征:数学期望与方差.

一、数学期望

先看一个简单例子. 求解集合 $\{2,3,2,4,2,3,4,5,3,2\}$ 的平均数. 将集合中 10 个数求和取平均,很容易得到平均数

$$\mu = \frac{2+3+2+4+2+3+4+5+3+2}{10} = \frac{4\times2+3\times3+2\times4+1\times5}{10}$$

$$= 2\times\frac{4}{10}+3\times\frac{3}{10}+4\times\frac{2}{10}+5\times\frac{1}{10} = 3.$$

其中数字 2,3,4,5 出现的频率分别为 0.4,0.3,0.2,0.1,上述平均值即为集合中所有可能取值以频率为权重的加权平均. 由概率的统计定义可知频率可以近似替代概率,由此可以给出离散型随机变量数学期望的定义.

定义 2.2 设离散型随机变量 X 的分布律为 $P(X=x_i)=p_i$, $i=1,2,\cdots,n,\cdots$. 若 $\sum\limits_{i=1}^{\infty}|x_i|p_i$ 收敛,则称

$$E(X) = \sum_{i=1}^{\infty} x_i p_i \tag{2.1}$$

为随机变量 X 的**数学期望**,简称为**期望**或**均值**. 若级数 $\sum\limits_{i=1}^{\infty}|x_i|p_i$ 不收敛,则称随机变量 X 的数学期望不存在.

注意到离散型随机变量取值 x_i 的顺序改变不会影响其分布情况,所以在上述数学期望定义中,我们自然要求任意改变 x_i 的次序并不影响其收敛性及其求和的值,即相对应级数有绝对收敛的要求. 离散型随机变量 X 的数学期望 $E(X)$ 完全由其分布律

---

① 1 亩 ≈ 666.67 m².

所确定,因此也称 $E(X)$ 为其分布的数学期望.

例 2.2 某城市发行彩票 10 万张,每张 1 元. 设头等奖 1 个,奖金 10000 元;二等奖 2 个,奖金各 5000 元;三等奖 5 个,奖金各 2000 元;四等奖 100 个,奖金各 100 元;五等奖 1000 个,奖金各 10 元. 购买每张彩票所获得的收益为随机变量 X,试求 X 的数学期望 $E(X)$.

解 由题意,随机变量 X 的分布律为

X	10000	5000	2000	100	10	0
P	0.00001	0.00002	0.00005	0.001	0.01	0.98892

X 的数学期望为

$$E(X) = 10000 \times 0.00001 + 5000 \times 0.00002 + 2000 \times 0.00005 + 100 \times 0.001 +$$
$$10 \times 0.01 + 0 \times 0.98892 = 0.5(元)$$

例 2.2 表明,每当我们花掉 1 元钱购买此彩票,获得的平均收益只有 0.5 元,只收回了成本的一半. 本质上这对彩票购买者并不公平,所以在我国彩票发行由政府部门严格管理,目前市面上发行的福利彩票、体育彩票等彩票收益主要用于公益事业.

例 2.3 在例 1.27(辛普森悖论)中讨论了马龙和詹姆斯的投篮命中率,现在讨论马龙和詹姆斯的平均得分能力. 马龙的两分球命中率为 51.9%,三分球的命中率为 27.4%,马龙两分球在投篮中占比为 98.82%,三分球在投篮中占比为 1.18%;詹姆斯的两分球命中率为 54.9%,三分球的命中率为 34.4%,詹姆斯两分球在投篮中占比为 78.06%,三分球在投篮中占比为 21.94%. 记 $B = \{投篮命中\}$,$A_1 = \{投两分球\}$,$A_2 = \{投三分球\}$,X 表示马龙一次投篮的得分,这里不考虑罚球的投篮,则 X 可能的取值为 $0, 2, 3$.

$$P(X=2) = P(BA_1) = P(A_1)P(B \mid A_1) = 98.82\% \times 51.9\% = 0.5129,$$
$$P(X=3) = P(BA_2) = P(A_2)P(B \mid A_2) = 1.18\% \times 27.4\% = 0.0032.$$

X 的数学期望为

$$E(X) = 0 \times P(X=0) + 2 \times P(X=2) + 3 \times P(X=3)$$
$$= 2 \times 0.5129 + 3 \times 0.0032 = 1.0354.$$

Y 表示詹姆斯一次投篮的得分,这里不考虑罚球的投篮,则 Y 可能的取值为 $0, 2, 3$.

$$P(Y=2) = P(BA_1) = P(A_1)P(B \mid A_1) = 78.06\% \times 54.9\% = 0.4285,$$
$$P(Y=3) = P(BA_2) = P(A_2)P(B \mid A_2) = 21.94\% \times 34.4\% = 0.0755.$$

Y 的数学期望为

$$E(Y) = 0 \times P(Y=0) + 2 \times P(Y=2) + 3 \times P(Y=3)$$
$$= 2 \times 0.4285 + 3 \times 0.0755 = 1.0835.$$

这样看来詹姆斯一次投篮的平均得分高于马龙,可以认为詹姆斯的个人得分能力强于马龙.当然,篮球是一项集体的运动,球员的价值还应该考虑防守能力、关键球的得分能力和助攻其他球员得分的能力等.

例 2.4　一个知识竞赛节目的选手将会被问问题 1 和问题 2 两个问题,他所回答问题的顺序由他的选择来确定. 如果首先尝试回答问题 i ($i=1$ 或 2),那么只有当他答对时,他才会被允许继续回答问题 j ($j\neq i, j=1,2$). 如果他第 1 次的答案是错的,那么他将不被允许回答接下来的问题. 若他答对了问题 1,则可获得奖金 200 元;若他答对了问题 2,则可获得奖金 100 元. 如果他答对问题 1 的概率是 50%,答对问题 2 的概率是 70%,那么他应该首先选择回答哪个问题才能使他获得的期望奖金最大化呢? 假设他是否答对两个问题相互独立.

解　由题意,如果他先选择回答问题 1,那么他获得的奖金数随机变量 X 的分布律为 $P(X=0)=0.5, P(X=200)=0.5\times0.3=0.15, P(X=300)=0.5\times0.7=0.35$. 这种情况下,他的期望奖金数为

$$E(X)=0\times0.5+200\times0.15+300\times0.35=135(\text{元}).$$

同理,如果他先选择回答问题 2,那么他获得的奖金数随机变量 Y 的分布律为

$$P(Y=0)=0.3, P(Y=100)=0.7\times0.5=0.35, P(Y=300)=0.7\times0.5=0.35.$$

此时,他的期望奖金数为

$$E(Y)=0\times0.3+100\times0.35+300\times0.35=140(\text{元}).$$

故从期望获得的奖金数大小比较来看,他更应该选择首先回答问题 2.

在实际应用中,除了要明确随机变量 X 的数学期望外,有时也需要求随机变量函数 $g(X)$(仍然是随机变量)的数学期望. 此时,可以通过下面的定理来求解:

定理 2.1　设离散型随机变量的分布律为 $P(X=x_i)=p_i$, $i=1,2,\cdots$. 令随机变量 $Y=g(X)$,若 $\sum\limits_{i=1}^{\infty}|g(x_i)|p_i$ 收敛,则有

$$E(Y)=E[g(X)]=\sum_{i=1}^{\infty}g(x_i)p_i. \tag{2.2}$$

借助应用上面的定理,我们可以在不事先求解随机变量函数 $Y=g(X)$ 分布的前提下,直接计算 Y 的数学期望. 定理 2.1 的证明在本章最后一节,明确如何求解随机变量函数的分布之后,很容易得到相应结果.

在上述定理基础上,我们可以证明数学期望的几个重要性质(以下假定所涉及的数学期望均存在).

定理 2.2　(1) 若 c 为常数,则有 $E(c)=c$.

(2) 对任意常数 k,c,则有 $E(kX+c)=kE(X)+c$.

(3) $E(X^2)=0$ 的充要条件是 $P(X=0)=1$.

证明　（1）在概率论中,若随机变量 X 取值为常数 c 的概率为 1,即满足 $P(X=c)=1$,则称 X 服从参数为 c 的**退化分布**. 此时 X 的数学期望为 $E(X)=c\cdot P(X=c)=c$.

（2）在(2.2)式中令 $g(x)=kx+c$,则有

$$E(kX+c)=\sum_{i=1}^{\infty}(kx_i+c)p_i=k\sum_{i=1}^{\infty}x_ip_i+c\sum_{i=1}^{\infty}p_i=kE(X)+c.$$

（3）设离散型随机变量 X 的分布律为 $P(X=x_i)=p_i>0$, $i=1,2,\cdots$,由

$$E(X^2)=\sum_{i=1}^{\infty}x_i^2p_i$$

得到 $E(X^2)=0$ 等价于 $x_i=0,i=1,2,\cdots$,即 $P(X=0)=\sum_{i=1}^{\infty}p_i=1$.

二、 方差与标准差

如果知道随机变量 X 的数学期望,就可以确定随机变量的平均取值. 但有时平均取值还不足以完全反映随机变量取值特征的全貌,比如下面的手表走时问题.

例 2.5　现有甲、乙两款手表,它们一定时间内与标准时间的误差(单位:min)分别为 X 和 Y,各自的分布律为

X	-1	0	1
P	0.3	0.4	0.3

和

Y	-2	-1	0	1	2
P	0.1	0.3	0.2	0.3	0.1

两款手表哪个走时更准? 我们可以比较两者走时误差的均值,通过计算可得

$$E(X)=E(Y)=0.$$

从是否准时的角度,两款手表平均来看没有差别. 如果我们要判断哪款走时更稳定,那么单看数学期望的取值显然是不够了,此时需要知道随机变量 X 与它的均值 $E(X)$ 之间的偏离程度如何. 为了避免这个偏差正负抵消的影响,要考察两者的绝对偏差 $|X-E(X)|$. 同时注意到绝对偏差的取值是随机的,并且绝对值函数不太好处理,所以考虑观察表达式 $E(X-E(X))^2$,而它正好反映了随机变量 X 取值"波动大小"的特征,在概率论中称其为随机变量的方差,接下来介绍其一般定义.

定义 2.3　设 X 是一个随机变量,若 $E(X-E(X))^2$ 存在,则称

$$\mathrm{Var}(X)=E(X-E(X))^2$$

为 X 的**方差**,称 $\sqrt{\mathrm{Var}(X)}$ 为 X 的**标准差**,记为 $\sigma(X)$.

对任意随机变量 X,只要其对应的 $E(X^2)$ 存在,那么 X 的方差均可以根据上述定

义给出. 由方差定义可以看出,方差较大意味着随机变量取值的平均分散程度较大;反之,方差较小意味着随机变量取值的平均分散程度较小,也就是取值比较集中,"波动"比较小. 方差与标准差的主要区别在量纲上,随机变量的数学期望和标准差具有相同的量纲,因此在实际应用中人们更多时候选择标准差来衡量随机变量取值的平均分散程度.

特别地,如果已知离散型随机变量 X 的分布律为 $P(X=x_i)=p_i$,那么按照定理 2.1 的结果可得

$$\mathrm{Var}(X)=\sum_{i=1}^{\infty}(x_i-E(X))^2 p_i.$$

从上面的表达式我们可以看出,随机变量 X 的方差的取值一定为非负实数,开方后得到其相应标准差. 除了从上述定义出发直接计算随机变量的方差以外,为简便常常利用下面的结果来计算.

定理 2.3　$\mathrm{Var}(X)=E(X^2)-[E(X)]^2.$

证明　由定理 2.2,可得

$$\mathrm{Var}(X)=E(X-E(X))^2=E[X^2-2E(X)X+(E(X))^2]$$
$$=E(X^2)-2[E(X)]^2+[E(X)]^2=E(X^2)-[E(X)]^2.$$

回到前面例 2.5,比较甲、乙两款手表走时稳定性,我们可以计算 X 和 Y 的方差,先分别计算

$$E(X^2)=(-1)^2\times0.3+0^2\times0.4+1^2\times0.3=0.6,$$
$$E(Y^2)=(-2)^2\times0.1+(-1)^2\times0.3+0^2\times0.2+1^2\times0.3+2^2\times0.1=1.4.$$

由定理 2.3 可得

$$\mathrm{Var}(X)=E(X^2)-[E(X)]^2=0.6<\mathrm{Var}(Y)=E(Y^2)-[E(Y)]^2=1.4,$$

所以甲手表走时更稳定.

下面来证明方差的几个重要性质(以下假定所涉及的方差均存在).

定理 2.4　(1) 若 c 为常数,则有 $\mathrm{Var}(c)=0$;若 $\mathrm{Var}(X)=0$,则 $P(X=c)=1$,且其中 $c=E(X)$.

(2) 对任意常数 k,c,有 $\mathrm{Var}(kX+c)=k^2\mathrm{Var}(X)$.

证明　(1) 若 c 为常数,则

$$\mathrm{Var}(c)=E[c-E(c)]^2=E(c-c)^2=0.$$

命题的后半部分用反证法证明.设 X 的分布律为

$$P(X=x_i)=p_i,\quad i=1,2,\cdots.$$

记 $E(X)=c$.若 X 不服从参数为 c 的退化分布,则必存在某个正整数 m,使得 $x_m\neq c$,且 $P(X=x_m)=p_m>0$. 由方差的定义可得

$$\mathrm{Var}(X) = \sum_i (x_i - c)^2 p_i \geqslant (x_m - c)^2 p_m > 0,$$

这与 $\mathrm{Var}(X) = 0$ 产生矛盾,所以有 $P(X=c) = 1$.

（2）因为 k, c 为常数,所以

$$\mathrm{Var}(kX+c) = E(kX+c-E(kX+c))^2 = E[k(X-E(X))]^2$$
$$= k^2 E[X-E(X)]^2 = k^2 \mathrm{Var}(X).$$

例 2.6　已知一台某型号的复印机每年需要维修的次数为随机变量 X,根据相关经验,X 的分布律为

X	0	1	2	3
P	0.2	0.3	0.4	0.1

假设购买此台复印机每年只需要考虑两方面的维修费用支出:一次性购买维修服务协议 200 元和每次维修收取费用 100 元. 试求购买这台复印机每年需要支出的维修总费用的数学期望和方差?

解　我们可以先求出随机变量 X 的数学期望为

$$E(X) = 0 \times 0.2 + 1 \times 0.3 + 2 \times 0.4 + 3 \times 0.1 = 1.4.$$

利用方差计算公式,由

$$E(X^2) = 0^2 \times 0.2 + 1^2 \times 0.3 + 2^2 \times 0.4 + 3^2 \times 0.1 = 2.8,$$

可得

$$\mathrm{Var}(X) = E(X^2) - [E(X)]^2 = 2.8 - 1.4^2 = 0.84.$$

由题意,购买这台复印机每年需要支出的维修总费用的数学期望为

$$E(100X+200) = 100E(X) + 200 = 340.$$

相应的方差为

$$\mathrm{Var}(100X+200) = 100^2 \mathrm{Var}(X) = 8400.$$

对比数学期望和方差的性质,我们发现数学期望保持线性性质,而常数却不影响方差. 在概率论中,经常会对随机变量 X 做如下的线性变换:

$$\widetilde{X} = X - E(X) \quad \text{或} \quad X^* = \frac{X - E(X)}{\sqrt{\mathrm{Var}(X)}},$$

由数学期望和方差的性质得到

$$E(\widetilde{X}) = 0, \quad \mathrm{Var}(\widetilde{X}) = \mathrm{Var}(X);$$

$$E(X^*) = 0, \quad \mathrm{Var}(X^*) = 1.$$

我们称 $\widetilde{X}$ 为随机变量 X 的**中心化随机变量**,X^* 为随机变量 X 的**标准化随机变量**. 这两个变换都将任意随机变量 X 的数学期望变成 0. 另外经标准化的随机变量没有量纲,而且方差一定为 1,这为数学上处理带来了许多便利. 因此在实际应用中,我们经常将随机变量进行标准化处理之后再做相关分析.

习题讲解
2-2

习题 2.3

1. 已知某个离散型随机变量 X 的分布律为

$$P(X=2^k)=\frac{1}{2^k}, \quad k=1,2,\cdots.$$

试判断 X 的数学期望 $E(X)$ 是否存在?

2. 根据某汽车销售点日销售记录得知,每天的汽车销量 X(单位:台)的分布律为

X	0	1	2	3
P	0.5	0.3	0.15	0.05

试求该汽车销售点每天的平均汽车销量.

3. 若离散型随机变量 X 的分布律为

$$P(X=k)=\frac{1}{n}, \quad k=1,2,\cdots,n,$$

则称 X 服从**离散型均匀分布**,试求 X 的数学期望 $E(X)$.

4. 假设随机变量 X 可能取值为 1 和 2,且已知 $E(X)=1.6$,试求概率值 $P(X=1)$.

5. 设 10 件产品中恰有 2 件次品,现进行不放回抽取,每次取 1 件,以 X 表示直到第二次取到正品为止的抽取次数. 试求 X 的分布律并求其数学期望 $E(X)$.

6. 设离散型随机变量 X 的分布律为

X	-2	-1	0	1	2
P	$\frac{1}{4}$	$\frac{1}{3}$	$\frac{1}{6}$	$\frac{1}{12}$	$\frac{1}{6}$

试求 $E(|X|)$, $E(2X^2+1)$.

7. 从某生产线上下来的玻璃瓶中,大约有 10% 的玻璃瓶在外观上有严重缺陷. 现随机抽取 3 个玻璃瓶进行检验,以 X 表示被检玻璃瓶中外观上有严重缺陷的玻璃瓶的数量,试求 X 的数学期望与方差.

8. 设一台设备由两大部件构成,在设备运转中这两大部件需要调整的概率分别为 0.1,0.2,假设各部件是否需要调整相互独立,以 X 表示同时需要调整的部件数,试求 X 的数学期望与标准差.

9. 设随机变量 X 满足 $E(X)=\mathrm{Var}(X)=\lambda$,且 $E[(X-4)(X-1)]=0$,试求 λ 的值.

10. 设离散型随机变量 X 的分布律为

X	-2	0	1	3
P	0.2	0.4	0.1	0.3

试求 $E(2X-3)$ 和 $\mathrm{Var}(2X-3)$.

11. 某个快餐店的全年总收入是一个随机变量,其平均值为 40 万元,标准差为 8 万元. 而该快

餐店的合伙人之一获得的酬金为全年总收入的 15%,试求该合伙人获得酬金的期望值和标准差.

12. 设随机变量 X 满足 $\mathrm{Var}(3X+2)=27$,求 X 的标准差.

§2.4 常用离散型随机变量及其分布

每个离散型随机变量都可以用其分布律来刻画它的取值规律,不同的分布律也对应产生了服从不同分布的随机变量. 本节主要讨论在生产生活实践中,应用比较广泛的几个常用离散型随机变量及其分布.

重难点讲解
2-3

一、二项分布

1. 二项分布

前面曾经提到过伯努利试验中,我们只关心某个事件 A 是否发生. 如果将伯努利试验独立重复地进行 n 次,就得到 n 重伯努利试验. 若记随机变量 X 为 n 重伯努利试验中事件 A 发生的次数,此时 X 的值域为 $\{0,1,2,\cdots,n\}$. 在本章第一节得到了

$$P(X=k)=\binom{n}{k}p^k(1-p)^{n-k}, \quad k=0,1,2,\cdots,n.$$

此时称随机变量 X 服从参数为 n,p 的**二项分布**,记为 $X\sim B(n,p)$.

显然

$$P(X=k)\geq 0 \quad (k=0,1,2,\cdots,n),$$

$$\sum_{k=0}^{n}P(X=k)=\sum_{k=0}^{n}\binom{n}{k}p^k(1-p)^{n-k}=[p+(1-p)]^n=1$$

满足离散型随机变量分布律的两条性质. 注意到 $\binom{n}{k}p^k(1-p)^{n-k}$ 正好是 $[p+(1-p)]^n$ 二项展开式中出现 p^k 的一项,由此得名二项分布.

在概率论中,二项分布是一个非常重要的分布,很多随机现象背后的统计规律可以用二项分布来描述. 比如在 50 人的班级中,某课程考试成绩能达到优秀的人数;1000 名流感患者中的死亡人数;抽验 20 件产品,其中不合格品的数量;等等.

例 2.7 某车间生产的每个滚珠轴承是否存在缺陷相互独立,并且发生缺陷的概率均为 0.05. 现检查 6 个滚珠轴承,试求:

(1) 发现其中恰有 1 个存在缺陷的概率;

(2) 发现其中有两个或两个以上存在缺陷的概率.

解 设随机变量 X 为 6 个滚珠轴承中发生缺陷的个数,则 $X\sim B(6,0.05)$.

（1）6 个滚珠轴承中恰有 1 个存在缺陷的概率为

$$P(X=1)=\binom{6}{1}0.05^1 0.95^5=0.2321.$$

（2）6 个滚珠轴承中有两个或两个以上存在缺陷的概率为

$$P(X\geqslant 2)=\sum_{k=2}^{6}P(X=k)=\sum_{k=2}^{6}\binom{6}{k}0.05^k 0.95^{6-k}=0.0328.$$

例 2.8 每家医院在电力突然中断的情况下,都有备用发电机系统维持医院的正常运行. 假设系统中独立安装了 n 个相同型号的备用发电机,且每台发电机正常工作的概率为 0.8. 求解当 n 至少为多大时,才能保证系统被调用时至少有一台备用发电机正常工作的概率不小于 0.99?

解 令随机变量 X 为 n 个相同型号的备用发电机组成的系统中正常工作的数量,则 $X\sim B(n,0.8)$. 由题意,要满足

$$P(X\geqslant 1)=1-P(X=0)=1-(1-0.8)^n\geqslant 0.99,$$

即要求 $0.2^n\leqslant 0.01$.

$$n\geqslant\frac{\ln 0.01}{\ln 0.2}=2.8614,$$

所以 n 至少为 3 时,就能保证系统被调用时至少有一台备用发电机正常工作的概率不小于 0.99.

例 2.9 若随机变量 $X\sim B(3,p)$ $(0<p<1)$,且已知 $P(X\geqslant 1)=\dfrac{19}{27}$,求 $P(X\geqslant 2)$.

解 由 $P(X\geqslant 1)=\dfrac{19}{27}$,知 $P(X<1)=1-\dfrac{19}{27}=\dfrac{8}{27}$,所以

$$P(X<1)=P(X=0)=\binom{3}{0}p^0(1-p)^3=\frac{8}{27}.$$

由此可得 $p=\dfrac{1}{3}$. 那么

$$P(X\geqslant 2)=P(X=2)+P(X=3)=\binom{3}{2}\left(\frac{1}{3}\right)^2\left(\frac{2}{3}\right)^1+\binom{3}{3}\left(\frac{1}{3}\right)^3\left(\frac{2}{3}\right)^0=\frac{7}{27}.$$

2. 0-1 分布

若在二项分布 $B(n,p)$ 中取 $n=1$,此时随机变量 $X\sim B(1,p)$,分布律为

$$P(X=k)=\binom{1}{k}p^k(1-p)^{1-k}=p^k(1-p)^{1-k}\quad(k=0,1),$$

或用下表表示:

X	0	1
P	$1-p$	p

此时称随机变量 X 服从参数为 p 的 0-1 **分布或两点分布**.

在实际应用中,只要随机试验的样本空间只包含两个样本点,即 $\Omega = \{\omega_1, \omega_2\}$,就可以引入服从 0-1 分布的随机变量来刻画它的分布情况. 比如前面提到的一次伯努利试验中,令随机变量 X 为关心的某个事件 A 发生的次数,此时 X 服从 0-1 分布 $B(1, p)$(其中 $p = P(A)$).

3. 二项分布的数学期望和方差

若随机变量 $X \sim B(n, p)$,则其数学期望为

$$E(X) = \sum_{k=0}^{n} kP(X=k) = \sum_{k=1}^{n} k \binom{n}{k} p^k (1-p)^{n-k} = \sum_{k=1}^{n} k \frac{n!}{k!(n-k)!} p^k (1-p)^{n-k}$$

$$= np \sum_{k=1}^{n} \frac{(n-1)!}{(k-1)!(n-k)!} p^{k-1} (1-p)^{n-k}$$

$$= np \sum_{l=0}^{n-1} \binom{n-1}{l} p^l (1-p)^{n-1-l}$$

$$= np [p + (1-p)]^{n-1} = np.$$

为了确定其方差,我们首先计算 $E(X^2)$:

$$E(X^2) = \sum_{k=0}^{n} k^2 P(X=k) = \sum_{k=0}^{n} k(k-1) \binom{n}{k} p^k (1-p)^{n-k} + \sum_{k=0}^{n} k \binom{n}{k} p^k (1-p)^{n-k}$$

$$= \sum_{k=2}^{n} k(k-1) \frac{n!}{k!(n-k)!} p^k (1-p)^{n-k} + E(X)$$

$$= n(n-1)p^2 \sum_{k=2}^{n} \frac{(n-2)!}{(k-2)!(n-k)!} p^{k-2} (1-p)^{n-k} + np$$

$$= n(n-1)p^2 [p + (1-p)]^{n-2} + np = n^2 p^2 - np^2 + np.$$

由此可得

$$\text{Var}(X) = E(X^2) - [E(X)]^2 = n^2 p^2 - np^2 + np - (np)^2 = np(1-p).$$

特别地,对于 0-1 分布 $B(1, p)$,其数学期望为 p,方差为 $p(1-p)$.

下面这个结论详细地描述了二项分布概率值先增后降的情况.

***定理 2.5** 若随机变量 $X \sim B(n, p)$,其中 $0 < p < 1$. 随着 k 从 0 到 n,$P(X=k)$ 先单调递增,后单调递减,且当 k 取不大于 $(n+1)p$ 的最大整数时,$P(X=k)$ 达到最大值.

证明 因为 $X \sim B(n, p)$,对任意 $k = 1, 2, \cdots, n$,可得

$$\frac{P(X=k)}{P(X=k-1)} = \frac{\dfrac{n!}{k!(n-k)!}p^{k}(1-p)^{n-k}}{\dfrac{n!}{(k-1)!(n-k+1)!}p^{k-1}(1-p)^{n-k+1}} = \frac{(n-k+1)p}{k(1-p)}.$$

所以 $P(X=k) \geq P(X=k-1)$ 当且仅当 $(n-k+1)p \geq k(1-p)$, 等价于 $k \leq (n+1)p$.

依照上面的定理结果, 若随机变量 $X \sim B(10,0.5)$ (其概率取值情况如图 2.1 所示), 则当 X 取值为 5 的时候, 概率值达到最大.

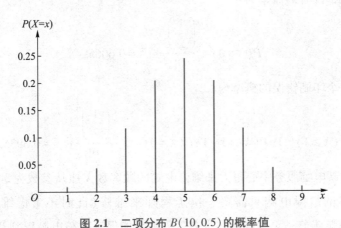

图 2.1 二项分布 $B(10,0.5)$ 的概率值

二、泊松分布

1. 泊松分布

泊松分布是 1837 年法国数学家泊松在他撰写的一本关于将概率论应用于诉讼、刑事审判等方面的书中首次提出的.

若随机变量 X 的分布律为

$$P(X=k) = \frac{\lambda^{k}}{k!}e^{-\lambda}, \quad k=0,1,2,\cdots,$$

其中 $\lambda > 0$, 则称随机变量 X 服从参数为 λ 的 **泊松分布**, 记为 $X \sim P(\lambda)$.

对于泊松分布的分布律, 利用幂级数求和很容易验证

$$\sum_{k=0}^{\infty} P(X=k) = \sum_{k=0}^{\infty} \frac{\lambda^{k}}{k!}e^{-\lambda} = e^{-\lambda} \sum_{k=0}^{\infty} \frac{\lambda^{k}}{k!} = e^{-\lambda}e^{\lambda} = 1.$$

泊松分布适合于描述单位时间(或空间)内随机事件发生的次数. 比如在一定的时间跨度内发生自然灾害的次数, 一个社区中活到 100 岁以上的人数, 某一服务设施在一定时间内到达的人数, 电话交换机接到呼叫的次数, 某交通道口由南至北方向 1 h 内的车流量, 购物网站上某品牌洗发水每天的销售量, 一件产品的缺陷数等, 泊松分布

在不同的领域有着广泛的应用.

例 2.10　假设某本书某章出现印刷错误的数量服从参数为 $\lambda=\dfrac{1}{2}$ 的泊松分布,试求:(1) 该章一个印刷错误都没有的概率;(2) 该章至少有一个印刷错误的概率.

解　设随机变量 X 为这本书该章印刷错误的数量,由题意知 $X\sim P\left(\dfrac{1}{2}\right)$,则该章一个印刷错误都没有的概率为

$$P(X=0)=\frac{\left(\dfrac{1}{2}\right)^0}{0!}\mathrm{e}^{-\frac{1}{2}}=0.6065.$$

该章至少有一个印刷错误的概率为

$$P(X\geqslant 1)=1-P(X<1)=1-P(X=0)=1-\frac{\left(\dfrac{1}{2}\right)^0}{0!}\mathrm{e}^{-\frac{1}{2}}=0.3935.$$

习题讲解 2-3

例 2.11　某电脑服务中心每天来维修电脑的顾客数 X 服从参数为 3 的泊松分布,假设每位顾客的故障电脑只需要一位工程师来维修(此时不考虑维修时间的长短). 那么该电脑维修站至少配备多少名工程师才能保证故障电脑得到及时维修的概率不低于 90%.

解　已知需要维修电脑的顾客数 $X\sim P(3)$,设该电脑维修站至少配备 m 名工程师,要使得故障电脑得到及时维修的概率不低于 90%,即要满足

$$\begin{cases}P(X\leqslant m)\geqslant 0.9,\\ P(X\leqslant m-1)<0.9.\end{cases}$$

经过查泊松分布函数表(见附表 1),可得

$$P(X\leqslant 4)=0.815,\quad P(X\leqslant 5)=0.916.$$

所以至少配备 5 名工程师才能保证故障电脑得到及时维修的概率不低于 90%.

2. 二项分布的泊松近似

在前面的二项分布 $B(n,p)$ 中,当 n 较大且 p 较小时,相应的概率值计算相当烦琐. 此时我们可以利用下面的泊松定理,用泊松分布作为二项分布的近似,从而减少相应计算量.

定理 2.6（泊松定理）　设 $\lambda>0$ 为一个常数,n 为任意正整数. 令 $\lambda=np_n$,则对任一固定的非负整数 k 有

$$\lim_{n\to\infty}\binom{n}{k}p_n^k(1-p_n)^{n-k}=\frac{\lambda^k}{k!}\mathrm{e}^{-\lambda}.$$

证明 因为 $p_n = \dfrac{\lambda}{n}$，则有

$$\binom{n}{k} p_n^k \left(1-p_n\right)^{n-k} = \frac{n!}{(n-k)!\,k!}\left(\frac{\lambda}{n}\right)^k\left(1-\frac{\lambda}{n}\right)^{n-k}$$

$$= \frac{\lambda^k}{k!}\cdot\frac{n(n-1)\cdots(n-k+1)}{n^k}\cdot\frac{\left(1-\dfrac{\lambda}{n}\right)^n}{\left(1-\dfrac{\lambda}{n}\right)^k}$$

$$= \frac{\lambda^k}{k!}\cdot 1\cdot\left(1-\frac{1}{n}\right)\cdot\cdots\cdot\left(1-\frac{k-1}{n}\right)\cdot\frac{\left(1-\dfrac{\lambda}{n}\right)^n}{\left(1-\dfrac{\lambda}{n}\right)^k}.$$

注意到

$$\lim_{n\to\infty}\left(1-\frac{1}{n}\right)\cdot\cdots\cdot\left(1-\frac{k-1}{n}\right)=1,$$

$$\lim_{n\to\infty}\left(1-\frac{\lambda}{n}\right)^n=\mathrm{e}^{-\lambda},$$

$$\lim_{n\to\infty}\left(1-\frac{\lambda}{n}\right)^k=1,$$

所以

$$\lim_{n\to\infty}\binom{n}{k}p_n^k\left(1-p_n\right)^{n-k}=\frac{\lambda^k}{k!}\mathrm{e}^{-\lambda}$$

对任意 k（$k=0,1,2,\cdots$）均成立，定理得证.

由泊松定理我们发现，如果进行 n 次独立重复试验，每个试验的成功概率为 p，那么，当 n 充分大和 p 充分小，并且 np 适中时，成功的次数原本服从二项分布 $B(n,p)$，此时可以看作近似服从参数为 $\lambda=np$ 的泊松分布，即

$$\binom{n}{k}p^k\left(1-p\right)^{n-k}\approx\frac{\lambda^k}{k!}\mathrm{e}^{-\lambda},\quad k=0,1,2,\cdots.$$

表 2.1 给出了按二项分布直接计算与利用泊松分布作近似计算的相关具体数据.

表 2.1 二项分布与泊松分布近似的比较

k	二项分布 $B(n,p)$				泊松分布 $P(\lambda)$ 近似
	$n=10$ $p=0.2$	$n=40$ $p=0.05$	$n=80$ $p=0.025$	$n=100$ $p=0.02$	$\lambda=np=2$
0	0.1074	0.1285	0.1319	0.1326	0.1353
1	0.2684	0.2706	0.2706	0.2707	0.2707

续表

	二项分布 $B(n,p)$				泊松分布 $P(\lambda)$ 近似
k	$n=10$ $p=0.2$	$n=40$ $p=0.05$	$n=80$ $p=0.025$	$n=100$ $p=0.02$	$\lambda=np=2$
2	0.3020	0.2777	0.2741	0.2734	0.2707
3	0.2013	0.1851	0.1827	0.1823	0.1804
4	0.0881	0.0901	0.0902	0.0902	0.0902
5	0.0264	0.0342	0.0352	0.0353	0.0361
>5	0.0064	0.0138	0.0152	0.0155	0.0166

下面给出利用泊松分布近似计算的相关例子.

例 2.12 某网站的管理者想了解网站访问者的分布情况. 假设每天有 100 万人以 4×10^{-6} 的概率独立地决定是否访问该网站,那么未来某一天该网站至少有 10 名访问者的概率是多少?

解 设随机变量 X 为未来某一天该网站访问者的数量,由题意
$$X \sim B(10^6, 4\times10^{-6}),$$
即 X 近似服从参数为 4 的泊松分布,则未来某一天该网站至少有 10 名访问者的概率为

$$P(X \geqslant 10) = 1 - P(X < 10) = 1 - \sum_{k=0}^{9} P(X=k)$$

$$\approx 1 - \sum_{k=0}^{9} \frac{4^k}{k!} \mathrm{e}^{-4} = 0.008.$$

例 2.13 某保险公司的某人寿保险有 1000 人投保. 假设每个人在一年内死亡的概率是 0.005,且每一个人在一年内是否死亡是相互独立的. 试求在未来一年这 1000 个投保人当中死亡人数不超过 13 人的概率?

解 设随机变量 X 为未来一年内这 1000 个投保人当中的死亡人数,由题意
$$X \sim B(1000, 0.005),$$
即 X 近似服从参数为 5 的泊松分布,则

$$P(X \leqslant 13) = \sum_{k=0}^{13} P(X=k) \approx \sum_{k=0}^{13} \frac{5^k}{k!} \mathrm{e}^{-5} = 0.999.$$

由此可见,在购买这个人寿保险的 1000 个投保人中,死亡人数不超过 13 人的可能性很大,这个结论可以帮助保险公司对该保险的未来赔付情况做一些预判.

3. 泊松分布的数学期望和方差

若随机变量 $X \sim P(\lambda)$,则其数学期望为

$$E(X) = \sum_{k=0}^{\infty} kP(X=k) = \sum_{k=0}^{\infty} k\,\frac{\lambda^k}{k!}e^{-\lambda}$$

$$= \lambda e^{-\lambda} \sum_{k=1}^{\infty} \frac{\lambda^{k-1}}{(k-1)!} = \lambda e^{-\lambda} \sum_{j=0}^{\infty} \frac{\lambda^j}{j!} = \lambda e^{-\lambda} e^{\lambda} = \lambda.$$

因此,泊松分布的数学期望是其参数 λ. 比如某交通道口 1 h 车流量服从参数为 200 的泊松分布,那么我们可以确定该道口平均车流量即为 200. 为了确定其方差,我们首先计算 $E(X^2)$:

$$E(X^2) = \sum_{k=0}^{\infty} k^2 P(X=k) = \sum_{k=0}^{\infty} k^2 \frac{\lambda^k}{k!}e^{-\lambda} = \sum_{k=0}^{\infty} k(k-1)\frac{\lambda^k}{k!}e^{-\lambda} + \sum_{k=0}^{\infty} k\,\frac{\lambda^k}{k!}e^{-\lambda}$$

$$= \lambda^2 e^{-\lambda} \sum_{k=2}^{\infty} \frac{\lambda^{k-2}}{(k-2)!} + E(X) = \lambda^2 e^{-\lambda} \sum_{j=0}^{\infty} \frac{\lambda^j}{j!} + \lambda = \lambda^2 + \lambda.$$

由此可得

$$\mathrm{Var}(X) = E(X^2) - [E(X)]^2 = \lambda.$$

三、几何分布

在伯努利试验中,每次试验中事件 A 发生的概率为 $P(A)=p$ $(0<p<1)$,令随机变量 X 为事件 A 首次发生时试验的次数, 则 X 的分布律为

$$P(X=k) = (1-p)^{k-1}p, \quad k=1,2,\cdots,$$

此时称随机变量 X 服从参数为 p 的**几何分布**,记为 $X \sim Ge(p)$.

对于几何分布的分布律,利用幂级数求和很容易验证

$$\sum_{k=1}^{\infty} P(X=k) = \sum_{k=1}^{\infty} (1-p)^{k-1}p = p\,\frac{1}{[1-(1-p)]} = 1.$$

若 $X \sim Ge(p)$,令 $q=1-p$,则 X 的数学期望为

$$E(X) = \sum_{k=1}^{\infty} k(1-p)^{k-1}p = p\sum_{k=1}^{\infty} kq^{k-1} = p\sum_{k=1}^{\infty} \frac{\mathrm{d}q^k}{\mathrm{d}q}$$

$$= p\,\frac{\mathrm{d}}{\mathrm{d}q}\left(\sum_{k=1}^{\infty} q^k\right) = p\,\frac{\mathrm{d}}{\mathrm{d}q}\left(\frac{1}{1-q}\right) = \frac{p}{(1-q)^2} = \frac{1}{p}.$$

又因为

$$E(X^2) = \sum_{k=1}^{\infty} k^2 q^{k-1}p = p\left[\sum_{k=1}^{\infty} k(k-1)q^{k-1} + \sum_{k=1}^{\infty} kq^{k-1}\right]$$

$$= pq\sum_{k=1}^{\infty} k(k-1)q^{k-2} + \frac{1}{p} = pq\sum_{k=1}^{\infty} \frac{\mathrm{d}^2}{\mathrm{d}q^2}q^k + \frac{1}{p}$$

$$= pq\,\frac{\mathrm{d}^2}{\mathrm{d}q^2}\left(\sum_{k=1}^{\infty} q^k\right) + \frac{1}{p} = pq\,\frac{\mathrm{d}^2}{\mathrm{d}q^2}\left(\frac{1}{1-q}\right) + \frac{1}{p}$$

$$= pq\,\frac{2}{(1-q)^3} + \frac{1}{p} = \frac{2q}{p^2} + \frac{1}{p}.$$

那么, X 的方差为

$$\mathrm{Var}(X) = E(X^2) - [E(X)]^2 = \frac{2q}{p^2} + \frac{1}{p} - \frac{1}{p^2} = \frac{1-p}{p^2}.$$

例如抛掷一颗均匀的骰子,记随机变量 X 为首次出现点数 6 的投掷次数,那么 $X \sim Ge\left(\dfrac{1}{6}\right)$, X 的数学期望(即表示首次出现点数 6 的平均投掷次数)为 6 次.

下面介绍几何分布一个十分特殊的性质——无记忆性.

定理 2.7 (几何分布的无记忆性)　设随机变量 $X \sim Ge(p)$,则对任意正整数 m 和 n 有

$$P(X > m+n \mid X > m) = P\quad(X > n).$$

证明　由几何分布的分布律,可得

$$P(X > n) = \sum_{k=n+1}^{\infty} (1-p)^{k-1} p = \frac{(1-p)^n p}{1-(1-p)} = (1-p)^n.$$

对任意正整数 m 和 n,条件概率

$$P(X > m+n \mid X > m) = \frac{P(X > m+n)}{P(X > m)} = \frac{(1-p)^{m+n}}{(1-p)^m} = (1-p)^n = P(X > n).$$

上述定理表明:在一系列伯努利试验中,事件 A 首次发生时的试验次数 X 服从几何分布. 在前 m 次试验中事件 A 没有发生的条件下,在接下去的 n 次试验中事件 A 仍然没有发生的概率只与 n 有关,而与前面 m 次试验无关,即为无记忆性.

四、超几何分布

从有限个总体中进行不放回抽样时,常常会遇到超几何分布. 假设现有 N 件产品,其中 M 件不合格品 $(M \leqslant N)$. 若从中不放回抽样随机抽取 n 件 $(n \leqslant N)$,令随机变量 X 为抽取的 n 件产品中不合格品的数量, 则 X 的分布律为

$$P(X = k) = \frac{\binom{M}{k}\binom{N-M}{n-k}}{\binom{N}{n}}, \quad k = 0, 1, \cdots, m.$$

其中 $m = \min\{M, n\}$,且 N, M 均为正整数,此时称随机变量 X 服从参数为 N, M, n 的**超几何分布**,记为 $X \sim h(N, M, n)$.

特别地,当抽取件数 n 远小于产品总数 N 时,每次抽取后,不合格率 $p = \dfrac{M}{N}$ 变化非常微小,不放回抽样和放回抽样相差无几,此时超几何分布可用二项分布近似替代:

$$\frac{\binom{M}{k}\binom{N-M}{n-k}}{\binom{N}{n}} \approx \binom{n}{k} p^k (1-p)^{n-k}, \text{其中} p = \frac{M}{N}.$$

例 2.14 一家公司有两个职位空缺,现有 10 位男性和 5 位女性申请了该职位,而且所有人都同等胜任这两个职位. 公司经理从应聘者中随机选取两个人来填补职位空缺,试求正好是一男一女被选中的概率.

解 令随机变量 X 为随机选取的两人中男性的数量,由题意 $X \sim h(15,10,2)$. 被选中的两人中正好是一男一女的概率为

$$P(X=1) = \frac{\binom{10}{1}\binom{5}{1}}{\binom{15}{2}} = \frac{10}{21}.$$

下面计算超几何分布的数学期望和方差. 若 $X \sim h(N,M,n)$,则数学期望为

$$E(X) = \sum_{k=0}^{m} k \frac{\binom{M}{k}\binom{N-M}{n-k}}{\binom{N}{n}} = n\frac{M}{N} \sum_{k=1}^{m} \frac{\binom{M-1}{k-1}\binom{N-M}{n-k}}{\binom{N-1}{n-1}} = n\frac{M}{N}.$$

同时注意到

$$E(X^2) = \sum_{k=0}^{m} k^2 \frac{\binom{M}{k}\binom{N-M}{n-k}}{\binom{N}{n}} = \sum_{k=2}^{m} k(k-1) \frac{\binom{M}{k}\binom{N-M}{n-k}}{\binom{N}{n}} + n\frac{M}{N}$$

$$= \frac{M(M-1)}{\binom{N}{n}} \sum_{k=2}^{m} \binom{M-2}{k-2}\binom{N-M}{n-k} + n\frac{M}{N}$$

$$= \frac{M(M-1)}{\binom{N}{n}} \binom{N-2}{n-2} + n\frac{M}{N} = \frac{M(M-1)n(n-1)}{N(N-1)} + n\frac{M}{N}.$$

所以 X 的方差为

$$\mathrm{Var}(X) = E(X^2) - [E(X)]^2 = \frac{nM(N-M)(N-n)}{N^2(N-1)}.$$

习题 2.4

1. 设随机变量 X 的概率函数为 $P(X=-1)=P(X=1)=P(X=2)=\dfrac{1}{3}$，记事件 $A=\{X\leqslant 1.5\}$，以随机变量 Y 表示在三次独立重复试验中事件 A 发生的次数，试求 Y 的分布律.

2. 在一项关于笔记本电脑电池使用时间的研究中，研究人员发现电池使用时间 X 超过 5 h 的概率是 0.12. 试求在独立使用的三个笔记本电脑电池中，发现其中只有一个电池可使用 5 h 或更长时间的概率.

3. 设在某医疗卫生机构献血的人群中，有 85% 的人是 Rh 阳性血型. 试问该机构至少需要多少名献血者才能保证采集到至少 6 份 Rh 阳性血液的概率超过 95%？

4. 设某手机一天收到 8 个短信，每个短信是垃圾短信的概率为 0.2，用 X 表示这天该手机收到的垃圾短信总数，试求

（1）收到的 8 个短信中至少包含 2 个垃圾短信的概率；

（2）X 的数学期望 $E(X)$ 与方差 $\mathrm{Var}(X)$.

5. 设 X 表示 5 次独立重复射击命中目标的次数，每次命中目标的概率为 0.2，试求 X^2 的数学期望 $E(X^2)$.

6. 设随机变量 X 服从参数为 1 的泊松分布. 令随机事件 $A=\{X\geqslant 2\}$，$B=\{X<1\}$. 试求 $P(A)$，$P(B)$，$P(A\cup B)$，$P(B\,|\,\overline{A})$.

7. 经调查，某酒店预订中心平均每分钟接到 3 个电话. 试求

（1）在给定的 1 min 内没有接到电话的概率.

（2）在给定的 1 min 内至少接到两个电话的概率.

8. 设随机变量 X 服从参数为 2 的泊松分布. 试求 $E[X(X-1)]$.

9. 设随机变量 X 服从参数为 λ 的泊松分布，且 $P(X=2)=P(X=3)$，试求 X 的数学期望 $E(X)$.

10. 某产品的废品率为 0.005，任取 1000 件这种产品，试利用泊松定理，求其中废品数不多于 5 件的概率.

11. 设某保险公司开办了某类重大疾病保险项目，共有 2000 人参加了这个项目，每人交保险费 500 元，一旦身患此类重大疾病可获 10 万元的赔付，假设每人患病与否相互独立，且每个人患此类重大疾病的概率为 0.002. 若不计营销和管理费用，试

（1）求该保险公司在这个项目上产生亏损的概率；

（2）利用泊松定理，求该保险公司在这个项目上的赢利不少于 20 万的概率.

12. 设某人射击直到中靶为止，已知每次射击中靶的概率为 0.75. 记 X 为此人的射击次数，试求概率值 $P(X=2)$ 以及 X 的数学期望 $E(X)$.

13. 一家外贸公司招聘时发现，某个销售职位的申请者中有 20% 的人会说流利的法语. 假设应聘者是从申请人中随机挑选出来的，

（1）试求在找到第一位会说流利法语的应聘者之前，已经面试了5名应聘者的概率？

（2）假设已经面试的10名应聘者中没有发现会说流利法语的人，试求在接下来面试的5名应聘者中能找到第一位会说流利法语的应聘者的概率？

14. 现有15张即开型奖券，其中5张写有"奖"字. 从中任意取3张奖券，以随机变量 X 为所抽取的奖券中含有"奖"字的张数，求 X 的分布律以及 $E(X)$.

§2.5 离散型随机变量函数的分布律

设 $y=g(x)$ 为定义在实数集 $\mathbf{R}$ 上的函数，那么 $Y=g(X)$ 作为 X 的函数，仍然是一个随机变量. 在许多实际应用问题中，通常已知随机变量 X 的分布，想求解 $Y=g(X)$ 的分布. 本节针对离散型随机变量给出相应的解决办法.

定理 2.8 设离散型随机变量 X 的分布律为 $P(X=x_i)=p_i$，$i=1,2,\cdots$. 令随机变量 $Y=g(X)$，假设 $g(x_i)$ $(i=1,2,\cdots)$ 互不相等，则随机变量 Y 的分布律为

Y	$g(x_1)$	$g(x_2)$	$\cdots$	$g(x_i)$	$\cdots$
P	p_1	p_2	$\cdots$	p_i	$\cdots$

证明 由题意，随机变量 Y 的值域 $\Omega_Y=\{g(x_1),g(x_2),\cdots,g(x_i),\cdots\}$. 则有
$$P(Y=g(x_i))=P(g(X)=g(x_i))=P(X=x_i)=p_i,\quad i=1,2,\cdots.$$

上述结论成立的前提是假设 $g(x_i)(i=1,2,\cdots)$ 互不相等，若遇到 $g(x_1),g(x_2),\cdots,g(x_i),\cdots$ 中某些值相等的情况，则把那些相等的值对应的概率全部相加即可. 此时，随机变量 Y 的数学期望为 $E(Y)=E[g(X)]=\sum_{i=1}^{\infty}g(x_i)p_i$，即证明了前面的（2.2）式.

例 2.15 设随机变量 X 的分布律为

X	-2	0	2
P	0.2	0.6	0.2

求随机变量 $Y=|X|$ 的分布律.

解 随机变量 Y 的值域 $\Omega_Y=\{0,2\}$，而且
$$P(Y=2)=P(|X|=2)=P(X=2)+P(X=-2)=0.2+0.2=0.4,$$
因此 $Y=|X|$ 的分布律为

Y	0	2
P	0.6	0.4

例 **2.16**　随机变量 X 服从二项分布 $B(n,p)$，求随机变量 $Y=n-X$ 的分布律.

解　由于 X 的值域 $\Omega_X=\{0,1,\cdots,n\}$，那么 $Y=n-X$ 的值域 $\Omega_Y=\{0,1,\cdots,n\}$. 因为 $X\sim B(n,p)$，对任意 k $(k=0,1,\cdots,n)$ 有

$$P(Y=k)=P(n-X=k)=P(X=n-k)=\binom{n}{n-k}p^{n-k}(1-p)^{n-(n-k)}$$

$$=\binom{n}{k}(1-p)^k[1-(1-p)]^{n-k},$$

所以 Y 服从二项分布 $B(n,1-p)$.

例 **2.17**　随机变量 X 服从参数为 2 的泊松分布，若随机变量

$$Y=\begin{cases}0, & X\leqslant 1,\\ 1, & X>1.\end{cases}$$

求 Y 的分布律.

解　由题意，Y 的值域 $\Omega_Y=\{0,1\}$. 因为 $X\sim P(2)$，则有

$$P(Y=0)=P(X\leqslant 1)=P(X=0)+P(X=1)=\frac{2^0}{0!}e^{-2}+\frac{2^1}{1!}e^{-2}=3e^{-2},$$

那么 Y 的分布律为

Y	0	1
P	$3e^{-2}$	$1-3e^{-2}$

习题 2.5

1. 设随机变量 X 的分布律为

X	-1	0	1	2
P	$\dfrac{1}{8}$	$\dfrac{1}{4}$	$\dfrac{1}{2}$	$\dfrac{1}{8}$

试求随机变量 $Y=X-2$ 的分布律.

2. 设随机变量 X 的分布律为

$$P\left(X=k\,\frac{\pi}{2}\right)=\left(\frac{1}{2}\right)^{k+1},\quad k=0,1,2,\cdots.$$

试求随机变量 $Y=\sin X$ 的分布律.

3. 设随机变量 X 的分布律为

X	-2	-1	0	1	3
P	$\dfrac{1}{5}$	$\dfrac{1}{5}$	$\dfrac{1}{5}$	$\dfrac{1}{15}$	$\dfrac{1}{3}$

习题讲解
2-6

试求：

(1) X^2+X 的分布律；

(2) $E(X^2)$ 和 $\mathrm{Var}(X)$；

(3) 概率 $P(-1<X^2+X<8)$.

4. 某商店售卖苹果，假设大量苹果中有 10% 受损，现有 4 个苹果随机地从该批次中取样. 若苹果受损，则顾客会投诉. 为了使顾客满意，商店有更换受损苹果的政策，并给顾客一张用于未来购买的优惠券. 令随机变量 X 为购买的 4 个苹果中受损的数量，随着时间的推移，发现这个政策的成本为 $Y=0.5X^2$（单位：元），

(1) 试求 Y 的分布律；

(2) 若顾客从这批苹果中随机挑选 4 个，试求该更换受损苹果政策的预期成本.

相关数学家及其成就

雅科布·伯努利（Jacob Bernoulli）
（1655—1705）

雅科布·伯努利是瑞士数学家. 1655 年 1 月 6 日生于巴塞尔，1705 年 8 月 16 日卒于巴塞尔.

雅科布·伯努利在数学领域里做出了卓越的贡献：他是用微积分方法求解常微分方程的先驱者之一，在微分方程中有以他的姓命名的伯努利方程；他独立地发现了调和级数的发散性，写的《关于无穷级数及其有限和的算术应用》被认为是级数理论方面的第一部教科书；在数论中，他提出了很有影响的伯努利数和伯努利多项式；特别是，他在宣传、普及微积分学说方面做出了很大贡献，积分这个术语就是由他引进的.

雅科布·伯努利的名著《猜度术》的出版是概率论发展史中的一件大事. 此书可以说是把概率论建立在稳固的理论基础之上的首次尝试，其中给出了著名的大数定律，使伯努利的姓氏载入概率论史册.

雅科布·伯努利还深入研究过对数螺线,非常赞叹对数螺线的美妙特性,以致他在遗嘱里要求把对数螺线刻在他的墓碑上,并题词"虽经沧桑,依然故我."

泊松(Simeon-Denis Poisson)

(1781—1840)

泊松是法国数学家、物理学家和力学家. 1781 年 6 月 21 日生于法国皮蒂维耶,1840 年 4 月 25 日卒于巴黎附近的索镇.

泊松一生硕果累累,发表论文 300 多篇,对数学和物理学都作出了杰出贡献. 数学方面,他对发散级数做过深入探讨,并奠定了"发散级数求积"的理论基础. 他关于定积分的一系列论文以及在傅里叶级数方面取得的成果,为后来的狄利克雷和黎曼的研究铺平了道路. 物理方面,他解决了许多热传导方面的问题. 在引力学中,他发表了《关于球体引力》和《关于引力理论方程》的论文,引入了著名的泊松方程等.

泊松也是 19 世纪概率统计领域里的卓越人物.他改进了概率论的运用方法,特别是用于统计方面的方法,建立了描述随机现象的一种概率分布——泊松分布. 他推广了"大数定律",并导出了在概率论与数理方程中有重要应用的泊松积分.

 第二章
重难点讲解

 第二章
习题讲解

 第二章
自测题

第三章
连续型随机变量

第二章已经介绍了离散型随机变量及其分布律,自然界中还有一类随机变量,它的取值既不是有限个,也不是可列多个,其取值范围是某个区间或几个区间的并,例如明年上海春节的最高气温,你刚买的手机的使用寿命,这类随机变量称为连续型随机变量. 本章主要介绍连续型随机变量的分布及其数字特征等相关知识.

§3.1 随机变量的分布函数

为了引入连续型随机变量,我们需要引入分布函数的概念. 分布函数是描述随机变量的取值规律性最常用的工具.

定义 3.1 设 X 为随机变量,对任意的 $x \in \mathbf{R}$,称

$$F(x) = P(X \leqslant x)$$

为随机变量 X 的累积分布函数,简称为**分布函数**. 为强调随机变量 X,随机变量 X 的分布函数也记为 $F_X(x)$.

当 $a<b$ 时,$\{X \leqslant a\} \subset \{X \leqslant b\}$,因此,

$$P(a<X \leqslant b) = P(\{X \leqslant b\} - \{X \leqslant a\}) = P(X \leqslant b) - P(X \leqslant a) = F(b) - F(a).$$

例如,成年男性血清胆固醇 X(单位:mmol/L) 的可能的取值范围是一个区间,我们关注的是成年男性血清胆固醇在正常值 2.9~6.0 mmol/L 的概率. 通过引入 X 的分布函数 $F(x)$,可以得到成年男性血清胆固醇在正常值 2.9~6.0 mmol/L 的概率

$$P(2.9<X \leqslant 6.0) = P(X \leqslant 6.0) - P(X \leqslant 2.9) = F(6.0) - F(2.9).$$

分布函数的定义域为 $(-\infty, +\infty)$. 注意随机变量分布函数的定义域和随机变量值域 Ω_X 的区别.

用下面的例子说明如何求离散型随机变量的分布函数.

重难点讲解
3-1

习题讲解
3-1

例 **3.1**　有朋自远方来,他乘船、坐高铁或乘飞机来的概率分别为 $\frac{1}{6},\frac{1}{2},\frac{1}{3}$,所花费的路费分别是 100 元,200 元,300 元. 记所花费的路费为随机变量 X,求随机变量 X 的分布函数.

解　由已知得,X 为离散型随机变量,它的分布律为

X	100	200	300
P	$\frac{1}{6}$	$\frac{1}{2}$	$\frac{1}{3}$

当 $x<100$ 时,$\{X\leqslant x\}$ 是不可能事件,则 $F(x)=P(X\leqslant x)=P(\varnothing)=0$;

当 $100\leqslant x<200$ 时,$\{X\leqslant x\}=\{X=100\}$,则 $F(x)=P(X=100)=\frac{1}{6}$;

当 $200\leqslant x<300$ 时,$\{X\leqslant x\}=\{X=100\}\cup\{X=200\}$,则

$$F(x)=P(X=100)+P(X=200)=\frac{1}{6}+\frac{1}{2}=\frac{2}{3};$$

当 $x\geqslant 300$ 时,$\{X\leqslant x\}=\{X=100\}\cup\{X=200\}\cup\{X=300\}$,则

$$F(x)=P(X\leqslant x)=P(X=100)+P(X=200)+P(X=300)=\frac{1}{6}+\frac{1}{2}+\frac{1}{3}=1.$$

因此随机变量 X 的分布函数为

$$F(x)=\begin{cases}0, & x<100,\\ \dfrac{1}{6}, & 100\leqslant x<200,\\ \dfrac{2}{3}, & 200\leqslant x<300,\\ 1, & x\geqslant 300.\end{cases}$$

画出 $F(x)$ 的图像,如图 3.1 所示.

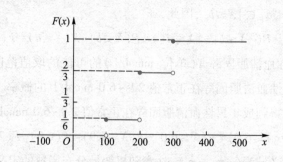

图 **3.1**　例 3.1 中离散型随机变量的分布函数图像

例 **3.2**　已知离散型随机变量 X 的分布函数为

$$F(x)=\begin{cases} 0, & x<0, \\ \dfrac{1}{3}, & 0\leqslant x<1, \\ \dfrac{1}{2}, & 1\leqslant x<2, \\ 1, & x\geqslant 2. \end{cases}$$

求 X 的分布律.

解 $\qquad P(X=0)=P(X\leqslant 0)-P(X<0)=F(0)-F(0-0)=\dfrac{1}{3},$

这里 $F(x-0)$ 表示 $F(x)$ 在 x 处的左极限.

$$P(X=1)=P(X\leqslant 1)-P(X<1)=F(1)-F(1-0)=\dfrac{1}{2}-\dfrac{1}{3}=\dfrac{1}{6},$$

$$P(X=2)=P(X\leqslant 2)-P(X<2)=F(2)-F(2-0)=1-\dfrac{1}{2}=\dfrac{1}{2}.$$

则 X 的分布律为

X	0	1	2
P	$\dfrac{1}{3}$	$\dfrac{1}{6}$	$\dfrac{1}{2}$

X 的值域 $\Omega_X=\{0,1,2\}$, $F(x)$ 在 $x=0,1,2$ 处发生跳跃, 跳跃幅度恰为随机变量取值于该点的概率值, 如图 3.2 所示.

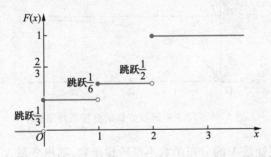

图 3.2 例 3.2 中离散型随机变量的分布函数图像

由上面两个例子可以看出:离散型随机变量的分布律和分布函数都刻画了随机变量的分布规律,两者是等价的. 对离散型随机变量而言, $F(x)$ 是阶梯函数, 对任意 $x_k\in\Omega_X$, $F(x)$ 在 x_k 处发生跳跃, 跳跃幅度为 $P(X=x_k)=p_k=F(x_k)-F(x_k-0)$, $k=1,2,\cdots$. 但是,对于离散型随机变量而言,用分布律更直观和方便. 对任意一个实数轴上的集合 D,有

$$P(X \in D) = \sum_{i:x_i \in D} P(X = x_i) = \sum_{i:x_i \in D} p_i.$$

定理 3.1(离散型随机变量分布函数和分布律的关系)

(1) 设离散型随机变量 X 的分布律为 $P(X=x_k)=p_k$, $k=1,2,\cdots$, 则对任意 $-\infty < x < +\infty$,

$$F_X(x) = \sum_{k:x_k \leqslant x} p_k.$$

(2) 设离散型随机变量 X 的分布函数为 $F(x)$,若 x_k, $k=1,2,\cdots$ 为 $F(x)$ 的不连续点,则 X 的取值范围为 $\Omega_X = \{x_1, x_2, \cdots\}$,且 X 的分布律为

$$P(X=x_k) = p_k = F(x_k) - F(x_k - 0), \quad k=1,2,\cdots.$$

例 3.3 设某深水港自动化集装箱船装卸货物的时间为随机变量 X(单位:h),装卸时间超过 x 的概率为 e^{-x}. 求随机变量 X 的分布函数 $F(x)$.

解 由已知得 $\Omega_X = [0, +\infty)$,

当 $x \geqslant 0$ 时,$F(x) = P(X \leqslant x) = 1 - e^{-x}$;

当 $x < 0$ 时,$F(x) = P(X \leqslant x) = P(\varnothing) = 0$.

随机变量 X 的分布函数为

$$F(x) = \begin{cases} 1-e^{-x}, & x \geqslant 0, \\ 0, & x < 0. \end{cases}$$

画出 $F(x)$ 的图像,如图 3.3 所示.

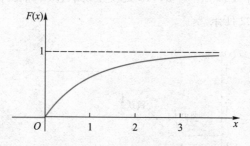

图 3.3 例 3.3 中随机变量的分布函数图像

例 3.3 中的随机变量 X 的分布函数不是阶梯函数,随机变量 X 并不是离散型随机变量. 可以证明对任意随机变量的分布函数有下列性质.

定理 3.2(分布函数的性质) 设任意随机变量 X 的分布函数为 $F(x)$,则

(1) $0 \leqslant F(x) \leqslant 1$ $(-\infty < x < +\infty)$,即 $F(x)$ 的图像在带状区域直线 $y=1$ 和 $y=0$ 之间;

(2) $F(x)$ 是单调不减的;

(3) $\lim_{x \to -\infty} F(x) = 0$, $\lim_{x \to +\infty} F(x) = 1$;

(4) $F(x)$ 是右连续的.

证明 （1）因为 $F(x)=P(X\leqslant x)$，所以 $0\leqslant F(x)\leqslant 1$.

（2）对任意的 $x_1,x_2\in\mathbf{R}$，$x_1<x_2$，都有 $\{X\leqslant x_1\}\subset\{X\leqslant x_2\}$，所以，$P\{X\leqslant x_1\}\leqslant P\{X\leqslant x_2\}$，即 $F(x_1)\leqslant F(x_2)$.

（3）和（4）证明需要利用较深的数学工具，这里不做证明. 感兴趣的读者参见文献[2]第64页.

注 分布函数的这4点性质是其特征性质. 意思是：若有某个随机变量，则其分布函数一定具有这4点性质；反之，若有一个函数满足这4点性质，则它一定是某个随机变量的分布函数.

随机变量的分布函数完整地刻画了随机变量的取值规律. 已知分布函数，可以计算得到随机变量取值于任意集合的概率，由此可以计算任意事件的概率. 设任意的事件 A 可以等价地表示为 $\{X\in S\}$，则 $P(A)=P(X\in S)$，$P(X\in S)$ 可由分布函数计算得到. 设 a 和 b 是任意的两个实数，且 $a<b$，那么

$$P(X\leqslant b)=F(b),P(X<b)=F(b-0),$$
$$P(X=b)=P(X\leqslant b)-P(X<b)=F(b)-F(b-0),$$
$$P(X\geqslant b)=1-F(b-0),P(X>b)=1-F(b),$$
$$P(a<X<b)=F(b-0)-F(a),$$
$$P(a<X\leqslant b)=F(b)-F(a),$$
$$P(a\leqslant X\leqslant b)=F(b)-F(a-0),$$
$$P(a\leqslant X<b)=F(b-0)-F(a-0).$$

当 $F(x)$ 在 a 与 b 处连续时，有
$$F(b-0)=F(b),\quad F(a-0)=F(a).$$
若随机变量的分布函数 $F(x)$ 在 a 处连续，则
$$P(X=a)=F(a)-F(a-0)=0.$$

在例 3.3 中求得的分布函数 $F(x)=\begin{cases}1-e^{-x}, & x\geqslant 0,\\ 0, & x<0\end{cases}$ 处处连续，所以，对任意实数 x 都有 $P(X=x)=0$.

例 3.4 已知一个家庭每天使用扫地机器人的时长为随机变量 X（单位：h），其分布函数为

$$F(x)=\begin{cases}a, & x\leqslant 0,\\[2mm] \dfrac{x^2}{2}+b, & 0<x<1,\\[2mm] 2x-\dfrac{x^2}{2}+c, & 1\leqslant x\leqslant 2,\\[2mm] d, & x>2.\end{cases}$$

习题讲解
3-2

（1）求常数 a,b,c,d；（2）求该家庭每天使用扫地机器人的时长超过 1.5 h 的概率；（3）求某天使用扫地机器人的时长恰巧等于 1.5 h 的概率；（4）求一周中使用扫地机器人的时长超过 1.5 h 的天数等于 3 的概率.

解 （1）由分布函数的性质 $\lim\limits_{x\to-\infty}F(x)=0$，$\lim\limits_{x\to+\infty}F(x)=1$，得

$$\lim_{x\to-\infty}F(x)=a=0,\quad \lim_{x\to+\infty}F(x)=d=1.$$

又因为分布函数右连续，所以

$$a=F(0)=F(0+0)=\lim_{x\to0+0}F(x)=\lim_{x\to0+0}\left(\frac{x^2}{2}+b\right)=b,$$

$$d=\lim_{x\to2+0}F(x)=F(2+0)=F(2)=2\times2-\frac{2^2}{2}+c=2+c,$$

故

$$a=0,\quad b=0,\quad c=-1,\quad d=1.$$

（2）该家庭每天使用扫地机器人的时长超过 1.5 h 的概率为

$$P(X>1.5)=1-P(X\leqslant1.5)=1-F(1.5)=1-\left(2\times1.5-\frac{1.5^2}{2}-1\right)=\frac{1}{8}.$$

（3）某天使用扫地机器人的时长恰巧等于 1.5 h 的概率

$$P(X=1.5)=P(X\leqslant1.5)-P(X<1.5)=F(1.5)-F(1.5-0)=0.$$

（4）设一周中使用扫地机器人的时长超过 1.5 h 的天数为 Y，则 $Y\sim B\left(7,\dfrac{1}{8}\right)$. 那么，一周中使用扫地机器人的时长超过 1.5 h 的天数等于 3 的概率为

$$P(Y=3)=\binom{7}{3}\left(\frac{1}{8}\right)^3\times\left(\frac{7}{8}\right)^4=\frac{84035}{2097152}=0.0401.$$

习题 3.1

1. 投掷一枚均匀的硬币 2 次，设 X 为正面朝上的次数，求 X 的分布函数 $F(x)$，并作出 $F(x)$ 的图像.

2. 设离散型随机变量 X 的分布函数为

$$F(x)=\begin{cases}0, & x<0,\\[2mm]\dfrac{1}{8}, & 0\leqslant x<1,\\[2mm]\dfrac{1}{2}, & 1\leqslant x<2,\\[2mm]1, & x\geqslant2.\end{cases}$$

（1）求 X 的分布律；（2）求概率 $P(X<1)$，$P(X\leqslant1)$，$P\left(\dfrac{1}{2}<X<2\right)$，$P(1<X<2)$.

3. 向一个半径为 1 的圆靶投掷飞镖,投中圆靶上任意一同心圆盘的概率与该圆盘的面积成正比,设无脱靶. 若飞镖投中点到圆心的距离是随机变量 X,求

(1) X 的分布函数 $F(x)$;

(2) 概率 $P(X \geqslant 0.9)$,$P(0.8 \leqslant X < 0.9)$,$P(0.7 < X < 0.8)$,$P(X < 0.6)$.

4. 已知某品牌洗衣机的寿命为随机变量 X(单位:年),寿命超过 x 年的概率为 $e^{-0.1x}$. 求随机变量 X 的分布函数 $F(x)$.

5. 已知随机变量 X 的分布函数为

$$F(x) = a + \frac{x}{b\sqrt{1+x^2}}, \quad -\infty < x < +\infty,$$

求 a, b.

6. 已知随机变量 X 的分布函数为 $F(x) = \begin{cases} 0, & x < -1, \\ a + b\arcsin x, & -1 \leqslant x < 1, \\ 1, & x \geqslant 1. \end{cases}$

(1) 当 a, b 取何值时,$F(x)$ 为连续函数?

(2) 当 $F(x)$ 连续时,试求概率 $P\left(|X| < \frac{1}{2} \right)$.

7. 问下列几种情形下,$F(x)$ 可以作为某一个随机变量的分布函数吗?

(1) $F(x) = 1 - \frac{x^2}{1+x^2}$, $x \in \mathbf{R}$;

(2) $F(x) = e^{-x}$, $x \in \mathbf{R}$;

(3) $F(x) = e^{-|x|}$, $x \in \mathbf{R}$;

(4) $F(x) = \int_{-\infty}^{x} f(t)\,\mathrm{d}t$,其中 $f(t) \geqslant 0$, $x \in \mathbf{R}$.

8. 设随机变量 X 的分布函数为 $F(x) = \begin{cases} 0, & x < 0, \\ \dfrac{1}{2}, & 0 \leqslant x < 1, \\ 1 - e^{-x}, & x \geqslant 1. \end{cases}$

习题讲解
3-3

(1) 计算概率 $P(X=0)$,$P(X=1)$,$P(X>1)$,$P(0.5 < X \leqslant 2)$;

(2) 画出 $F(x)$ 的图像.

9. 已知随机变量 X 的分布函数为 $F(x) = \begin{cases} 0, & x < 1, \\ \ln x, & 1 \leqslant x < e, \\ 1, & x \geqslant e. \end{cases}$ 试求概率 (1) $P\left(|X| < \frac{1}{2} \right)$;

(2) $P(0 < X \leqslant 2)$;(3) $P(1 \leqslant X < 3)$.

10. 已知 $F_X(x)$ 和 $F_Y(y)$ 分别为随机变量 X 和 Y 的分布函数. 证明对于任意的 $0 \leqslant c \leqslant 1$,$cF_X(x) + (1-c)F_Y(x)$ 仍是分布函数.

§3.2 连续型随机变量及其密度函数

在例 3.3 中求得的分布函数 $F(x) = \begin{cases} 1-\mathrm{e}^{-x}, & x \geqslant 0, \\ 0, & x < 0. \end{cases}$ 除了 $x=0$ 处, $F(x)$ 都可导,且 $F(x)$ 处处连续. 如果记

$$f(x) = \begin{cases} \mathrm{e}^{-x}, & x > 0, \\ 0, & x \leqslant 0, \end{cases}$$

那么,对任意实数 x,都有 $F(x) = \int_{-\infty}^{x} f(t)\,\mathrm{d}t$.

重难点讲解
3-2

定义 3.2 若存在非负可积函数 $f(x)$,使得对任意实数 x,随机变量 X 的分布函数都有

$$F(x) = \int_{-\infty}^{x} f(t)\,\mathrm{d}t,$$

则称随机变量 X 为**连续型随机变量**,称 $f(x)$ 为连续型随机变量 X 的**概率密度函数**,简称为**密度函数**.

对于连续型随机变量,它的取值不止有限多个或可列无限多个,不能如离散型随机变量那样列出取值及相应概率.同时这样做也没有意义,由于连续型随机变量 X 的分布函数 $F(x)$ 处处连续,因此 $P(X=a) = F(a) - F(a-0) = 0$. 即连续型随机变量取某一特定值的概率为 0.

显然对连续型随机变量 X 有

$$P(a < X \leqslant b) = F(b) - F(a) = \int_{a}^{b} f(x)\,\mathrm{d}x.$$

由于连续型随机变量 X 的分布函数 $F(x)$ 处处连续,所以,对任意实数 x 都有 $P(X=x) = 0$. $P(a < X \leqslant b) = P(a < X < b) + P(X=b) = P(a < X < b)$,因此,

$$P(a < X \leqslant b) = P(a < X < b) = P(a \leqslant X \leqslant b) = P(a \leqslant X < b) = \int_{a}^{b} f(x)\,\mathrm{d}x.$$

连续型随机变量 X 的(概率)密度函数是和分布函数等价的工具. 因为

$$F(x) = \int_{-\infty}^{x} f(t)\,\mathrm{d}t,$$

且在密度函数 $f(x)$ 的连续点处有

$$f(x) = \frac{\mathrm{d}F(x)}{\mathrm{d}x} = \lim_{\Delta x \to 0} \frac{P(x < X \leqslant x + \Delta x)}{\Delta x}.$$

上式表明密度函数是分布函数的变化率或者是概率的变化率. 在 $f(x)$ 的连续点 x 处

$$P(x < X \leqslant x + \Delta x) = \int_x^{x+\Delta x} f(x) \, \mathrm{d}x \approx f(x) \Delta x,$$

因此,密度函数 $f(x)$ 的数值反映了随机变量在 x 附近取值的概率大小. 可以说连续型随机变量的密度函数和离散型随机变量的分布律作用类似.

一般地,对任意一个实数轴上的集合 D,有

$$P(X \in D) = \int_D f(x) \, \mathrm{d}x.$$

因此,计算连续型随机变量 X 在相关区域内取值概率时用密度函数更方便.

定理 3.3(密度函数的性质) 设连续型随机变量 X 的密度函数为 $f(x)$,则 $f(x)$ 满足

(1)(非负性)对任意实数 x,$f(x) \geqslant 0$;

(2)(规范性)$\int_{-\infty}^{+\infty} f(x) \, \mathrm{d}x = 1$.

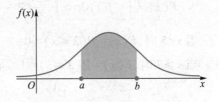

密度函数的几何含义:$y = f(x)$ 的图像、两条直线 $x = a$、$x = b$ 与 x 轴所围成的曲边梯形的面积为随机变量 X 在区间 $[a,b]$ 取值的概率 $P(a < X < b)$,如图 3.4 所示.

图 3.4 密度函数的几何含义

密度函数的物理含义:x 轴上单位质量的细棒的线密度函数,细棒在区间 $[a,b]$ 上的质量为 $\int_a^b f(x) \, \mathrm{d}x$. 所以概率密度函数也被称作质量密度函数.

正是因为密度函数有很强的直观含义,所以,在涉及连续型随机变量的概率计算中通常使用密度函数,而非分布函数.

例 3.5(例 3.4 续) 已知连续型随机变量 X 的分布函数为

$$F(x) = \begin{cases} 0, & x \leqslant 0, \\ \dfrac{x^2}{2}, & 0 < x < 1, \\ 2x - \dfrac{x^2}{2} - 1, & 1 \leqslant x \leqslant 2, \\ 1, & x > 2. \end{cases}$$

求随机变量 X 的密度函数 $f(x)$.

解 在分布函数 $F(x)$ 的可导处,$f(x) = \dfrac{\mathrm{d}F(x)}{\mathrm{d}x}$,因此,$X$ 的密度函数 $f(x)$ 为

$$f(x) = \begin{cases} x, & 0 < x < 1, \\ 2 - x, & 1 \leqslant x \leqslant 2, \\ 0, & 其他. \end{cases}$$

例 3.6 在酸雨的研究中,用 pH 值表示酸性程度. 根据某湖泊湖水的 pH 值的变

动来监控酸雨的降落. 若湖水样本的 pH 值是随机变量 X,其密度函数

$$f(x) = \begin{cases} c\,(7-x)^2, & 5<x<7, \\ 0, & \text{其他}. \end{cases}$$

(1) 求常数 c;(2) 求随机变量 X 的分布函数 $F(x)$;(3) 求 pH 值在 5 到 6 的概率 $P(5<X<6)$;(4) 在每月的一号工作人员要测量 3 次湖水的 pH 值,问这个月一号测量的 3 次湖水的 pH 值都在 5 到 6 的概率.

解 (1) $1 = \int_{-\infty}^{+\infty} f(x)\,\mathrm{d}x = \int_5^7 c(7-x)^2\mathrm{d}x = \dfrac{8}{3}c \Rightarrow c = \dfrac{3}{8}$.

(2) 当 $5 \le x < 7$ 时,

$$F(x) = \int_{-\infty}^x f(t)\,\mathrm{d}t = \int_5^x \frac{3}{8}(7-t)^2\mathrm{d}t = \frac{1}{8}(x^3 - 21x^2 + 147x - 335);$$

当 $x<5$ 时,$F(x) = P(X \le x) = 0$;

当 $x \ge 7$ 时,$F(x) = P(X \le x) = 1$. 所以

$$F(x) = \begin{cases} 0, & x<5, \\ \dfrac{1}{8}(x^3 - 21x^2 + 147x - 335), & 5 \le x < 7, \\ 1, & x \ge 7. \end{cases}$$

(3) $$P(5<X<6) = \int_5^6 f(x)\,\mathrm{d}x = \int_5^6 \frac{3}{8}(7-x)^2\mathrm{d}x = \frac{7}{8}.$$

或

$$P(5<X<6) = F(6) - F(5) = \left[\frac{1}{8}(x^3 - 21x^2 + 147x - 335)\right]_5^6 = \frac{7}{8}.$$

(4) 设随机变量 Y 表示这月一号测量的 3 次湖水 pH 值在 5 到 6 的次数,显然 $Y \sim B\left(3, \dfrac{7}{8}\right)$,

$$P(Y=3) = \binom{3}{3}\left(\frac{7}{8}\right)^3 = \left(\frac{7}{8}\right)^3 = 0.6699.$$

即在这月一号测量的 3 次湖水的 pH 值都在 5 到 6 的概率为 0.6699.

有的随机变量既不是离散型随机变量,又不是连续型随机变量. 例如,随机变量 X 的分布函数 $F(x)$ 为

$$F(x) = \begin{cases} 0, & x<0, \\ \dfrac{x+2}{4}, & 0 \le x < 2, \\ 1, & x \ge 2. \end{cases}$$

显然 $F(x)$ 在 $x=0$ 处不连续,如图 3.5 所示. 因为不存在非负可积函数 $f(x)$,使得对任

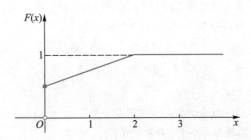

图 3.5 某一既非离散型又非连续型随机变量的分布函数示意图

意实数 x,满足

$$F(x) = \int_{-\infty}^{x} f(t)\,\mathrm{d}t,$$

所以,$F(x)$ 既不是离散型随机变量的分布函数,又不是连续型随机变量的分布函数.

习题 3.2

1. 已知 $f(x)$ 是某个连续型随机变量的密度函数,问下面哪个函数可以作为某一连续型随机变量的密度函数?

(1) $f(2x)$; (2) $f^2(x)$; (3) $2xf(x^2)$; (4) $3x^2 f(x^3)$.

2. 已知随机变量 X 的密度函数为

$$f(x) = \begin{cases} cx^2, & 1<x<3, \\ 0, & \text{其他.} \end{cases}$$

(1) 求常数 c; (2) 求随机变量 X 的分布函数 $F(x)$;

(3) 作出密度函数 $f(x)$ 和分布函数 $F(x)$ 的图像;

(4) 求概率 $P(1.5<X\leqslant 2.5)$,$P(X\geqslant 2)$;

(5) 验证 $F(x)$ 满足分布函数的性质.

3. 已知随机变量 X 的分布函数为

$$F(x) = \begin{cases} 0, & x<0, \\ \dfrac{1}{11}(-10x^3+9x^2+12x), & 0\leqslant x<1, \\ 1, & x\geqslant 1. \end{cases}$$

(1) 求 X 的密度函数 $f(x)$; (2) 计算概率 $P(0.5<X\leqslant 1.5)$.

4. 已知随机变量 X 的分布函数为

$$F(x) = a+b\arctan x, \quad -\infty<x<+\infty,$$

(1) 求常数 a,b; (2) 计算概率 $P(-1\leqslant X\leqslant 1)$; (3) 求 X 的密度函数 $f(x)$.

5. 已知随机变量 X 的密度函数为

$$f(x) = \begin{cases} cxe^{-x^2}, & x>0, \\ 0, & \text{其他.} \end{cases}$$

习题讲解
3-5

（1）求常数 c；　（2）求随机变量 X 的分布函数 $F(x)$；　（3）求 X 大于 10 的概率 $P(X>10)$．

6. 设某种电子元器件的寿命 X（单位：h）的密度函数为

$$f(x)=\begin{cases}100x^{-2}, & x>100,\\ 0, & \text{其他.}\end{cases}$$

（1）求 X 的分布函数 $F(x)$；

（2）作出密度函数 $f(x)$ 和分布函数 $F(x)$ 的图像；

（3）试求该种电子元器件寿命小于 200 h 的概率；

（4）某设备装有 5 个该种电子元器件，每个电子元器件独立工作．试求该设备工作 200 h 后至少还有 3 个电子元器件正常工作的概率；

（5）若某设备中仅有 5 个该种电子元器件串联工作，每个电子元器件独立工作．试求工作 200 h 后该设备仍正常工作的概率；

（6）若某设备中仅有 5 个该种电子元器件并联工作，每个电子元器件独立工作．试求工作 200 h 后该设备仍正常工作的概率．

7. 已知某人员居住密集的楼宇发生火灾后可用疏散时间 T（单位：s）的密度函数为

$$f(t)=\begin{cases}\dfrac{t-200}{2500}, & 200<t<250,\\[2mm] \dfrac{300-t}{2500}, & 250<t<300,\\[2mm] 0, & \text{其他.}\end{cases}$$

（1）求分布函数 $F(t)$；　（2）求疏散时间小于 240 s 的概率．

8. 钢铁工业是国家的基础工业部门，是发展国民经济与国防建设的物质基础．冶金工业的水平也是衡量一个国家工业化的标志，金属材料的化学成分是决定其性能和质量的主要因素．已知 25MnSi 钢含硅量 X 的分布函数为

$$F(x)=\frac{1}{\pi}\left[\arctan(22573x^3-54176x^2+243359x-11572)+\frac{\pi}{2}\right],\quad x\in\mathbf{R}.$$

（1）验证 $F(x)$ 满足分布函数的性质；

（2）求 X 的密度函数 $f(x)$．

9. 设随机变量 X 的密度函数为 $f(x)=\begin{cases}c\sin x, & 0<x<\pi,\\ 0, & \text{其他.}\end{cases}$

（1）求常数 c；　（2）求分布函数 $F(x)$；　（3）计算概率 $P\left(0<X\leqslant\dfrac{\pi}{6}\right)$．

10. 设随机变量 X 的密度函数为 $f(x)=ce^{-\frac{1}{2}|x|}$．

（1）求常数 c；（2）求分布函数 $F(x)$；（3）计算概率 $P(|X|>1)$．

§3.3　连续型随机变量的数学期望与方差

本节介绍连续型随机变量的数学期望和方差的定义及计算方法．

可以考虑将连续型随机变量离散化,若 X 的取值范围为区间 $[a, b]$,将 $[a, b]$ 进行分割 $a = x_0 < x_1 < \cdots < x_n = b$,$P(x_{i-1} < X \leqslant x_i) \approx f(x_i)\Delta x_i$,其中 $\Delta x_i = x_i - x_{i-1}$. 近似地,$P(X = x_i) \approx f(x_i)\Delta x_i$,$i = 1, 2, \cdots, n$,由离散型随机变量数学期望的定义,$E(X) \approx \sum_{i=1}^{n} x_i f(x_i)\Delta x_i$,按照定积分的定义,当 $n \to \infty$ 且 $\max\limits_{1 \leqslant i \leqslant n} \Delta x_i \to 0$ 时,$\sum\limits_{i=1}^{n} x_i f(x_i)\Delta x_i \to \int_a^b x f(x)\,\mathrm{d}x$. 若 X 的取值范围为 $(-\infty, +\infty)$,则 $\sum\limits_{i=1}^{n} x_i f(x_i)\Delta x_i \to \int_{-\infty}^{+\infty} x f(x)\,\mathrm{d}x$. 由此,引出如下定义.

定义 3.3　设连续型随机变量 X 的密度函数为 $f(x)$. 如果 $\int_{-\infty}^{+\infty} |x| f(x)\,\mathrm{d}x$ 存在,则称

$$E(X) = \int_{-\infty}^{+\infty} x f(x)\,\mathrm{d}x$$

为随机变量 X 的数学期望,或称为**随机变量 X 所服从分布的数学期望**,简称期望或均值. 若 $\int_{-\infty}^{+\infty} |x| f(x)\,\mathrm{d}x$ 不存在,则称随机变量 X 的数学期望不存在.

随机变量的数学期望取决于其分布,它反映了随机变量的平均取值.

例 3.7　设某种电子设备的寿命为随机变量 X(单位:100 h),其密度函数

$$f(x) = \begin{cases} \dfrac{45000}{x^3}, & x \geqslant 150, \\ 0, & \text{其他.} \end{cases}$$

求该电子设备的平均寿命.

解　因为

$$E(X) = \int_{-\infty}^{+\infty} x f(x)\,\mathrm{d}x = \int_{150}^{+\infty} x \cdot \frac{45000}{x^3}\,\mathrm{d}x = 300,$$

则该电子设备的平均寿命为 300 h.

第二章我们给出了离散型随机变量函数的数学期望公式,连续型随机变量函数的数学期望也有类似的公式.

定理 3.4　设连续型随机变量 X 的密度函数为 $f(x)$,$g(x)$ 为 **R** 上的连续函数,若 $\int_{-\infty}^{+\infty} |g(x)| f(x)\,\mathrm{d}x$ 存在,则 $g(X)$ 的数学期望为

$$E[g(X)] = \int_{-\infty}^{+\infty} g(x) f(x)\,\mathrm{d}x.$$

由于不需要求随机变量函数 $g(X)$ 的分布,就可以得到其数学期望,所以人们把这个公式形象地称为"懒人公式". 后面介绍的数字特征,包括方差、峰度、偏度等都是随机变量函数的数学期望,都要计算随机变量函数的数学期望,因此这个公式很重要.

重难点讲解
3-3

例 3.8　已知某电影放映厅为下一场放映而进行打扫的时间是随机变量 $Y = 2X - 1$（单位：min），其中 X 的密度函数为

$$f(x) = \begin{cases} \dfrac{1}{2}, & 5 < x < 7, \\ 0, & \text{其他}. \end{cases}$$

求 Y 的数学期望 $E(Y)$.

解　$Y = g(X) = 2X - 1$，于是

$$E(Y) = E[g(X)] = \int_{-\infty}^{+\infty} (2x - 1) f(x) \, dx = \int_5^7 (2x - 1) \cdot \frac{1}{2} dx = 11 \ (\text{min}).$$

在实际问题中，我们经常使用数学期望进行决策.

例 3.9　设某商店某种商品每周的需求量是连续型随机变量 X（单位：kg），X 的密度函数为

$$f(x) = \begin{cases} \dfrac{1}{20}, & 10 < x < 30, \\ 0, & \text{其他}. \end{cases}$$

该商店进货量是区间 $[10, 30]$ 中的某一个整数，商店每销售一单位商品可获利 500 元；若供大于求，剩余的每一单位商品将带来亏损 100 元；若供不应求，则可以从外部调剂供应，此时经调剂的每单位商品仅获利 300 元. (1) 为使商店所获利润期望不少于 9280 元，试确定每周的最少进货量；(2) 为使商店所获利润期望达到最大，试确定每周的进货量.

解　(1) 设 Y 为利润，a 为最少进货量，则有

$$Y = g(X) = \begin{cases} 500X - 100(a - X) = 600X - 100a, & 10 \leqslant X < a, \\ 500a + 300(X - a) = 300X + 200a, & a \leqslant X \leqslant 30, \end{cases}$$

$$E(Y) = E[g(X)] = \int_{-\infty}^{+\infty} g(x) f(x) \, dx = \int_{10}^{30} g(x) \cdot \frac{1}{20} dx$$

$$= \int_{10}^{a} (600x - 100a) \cdot \frac{1}{20} dx + \int_{a}^{30} (300x + 200a) \cdot \frac{1}{20} dx$$

$$= 5 \int_{10}^{a} (6x - a) \, dx + 5 \int_{a}^{30} (3x + 2a) \, dx$$

$$= 5 \left[3x^2 - ax \right]_{10}^{a} + 5 \left[3 \frac{x^2}{2} + 2ax \right]_{a}^{30}$$

$$= 5 \left(-\frac{3}{2} a^2 + 70a + 1050 \right) \geqslant 9280,$$

则有 $-\dfrac{3}{2} a^2 + 70a - 806 \geqslant 0$，解得 $26 \geqslant a \geqslant \dfrac{62}{3} = 20.67$. 所以最少进货量为 21 kg.

(2) $E(Y) = 5 \left(-\dfrac{3}{2} a^2 + 70a + 1050 \right)$，$\dfrac{dE(Y)}{da} = 0$，$-3a + 70 = 0$，$a = \dfrac{70}{3} = 23.33$，分别

代入 $a=23$ 和 $a=24$,计算 $E(Y)$,得到进货量为 23 kg 时,商店所获利润期望达到最大.

同样,利用连续型随机变量和离散型随机变量的对应关系,可建立连续型随机变量方差的定义.

定义 3.4 设连续型随机变量 X 的密度函数为 $f(x)$. 若 $\int_{-\infty}^{+\infty} x^2 f(x) \mathrm{d}x$ 存在,则称

$$\mathrm{Var}(X) = \int_{-\infty}^{+\infty} [x - E(X)]^2 f(x) \mathrm{d}x$$

为随机变量 X 的**方差**,称 $\sqrt{\mathrm{Var}(X)}$ 为 X 的**标准差**,记为 $\sigma(X)$.

方差描述了随机变量取值偏离其中心位置 $E(X)$ 的程度. 若随机变量 X 表示某金融产品的收益率,其平均收益率为 $E(X)$,则标准差 $\sqrt{\mathrm{Var}(X)}$ 描述了该金融产品的风险,方差(或标准差)越大,其风险就越大.

在实际计算中,$\mathrm{Var}(X) = E(X^2) - [E(X)]^2$ 也适用于连续型随机变量.

方差的量纲是随机变量量纲的平方,而标准差的量纲和随机变量量纲相同,所以实际中更多使用标准差这一数字特征.

例 3.10 已知人群中受短视频营销网购的比例为随机变量 X,其密度函数为

$$f(x) = \begin{cases} \dfrac{2(x+3)}{7}, & 0<x<1, \\ 0, & \text{其他}. \end{cases}$$

求人群中受短视频营销网购的平均比例,以及该比例的方差和标准差.

解 人群中受短视频营销网购的平均比例为

$$E(X) = \int_{-\infty}^{+\infty} xf(x) \mathrm{d}x = \int_0^1 x \cdot \frac{2(x+3)}{7} \mathrm{d}x = \frac{11}{21} = 52.4\%,$$

又

$$E(X^2) = \int_{-\infty}^{+\infty} x^2 f(x) \mathrm{d}x = \int_0^1 x^2 \cdot \frac{2(x+3)}{7} \mathrm{d}x = \frac{5}{14},$$

故人群中受短视频营销网购比例的方差及标准差为

$$\mathrm{Var}(X) = E(X^2) - [E(X)]^2 = \frac{5}{14} - \left(\frac{11}{21}\right)^2 = \frac{73}{882} = 0.0828,$$

$$\sigma(X) = \sqrt{\mathrm{Var}(X)} = 28.77\%.$$

人群中受短视频营销网购的平均比例为 52.4%,该比例的方差为 0.0828,标准差为 28.77%.

例 3.11(例 3.7 续) 设某种电子设备的寿命为随机变量 X(单位:100 h),其密度函数

$$f(x) = \begin{cases} \dfrac{45000}{x^3}, & x \geqslant 150, \\ 0, & \text{其他}. \end{cases}$$

问该电子设备寿命的方差是否存在?

解　因为积分

$$\int_{-\infty}^{+\infty} x^2 f(x)\,dx = \int_{150}^{+\infty} x^2 \cdot \frac{45000}{x^3}\,dx = \int_{150}^{+\infty} \frac{45000}{x}\,dx = 45000\left[\ln x\right]_{150}^{+\infty}$$

不存在,所以该电子设备寿命的方差不存在.

连续型随机变量的数学期望和方差也有同离散型随机变量类似的性质.

定理 3.5　设连续型随机变量 X 的数学期望为 $E(X)$,方差为 $\mathrm{Var}(X)$,a,b,c 为常数,则有

(1) $E(c)=c$,$\mathrm{Var}(c)=0$;

(2) $E(aX+b)=aE(X)+b$,$\mathrm{Var}(aX+b)=a^2\mathrm{Var}(X)$.

(3) $\mathrm{Var}(X)=0$ 的充要条件是 $P(X=E(X))=1$.

定理 3.5 的证明留给读者作为练习.

例 3.12(例 3.10 续)　已知随机变量 X 的密度函数为

$$f(x)=\begin{cases}\dfrac{2(x+3)}{7}, & 0<x<1,\\[2mm] 0, & \text{其他.}\end{cases}$$

计算 $E(-2X+3)$,$\mathrm{Var}(-2X+3)$.

解　由数学期望和方差的性质得

$$E(-2X+3)=-2E(X)+3=-2\times\frac{11}{21}+3=\frac{41}{21},$$

$$\mathrm{Var}(-2X+3)=(-2)^2\mathrm{Var}(X)=4\times\frac{73}{882}=\frac{146}{441}.$$

习题 3.3

1. 设随机变量 X 的密度函数为

$$f(x)=\begin{cases}\dfrac{6}{5}(1+3x-5x^2), & 0<x<1,\\[2mm] 0, & \text{其他.}\end{cases}$$

试求(1) $E(X)$,$E(X^2)$,$E\left(\dfrac{1}{X^2}\right)$ 以及 $\mathrm{Var}(X)$;(2) $E(2X-3)$ 和 $\mathrm{Var}(2X-3)$.

2. 设随机变量 X 的密度函数为

$$f(x)=\begin{cases}\dfrac{3}{8}x^2, & 0<x<2,\\[2mm] 0, & \text{其他.}\end{cases}$$

习题讲解
3-7

试求(1) $E(X)$，$E(X^2)$，$E\left(\dfrac{1}{X^2}\right)$ 以及 $\mathrm{Var}(X)$；

(2) 对 X 独立地观察 10 次，用 Y 表示观察值大于 1 的次数，求 $E(Y)$，$\mathrm{Var}(Y)$．

3. 设随机变量 X 的密度函数为

$$f(x)=\begin{cases}1-\mid x\mid, & 0<\mid x\mid<1,\\ 0, & \text{其他}.\end{cases}$$

(1) 验证 $f(x)$ 满足规范性 $\displaystyle\int_{-\infty}^{+\infty}f(x)\mathrm{d}x=1$；　(2) 试求 $E(X)$，$E(X^2)$ 以及 $\mathrm{Var}(X)$；　(3) 试求 $E(-2X+3)$ 和 $\mathrm{Var}(-2X+3)$．

4. 设随机变量 X 的密度函数为

$$f(x)=\begin{cases}\dfrac{2a^2}{x^3}, & x>a,\\[2mm] 0, & \text{其他}.\end{cases}$$

其中 $a>0$ 是常数.

(1) 验证 $f(x)$ 满足规范性 $\displaystyle\int_{-\infty}^{+\infty}f(x)\mathrm{d}x=1$；

(2) 试问 X 的期望 $E(X)$ 和方差 $\mathrm{Var}(X)$ 是否存在.

5. 已知随机变量 X 的均值和方差 $E(X)=\mathrm{Var}(X)=5$.

(1) 计算 $E[(X-3)(X+1)]$；　(2) 计算 $\mathrm{Var}(-3X+1)$．

6. 已知随机变量 X 的分布函数为

$$F(x)=\begin{cases}1-e^{-2x^2}, & x\geqslant 0,\\ 0, & \text{其他}.\end{cases}$$

求 X 的期望 $E(X)$ 和方差 $\mathrm{Var}(X)$．

7. 证明当且仅当 $c=E(X)$ 时，$E[(X-c)^2]$ 有最小值 $\mathrm{Var}(X)$．

习题讲解
3-8

§3.4　常用连续型随机变量及其分布

一、均匀分布

1. 均匀分布的定义

重难点讲解
3-4

定义 3.5　若随机变量 X 的密度函数为

$$f(x)=\begin{cases}\dfrac{1}{b-a}, & a<x<b,\\[2mm] 0, & \text{其他},\end{cases}$$

其中 $a<b$，则称 X 服从区间 (a,b) 上的均匀分布，记作 $X\sim U(a,b)$．

注 （1）若 $X \sim U(a,b)$，则 X 的值域 Ω_X 可以是 (a,b)，$[a,b)$，$(a,b]$ 或 $[a,b]$，视具体情况而定.

（2）因为密度函数在个别点的取值不影响概率大小，所以定义 3.5 $f(x)$ 的表达式中的 $a<x<b$ 也可以是 $a \leqslant x<b$，$a<x \leqslant b$ 或 $a \leqslant x \leqslant b$，简便起见，都表示为 $a<x<b$.

计算得 $X \sim U(a,b)$ 的分布函数为

$$F(x) = \begin{cases} 0, & x<a, \\[2mm] \dfrac{x-a}{b-a}, & a \leqslant x<b, \\[2mm] 1, & x \geqslant b. \end{cases}$$

其密度函数图像如图 3.6 所示.

随机变量 X 在 (a,b) 内长度为 l 的区间上取值的概率

$$P(x<X \leqslant x+l) = \int_x^{x+l} \frac{1}{b-a} \mathrm{d}t = \frac{l}{b-a},$$

只与长度有关，与区间位置无关，表明随机变量 X 落在 (a,b) 区间内任意等长度的子区间内的可能性是相同的，如图 3.7 所示（两个矩形的面积相同），这就是称其为均匀分布的原因.

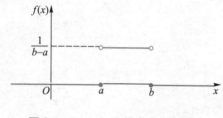

图 3.6 $X \sim U(a,b)$ 的密度函数图像

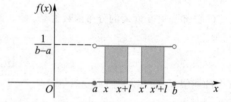

图 3.7 $X \sim U(a,b)$ 在长度为 l 的区间上取值的概率

均匀分布对应的概率模型就是几何概型中一维的情形. 设 $X \sim U(a,b)$，事件

$$A = \{x<X \leqslant x+l\}, \quad a<x<x+l<b,$$
$$m(A) = l, \quad m(\Omega) = b-a,$$

则

$$P(A) = \frac{m(A)}{m(\Omega)} = \frac{l}{b-a}.$$

例 3.13　小舟和子涵约好周日 8:00~8:10 在迪士尼乐园检票处碰头，假设小舟将在这一时间段内随机到达，而子涵恰巧在 8:00 到达了检票处，问子涵至少要等待 5 min 的概率.

解　设子涵的等待时长为随机变量 X（单位：min），则 $X \sim U(0,10)$，

$$f(x) = \begin{cases} \dfrac{1}{10}, & 0<x<10, \\ 0, & \text{其他.} \end{cases}$$

则子涵至少等待 5 min 的概率

$$P(X \geqslant 5) = \int_5^{10} \frac{1}{10} \mathrm{d}x = \frac{1}{2}.$$

本题也可以用几何概型的方法解题.

2. 均匀分布的数学期望和方差

设 $X \sim U(a,b)$,则 X 的数学期望为

$$E(X) = \int_{-\infty}^{+\infty} xf(x)\,\mathrm{d}x = \int_a^b x \cdot \frac{1}{b-a}\mathrm{d}x = \frac{a+b}{2}.$$

均匀分布的平均值恰巧是区间 (a,b) 的中点,这也是密度函数的对称轴与横轴的交点. 因为

$$E(X^2) = \int_{-\infty}^{+\infty} x^2 f(x)\,\mathrm{d}x = \int_a^b x^2 \cdot \frac{1}{b-a}\mathrm{d}x = \frac{a^2 + ab + b^2}{3},$$

所以,均匀分布的方差为

$$\mathrm{Var}(X) = E(X^2) - [E(X)]^2 = \frac{a^2+ab+b^2}{3} - \left(\frac{a+b}{2}\right)^2 = \frac{(b-a)^2}{12}.$$

例 3.14(例 3.8 续)   已知某电影放映厅为下一场放映而进行打扫的时间是随机变量 $Y = 2X-1$(单位:min),其中 X 的密度函数为

$$f(x) = \begin{cases} \dfrac{1}{2}, & 5<x<7, \\ 0, & \text{其他.} \end{cases}$$

利用均匀分布的数学期望和方差公式计算 Y 的数学期望 $E(Y)$ 和方差 $\mathrm{Var}(Y)$.

解   由已知得 $X \sim U(5,7)$,故

$$E(X) = \frac{5+7}{2} = 6, \quad \mathrm{Var}(X) = \frac{(7-5)^2}{12} = \frac{1}{3},$$

$$E(Y) = E(2X-1) = 2E(X)-1 = 2\times6-1 = 11,$$

$$\mathrm{Var}(Y) = \mathrm{Var}(2X-1) = 4\mathrm{Var}(X) = \frac{4}{3}.$$

二、正态分布

1. 正态分布的定义

重难点讲解
3-5

定义 3.6   若随机变量 X 的密度函数为

$$f(x) = \frac{1}{\sqrt{2\pi}\,\sigma}\mathrm{e}^{-\frac{(x-\mu)^2}{2\sigma^2}}, \quad -\infty < x < +\infty,$$

其中$-\infty < \mu < +\infty$，$\sigma > 0$，则称 X 服从参数为 μ，σ^2 的正态分布，记作 $X \sim N(\mu, \sigma^2)$，称 X 为正态随机变量. 正态分布又被称作高斯分布. X 的分布函数为

$$F(x) = \int_{-\infty}^{x} \frac{1}{\sqrt{2\pi}\,\sigma}\mathrm{e}^{-\frac{(t-\mu)^2}{2\sigma^2}}\mathrm{d}t, \quad -\infty < x < +\infty.$$

$F(x)$ 不能用初等函数表示，但可以得到其近似函数值，本节稍后介绍.

　　例 3.15　利用正态分布 $N(\mu, \sigma^2)$ 的密度函数

$$f(x) = \frac{1}{\sqrt{2\pi}\,\sigma}\mathrm{e}^{-\frac{(x-\mu)^2}{2\sigma^2}}, \quad -\infty < x < +\infty$$

的一阶导数 $f'(x)$ 和二阶导数 $f''(x)$，描绘 $f(x)$ 的图像并给出 $f(x)$ 的性质.

　　解

$$f'(x) = -\frac{x-\mu}{\sigma^2}\frac{1}{\sqrt{2\pi}\,\sigma}\mathrm{e}^{-\frac{(x-\mu)^2}{2\sigma^2}}, \quad -\infty < x < +\infty,$$

$$f''(x) = \frac{1}{\sqrt{2\pi}\,\sigma}\mathrm{e}^{-\frac{(x-\mu)^2}{2\sigma^2}}\left[\left(\frac{x-\mu}{\sigma^2}\right)^2 - \frac{1}{\sigma^2}\right], \quad -\infty < x < +\infty.$$

分析得到正态分布 $N(\mu, \sigma^2)$ 的密度函数 $f(x)$ 的图像（如图 3.8 所示）及性质：

（1）$f(x)$ 的图像关于 $x = \mu$ 对称.

（2）当 $x < \mu$ 时，$f'(x) > 0$，$f(x)$ 单调递增；当 $x > \mu$ 时，$f'(x) < 0$，$f(x)$ 单调递减；$f(x)$ 在 $x = \mu$ 处有最大值 $f(\mu) = \frac{1}{\sqrt{2\pi}\,\sigma}$.

（3）$\lim\limits_{x \to \pm\infty} f(x) = 0.$

（4）当 $x < \mu - \sigma$ 时，$f''(x) > 0$，$f(x)$ 上凹；当 $\mu - \sigma < x < \mu + \sigma$ 时，$f''(x) < 0$，$f(x)$ 上凸；当 $x > \mu + \sigma$ 时，$f''(x) > 0$，$f(x)$ 上凹；$\left(\mu - \sigma, \frac{1}{\sqrt{2\pi}\,\sigma}\mathrm{e}^{-\frac{1}{2}}\right)$ 及 $\left(\mu + \sigma, \frac{1}{\sqrt{2\pi}\,\sigma}\mathrm{e}^{-\frac{1}{2}}\right)$ 为 $f(x)$ 的拐点.

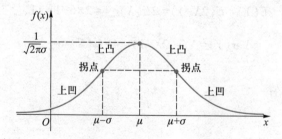

图 3.8　$N(\mu, \sigma^2)$ 的密度函数图像

（5）当 μ 改变，σ^2 不变时，密度函数图像的形状不变，仅发生平移，如图 3.9（a）所示，所以称 μ 为位置参数. 当 μ 不变，σ^2 改变时，密度函数图像的对称轴不变，形状发生改变；σ^2 越大，$f(x)$ 的最大值越小，其图像越平缓，表明随机变量的分布更分散，离散度更大；σ^2 越小，$f(x)$ 的最大值越大，其图像越陡峭，表明随机变量的分布更集中，离散度更小，如图 3.9（b）所示，所以称 σ^2 为形状参数，它描述了随机变量取值的离散程度.

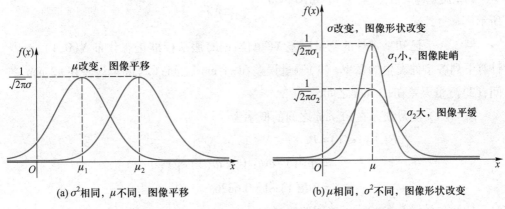

(a) σ^2 相同，μ 不同，图像平移

(b) μ 相同，σ^2 不同，图像形状改变

图 3.9 正态分布 $N(\mu,\sigma^2)$ 的位置参数 μ 和形状参数 σ^2

2. 标准正态分布

当 $\mu=0$，$\sigma=1$ 时，称 X 服从标准正态分布 $N(0,1)$，X 为标准正态随机变量，记 X 的密度函数为 $\varphi(x)$，则有

$$\varphi(x)=\frac{1}{\sqrt{2\pi}}\mathrm{e}^{-\frac{x^2}{2}}, \quad -\infty<x<+\infty.$$

记 X 的分布函数为 $\Phi(x)$，则有

$$\Phi(x)=\int_{-\infty}^{x}\frac{1}{\sqrt{2\pi}}\mathrm{e}^{-\frac{t^2}{2}}\mathrm{d}t, \quad -\infty<x<+\infty.$$

$\varphi(x)$ 和 $\Phi(x)$ 的图像如图 3.10（a）和（b）所示.

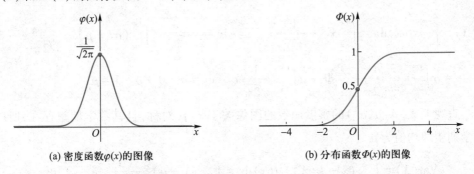

(a) 密度函数 $\varphi(x)$ 的图像

(b) 分布函数 $\Phi(x)$ 的图像

图 3.10 标准正态分布 $N(0,1)$ 的密度函数 $\varphi(x)$ 和分布函数 $\Phi(x)$ 的图像

$\Phi(x)$ 不能用初等函数表示. 只能用多项式逼近的方法得到其函数近似值, 见附表 2 标准正态分布函数表.

因为密度函数 $\varphi(x)$ 的图像关于 y 轴对称, 所以有 $\Phi(0)=0.5$, $\Phi(x)=1-\Phi(-x)$, 故 $\Phi(x)+\Phi(-x)=1$, 如图 3.11 所示.

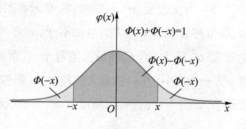

图 3.11　$\Phi(x)+\Phi(-x)=1$ 的图像证明

例 3.16　已知某零件的测量误差 X(单位:mm)服从标准正态分布 $N(0,1)$, 查表计算下列各事件发生的概率. (1)测量误差在±1 mm 之间;(2)测量误差在±2 mm 之间;(3)测量误差在±3 mm 之间.

解　(1) 测量误差在±1 mm 之间的概率为

$$
\begin{aligned}
P(\,|X|\leqslant 1) &= P(-1\leqslant X\leqslant 1)\\
&= \Phi(1)-\Phi(-1)=\Phi(1)-[1-\Phi(1)]\\
&= 2\Phi(1)-1=0.6826.
\end{aligned}
$$

(2) 测量误差在±2 mm 之间的概率为

$$
\begin{aligned}
P(\,|X|\leqslant 2) &= P(-2\leqslant X\leqslant 2)\\
&= \Phi(2)-\Phi(-2)=\Phi(2)-[1-\Phi(2)]\\
&= 2\Phi(2)-1=0.9544.
\end{aligned}
$$

(3) 测量误差在±3 mm 之间的概率为

$$
\begin{aligned}
P(\,|X|\leqslant 3) &= P(-3\leqslant X\leqslant 3)\\
&= \Phi(3)-\Phi(-3)=\Phi(3)-[1-\Phi(3)]\\
&= 2\Phi(3)-1=0.9973.
\end{aligned}
$$

3. 正态分布的数学期望和方差

设 $X\sim N(\mu,\sigma^2)$, 因为 $\displaystyle\int_{-\infty}^{+\infty}|x|\cdot\frac{1}{\sqrt{2\pi}\,\sigma}\mathrm{e}^{-\frac{(x-\mu)^2}{2\sigma^2}}\mathrm{d}x<+\infty$, 所以 $E(X)$ 存在,

$$
E(X)=\int_{-\infty}^{+\infty}xf(x)\mathrm{d}x=\int_{-\infty}^{+\infty}x\cdot\frac{1}{\sqrt{2\pi}\,\sigma}\mathrm{e}^{-\frac{(x-\mu)^2}{2\sigma^2}}\mathrm{d}x\xlongequal{t=\frac{x-\mu}{\sigma}}\int_{-\infty}^{+\infty}(\sigma t+\mu)\cdot\frac{1}{\sqrt{2\pi}}\mathrm{e}^{-\frac{t^2}{2}}\mathrm{d}t
$$

$$
=\sigma\int_{-\infty}^{+\infty}t\cdot\frac{1}{\sqrt{2\pi}}\mathrm{e}^{-\frac{t^2}{2}}\mathrm{d}t+\mu\int_{-\infty}^{+\infty}\frac{1}{\sqrt{2\pi}}\mathrm{e}^{-\frac{t^2}{2}}\mathrm{d}t=\sigma\cdot 0+\mu\cdot 1=\mu.
$$

直观上 $X\sim N(\mu,\sigma^2)$ 的密度函数的图像关于 $x=\mu$ 对称, 且其数学期望存在, 所以数学期望即均值为 μ.

$$
\mathrm{Var}(X)=\int_{-\infty}^{+\infty}(x-E(X))^2f(x)\mathrm{d}x=\int_{-\infty}^{+\infty}(x-\mu)^2\frac{1}{\sqrt{2\pi}\,\sigma}\mathrm{e}^{-\frac{(x-\mu)^2}{2\sigma^2}}\mathrm{d}x
$$

$$\xlongequal{t=\frac{x-\mu}{\sigma}} \int_{-\infty}^{+\infty}(\sigma^2 t^2)\cdot\frac{1}{\sqrt{2\pi}}e^{-\frac{t^2}{2}}dt = -\frac{\sigma^2}{\sqrt{2\pi}}\int_{-\infty}^{+\infty}t\cdot de^{-\frac{t^2}{2}}$$

$$=-\frac{\sigma^2}{\sqrt{2\pi}}\left[te^{-\frac{t^2}{2}}\right]_{-\infty}^{+\infty}+\sigma^2\int_{-\infty}^{+\infty}\frac{1}{\sqrt{2\pi}}e^{-\frac{t^2}{2}}dt=\sigma^2.$$

正态分布的方差为形状参数 σ^2, 它描述了随机变量取值的离散程度, σ^2 越大, 随机变量分布越分散, 其密度函数图像越平缓.

4. 正态分布的概率计算公式

设 $X\sim N(\mu,\sigma^2)$, 则有

$$F(x)=\int_{-\infty}^{x}f(t)dt=\int_{-\infty}^{x}\frac{1}{\sqrt{2\pi}\sigma}e^{-\frac{(t-\mu)^2}{2\sigma^2}}dt$$

$$\xlongequal{u=\frac{t-\mu}{\sigma}}\int_{-\infty}^{\frac{x-\mu}{\sigma}}\frac{1}{\sqrt{2\pi}}e^{-\frac{u^2}{2}}du=\Phi\left(\frac{x-\mu}{\sigma}\right).$$

故

$$P(a<X<b)=\Phi\left(\frac{b-\mu}{\sigma}\right)-\Phi\left(\frac{a-\mu}{\sigma}\right).$$

这个公式称为**正态分布的概率计算公式**. 借助于该公式与标准正态分布函数表, 可以计算参数为 μ,σ^2 的正态分布的分布函数值.

例 3.17 麻醉剂生效的时间决定了医生手术开始的时间. 已知在牙科根管治疗中使用的某种麻醉剂从牙床注射到麻醉剂生效的时间 X(单位:s) 服从正态分布 $N(300,5^2)$. 问对某位患者而言, 预计麻醉剂生效的时间在 288 s 和 312 s 之间的概率.

解 由题意, 麻醉剂生效的时间在 288 s 和 312 s 之间的概率为

$$P(288\leqslant X\leqslant 312)$$

$$=\Phi\left(\frac{312-300}{5}\right)-\Phi\left(\frac{288-300}{5}\right)$$

$$=\Phi(2.4)-\Phi(-2.4)=2\Phi(2.4)-1=0.9836.$$

5. 正态分布的 3σ 准则

当 $X\sim N(\mu,\sigma^2)$ 且 $k>0$ 时, 有

$$P(|X-\mu|<k\sigma)=P(\mu-k\sigma<X<\mu+k\sigma)$$

$$=\Phi\left(\frac{\mu+k\sigma-\mu}{\sigma}\right)-\Phi\left(\frac{\mu-k\sigma-\mu}{\sigma}\right)$$

$$=\Phi(k)-\Phi(-k)=2\Phi(k)-1.$$

当 $k=1$ 时, $P(|X-\mu|<\sigma)=2\Phi(1)-1=0.6826$;

当 $k=2$ 时, $P(|X-\mu|<2\sigma)=2\Phi(2)-1=0.9544$;

当 $k=3$ 时, $P(|X-\mu|<3\sigma)=2\Phi(3)-1=0.9973$.

上面等式表明, 若 $X\sim N(\mu,\sigma^2)$, 则随机变量 X 在区间 $(\mu-\sigma,\mu+\sigma)$, $(\mu-2\sigma,\mu+2\sigma)$ 和 $(\mu-3\sigma,\mu+3\sigma)$ 以内取值的概率分别为 68.26%, 95.44% 以及 99.73%, X 在 $\mu\pm3\sigma$ 以外取值的概率小于 3‰, 如图 3.12 所示, 这称为**正态分布的 3σ 准则或 68-95-99.7 准则**.

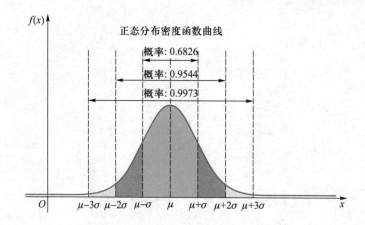

图 3.12 正态分布的 3σ 性质

3σ 准则在实际中有大量应用, 例如可以对工程安全监控指标进行等级划分, 为评判工程运行安全性提供科学依据. 调水工程中存在大量穿过岩体的输水隧洞. 围岩破坏是主要的破坏模式, 它的破坏失稳是一个渐变的过程, 从最开始的变形到逐渐破坏再到最终失稳的变形, 其工作状态由正常状态进入异常状态, 再到险情状态, 直至最终破坏失稳(参见文献[17]). 可通过监测反映围岩变形的变量(如围岩的相对位移)来判断围岩所处于的状态, 经统计得知该变量一般服从或近似服从正态分布 $N(\mu,\sigma^2)$, μ 和 σ^2 可由统计方法估计得到. 当围岩由正常状态进入异常状态时该变量的取值称为一般警戒值, 当围岩由异常状态进入险情状态时该变量的取值称为严重警戒值. 可以取一般警戒值为 $\mu\pm2\sigma$, 严重警戒值为 $\mu\pm3\sigma$, 由 3σ 准则确定.

6. 标准正态分布的分位数

若 $X\sim N(0,1)$, 观察 X 的密度函数 $\varphi(x)$ 的图像. 设 $\Phi(x)=P(X\leqslant x)=p$, 有一个实数 x, 就有一个 $\Phi(x)$ 值 p 和它一一对应, 如图 3.13 所示, 为突出这种对应关系, 这里的 x 记为 u_p, 称其为标准正态分布的 p 分位数, 定义如下.

定义 3.7 设随机变量 $X\sim N(0,1)$, 若

$$P(X\leqslant u_p)=\Phi(u_p)=p,$$

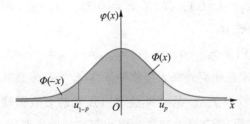

图 3.13　标准正态分布的分位数

称 u_p 为**标准正态分布的 p 分位数**,又称为**标准正态分布的下(尾)p 分位数**.

注　有的教材中标准正态分布的 p 分位数指上(尾)p 分位数,即若 $P(X \geqslant u_p) = 1 - \Phi(u_p) = p$, 称 u_p 为标准正态分布的上(尾)p 分位数. 本书中分位数指下(尾)分位数.

若 $x = u_p$,有

$$P(X \leqslant -x) = \Phi(-x) = 1 - \Phi(x) = 1 - p,$$

则 $-x = u_{1-p}$, 有 $u_{1-p} = -u_p$, 如图 3.13 所示.

附表 2 给出了标准正态分布的 0.5 至 0.9999999990134 分位数中的部分,有的分位数没有列出,这时可以采用线性插值的方法近似计算,具体如下:

设 p_0 分位数 u_{p_0} 没有在表中列出,查表可得最接近 p_0 分位数的为 p_1 分位数 u_{p_1} 和 p_2 分位数 u_{p_2}, 且 $u_{p_1} < u_{p_0} < u_{p_2}$, 则

$$\frac{u_{p_0} - u_{p_1}}{u_{p_2} - u_{p_1}} = \frac{p_0 - p_1}{p_2 - p_1} \Rightarrow u_{p_0} = \frac{p_0 - p_1}{p_2 - p_1}(u_{p_2} - u_{p_1}) + u_{p_1},$$

这种方法称为线性插值法.

例如近似计算 0.95 分位数 $u_{0.95}$, 查附表 2 可得最接近 0.95 的左、右两个分位数为 $u_{0.9495} = 1.64$ 和 $u_{0.9505} = 1.65$, 则

$$\frac{u_{0.95} - 1.64}{1.65 - 1.64} = \frac{0.95 - 0.9495}{0.9505 - 0.9495} \Rightarrow u_{0.95} = \frac{0.0005}{0.001} \times 0.01 + 1.64 = 1.645.$$

例 3.18　设 $X \sim N(0,1)$, (1) 求 X 的 0.95,0.975,0.99,0.05,0.025 分位数;(2) 若 $P(|X| \leqslant c_1) = 0.9, P(|X| \geqslant c_2) = 0.9, P(X \geqslant c_3) = 0.95$, 用分位数分别表示 c_1, c_2, c_3, 并查表得到其具体数值.

解　(1) 因为 $P(X \leqslant 1.645) = 0.95, P(X \leqslant 1.96) = 0.975, P(X \leqslant 2.3267) = 0.99$, 故

$$u_{0.95} = 1.645, \quad u_{0.975} = 1.96, \quad u_{0.99} = 2.3267,$$

$$u_{0.05} = -u_{0.95} = -1.645, \quad u_{0.025} = -u_{0.975} = -1.96.$$

(2) 若 $P(|X| \leqslant c_1) = 0.9$, 则

$$2P(X \leqslant c_1) - 1 = 0.9, \quad P(X \leqslant c_1) = 0.95, \quad c_1 = u_{0.95} = 1.645;$$

若 $P(|X| \geqslant c_2) = 0.9, P(|X| < c_2) = 0.1$, 则

$$2P(X<c_2)-1=0.1, \quad P(X<c_2)=0.55, \quad c_2=u_{0.55}=0.1256;$$

若 $P(X \geqslant c_3)=0.95$，则

$$P(X<c_3)=0.05, \quad c_3=u_{0.05}=-u_{0.95}=-1.645.$$

例 3.19　植物学家在研究外来入侵物种紫茎泽兰时，发现其在不同光环境下的适应策略与其入侵性有较强关系. 紫茎泽兰适应强光的有效策略是自遮荫(参见文献[18]). 经野外考察发现，紫茎泽兰往往为成片密集的单优群落，其冠层下透光率服从正态分布 $N(1.8\%, 0.2\%^2)$，这样其他植物很难进入. 据此推测自遮荫对其入侵性的表现至关重要. 若某株紫茎泽兰的透光率超过了 90% 的紫茎泽兰，则其透光率至少为多少？

解　设紫茎泽兰的透光率为随机变量 X，则 $X \sim N(1.8\%, 0.2\%^2)$. 设该株紫茎泽兰的透光率至少为 x，有

$$P(X \leqslant x) \geqslant 0.9, \quad \Phi\left(\frac{x-1.8\%}{0.2\%}\right) \geqslant 0.9, \quad \frac{x-1.8\%}{0.2\%} \geqslant u_{0.9}=1.2817, \quad x \geqslant 2.06\%.$$

则该株紫茎泽兰的透光率至少为 2.06%.

自然界中有许多随机现象可用正态分布近似描述，例如人的身高、体重、智商，海浪的高度，树木的直径，测量误差等都可近似地看为服从正态分布的随机变量，第五章的中心极限定理会给出理论解释.

三、指数分布

下面将要介绍的指数分布与产品的寿命、动物的寿命分布有关. "寿命"的分布有这样的特点：随着时间的流逝，寿命越长的产品个数越少. 因此，"寿命"的密度函数应是自变量时间的递减函数.

1. 指数分布的定义

定义 3.8　若随机变量 X 的密度函数为

$$f(x)=\begin{cases} \lambda e^{-\lambda x}, & x>0, \\ 0, & \text{其他,} \end{cases}$$

其中 $\lambda>0$，则称 X **服从参数为** λ **的指数分布**，记作 $X \sim E(\lambda)$.

X 的分布函数为

$$F(x)=\begin{cases} 1-e^{-\lambda x}, & x \geqslant 0, \\ 0, & x<0. \end{cases}$$

图 3.14 给出了当参数 λ 不同时，X 的密度函数和分布函数图像.

当 $x>0$ 时，随着自变量 x 的增大，密度函数 $f(x)$ 逐渐减小. 这与产品寿命的分布特点相似，随着时间的流逝，寿命越长的产品个数越少. 所以指数分布一般用来刻画产品的寿命、动物的寿命以及随机服务系统的等待时间等.

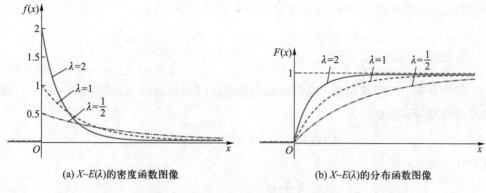

(a) $X \sim E(\lambda)$的密度函数图像   (b) $X \sim E(\lambda)$的分布函数图像

图 3.14　当参数 λ 不同时, $X \sim E(\lambda)$ 的密度函数和分布函数图像

2. 指数分布的数学期望和方差

设 $X \sim E(\lambda)$, 则 X 的数学期望为

$$E(X) = \int_{-\infty}^{+\infty} xf(x)\,\mathrm{d}x = \int_0^{+\infty} x \cdot \lambda \mathrm{e}^{-\lambda x}\,\mathrm{d}x = -\int_0^{+\infty} x \cdot \mathrm{d}\mathrm{e}^{-\lambda x}$$

$$= -\left[x\mathrm{e}^{-\lambda x}\right]_0^{+\infty} + \int_0^{+\infty} \mathrm{e}^{-\lambda x}\,\mathrm{d}x = -\frac{1}{\lambda}\left[\mathrm{e}^{-\lambda x}\right]_0^{+\infty} = \frac{1}{\lambda}.$$

$$E(X^2) = \int_{-\infty}^{+\infty} x^2 f(x)\,\mathrm{d}x = \int_0^{+\infty} x^2 \cdot \lambda \mathrm{e}^{-\lambda x}\,\mathrm{d}x = -\int_0^{+\infty} x^2 \cdot \mathrm{d}\mathrm{e}^{-\lambda x}$$

$$= -\left[x^2 \mathrm{e}^{-\lambda x}\right]_0^{+\infty} + 2\int_0^{+\infty} x\mathrm{e}^{-\lambda x}\,\mathrm{d}x = \frac{2}{\lambda}\int_0^{+\infty} x \cdot \lambda \mathrm{e}^{-\lambda x}\,\mathrm{d}x = \frac{2}{\lambda^2}.$$

X 的方差为

$$\mathrm{Var}(X) = E(X^2) - [E(X)]^2 = \frac{2}{\lambda^2} - \left(\frac{1}{\lambda}\right)^2 = \frac{1}{\lambda^2}.$$

例 3.20　神经生物学家研究发现肌肉和神经细胞膜之间有大量通道,当通道打开时,采用特定实验技术可以测得通过单个通道的离子所产生的电流. 实验结果表明通道的开或闭是随机的,且通道打开的时长 X(单位:μs)服从指数分布 $E\left(\dfrac{1}{38}\right)$. (1) 求通道打开的平均时长;(2) 若要使通道打开时长超过 t 的概率 $P(X>t)$ 至少为 $\dfrac{1}{2}$,求 t 满足的条件.

解　(1) 因为 $X \sim E\left(\dfrac{1}{38}\right)$,所以 $E(X) = \dfrac{1}{\lambda} = 38$,即通道打开的平均时长为 38 μs.

(2) 因为 $P(X>t) = \mathrm{e}^{-\frac{1}{38}t} \geqslant \dfrac{1}{2}$,所以 $\dfrac{1}{38}t \leqslant \ln 2$, $t \leqslant 38\ln 2 = 26.3396$,即要使通道打

开时长超过 t 的概率 $P(X>t)$ 至少为 $\dfrac{1}{2}$，t 应不大于 26.3396 μs.

3. 指数分布的无记忆性

指数分布一般用来刻画产品的寿命以及等待时间等，若产品的寿命 $X \sim E(\lambda)$，则产品寿命超过 x 的概率为

$$P(X>x) = 1 - P(X \leqslant x) = 1 - F(x) = \mathrm{e}^{-\lambda x}.$$

则对任意的 $s, t > 0$，有

$$\frac{P(X>s+t)}{P(X>s)} = \frac{\mathrm{e}^{-\lambda(s+t)}}{\mathrm{e}^{-\lambda s}} = \mathrm{e}^{-\lambda t},$$

即

$$P(X>s+t \mid X>s) = P(X>t).$$

若上式成立，则称随机变量分布具有**无记忆性**. 该等式表明，产品寿命超过 s 时间的条件下，至少再存活 t 时间的概率不依赖于 s，等于产品寿命超过 t 时间的概率，即前面已经存活的 s 时间，没有留下任何痕迹. 正是因为指数分布具有无记忆性，所以人们形象地称指数分布为"永远年轻"的分布.

可以证明，在连续型随机变量的分布中，只有指数分布具有无记忆性. 在离散型随机变量的分布中，只有几何分布具有无记忆性. 证明参见文献[6]第 125－126 页和第 138 页.

*四、 对数正态分布

在维修性分析中，维修时间有这样的特征，有一个无人可及的最小时间，然后是少数一些维修"快手"的维修时间，接下来最具代表性的普通人完成维修的时间形成一个高峰，最后是尾部一长串的"掉队者"花费的维修时间. 相较于正态随机变量而言，它取大的数值更多一些，取小的数值少一些. 这就是服从对数正态分布的随机变量的特征.

1. 对数正态分布的定义

定义 3.9 若随机变量 X 的密度函数为

$$f(x) = \begin{cases} \dfrac{1}{\sqrt{2\pi}\,\sigma x} \mathrm{e}^{-\frac{(\ln x - \mu)^2}{2\sigma^2}}, & x > 0, \\ 0, & \text{其他}, \end{cases}$$

其中 $-\infty < \mu < +\infty$，$\sigma > 0$，则称 X 服从参数为 μ, σ^2 的对数正态分布，记作 $X \sim LN(\mu, \sigma^2)$.

下面给出当 σ 取不同数值时，服从对数正态分布的 X 的密度函数的图像，如

图 3.15 所示.

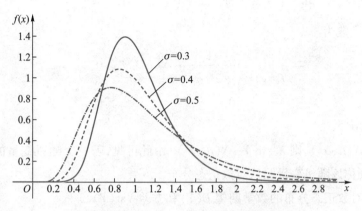

图 3.15 $X \sim LN(\mu, \sigma^2)$ 的密度函数图像

若 $X \sim LN(\mu, \sigma^2)$，则对于任意正数 x，X 的分布函数为

$$F(x) = \int_0^x \frac{1}{\sqrt{2\pi}\,\sigma t} e^{-\frac{(\ln t - \mu)^2}{2\sigma^2}} dt$$

$$= \int_0^x \frac{1}{\sqrt{2\pi}\,\sigma} e^{-\frac{(\ln t - \mu)^2}{2\sigma^2}} d\ln t$$

$$\xlongequal{s = \ln t} \int_{-\infty}^{\ln x} \frac{1}{\sqrt{2\pi}\,\sigma} e^{-\frac{(s-\mu)^2}{2\sigma^2}} ds$$

$$= \Phi\left(\frac{\ln x - \mu}{\sigma}\right),$$

所以 X 的分布函数为

$$F(x) = \begin{cases} \Phi\left(\dfrac{\ln x - \mu}{\sigma}\right), & x > 0, \\ 0, & \text{其他}, \end{cases}$$

$$= \begin{cases} \int_{-\infty}^{\frac{\ln x - \mu}{\sigma}} \frac{1}{\sqrt{2\pi}} e^{-\frac{t^2}{2}} dt, & x > 0, \\ 0, & \text{其他}. \end{cases}$$

对数正态分布常用于描述某些种类的机械零件的疲劳寿命和维修中的修理时间等.

2. 对数正态分布的数学期望和方差

定理 3.6 设 $X \sim N(\mu, \sigma^2)$，则 $Y = e^X \sim LN(\mu, \sigma^2)$.

证明 因为 $\Omega_X = (-\infty, +\infty)$，所以 $\Omega_Y = (0, +\infty)$. 当 $y > 0$ 时，

$$F_Y(y) = P(Y \leq y) = P(e^X \leq y) = P(X \leq \ln y) = \Phi\left(\frac{\ln y - \mu}{\sigma}\right),$$

$$f_Y(y) = \frac{\mathrm{d}}{\mathrm{d}y}\Phi\left(\frac{\ln y - \mu}{\sigma}\right) = \frac{1}{\sigma y}\varphi\left(\frac{\ln y - \mu}{\sigma}\right) = \frac{1}{\sqrt{2\pi}\,\sigma y}\mathrm{e}^{-\frac{(\ln y - \mu)^2}{2\sigma^2}},$$

则 Y 的密度函数为

$$f_Y(y) = \begin{cases} \dfrac{1}{\sqrt{2\pi}\,\sigma y}\mathrm{e}^{-\frac{(\ln y - \mu)^2}{2\sigma^2}}, & y > 0, \\ 0, & \text{其他}, \end{cases}$$

即 $Y \sim LN(\mu, \sigma^2)$.

若 $Y \sim LN(\mu, \sigma^2)$，则 $X = \ln Y \sim N(\mu, \sigma^2)$. 由此可见，若一个随机变量的对数服从正态分布，则称该随机变量服从对数正态分布.

以下求对数正态分布的数学期望 $E(Y)$ 和方差 $\mathrm{Var}(Y)$.

例 3.21　设 $X \sim N(\mu, \sigma^2)$，那么 $Y = \mathrm{e}^X \sim LN(\mu, \sigma^2)$. 证明 Y 的数学期望 $E(Y) = \mathrm{e}^{\mu + \frac{\sigma^2}{2}}$，方差 $\mathrm{Var}(Y) = \mathrm{e}^{2\mu + \sigma^2}(\mathrm{e}^{\sigma^2} - 1)$.

证明　记 $Z = \dfrac{X - \mu}{\sigma} \sim N(0, 1)$，则对任意的实数 $a \neq 0$，有

$$E(\mathrm{e}^{aZ}) = \int_{-\infty}^{+\infty} \mathrm{e}^{az}\frac{1}{\sqrt{2\pi}}\mathrm{e}^{-\frac{z^2}{2}}\mathrm{d}z = \mathrm{e}^{\frac{a^2}{2}}\int_{-\infty}^{+\infty}\frac{1}{\sqrt{2\pi}}\mathrm{e}^{-\frac{z^2 - 2az + a^2}{2}}\mathrm{d}z$$

$$= \mathrm{e}^{\frac{a^2}{2}}\int_{-\infty}^{+\infty}\frac{1}{\sqrt{2\pi}}\mathrm{e}^{-\frac{(z-a)^2}{2}}\mathrm{d}z = \mathrm{e}^{\frac{a^2}{2}}.$$

由于 $X = \mu + \sigma Z$，所以，

$$E(Y) = E(\mathrm{e}^X) = E(\mathrm{e}^{\sigma Z + \mu}) = \mathrm{e}^{\mu}E(\mathrm{e}^{\sigma Z}) = \mathrm{e}^{\mu + \frac{\sigma^2}{2}},$$

$$E(Y^2) = E(\mathrm{e}^{2X}) = E(\mathrm{e}^{2\sigma Z + 2\mu}) = \mathrm{e}^{2\mu + \frac{(2\sigma)^2}{2}} = \mathrm{e}^{2\mu + 2\sigma^2},$$

$$\mathrm{Var}(Y) = E(Y^2) - [E(Y)]^2$$

$$= \mathrm{e}^{2\mu + 2\sigma^2} - \left(\mathrm{e}^{\mu + \frac{\sigma^2}{2}}\right)^2 = \mathrm{e}^{2\mu + \sigma^2}(\mathrm{e}^{\sigma^2} - 1).$$

例 3.22　据统计，如轴、连杆、齿轮、焊接结构等机械零件的破坏中的 $50\% \sim 90\%$ 为疲劳破坏. 特别是随着机械向高温、高速和大型复杂化方向发展，疲劳破坏更是层出不穷（参见文献[19]）. 大量试验研究表明，某金属材料的疲劳寿命 X（单位：10^4 h）服从对数正态分布 $LN(\mu, \sigma^2)$，且 $E(X) = 70$，$\mathrm{Var}(X) = 17^2$. 试求 μ, σ^2，并写出疲劳寿命的对数值 $\ln X$ 所服从的分布.

解　设 $\mathrm{e}^{\mu} = x$，$\mathrm{e}^{\frac{\sigma^2}{2}} = y$，则由已知及对数正态分布的数学期望和方差得

$$\begin{cases} E(X) = \mathrm{e}^{\mu + \frac{\sigma^2}{2}} = xy = 70, \\ \mathrm{Var}(X) = \mathrm{e}^{2\mu + \sigma^2}(\mathrm{e}^{\sigma^2} - 1) = x^2 y^2(y^2 - 1) = 17^2, \end{cases}$$

由此得到

$$\begin{cases} e^{2\mu}=x^2=\dfrac{70^2\times70^2}{17^2+70^2}, \\ e^{\sigma^2}=y^2=1+\dfrac{17^2}{70^2}, \end{cases}$$

解得

$$\begin{cases} \mu=4.22, \\ \sigma^2=5.73\times10^{-2}, \end{cases}$$

由定理 3.6 知 $\ln X \sim N(4.22,5.73\times10^{-2})$.

习题 3.4

1. 一种新型高分子导电包装膜,包括两层,第一层为基础聚乙烯膜,第二层为高分子聚噻吩导电涂层,已知其厚度 X(单位:μm)服从区间$(1,5)$上的均匀分布. 在低湿度环境下该材料仍有导电功能,且其成本较其他导电聚乙烯膜大幅下降,可用于高端电子产品的包装.

(1) 写出 X 的密度函数; (2) 计算 X 的分布函数; (3) 求 X 的期望和方差.

2. 利用极坐标变换验证下列二重积分的值

$$I = \int_{-\infty}^{+\infty}\int_{-\infty}^{+\infty} e^{-\frac{x^2+y^2}{2}}dxdy = 2\pi,$$

并由此验证正态分布 $N(\mu,\sigma^2)$ 的密度函数 $f(x)$ 的规范性.

3. 设 $X\sim N(0,\sigma^2)$,试求 $E(|X|)$ 与 $\mathrm{Var}(|X|)$.

4. 求下列正态分布的期望和方差:

(1) $f(x)=\sqrt{\dfrac{2}{\pi}}e^{-2x^2+4x-2}$; (2) $f(x)=\dfrac{1}{\sqrt{\pi}}e^{-x^2+4x-4}$.

5. 设 $X\sim N(0,1)$,在下列各情形求常数 c,并把它用分位数记号表示:

(1) $P(X>c)=0.95$; (2) $P(|X|>c)=0.95$; (3) $P(X<c)=0.95$; (4) $P(|X|\leqslant c)=0.95$.

6. 已知 $X_1\sim N(-2,9)$,其密度函数为 $f_1(x)$,$X_2\sim U(-2,4)$,其密度函数为 $f_2(x)$. 若

$$f(x)=\begin{cases} af_1(x), & x\leqslant2, \\ bf_2(x), & x>2 \end{cases} \quad (a,b>0)$$

是某一连续型随机变量的密度函数,求常数 a,b 应满足的关系.

7. 一台机床加工零件的长度服从正态分布 $N(6,4\times10^{-4})$,当零件长度分别在 6 ± 0.02、6 ± 0.04 或 6 ± 0.06 范围内时,它被认定为一等品、二等品或三等品,剩余的为不合格品. 问该机床加工的零件中一等品、二等品、三等品以及不合格品的概率是多少.

8. 随着工农业生产的发展,某湖区地表径流和入湖河流携带的面源污染和工业废弃物排入湖体,其水质已开始出现富营养化的趋势,这会对该湖流域的社会和经济发展产生深远影响. 富营养化的研究已成为当务之急,其中尼梅罗指数法可对湖区水体富营养化分布特点及变化规律给出全面评价(参见文献[20]). 已知该湖流域尼梅罗指数 X 服从正态分布 $N(25.572,16.673^2)$,根据该指

第三章　连续型随机变量

数可将水体营养状况进行分级：

当该指数不大于 2.191871 时,称水体是极贫营养的;

当该指数大于 2.191871 且不大于 5.846311 时,称水体是贫营养的;

当该指数大于 5.846311 且不大于 14.60793 时,称水体是贫—中营养的;

当该指数大于 14.60793 且不大于 29.20704 时,称水体是中营养的;

当该指数大于 29.20704 且不大于 58.39639 时,称水体是中—富营养的;

当该指数大于 58.39639 且不大于 145.9252 时,称水体是富营养的;

当该指数大于 145.9252 时,称水体是极富营养的.

计算该湖流域营养状况各个分级的概率.

9. 在胎盘动物中大熊猫幼仔体重与母体体重之比是最小的. 大熊猫自然保护区的研究人员统计得到新出生的大熊猫幼仔的体重 X(单位:g)服从正态分布 $N(145,34^2)$.

（1）问新生大熊猫幼仔体重不到 50g 的概率；　（2）求 c 使得 $P(X>c)=0.9$.

10. 保持胆固醇处于正常范围之内,可以有效保证肝脏对脂肪的代谢率,同时也有助于维持血管弹性,预防心血管疾病. 胆固醇升高会导致高密度脂蛋白含量增加,外周血液中的脂肪无法正常转移到肝脏进行代谢,引起肝脏代谢能力降低,导致肝炎、肝硬化或者其他疾病,因此要定期检查血清总胆固醇等相关指标. 已知某市 45~55 岁男性居民的血清总胆固醇 X(单位:mmol/L)服从正态分布 $N(4.84,0.96^2)$.

（1）血清总胆固醇无论过低或过高均属异常,试给出该市 45~55 岁男性居民的血清总胆固醇超出 95% 的临界值,即找到 a,使其满足 $P(|X-4.84|\leq a)>0.95$;

（2）给出该市 45~55 岁男性居民中,血清总胆固醇低于 3.80 mmol/L 的概率.

11. 已知某高校概率论与数理统计课程成绩 X 服从均值为 70 的正态分布,且成绩达到 95 的概率为 3%. （1）求 $\mathrm{Var}(X)$;（2）计算该校概率论与数理统计课程的不及格率.

12. 已知某种亚热带柑橘水果的甜度 X 服从正态分布 $N(\mu,\sigma^2)$,且 $P(X>18)=0.0668$,$P(X<13)=0.1587$,求 μ 和 σ^2.

13. 已知电源电压 X(单位:V)服从正态分布 $N(220,25^2)$,当电源电压不超过 200 V,200~240 V 和超过 240 V 时,电器损坏的概率分别为 0.1,0.001 和 0.2. （1）求电器损坏的概率;（2）电器损坏时,电源电压在 200~240 V 的概率.

14. 若从某市东区乘车前往西区高铁站乘坐高铁,有两条线路可选. 第一条穿过市区,路途短,但交通拥挤,所需时间(单位:min)服从正态分布 $N(60,100)$;第二条走环城高速,路途长,但堵塞少,所需时间服从正态分布 $N(70,16)$. （1）若现在还有 80 min 可用于前往高铁站,问应选哪条线路? （2）若现在还有 75 min 可用于前往高铁站,问应选哪条线路?

15. 已知修理某设备的时间 X(单位:h)服从参数为 $\frac{1}{3}$ 的指数分布.

（1）求维修时间超过 3 h 的概率;

（2）若现在设备的维修时间超过了 3 h,问继续维修还至少需要 2 h 的概率.

16. 已知随机变量 X 的分布函数 $F(x)=0.4\Phi(x)+0.6\Phi\left(\dfrac{x+1}{2}\right)$,其中 $\Phi(x)$ 是标准正态分布的

92

分布函数,求 $E(X)$.

17. 已知某品牌某型号手机的寿命 X(单位:年)服从参数为 $\dfrac{1}{5}$ 的指数分布.

(1) 写出 X 的密度函数 $f(x)$ 和分布函数 $F(x)$;

(2) 求该手机的寿命在 5~6 年的概率;

(3) 若现在该型号的一个手机已使用了 5 年,问至少还能使用 1 年的概率;

(4) 已知 $F(x_p)=p,0<p<1$,求 x_p.

(5) 求 $E(X^2)$, $E\left(\mathrm{e}^{-\frac{X^2}{2}+3X}\right)$.

18. 指数分布在物理学中有广泛的应用. 在微观世界中,它能够描述微粒、细菌、分子等的某种运动规律;在量子世界中,它可以描述电子、光子等基本粒子的一些运动形式;在能量空间中,它能够解析电流、电磁波的运动规律. 例如,光致发光和电致发光等发光材料在显示、探测、传感等领域有着重要应用,光子寿命是表征发光材料的发光机理和工作性能的一个基本参数,发光材料在外加能量场下,其基态电子从基态跃迁到激发态. 当处于激发态的电子返回基态时,部分电子会以辐射光子的形式释放能量. 光子寿命是电子处于激发态的平均时间(参见文献[21]). 已知某发光材料处于激发态的电子存活寿命 T 的密度函数为

习题讲解

3-10

$$f_T(t)=\begin{cases} \alpha\mathrm{e}^{-\alpha t}, & t>0, \\ 0, & \text{其他,} \end{cases}$$

其中 $\alpha>0$.

(1) 求该发光材料的光子寿命 $E(T)$;

(2) 计算处于激发态的电子存活寿命 T 的分布函数 $F_T(t)$;

(3) 计算处于激发态的电子存活寿命在光子寿命的 $\dfrac{1}{3}$ 和光子寿命的 $\dfrac{2}{3}$ 之间的概率;

(4) 确定 c 使得 $P(T<c)=\dfrac{1}{3}$;(5) 求 $P(T>\sqrt{\mathrm{Var}(T)})$.

19. 已知 $X\sim N(2,9)$,写出 $Y=\mathrm{e}^X$ 的密度函数,并给出 Y 的期望和方差.

20. 材料在磁场的作用下长度或体积发生变化的性质称为磁致伸缩性. 铽镝铁磁致伸缩材料是一种超磁致伸缩材料,能实现电磁能与机械能的高效转换,是提高一个国家尖端技术竞争力的战略性功能材料,广泛应用于地球物理探测、油田开采装置、精密机械传感器、卫星定位系统、精密机床、阻尼减震器等领域,铽是生产该该材料的重要原材料(参见文献[22]). 若在国际市场上某一品质铽的需求量是随机变量 X(单位:kg),服从均匀分布 $U(2000,4000)$,设每售出 1 kg 可为国家挣得 3 万元,但若销售不出造成仓库积压将浪费保养费 1 万元,问须组织多少货源,才能使国家的收益最大?

习题讲解

3-11

21. 在自动流水线上加工的某种零件的内径(单位:mm) $X\sim N(\mu,1)$,内径小于 10 mm 或大于 12 mm 为不合格品,其余为合格品. 销售每件合格品获利 20 元;内径小于 10 mm 或大于 12 mm 的不合格品每件分别亏损 1 元、5 元. 试问,当平均内径 μ 取何值时,生产 1 个零件的平均利润最大?

习题讲解

3-12

22. 高速路口收费站检查大客车是否超载,已知每辆大客车超载的概率为 p $(0<p<1)$,且大客车是否超载相互独立. 假设当检查出第一辆超载大客车时,已经检查了 X 辆大客车. 试求 X 的期望和方差.

*23. 已知随机变量 X 的密度函数为

$$f_X(x) = \begin{cases} \dfrac{x}{\sigma^2} e^{-\frac{x^2}{2\sigma^2}}, & x \geqslant 0, \\ 0, & x < 0. \end{cases}$$

其中 $\sigma > 0$，称随机变量 X 服从**参数为 σ 的瑞利分布**. 瑞利分布可以用来刻画单一波系的波高. 求 X 的期望和方差.

*24. 已知随机变量 X 的密度函数为

$$f_X(x) = \begin{cases} \dfrac{4x^2}{a^3 \sqrt{\pi}} e^{-\frac{x^2}{a^2}}, & x \geqslant 0, \\ 0, & x < 0, \end{cases}$$

其中 $a > 0$，称随机变量 X 服从**参数为 a 的麦克斯韦分布**. 在统计物理中，分子运动速度的绝对值服从麦克斯韦分布. 求 X 的期望和方差.

*25. 已知随机变量 X 的密度函数为

$$f_X(x) = \begin{cases} p\lambda e^{-\lambda x}, & x \geqslant 0, \\ (1-p)\lambda e^{\lambda x}, & x < 0, \end{cases}$$

其中 λ 和 p 是参数，$\lambda > 0$，$p \in (0,1)$. 称随机变量 X 服从**参数为 λ 和 p 的双边指数分布**. 求 X 的期望和方差.

*26. 已知随机变量 X 的密度函数为

$$f_X(x) = \begin{cases} \dfrac{1}{B(\alpha,\beta)} x^{\alpha-1}(1-x)^{\beta-1}, & 0 < x < 1, \\ 0, & 其他, \end{cases}$$

其中 $\alpha(\alpha>0)$，$\beta(\beta>0)$ 是参数，$B(\alpha,\beta) = \int_0^1 x^{\alpha-1}(1-x)^{\beta-1} \mathrm{d}x$ 是贝塔函数，称随机变量 X 服从**参数为 α 和 β 的贝塔分布**. 对任何 $m > 0$，求 $E(X^m)$.

*27. 随着嵌入式计算、无线通信和传感技术的迅速发展，人们能够方便地采集、传输和存储视频数据. 海量数据及时和准确的分析与理解，会在安全、反恐、国防智能、交通、医疗监护及遥感等领域发挥重要作用. 例如在复杂的环境下检测和识别人体活动，进而对其行为和意图做出分析，从而对可能发生的异常危险事件进行预判，并对可能的安全威胁进行分类评价和预测等. 智能视觉监控技术和系统既是计算机视觉领域极具挑战性的科学问题，又是关系国家安全经济发展和社会稳定的关键问题(参见文献[23]). 经验证某视频中两帧图像的背景中对应像素间的灰度比值 X 的密度函数为

$$f(x) = \frac{1}{c} \frac{\lambda}{\lambda^2 + (x-\mu)^2}, \quad -\infty < x < +\infty,$$

称 X 服从**位置参数为 μ，尺度参数为 λ 的柯西分布**，记为 $X \sim Cauchy(\mu, \lambda)$. 利用该分布可识别视频序列图像中的背景并加以剔除，从而更好地检测和识别人体活动对其行为和意图进行判断. 当 $\mu = 0$，$\lambda = 1$ 时，称 $Cauchy(0,1)$ 为**标准柯西分布**.

(1) 对标准柯西分布，求常数 c；(2) 对标准柯西分布，求分布函数 $F(x)$；(3) 问：标准柯西分布的期望和方差是否存在？请给出你的结论并说明原因.

*§3.5 连续型随机变量函数的分布

在实际生活、工作中,若已知连续型随机变量 X 的密度函数为 $f(x)$,对于给定的函数 $g(x)$,经常要计算 $Y=g(X)$ 的密度函数. 例如,已知质量为 m 的粒子速率 V 的密度函数,要计算其动能 $Y=\dfrac{1}{2}mV^2$ 的密度函数.

重难点讲解 3-6

下面介绍当已知连续型随机变量 X 所服从的分布时,其函数 $Y=g(X)$ 的密度函数的计算方法.

例 3.23 已知随机变量 $X \sim N(0,1)$,求 $Y=X^2$ 的密度函数.

解 $\Omega_X=(-\infty,+\infty)$,$\Omega_Y=[0,+\infty)$. 当 $y \geq 0$ 时,有

$$F_Y(y)=P(Y \leq y)=P(X^2 \leq y)=P(-\sqrt{y} \leq X \leq \sqrt{y})=2\Phi(\sqrt{y})-1.$$

$$f_Y(y)=\frac{1}{\sqrt{y}}\varphi(\sqrt{y})=\frac{1}{\sqrt{2\pi y}}e^{-\frac{y}{2}},$$

则

$$f_Y(y)=\begin{cases}\dfrac{1}{\sqrt{2\pi y}}e^{-\frac{y}{2}}, & y>0, \\ 0, & \text{其他.}\end{cases}$$

称 Y 所服从的分布是**自由度为 1 的 χ^2 分布**. χ^2 分布将在本书第六章中介绍.

由定理 3.6 的证明过程和例 3.23 的解法可以总结得到求随机变量函数 $g(X)$ 分布的一般方法,称这种方法为**分布函数法**,具体步骤如下:

(1) 由 X 的值域 Ω_X 得到 Y 的值域 Ω_Y;

(2) 在 Y 的值域 Ω_Y 上,计算

$$F_Y(y)=P(Y \leq y)=P(g(X) \leq y)=P(X \in D_y)=\int_{D_y}f(x)\mathrm{d}x,$$

其中 $D_y=\{x:g(x) \leq y\}$,$\{g(X) \leq y\}$ 可等价地表示为 $\{X \in D_y\}$;

(3) 由分布函数的性质写出完整的 $F_Y(y)$ 表达式,$-\infty<y<+\infty$;

(4) 求导得到密度函数 $f_Y(y)$,$-\infty<y<+\infty$.

下面利用分布函数法,给出正态分布的线性不变性,即正态分布经过线性变换后仍然服从正态分布.

定理 3.7 已知随机变量 $X \sim N(\mu,\sigma^2)$,则对 $k \neq 0$,$Y=kX+c \sim N(k\mu+c,k^2\sigma^2)$. 特别地,当 $k=\dfrac{1}{\sigma}$,$c=-\dfrac{\mu}{\sigma}$ 时,$Y=\dfrac{X-\mu}{\sigma} \sim N(0,1)$.

证明　因为 $\Omega_X = (-\infty, +\infty)$，所以 $\Omega_Y = (-\infty, +\infty)$，当 $-\infty < y < +\infty$ 且 $k > 0$ 时，有

$$F_Y(y) = P(Y \leqslant y) = P(kX + c \leqslant y) = P\left(X \leqslant \frac{y-c}{k}\right) = \Phi\left(\frac{y-k\mu-c}{k\sigma}\right),$$

$$f_Y(y) = \frac{1}{k\sigma}\varphi\left(\frac{y-k\mu-c}{k\sigma}\right) = \frac{1}{\sqrt{2\pi}\,k\sigma}e^{-\frac{[y-(k\mu+c)]^2}{2k^2\sigma^2}},$$

则 $Y \sim N(k\mu+c, k^2\sigma^2)$. 当 $k < 0$ 时，

$$F_Y(y) = P(Y \leqslant y) = P(kX + c \leqslant y) = P\left(X \geqslant \frac{y-c}{k}\right) = 1 - \Phi\left(\frac{y-k\mu-c}{k\sigma}\right),$$

$$f_Y(y) = -\frac{1}{k\sigma}\varphi\left(\frac{y-k\mu-c}{k\sigma}\right) = -\frac{1}{\sqrt{2\pi}\,k\sigma}e^{-\frac{[y-(k\mu+c)]^2}{2k^2\sigma^2}},$$

即 $Y \sim N(k\mu+c, k^2\sigma^2)$.

特别地，当 $k = \dfrac{1}{\sigma}, c = -\dfrac{\mu}{\sigma}$ 时，$k\mu+c = 0, k^2\sigma^2 = 1$，则 $Y = \dfrac{X-\mu}{\sigma} \sim N(0,1)$.

例 3.24　已知随机变量 X 的分布函数 $F_X(x)$ 是严格单调递增的连续函数，其反函数存在，则 $Y = F_X(X) \sim U(0,1)$.

证明　因为对任意的 $x \in \mathbf{R}$，都有 $0 \leqslant F_X(x) \leqslant 1$，所以 $Y = F_X(X)$ 的值域 $\Omega_Y = [0,1]$. 当 $0 \leqslant y < 1$ 时，

$$F_Y(y) = P(Y \leqslant y) = P(F_X(X) \leqslant y) = P(X \leqslant F_X^{-1}(y)) = F_X(F_X^{-1}(y)) = y.$$

则

$$F_Y(y) = \begin{cases} 0, & y < 0, \\ y, & 0 \leqslant y < 1, \\ 1, & y \geqslant 1, \end{cases}$$

即 $Y = F_X(X) \sim U(0,1)$.

注　（1）可以证明例题中的条件"严格单调递增的连续函数"替换为"单调不减的连续函数"结论仍然成立. 连续型随机变量的分布函数都为"单调不减的连续函数"，这表明对任意的连续型随机变量 $X \sim F_X(x)$，经过分布函数 F_X 映射后，$Y = F_X(X)$ 服从 $(0,1)$ 上的均匀分布 $U(0,1)$.

（2）利用该结论，借助均匀分布 $U(0,1)$ 的随机数，可以产生其他连续型随机变量的随机数，这在随机模拟方法（又称为蒙特卡罗方法）中有重要应用.

习题 3.5

1. （1）已知随机变量 $X \sim N(0,\sigma^2)$，计算 $Y = |X|$ 的密度函数；

（2）已知随机变量 $X \sim N(1,1)$，计算 $Y = |X|$ 的密度函数；

(3) 已知随机变量 $X \sim N(0,1)$，计算 $Y = X^2$ 的密度函数 $f_Y(y)$，以及 $E(Y)$，$\mathrm{Var}(Y)$ 和 $E(\mathrm{e}^X)$.

2. 设有质量为 m 的粒子，其速率 V 服从正态分布 $N(0, \sigma^2)$，计算它的动能 $E = \dfrac{1}{2} mV^2$ 的密度函数.

3. 已知随机变量 $X \sim LN(3,4)$，计算 (1) $Y = \ln X$ 的密度函数；(2) Y 的期望和方差.

4. 已知随机变量 $X \sim U(0,1)$，计算 $Y = aX + b$ 的密度函数.

5. 已知随机变量 $X \sim U(-1,1)$，计算 (1) $Y = X^2$ 的密度函数；(2) $P(Y < 0.5)$.

6. 已知随机变量 $X \sim U(0,1)$，计算 (1) $Y = \sqrt{X}$ 的密度函数；(2) $Z = \dfrac{1}{X}$ 的密度函数.

7. 已知圆的面积 X 服从均匀分布 $U(a,b)$，其中 $0 < a < b$，计算圆的半径 $Y = \sqrt{\dfrac{X}{\pi}}$ 的密度函数.

8. 已知 $\Theta \sim U\left(-\dfrac{\pi}{2}, \dfrac{\pi}{2}\right)$，计算 $\tan \Theta$ 的分布函数和密度函数.

9. 已知 $\Theta \sim U\left(-\dfrac{\pi}{2}, \dfrac{\pi}{2}\right)$，计算 $\sin \Theta$ 的分布函数和密度函数.

10. 已知半径为 2 mm 的球形药物表面需包裹糖衣，糖衣的厚度 X（单位：mm）服从区间 $(0.5, 0.6)$ 上的均匀分布.

(1) 求制作一个该药物糖衣所需的糖浆体积 V 的密度函数；

(2) 要生产 100000 个该药物，求所需的平均糖浆.

11. 已知 $X \sim E(4)$，计算 (1) $Y = \mathrm{e}^{-4X}$ 的密度函数；(2) Y 的期望和方差.

12. 已知 X 服从参数为 1 的指数分布，求 $Y = \ln X$ 的密度函数.

13. 已知某小区团购群一天中对某物资的需求量 X（单位：kg）服从参数为 100 的指数分布，每日该物资的成本（单位：元）为 $Y = 2X + 5$. 求

(1) Y 的分布函数； (2) Y 的密度函数； (3) Y 的期望和方差.

14. 已知某银行对公业务窗口服务一个客户的时间 X（单位：min）服从指数分布，平均每个客户的服务时间为 10 min. 求 (1) X 服从的指数分布的参数 λ；(2) X 的密度函数；(3) $E(3X-5)$ 和 $\mathrm{Var}(3X-5)$.

15. 已知分子运动速度的绝对值 X 服从参数为 a 的麦克斯韦分布，求分子动能 $Y = \dfrac{1}{2} mX^2$ 的概率密度.

* §3.6 其他常用数字特征

常用的数字特征一般有以下几类：

(1) 描述随机变量分布集中趋势的数字特征，有数学期望和中位数等；

(2) 描述随机变量分布离散程度的数字特征，有方差、标准差和变异系数等；

（3）描述随机变量分布是否对称的数字特征,有偏度;

（4）描述随机变量分布相对于正态分布峰高还是峰低的数字特征,有峰度.

这些数字特征都属于随机变量的矩或和随机变量的矩有关,下面给出矩的定义.

一、k 阶矩

前面介绍的随机变量的数字特征包括数学期望、方差和标准差等都可以统一称为随机变量的矩.

定义 3.10　设有随机变量 X,对正整数 k,若 $E(\,|X|^k)$ 存在,则称 $E(X^k)$ 为 X 的 k **阶原点矩**.

数学期望 $E(X)$ 是随机变量 X 的 1 阶原点矩,X^2 的数学期望 $E(X^2)$ 就是随机变量 X 的 2 阶原点矩.

定义 3.11　设有随机变量 X,对正整数 k,若 $E(\,|X-E(X)|^k)$ 存在,则称 $E\{[X-E(X)]^k\}$ 为 X 的 k **阶中心矩**.

方差 $\mathrm{Var}(X)$ 是随机变量 X 的 2 阶中心矩.

例 3.25　设 $X\sim N(0,1)$,则

$$E(X^k)=\begin{cases}(k-1)!!, & k=2,4,6,\cdots,\\ 0, & k=1,3,5,\cdots,\end{cases}$$

这里 $(k-1)!!=(k-1)(k-3)\cdots1,k=2,4,6,\cdots$.

证明　因为 $\int_{-\infty}^{+\infty}|x|^k\cdot\frac{1}{\sqrt{2\pi}}\mathrm{e}^{-\frac{x^2}{2}}\mathrm{d}x<+\infty$,所以 $E(X^k)$ 存在. 设 $I_k=E(X^k),k=1,2,\cdots$.

当 $k=1,3,5,\cdots$ 时,I_k 中的被积函数为奇函数,积分区间关于原点对称,有

$$I_k=\int_{-\infty}^{+\infty}x^k\cdot\frac{1}{\sqrt{2\pi}}\mathrm{e}^{-\frac{x^2}{2}}\mathrm{d}x=0.$$

当 $k=2,4,6,\cdots$ 时,

$$I_k=\int_{-\infty}^{+\infty}x^k\varphi(x)\mathrm{d}x=\int_{-\infty}^{+\infty}x^k\cdot\frac{1}{\sqrt{2\pi}}\mathrm{e}^{-\frac{x^2}{2}}\mathrm{d}x$$

$$=\frac{1}{\sqrt{2\pi}}\int_{-\infty}^{+\infty}x^{k-1}\cdot\mathrm{e}^{-\frac{x^2}{2}}\mathrm{d}\frac{x^2}{2}=-\frac{1}{\sqrt{2\pi}}\int_{-\infty}^{+\infty}x^{k-1}\cdot\mathrm{d}\mathrm{e}^{-\frac{x^2}{2}}$$

$$=-\frac{1}{\sqrt{2\pi}}\left[x^{k-1}\mathrm{e}^{-\frac{x^2}{2}}\right]_{-\infty}^{+\infty}+(k-1)\int_{-\infty}^{+\infty}x^{k-2}\cdot\frac{1}{\sqrt{2\pi}}\mathrm{e}^{-\frac{x^2}{2}}\mathrm{d}x$$

$$=(k-1)\int_{-\infty}^{+\infty}x^{k-2}\cdot\frac{1}{\sqrt{2\pi}}\mathrm{e}^{-\frac{x^2}{2}}\mathrm{d}x=(k-1)I_{k-2}=\cdots$$

$$=(k-1)(k-3)\cdots1\cdot I_0=(k-1)(k-3)\cdots1=(k-1)!!.$$

故

$$E(X^k) = \begin{cases} (k-1)!!, & k=2,4,6,\cdots, \\ 0, & k=1,3,5,\cdots. \end{cases}$$

二、分位数与中位数

定义 3.12 设连续型随机变量 X 的分布函数为 $F_X(x)$，则称满足

$$P(X \leqslant x_p) = F_X(x_p) = p$$

的实数 x_p 为 X 的 **p 分位数**，也称为下（尾）p 分位数. 特别地，当 $p=0.5$ 时，称 $x_{0.5}$ 为 X 的**中位数**.

对离散型随机变量而言，这样定义的分位数可能不唯一，因此离散型随机变量的 p 分位数通常是指满足 $P(X \leqslant x_p) = F_X(x_p) \geqslant p$ 的最小的 x_p.

例 3.26 设 $X \sim N(-2,9)$，求 X 的中位数 $x_{0.5}$ 以及 0.95 分位数 $x_{0.95}$.

解 因为 $X \sim N(-2,9)$，有 $P(X \leqslant -2) = 0.5$，所以 $x_{0.5} = -2$.

$$P(X \leqslant x_{0.95}) = P\left(\frac{X+2}{3} \leqslant \frac{x_{0.95}+2}{3} \right) = \Phi\left(\frac{x_{0.95}+2}{3} \right) = 0.95,$$

故 $\dfrac{x_{0.95}+2}{3} = u_{0.95} = 1.645, x_{0.95} = 2.935$.

正态分布密度函数的图像关于 $x = \mu$ 对称，所以正态分布的中位数就是数学期望，两者重合.

例 3.27 设 $X \sim E(2)$，求 X 的 0.8 分位数 $x_{0.8}$.

解 因为 $X \sim E(2)$，有 $P(X \leqslant x_{0.8}) = \displaystyle\int_0^{x_{0.8}} 2\mathrm{e}^{-2x}\mathrm{d}x = 1 - \mathrm{e}^{-2x_{0.8}} = 0.8$，所以

$$x_{0.8} = \frac{1}{2}\ln 5 = 0.8047.$$

三、偏度与峰度

集中趋势和离散趋势是随机变量分布的两个重要特征，除此以外还要了解随机变量分布形状是否对称，分布是否有一定的偏斜度，分布的陡峭度如何，偏度和峰度描述了分布的这些特征.

度量随机变量的偏斜度一般采用 3 阶中心距 $E\{[X-E(X)]^3\}$，为消除量纲的影响，再除以 $[\mathrm{Var}(X)]^{\frac{3}{2}}$，将其表示为无量纲的相对数，这就是偏度.

定义 3.13 设随机变量 X 的前 3 阶矩存在，则称

$$\beta_s(X) = \frac{E\{[X-E(X)]^3\}}{[\mathrm{Var}(X)]^{3/2}}$$

为 X 的**偏度**.

当 $\beta_s(X)<0$ 时,称 X 的分布为**左偏**,其密度函数 $f(x)$ 的图像在左侧有较长的尾部;当 $\beta_s(X)>0$ 时,称 X 的分布为**右偏**,其密度函数 $f(x)$ 的图像在右侧有较长的尾部,如图 3.16 所示.若随机变量的密度函数 $f(x)$ 的图像关于 $x=E(X)$ 对称,则 $\beta_s(X)=0$.

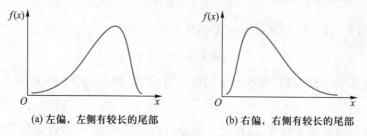

(a) 左偏,左侧有较长的尾部　　(b) 右偏,右侧有较长的尾部

图 3.16　分布的左偏和右偏

例 3.28　设 $X\sim N(\mu,\sigma^2)$,求 X 的偏度 $\beta_s(X)$.

解　因为 $\dfrac{X-E(X)}{\sigma}\sim N(0,1)$,由例 3.25 可知 $E\left\{\left[\dfrac{X-E(X)}{\sigma}\right]^3\right\}=0$,所以

$$\beta_s(X)=\frac{E\{[X-E(X)]^3\}}{[\,\mathrm{Var}(X)\,]^{3/2}}=\frac{E\left\{\left[\dfrac{X-E(X)}{\sigma}\right]^3\right\}}{[\,\mathrm{Var}(X)\,]^{3/2}}\sigma^3=0.$$

正态随机变量 X 的密度函数 $f(x)$ 的图像关于 $x=E(X)$ 对称,故 X 的偏度为 0.

随机变量分布的陡峭度一般采用 4 阶中心距 $E\{[X-E(X)]^4\}$ 度量,为消除量纲的影响,再除以 $[\,\mathrm{Var}(X)\,]^2$,将其表示为无量纲的相对数,再减去 3,这就是峰度.

定义 3.14　设随机变量 X 的前 4 阶矩存在,则称

$$\beta_k(X)=\frac{E\{[X-E(X)]^4\}}{[\,\mathrm{Var}(X)\,]^2}-3$$

为 X 的**峰度**.

例 3.29　设随机变量 $X\sim N(\mu,\sigma^2)$,求 X 的峰度 $\beta_k(X)$.

解　因为 $\dfrac{X-E(X)}{\sigma}\sim N(0,1)$,由例 3.25 可知 $E\left\{\left[\dfrac{X-E(X)}{\sigma}\right]^4\right\}=(4-1)!!=3$,所以

$$\beta_k(X)=\frac{E\{[X-E(X)]^4\}}{[\,\mathrm{Var}(X)\,]^2}-3=\frac{E\left\{\left[\dfrac{X-E(X)}{\sigma}\right]^4\right\}}{[\,\mathrm{Var}(X)\,]^2}\sigma^4-3=0.$$

例 3.29 表明正态分布的峰度为 0.随机变量分布的陡峭度一般是和正态分布比较而言的,若随机变量的峰度大于 0,表明该分布比正态分布有更陡峭的峰和更厚的尾部;若随机变量的峰度小于 0,表明该分布比正态分布有更平坦的峰和更薄的尾部.

四、变异系数

随机变量的波动程度会受到取值水平和量纲的影响. 例如,用方差衡量大象体重的波动和蚂蚁体重的波动,显然前者的方差要大许多;在衡量大象体重的波动时单位采用吨还是千克,得到的波动相差很大. 再例如,用标准差衡量股票的风险时,若甲股票价格的标准差为 20 元,相较于甲股票的平均交易价格 1800 元,甲股票价格的波动幅度其实不大. 若同一时期乙股票价格的标准差为 2 元,相较于乙股票的平均交易价格 5 元,乙股票价格的波动幅度其实很大. 较大的标准差不一定表明随机变量的波动大,有效的解决方法是引入相对波动度即变异系数的概念.

定义 3.15 设随机变量 X 的数学期望 $E(X)$ 和方差 $\mathrm{Var}(X)$ 存在, 且 $E(X)\neq 0$, 则称

$$C_v(X)=\frac{\sqrt{\mathrm{Var}(X)}}{|E(X)|}=\frac{\sigma(X)}{|E(X)|}$$

为 X 的**变异系数**.

变异系数是无量纲的量,它可以对不同的随机变量的相对波动幅度进行度量.

例 3.30 已知某种成年雄性大象的体重和某种蚂蚁的体重分别用随机变量 X(单位:t) 和 Y(单位:mg) 表示,且已知 $E(X)=3.9, \mathrm{Var}(X)=0.16, E(Y)=43, \mathrm{Var}(Y)=36$. 求 X 和 Y 的变异系数.

解 由变异系数的定义得

$$C_v(X)=\frac{\sqrt{0.16}}{3.9}=0.1026, \quad C_v(Y)=\frac{\sqrt{36}}{43}=0.1395.$$

例 3.30 表明,虽然大象体重的绝对波动大,其标准差为 0.4 t,蚂蚁体重的绝对波动小,其标准差仅为 6 mg,但蚂蚁体重的相对波动度变异系数大于大象体重的变异系数.

变异系数还可以比较不同变量的波动大小. 例如,人们受教育的年限与收入对比,博士一般 20 年,小学 6 年,受教育年限的相对波动幅度与收入的相对波动幅度可利用变异系数进行比较.

习题 3.6

1. 已知随机变量 $X\sim U(a,b)$,计算 X 的中位数和 0.8 分位数.

2. 已知随机变量 $X\sim E(\lambda)$,计算 X 的中位数和 0.6 分位数.

3. 已知随机变量 $X\sim U(a,b)$,计算 X 的变异系数、偏度和峰度.

4. 已知随机变量 $X\sim E(\lambda)$,计算 X 的变异系数、偏度和峰度.

5. 已知随机变量 $X\sim P(\lambda)$,计算 X 的变异系数、偏度和峰度.

6. 已知随机变量 $X\sim LN(\mu,\sigma^2)$,计算 X 的变异系数和中位数.

相关数学家及其成就

高斯（Carl Friedrich Gauss）
（1777—1855）

　　高斯是德国数学家、物理学家、天文学家. 1777 年 4 月 30 日生于不伦瑞克, 1855年 2 月 23 日卒于哥廷根.

　　高斯在数论、复变函数、超几何级数、概率论以及统计学等各个领域都有卓越的贡献. 他严格证明了代数基本定理"每一个实系数或复系数的任意多项式方程存在实根或复根"；他的《算术探究》一书奠定了近代数论的基础；他的《一般曲面论》是近代微分几何的开端；他的论文《无穷级数的一般研究》为 19 世纪中叶分析学的严密化铺平了道路；他提出了概率论中的正态分布公式并对高斯曲线形象地予以说明；他发现了数据拟合中最为有用的最小二乘法.

　　在数学中以他的姓氏命名的有：高斯分布、高斯概率、高斯过程、高斯随机变量、高斯方程、高斯变换、高斯消元法等.

　　在天文学方面，他的《天体运动理论》是一本不朽的著作，阐述了星球的摄动理论和处理摄动的方法. 在物理学方面，他绘出了世界上第一张地球磁场图.

　　高斯是近代数学的伟大奠基者之一，开辟了数学与天文学、物理学相结合的光辉时代. 在慕尼黑博物馆高斯的画像下有这样一首诗：

　　"他的思想深入数学、空间、大自然的奥秘. 他测量了星星的路径、地球的形状和自然力. 他推动了数学的进展直到下个世纪."

 第三章
重难点讲解

 第三章
习题讲解

 第三章
自测题

第四章
随机向量

在实际生活中,经常会遇到需要同时考虑多个因素的问题,而且这些因素之间具有相互影响. 比如某老年疾病的成因和治疗,需要考虑老人的血压、年龄、心率、饮食习惯、遗传等多种因素,年龄大的人血压高的比率比较大;再比如分析自行车运动员的体能测试指标,需要将各个单项指标综合起来加以分析. 为了研究多个因素之间的相互影响,有必要引入多维随机变量,也称为随机向量. 本章主要介绍二维随机变量,包括二维随机变量的联合分布函数、二维离散型随机变量、二维连续型随机变量、数字特征以及条件分布等内容,也介绍了一些 n 维随机变量的相关知识.

§4.1 二维随机变量及其联合分布

一、二维离散型随机变量及联合分布函数

设一个随机试验的每一个结果 ω 都对应了一组二维有序实数 $(X(\omega), Y(\omega))$,由于试验前无法知道出现哪个试验结果 ω,因此,$X(\omega)$ 和 $Y(\omega)$ 是定义在同一个样本空间 Ω 上的两个随机变量,称 $(X(\omega), Y(\omega))$ 为一个**二维随机变量**(或二维随机向量),并简记为 (X,Y). (X,Y) 的取值范围可以是整个平面或者平面上的一个区域,也可以是平面上的有限或可列多个点.

定义 4.1 如果一个二维随机变量的取值范围是有限数组(有限个点)或可列数组(可列多个点),则称其为**二维离散型随机变量**.

例 4.1 盒中有黑、白棋子各三枚,不放回依次取出两枚,记 X,Y 分别表示取出的两枚棋子中黑棋子和白棋子的数目,则 (X,Y) 的所有可能取值为 $(0,2),(1,1),(2,0)$. (X,Y) 就是一个二维离散型随机变量.

定义 4.2 设有二维随机变量 (X,Y),对任意的实数对 (x,y),定义实值函数

$$F(x,y) = P(X \leqslant x, Y \leqslant y), \quad x \in (-\infty, +\infty), y \in (-\infty, +\infty),$$

则称 $F(x,y)$ 为二维随机变量 (X,Y) 的**联合分布函数**.

这里记号 $P(X \leqslant x, Y \leqslant y)$ 表示 $P(\{X \leqslant x\} \cap \{Y \leqslant y\})$.

若记 $D_{xy} = \{(u,v): u \leqslant x, v \leqslant y\}$, 直观上, 联合分布函数 $F(x,y)$ 表示二维随机变量 (X,Y) 在 D_{xy} 中取值的概率 (见图 4.1), 即 $F(x,y) = P((X,Y) \in D_{xy})$.

二维随机变量的联合分布函数具有以下性质:

*定理 4.1　设有二维随机变量 (X,Y) 的分布函数 $F(x,y) = P(X \leqslant x, Y \leqslant y)$, 则

(1) $0 \leqslant F(x,y) \leqslant 1, x, y \in (-\infty, +\infty)$;

(2) $F(x,y)$ 关于其中任一个自变量单调不减, 即对于 $x_1 < x_2$, 有 $F(x_1, y) \leqslant F(x_2, y)$, 对于 $y_1 < y_2$, 有 $F(x, y_1) \leqslant F(x, y_2)$;

(3) $F(x,y)$ 关于其中任一个自变量右连续, 即 $F(x+0, y) = F(x, y)$, $F(x, y+0) = F(x, y)$;

(4) $\lim\limits_{x \to +\infty, y \to +\infty} F(x,y) = 1, \lim\limits_{x \to -\infty} F(x,y) = 0, \lim\limits_{y \to -\infty} F(x,y) = 0$;

(5) 对任意 $a < b, c < d, F(b,d) - F(b,c) - F(a,d) + F(a,c) \geqslant 0$.

对照一维随机变量分布函数的性质, (1) 至 (3) 和一维随机变量情形类同. (4) 有所不同, $F(x,y)$ 在两个变量都趋于正无穷时极限为 1, 当两个变量中至少有一个趋于负无穷时极限为 0. (5) 的成立是因为可以证明下面的等式: (见图 4.2)

$$P(a < X \leqslant b, c < Y \leqslant d) = F(b,d) - F(b,c) - F(a,d) + F(a,c).$$

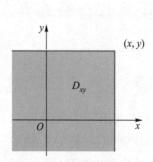

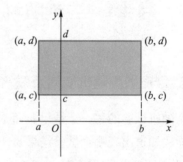

图 4.1　以 (x,y) 为顶点的　　　　图 4.2　随机变量 (X,Y) 取值

无穷直角区域 D_{xy}　　　　　　　落在矩形中的示意图

若函数 $F(x,y)$ 满足定理 4.1 中的 (1) 至 (4), 但不满足 (5), 则它不是一个二维随机变量的分布函数. 举例说明如下.

例 4.2　设 $F(x,y) = \begin{cases} 0, & x+y < 1, \\ 1, & x+y \geqslant 1, \end{cases}$ 易知 $F(x,y)$ 满足定理 4.1 的 (1) 至 (4). 取 $a = 2, b = 4, c = -3, d = 1$, 则

$$F(4,1) - F(4,-3) - F(2,1) + F(2,-3) = -1 < 0,$$

故它不是一个分布函数.（参见图 4.3）

例 **4.3**（例 **4.1** 续） 求例 4.1 中定义的二维离散型随机变量的分布函数.

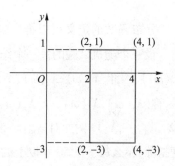

图 4.3 例 4.2 的示意图

解 由超几何分布的分布律可以得到 $P(X=0,$
$Y=2)=P(X=2,Y=0)=\dfrac{\binom{3}{0}\binom{3}{2}}{\binom{6}{2}}=0.2,P(X=1,Y=$

$1)=\dfrac{\binom{3}{1}\binom{3}{1}}{\binom{6}{2}}=0.6.$

故当 $x<2,y<1$ 或 $x<1,y<2$ 或 $x<0$ 或 $y<0$ 时,$F(x,y)=0$;

当 $1\leqslant x<2,1\leqslant y<2$ 时,$F(x,y)=P(X=1,Y=1)=0.6$;

当 $x\geqslant 2,0\leqslant y<1$ 时,$F(x,y)=P(X=2,Y=0)=0.2$;

当 $0\leqslant x<1,y\geqslant 2$ 时,$F(x,y)=P(X=0,Y=2)=0.2$;

当 $1\leqslant x<2,y\geqslant 2$ 时,$F(x,y)=P(X=1,Y=1)+P(X=0,Y=2)=0.8$;

当 $x\geqslant 2,1\leqslant y<2$ 时,$F(x,y)=P(X=1,Y=1)+P(X=2,Y=0)=0.8$;

当 $x\geqslant 2,y\geqslant 2$ 时,

$$F(x,y)=P(X=1,Y=1)+P(X=2,Y=0)+P(X=0,Y=2)=1.$$

*例 **4.4** 设二维随机变量 (X,Y) 的联合分布函数为

$$F(x,y)=A(B+\arctan x)(C+\arctan y),\quad x,y\in(-\infty,+\infty),$$

试确定未知常数 A,B,C 的值.

解 由分布函数的性质可得

$$\lim_{x\to+\infty,y\to+\infty}F(x,y)=A\left(B+\frac{\pi}{2}\right)\left(C+\frac{\pi}{2}\right)=1,$$

$$\lim_{x\to-\infty,y\to+\infty}F(x,y)=A\left(B-\frac{\pi}{2}\right)\left(C+\frac{\pi}{2}\right)=0,$$

$$\lim_{x\to+\infty,y\to-\infty}F(x,y)=A\left(B+\frac{\pi}{2}\right)\left(C-\frac{\pi}{2}\right)=0,$$

由第一个式子可知 $A\neq 0,B+\dfrac{\pi}{2}\neq 0,C+\dfrac{\pi}{2}\neq 0$,故结合第二个式子可推出 $B=\dfrac{\pi}{2}$,结合

第三个式子推出 $C=\dfrac{\pi}{2}$;再由第一式得到 $A=\dfrac{1}{\pi^2}$,即

$$F(x,y) = \frac{1}{\pi^2}\left(\frac{\pi}{2} + \arctan x\right)\left(\frac{\pi}{2} + \arctan y\right), \quad x,y \in (-\infty, +\infty).$$

*分布函数的定义可以推广到 n 维情形.

设一个随机试验的每一个结果 ω 都对应了一组 n 维有序实数 $(X_1(\omega), X_2(\omega), \cdots,$ $X_n(\omega))$，因此，$X_1(\omega), X_2(\omega), \cdots, X_n(\omega)$ 是定义在同一个样本空间 Ω 上的 n 个随机变量，称 $(X_1(\omega), X_2(\omega), \cdots, X_n(\omega))$ 为一个 n **维随机变量**（或 n 维随机向量），并简记为 $(X_1, X_2, \cdots, X_n)$. 例如对某地区 50 岁以上的中老年男性检查其血压、心率和餐后 1 h 血糖指标，那么每一位 50 岁以上的中老年男性的检查数据就对应了一组三维有序实数.

设有 n 维随机变量 $(X_1, X_2, \cdots, X_n)$，对任意的实数 $(x_1, x_2, \cdots, x_n)$，定义实值函数
$$F(x_1, x_2, \cdots, x_n) = P(X_1 \leqslant x_1, X_2 \leqslant x_2, \cdots, X_n \leqslant x_n),$$
$$x_i \in (-\infty, +\infty), i = 1, 2, \cdots, n,$$
称其为 n 维随机变量 $(X_1, X_2, \cdots, X_n)$ 的**联合分布函数**.

二、二维离散型随机变量的联合分布律

定义 4.3　设二维离散型随机变量 (X, Y) 的所有可能取值为 $\Omega_{(X,Y)} = \{(a_i, b_j), i = 1, 2, \cdots; j = 1, 2, \cdots\}$，且
$$P(X = a_i, Y = b_j) \stackrel{\wedge}{=} P(\{X = a_i\} \cap \{Y = b_j\}) = p_{ij}, \quad i, j = 1, 2, \cdots,$$
称 $P(X = a_i, Y = b_j) = p_{ij}, i, j = 1, 2, \cdots$ 为二维离散型随机变量 (X, Y) 的**联合分布律**.

联合分布律常用如下表格表示：

X	Y				
	b_1	b_2	$\cdots$	b_j	$\cdots$
a_1	p_{11}	p_{12}	$\cdots$	p_{1j}	$\cdots$
a_2	p_{21}	p_{22}	$\cdots$	p_{2j}	$\cdots$
$\vdots$	$\vdots$	$\vdots$		$\vdots$	
a_i	p_{i1}	p_{i2}	$\cdots$	p_{ij}	$\cdots$
$\vdots$	$\vdots$	$\vdots$		$\vdots$	

易知对于任意的 $i, j = 1, 2, \cdots, p_{ij}$ 满足 $p_{ij} \geqslant 0$, $\sum\limits_{i=1}^{\infty} \sum\limits_{j=1}^{\infty} p_{ij} = 1$.

例 4.5　设二维离散型随机变量 (X, Y) 的联合分布律为

X	Y	
	0	1
-1	$\dfrac{1}{4}$	0
0	$\dfrac{1}{4}$	$\dfrac{1}{4}$
1	0	$\dfrac{1}{4}$

试求概率 $P(X+Y\leqslant 0)$ 和 $P(X+Y\leqslant 1)$.

解　$P(X+Y\leqslant 0)=P(X=-1,Y=0)+P(X=-1,Y=1)+P(X=0,Y=0)$

$$=\frac{1}{4}+0+\frac{1}{4}=\frac{1}{2};$$

$$P(X+Y\leqslant 1)=1-P(X+Y>1)=1-P(X=1,Y=1)=\frac{3}{4}.$$

一般地,若 D 为任意平面数集,则随机事件 $A=\{(X,Y):(X,Y)\in D\}$ 的概率为

$$P(A)=P((X,Y)\in D)=\sum_{i,j:(a_i,b_j)\in D}P(X=a_i,Y=b_j)=\sum_{i,j:(a_i,b_j)\in D}p_{ij}.$$

例 4.6　袋中有 1 个红球、2 个黑球与 3 个白球. 现有放回地从袋中取两次,每次取一个球,以 X,Y 分别表示所取得的红球与黑球的个数. 试写出二维随机变量 (X,Y) 的联合分布律并计算概率 $P(X\leqslant Y)$.

解　$\Omega_X=\{0,1,2\}$, $\Omega_Y=\{0,1,2\}$. 由古典概型计算可得

$$P(X=0,Y=0)=\left(\frac{1}{2}\right)^2=\frac{1}{4},\quad P(X=0,Y=1)=2\frac{\dbinom{2}{1}\dbinom{3}{1}}{6\times 6}=\frac{1}{3},$$

$$P(X=0,Y=2)=\left(\frac{1}{3}\right)^2=\frac{1}{9},\quad P(X=1,Y=0)=2\frac{1\times\dbinom{3}{1}}{6\times 6}=\frac{1}{6},$$

$$P(X=1,Y=1)=2\frac{1\times\dbinom{2}{1}}{6\times 6}=\frac{1}{9},\quad P(X=2,Y=0)=\frac{1\times 1}{6\times 6}=\frac{1}{36}.$$

由此得到随机变量 (X,Y) 的联合分布律为

X	Y		
	0	1	2
0	$\frac{1}{4}$	$\frac{1}{3}$	$\frac{1}{9}$
1	$\frac{1}{6}$	$\frac{1}{9}$	0
2	$\frac{1}{36}$	0	0

由联合分布律即可求得概率

$$P(X\leqslant Y)=1-P(X>Y)=1-P(X=1,Y=0)-P(X=2,Y=0)=\frac{29}{36}.$$

*例 4.7(三项分布)　在例 4.6 中,X,Y 的所有可能取值为 0,1,2,当 $i+j>2$ 时,$p_{ij}=$

0；当 $i+j \leqslant 2$ 时，事件 $\{X=i,Y=j\}$ 表示取出的 2 个球中有 i 个红球、j 个黑球、$2-i-j$ 个白球，所以在有放回抽取时（相当于重复独立抽取），对 $i+j \leqslant 2$，有

$$p_{ij} = \frac{2!}{i!j!(2-i-j)!}\left(\frac{1}{6}\right)^i\left(\frac{2}{6}\right)^j\left(\frac{3}{6}\right)^{2-i-j}, \quad i,j=0,1,2.$$

由此同样可算得二维随机变量 (X,Y) 的联合分布律和例 4.6 相同.

若将题目改为"有放回地从袋中任取三次，每次取一球"，试写出二维随机变量 (X,Y) 的联合分布律.

此时 X,Y 的所有可能取值为 $0,1,2,3$，当 $i+j>3$ 时，$p_{ij}=0$；当 $i+j \leqslant 3$ 时，事件 $\{X=i,Y=j\}$ 表示取出的 3 个球中有 i 个红球、j 个黑球、$3-i-j$ 个白球，所以在有放回抽取时（相当于重复独立抽取），对 $i+j \leqslant 3$，有

$$p_{ij} = \frac{3!}{i!j!(3-i-j)!}\left(\frac{1}{6}\right)^i\left(\frac{2}{6}\right)^j\left(\frac{3}{6}\right)^{3-i-j}, \quad i,j=0,1,2,3.$$

由此算出 (X,Y) 的联合分布律为

X	Y			
	0	1	2	3
0	$\frac{1}{8}$	$\frac{1}{4}$	$\frac{1}{6}$	$\frac{1}{27}$
1	$\frac{1}{8}$	$\frac{1}{6}$	$\frac{1}{18}$	0
2	$\frac{1}{24}$	$\frac{1}{36}$	0	0
3	$\frac{1}{216}$	0	0	0

这是二项分布的推广. 若每次试验的可能结果只有两个，即事件 A 或 $\bar{A}$，且 $P(A)=p$. 记 X 表示 n 次重复独立试验中事件 A 发生的次数，则 $X \sim B(n,p)$. 若每次试验的可能结果有三个，即事件 A_1,A_2,A_3，且 X_i 表示在 n 次重复独立试验中事件 A_i 发生的次数，则称 (X_1,X_2) 服从**三项分布**.

在本例中若有放回地任取 n 次，每次取一球，则此时 X,Y 的所有可能取值为 $0,1,2,\cdots,n$. 当 $i+j>n$ 时，$p_{ij}=0$；当 $i+j \leqslant n$ 时，事件 $\{X=i,Y=j\}$ 表示取出的 n 个球中有 i 个红球、j 个黑球、$n-i-j$ 个白球，所以在有放回抽取时（相当于重复独立抽取），对 $i+j \leqslant n$，有

$$p_{ij} = \frac{n!}{i!j!(n-i-j)!}\left(\frac{1}{6}\right)^i\left(\frac{2}{6}\right)^j\left(\frac{3}{6}\right)^{n-i-j}, \quad i,j=0,1,2,\cdots,n.$$

则上式就是 (X,Y) 的联合分布律，是一个三项分布.

若将袋中球的颜色分类增加至 r 种,则可将二项分布推广到**多项分布**.

设每次试验有 r 个两两互不相容的结果 $A_1, A_2, \cdots, A_r$ 之一发生,且 $A_i(i=1,2,\cdots,r)$ 发生的概率为 $p_i, i=1,2,\cdots,r, \sum\limits_{i=1}^{r} p_i = 1$. 将此试验独立重复地做 n 次,记 $X_i(i=1,2,\cdots,r)$ 为 n 次重复独立试验中事件 $A_i(i=1,2,\cdots,r)$ 发生的次数,则

$$P(X_1 = n_1, X_2 = n_2, \cdots, X_r = n_r) = \frac{n!}{n_1! n_2! \cdots n_r!} p_1^{n_1} p_2^{n_2} \cdots p_r^{n_r},$$

其中 $0 \leqslant n_i \leqslant n, i=1,2,\cdots,r, n_1+n_2+\cdots+n_r = n$. 该分布称为 r **项分布**或**多项分布**.

例 4.8(二维超几何分布) 将例 4.6 中的抽样方式改为不放回抽样,即"袋中有 1 个红球、2 个黑球与 3 个白球. 现不放回地从袋中取两次,每次取一个球,以 X, Y 分别表示所取得的红球与黑球的个数",试写出二维随机变量 (X,Y) 的联合分布律.

解 事件 $\{X=i, Y=j\}$ 表示取出的 2 个球中有 i 个红球、j 个黑球、$2-i-j$ 个白球,且与抽样次序无关,故对 $i+j \leqslant 2$,有

$$p_{ij} = \frac{\binom{1}{i}\binom{2}{j}\binom{3}{2-i-j}}{\binom{6}{2}}, \quad i,j=0,1,2, i \leqslant 1, j \leqslant 2, i+j \leqslant 2.$$

由此求得 (X,Y) 的联合分布律为

X	Y		
	0	1	2
0	$\dfrac{1}{5}$	$\dfrac{2}{5}$	$\dfrac{1}{15}$
1	$\dfrac{1}{5}$	$\dfrac{2}{15}$	0
2	0	0	0

这个分布称为**二维超几何分布**,是超几何分布的推广.

以下将二维离散型随机变量的联合分布律概念推广到 n 维的情形.

如果一个 n 维随机变量的取值范围是 n 维空间的有限数组(有限个点)或可列数组(可列多个点),则称其为 n **维离散型随机变量**.

设 n 维离散型随机变量 $(X_1, X_2, \cdots, X_n)$ 的所有可能取值为

$$\Omega_{(X_1, X_2, \cdots, X_n)} = \{(x_{1k_1}, x_{2k_2}, \cdots, x_{nk_n}), \quad k_i = 1,2,\cdots, i=1,2,\cdots,n\},$$

且

$$P(X_1 = x_{1k_1}, X_2 = x_{2k_2}, \cdots, X_n = x_{nk_n}) \stackrel{\frown}{=} P\left(\bigcap_{i=1}^{n} \{X_i = x_{ik_i}\}\right) = p_{k_1 k_2 \cdots k_n},$$

其中 $p_{k_1k_2\cdots k_n}$ 满足

（1）$p_{k_1k_2\cdots k_n}\geqslant 0,\ \forall k_i=1,2,\cdots,i=1,2,\cdots,n$；

（2）$\displaystyle\sum_{\forall k_i=1,2,\cdots,i=1,2,\cdots,n}p_{k_1k_2\cdots k_n}=1.$

则称表达式

$$P(X_1=x_{1k_1},X_2=x_{2k_2},\cdots,X_n=x_{nk_n})=p_{k_1k_2\cdots k_n},\quad k_i=1,2,\cdots,i=1,2,\cdots,n$$

为 n 维离散型随机变量 $(X_1,X_2,\cdots,X_n)$ 的联合分布律.

三、二维连续型随机变量及联合概率密度函数

二维随机变量 (X,Y) 可能的取值可以不是有限个或可列多个，例如为研究学生身高 X 和体重 Y 之间的相互联系，对每一个秋季新入学的大学生测量其身高和体重，测量后每位学生的身高和体重就对应了一组（二维）有序实数；再比如要研究家庭中父母平均身高 X 和子女身高 Y 的关系，调查 200 个家庭，调查后每个家庭的父母平均身高和子女身高就对应了一组（二维）有序实数.

定义 4.4　设有二维随机变量 (X,Y)，其联合分布函数为 $F(x,y)$，若存在一个定义域为 $(-\infty,+\infty)$ 的非负实值函数 $f(x,y)$，使得下式成立：

$$F(x,y)=\int_{-\infty}^{x}\int_{-\infty}^{y}f(u,v)\,\mathrm{d}u\mathrm{d}v,\quad -\infty<x,y<+\infty,$$

则称 (X,Y) 为二维连续型随机变量，并称二元函数 $f(x,y)$ 为 (X,Y) 的**联合概率密度函数**，简称**联合密度函数**.

二维连续型随机变量的取值范围往往是平面上的一个区域或若干区域的并集.

联合密度函数须满足以下两个条件：

（1）$f(x,y)\geqslant 0,x,y\in(-\infty,+\infty)$；　　（2）$\displaystyle\iint_{\mathbf{R}\times\mathbf{R}}f(x,y)\mathrm{d}x\mathrm{d}y=1.$

可以证明，对任意的平面区域 D，有下列计算公式：

$$P((X,Y)\in D)=\iint_{D}f(x,y)\mathrm{d}x\mathrm{d}y.\tag{4.1}$$

对连续型随机变量 (X,Y) 而言，在 $f(x,y)$ 的连续点 (x,y) 处，$f(x,y)=\dfrac{\partial^2 F(x,y)}{\partial x\partial y}$；$F(x,y)=\displaystyle\iint_{D_{xy}}f(u,v)\mathrm{d}u\mathrm{d}v$，其中 $D_{xy}=\{(u,v):u\leqslant x,v\leqslant y\}$. 因此，在刻画 (X,Y) 的取值规律时，联合密度函数与联合分布函数是等价的. 但是因为有了公式（4.1），在计算概率时用联合密度函数更方便.

例 4.9　设二维连续型随机变量 (X,Y) 的联合密度函数为

$$f(x,y)=\begin{cases}x^2+cxy,&0<x<1,0<y<2,\\0,&\text{其他,}\end{cases}$$

（1）求待定常数 c；（2）求概率 $P(X+Y \geqslant 1)$．

解 （1）密度函数取值情况如图 4.4 所示，因 $\int_{-\infty}^{+\infty} \int_{-\infty}^{+\infty} f(x,y) \mathrm{d}x\mathrm{d}y = 1$，又

$$\int_{-\infty}^{+\infty} \int_{-\infty}^{+\infty} f(x,y) \mathrm{d}x\mathrm{d}y = \int_0^1 \mathrm{d}x \int_0^2 (x^2 + cxy) \mathrm{d}y = \int_0^1 (2x^2 + 2cx) \mathrm{d}x = \frac{2}{3} + c ,$$

由此得 $c = \frac{1}{3}$．

（2）记 $D_1 = \{(x,y): x>0, y>0, x+y<1\}$，如图 4.5 阴影部分所示，则

$$P(X + Y \geqslant 1) = 1 - \iint_{D_1} f(x,y) \mathrm{d}\sigma = 1 - \int_0^1 \mathrm{d}x \int_0^{1-x} \left(x^2 + \frac{xy}{3} \right) \mathrm{d}y$$

$$= 1 - \int_0^1 \left[x^2(1-x) + \frac{1}{6}x(1-x)^2 \right] \mathrm{d}x$$

$$= 1 - \int_0^1 \left[x^2(1-x) + \frac{1}{6}x^2(1-x) \right] \mathrm{d}x$$

$$= 1 - \frac{7}{6} \int_0^1 x^2(1-x) \mathrm{d}x = 1 - \frac{7}{72} = \frac{65}{72} .$$

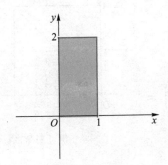

图 4.4 例 4.9(1) 的示意图

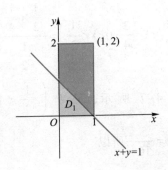

图 4.5 例 4.9(2) 的示意图

例 4.10 设 (X,Y) 为二维连续型随机变量，其联合密度函数为

$$f(x,y) = \begin{cases} 3x, & 0<x<1, 0<y<x, \\ 0, & \text{其他}, \end{cases}$$

求概率 $P\left(Y \leqslant \frac{1}{2} \right)$．

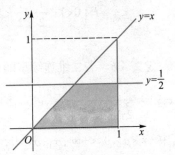

图 4.6 例 4.10 的示意图

解 如图 4.6 所示，$P\left(Y \leqslant \frac{1}{2} \right) = \int_0^{\frac{1}{2}} \mathrm{d}y \int_y^1 3x \mathrm{d}x$

$$= \int_0^{\frac{1}{2}} \left(\frac{3}{2} - \frac{3}{2}y^2 \right) \mathrm{d}y = \frac{11}{16} .$$

定义 4.5 若二维连续型随机变量 (X,Y) 的联合密度函数为

$$f(x,y) = \begin{cases} \dfrac{1}{|D|}, & (x,y) \in D, \\ 0, & \text{其他}, \end{cases}$$

其中 $|D|$ 表示平面区域 D 的面积,那么就称 (X,Y) 服从**区域 D 上的二维均匀分布**.

服从二维均匀分布的二维随机变量有下列计算概率的公式:

设二维随机变量 (X,Y) 服从平面区域 D 上的二维均匀分布,平面区域 $D_1 \subset D$,则

$$P((X,Y) \in D_1) = \frac{|D_1|}{|D|}.$$

例 4.11 设区域 D 由直线 $y=0, x=1, y=x$ 围成,二维随机变量 (X,Y) 服从区域 D 上的二维均匀分布. 试写出 (X,Y) 的联合密度函数并计算概率 $P\left(0<Y<\dfrac{1}{2} \,\middle|\, \dfrac{1}{2}<X<\dfrac{3}{4}\right)$.

解 区域 D 的面积为 0.5,故 (X,Y) 的联合密度函数为

$$f(x,y) = \begin{cases} 2, & 0<y<x<1, \\ 0, & \text{其他}, \end{cases}$$

因 (X,Y) 服从区域 D 上的二维均匀分布,所以

$$P\left(\frac{1}{2}<X<\frac{3}{4}, 0<Y<\frac{1}{2}\right) = \frac{\dfrac{1}{2} \times \dfrac{1}{4}}{\dfrac{1}{2}} = \frac{1}{4},$$

如图 4.7 所示,而 $P\left(\dfrac{1}{2}<X<\dfrac{3}{4}\right) =$

$\displaystyle\int_{\frac{1}{2}}^{\frac{3}{4}} \mathrm{d}x \int_0^x 2\,\mathrm{d}y = \dfrac{5}{16}$,所以

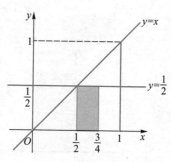

图 4.7 例 4.11 的示意图

$$P\left(0<Y<\frac{1}{2} \,\middle|\, \frac{1}{2}<X<\frac{3}{4}\right) = \frac{P\left(\dfrac{1}{2}<X<\dfrac{3}{4}, 0<Y<\dfrac{1}{2}\right)}{P\left(\dfrac{1}{2}<X<\dfrac{3}{4}\right)} = \frac{4}{5}.$$

定义 4.6 若二维连续型随机变量 (X,Y) 的联合密度函数为

$$f(x,y) = \frac{1}{2\pi\sigma_1\sigma_2\sqrt{1-\rho^2}} e^{-\frac{1}{2(1-\rho^2)}\left[\frac{(x-\mu_1)^2}{\sigma_1^2} - \frac{2\rho(x-\mu_1)(y-\mu_2)}{\sigma_1\sigma_2} + \frac{(y-\mu_2)^2}{\sigma_2^2}\right]} \quad (-\infty<x<+\infty, -\infty<y<+\infty),$$

其中 $-\infty<\mu_1,\mu_2<+\infty$, $\sigma_1,\sigma_2>0$, $|\rho|<1$,则称 (X,Y) 服从**二维正态分布**,记作 $(X,Y) \sim N(\mu_1,\mu_2,\sigma_1^2,\sigma_2^2,\rho)$,称 (X,Y) 为**二维正态随机变量**,其密度函数如图 4.8 所示.

* 可以将二维连续型随机变量的联合密度函数概念推广到 n 维的情形.

设有 n 维随机变量 $(X_1,X_2,\cdots,X_n)$,其分布函数为 $F(x_1,x_2,\cdots,x_n) = P(X_1 \leqslant x_1, X_2 \leqslant x_2, \cdots, X_n \leqslant x_n)$,若存在一个 n 元非负实值函数 $f(x_1,x_2,\cdots,x_n)$,使得下式成立:

$$F(x_1, x_2, \cdots, x_n)$$

$$= \int_{-\infty}^{x_1} \int_{-\infty}^{x_2} \cdots \int_{-\infty}^{x_n} f(u_1, u_2, \cdots, u_n) \mathrm{d}u_n \cdots \mathrm{d}u_2 \mathrm{d}u_1,$$

$$-\infty < x_1, x_2, \cdots, x_n < +\infty,$$

则称$(X_1, X_2, \cdots, X_n)$为 n 维连续型随机变量,并称$f(x_1, x_2, \cdots, x_n)$为$(X_1, X_2, \cdots, X_n)$的**联合概率密度函数**,简称**联合密度函数**.

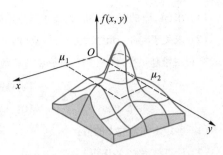

图 4.8 二维正态分布的联合密度函数

联合密度函数须满足以下两个条件:

(1) $f(x_1, x_2, \cdots, x_n) \geqslant 0, x_i \in (-\infty, +\infty)$, $i = 1, 2, \cdots, n$;

(2) $\int_{-\infty}^{+\infty} \int_{-\infty}^{+\infty} \cdots \int_{-\infty}^{+\infty} f(x_1, x_2, \cdots, x_n) \mathrm{d}x_1 \mathrm{d}x_2 \cdots \mathrm{d}x_n = 1$.

可以证明,对任意的 n 维平面区域 D,有下列计算公式:

$$P((X_1, X_2, \cdots, X_n) \in D) = \underset{D}{\iint \cdots \int} f(x_1, x_2, \cdots, x_n) \mathrm{d}x_1 \mathrm{d}x_2 \cdots \mathrm{d}x_n.$$

*例 4.12(多维均匀分布) 若 n 维连续型随机变量$(X_1, X_2, \cdots, X_n)$的联合密度

函数 $f(x_1, x_2, \cdots, x_n) = \begin{cases} \dfrac{1}{|D|}, & (x_1, x_2, \cdots, x_n) \in D, \\ 0, & \text{其他}, \end{cases}$ 其中$|D|$表示 n 维超平面区

域 D 的几何度量,则称 n 维随机变量$(X_1, X_2, \cdots, X_n)$为**区域 D 上的 n 维均匀分布**.

服从 n 维均匀分布的随机变量有下列计算概率的公式:

设随机变量$(X_1, X_2, \cdots, X_n)$服从 n 维超平面区域 D 上的均匀分布,n 维超平面区域 $D_1 \subset D$,则

$$P((X_1, X_2, \cdots, X_n) \in D_1) = \frac{|D_1|}{|D|}.$$

习题 4.1

1. 设随机变量 Y 服从二项分布 $B(3, 0.5)$. 定义随机变量 X_1, X_2 为

$$X_k = \begin{cases} 0, & Y \leqslant k, \\ 1, & Y > k, \end{cases} \quad k = 1, 2.$$

(1) 计算概率 $P(X_1 = 1, X_2 = 0)$;

(2) 计算概率 $P(X_1 + X_2 = 2)$.

2. 设随机变量 X, Y 都只取 -1 和 1,且满足

$$P(Y=1 \mid X=1) = P(Y=-1 \mid X=-1) = \frac{1}{3}, \quad P(X=1) = \frac{1}{2}.$$

(1) 求(X,Y)的联合分布律(要求结果用列表形式表示);

(2) 求关于t的一元二次方程$t^2+Xt+Y=0$有实数根的概率.

3. 设二维随机变量(X,Y)的联合密度函数为

$$f(x,y)=\begin{cases}x^2+kxy, & 0<x<1 \text{ 且 } 0<y<2,\\0, & \text{其他}.\end{cases}$$

(1) 确定未知常数k的值;

(2) 计算概率$P(Y<X)$;

(3) 计算条件概率$P(Y>1-X\mid Y<X)$.

4. 把一粒骰子独立地上抛两次,设X表示第一次出现的点数,Y表示两次出现的点数中的较大值.

(1) 写出X与Y的联合分布律;

(2) 求概率$P(X^2>Y)$和$P(X=Y)$,$P(X^2+Y^2<10)$.

5. 设(X,Y)服从区域G上的二维均匀分布,其中G是第I象限中由$y=x$与$y=x^2$所围成的平面区域,求:

(1) X与Y的联合密度函数;

(2) 概率$P\left(X>\dfrac{1}{2},Y\leqslant\dfrac{1}{2}\right)$.

6. 设$P(A)=\dfrac{1}{4}$,$P(B\mid A)=\dfrac{1}{2}$,$P(A\mid B)=\dfrac{1}{3}$,记随机变量$X=\begin{cases}1, & A \text{ 发生},\\0, & A \text{ 不发生},\end{cases}$

$Y=\begin{cases}1, & B \text{ 发生},\\0, & B \text{ 不发生},\end{cases}$求概率$P(X+Y=1)$.

7. 设随机变量(X,Y)的联合密度函数为

$$f(x,y)=\begin{cases}2\mathrm{e}^{-(x+2y)}, & x>0,y>0,\\0, & \text{其他},\end{cases}$$

求概率:(1) $P(X<1,Y>2)$;(2) $P(X+Y<1)$.

§4.2　边缘分布、随机变量的独立性和条件分布

一、边缘分布函数

有时我们需要通过联合分布函数得到仅关于X或仅关于Y的分布函数.

定义 4.7　设二维随机变量(X,Y)的联合分布函数为$F(x,y)$,称

$$F_X(x)=P(X\leqslant x), \quad x\in(-\infty,+\infty)$$

为随机变量X的**边缘分布函数**. 同理,称

$$F_Y(y)=P(Y\leqslant y), \quad y\in(-\infty,+\infty)$$

为随机变量 Y 的**边缘分布函数**.

可以证明

$$F_X(x)=\lim_{y\to+\infty}F(x,y)\stackrel{\widehat{}}{=}F(x,+\infty),\quad F_Y(y)=\lim_{x\to+\infty}F(x,y)\stackrel{\widehat{}}{=}F(+\infty,y).$$

由此可知,由联合分布函数可以得到边缘分布函数.反之则不然,知道两个边缘分布函数一般不能得到联合分布函数.

例 4.13　(1) 设二维随机变量 (X,Y) 具有联合分布律

$$P(X=0,Y=0)=P(X=1,Y=1)=0.5,$$

这里 X 和 Y 可能取值都为 $0,1$,则

$$P(X=0)=P(X=0,Y=0)+P(X=0,Y=1)=0.5+0=0.5,$$
$$P(X=1)=P(X=1,Y=0)+P(X=1,Y=1)=0+0.5=0.5.$$

同理可得 $P(Y=0)=P(Y=1)=0.5$.

(2) 设二维随机变量 (X,Y) 具有联合分布律

$$P(X=0,Y=1)=P(X=1,Y=0)=0.5,$$

这里 X 和 Y 可能取值都为 $0,1$,则

$$P(X=0)=P(X=0,Y=0)+P(X=0,Y=1)=0+0.5=0.5,$$
$$P(X=1)=P(X=1,Y=0)+P(X=1,Y=1)=0.5+0=0.5.$$

同理可得 $P(Y=0)=P(Y=1)=0.5$.

这说明 (X,Y) 具有两个不同的联合分布律,对应了 X 的分布律、Y 的分布律是相同的,因此,由 X 的分布和 Y 的分布一般不能得到 (X,Y) 的联合分布.

例 4.14　在例 4.4 中,已经求得二维随机变量 (X,Y) 的联合分布函数为

$$F(x,y)=\frac{1}{\pi^2}\left(\frac{\pi}{2}+\arctan x\right)\left(\frac{\pi}{2}+\arctan y\right),x,y\in(-\infty,+\infty),$$

试确定 X,Y 的边缘分布函数.

解　由边缘分布函数的定义可得

$$F_X(x)=\lim_{y\to+\infty}F(x,y)=\frac{1}{\pi}\left(\frac{\pi}{2}+\arctan x\right),\quad x\in(-\infty,+\infty);$$

$$F_Y(y)=\lim_{x\to+\infty}F(x,y)=\frac{1}{\pi}\left(\frac{\pi}{2}+\arctan y\right),\quad y\in(-\infty,+\infty).$$

二、边缘分布律和边缘密度函数

设二维离散型随机变量 (X,Y) 的联合分布律为

$$P(X=a_i,Y=b_j)=p_{ij},\quad i,j=1,2,\cdots.$$

由于 $\bigcup_j\{Y=b_j\}=\Omega$,所以

$$P(X=a_i)=P\left(\{X=a_i\}\bigcap\left\{\bigcup_j\{Y=b_j\}\right\}\right)=P\left(\bigcup_j\{X=a_i,Y=b_j\}\right)$$

$$=\sum_j P(X=a_i,Y=b_j)=\sum_j p_{ij},$$

上述推导用到了第一章中关于概率的有限可加性或者可列可加性的性质. 因此称

$$P(X=a_i)=\sum_j p_{ij}=p_{i1}+p_{i2}+\cdots+p_{in}+\cdots\hat{=}p_{i\cdot},\quad i=1,2,\cdots$$

为随机变量 X 的**边缘分布律**;同理可得 Y 的边缘分布律为

$$P(Y=b_j)=\sum_i p_{ij}=p_{1j}+p_{2j}+\cdots+p_{nj}+\cdots\hat{=}p_{\cdot j},\quad j=1,2,\cdots.$$

设二维连续型随机变量 (X,Y) 的联合密度函数为 $f(x,y),x,y\in(-\infty,+\infty)$,由于

$$F_X(x)=F(x,+\infty)=\int_{-\infty}^{x}\left\{\int_{-\infty}^{+\infty}f(u,y)\,\mathrm{d}y\right\}\mathrm{d}u,$$

重难点讲解
4-1

X 的密度函数 $f_X(x)=\dfrac{\mathrm{d}F_X(x)}{\mathrm{d}x}=\int_{-\infty}^{+\infty}f(x,y)\,\mathrm{d}y$,因此称

$$f_X(x)\hat{=}\int_{-\infty}^{+\infty}f(x,y)\,\mathrm{d}y,\quad x\in(-\infty,+\infty)$$

为随机变量 X 的**边缘密度函数**;同理,称

$$f_Y(y)\hat{=}\int_{-\infty}^{+\infty}f(x,y)\,\mathrm{d}x,\quad y\in(-\infty,+\infty)$$

为随机变量 Y 的**边缘密度函数**.

例 4.15(例 4.6 续) 袋中有 1 个红球、2 个黑球与 3 个白球. 现有放回地从袋中取两次,每次取一个球,以 X,Y 分别表示所取得的红球与黑球的个数. 试计算 X 与 Y 的边缘分布律.

解 由例 4.6 中知 $\Omega_X=\{0,1,2\}$, $\Omega_Y=\{0,1,2\}$,且 (X,Y) 的联合分布律为

X	Y		
	0	1	2
0	$\dfrac{1}{4}$	$\dfrac{1}{3}$	$\dfrac{1}{9}$
1	$\dfrac{1}{6}$	$\dfrac{1}{9}$	0
2	$\dfrac{1}{36}$	0	0

故由定义知 $P(X=0)=p_{11}+p_{12}+p_{13}=\dfrac{1}{4}+\dfrac{1}{3}+\dfrac{1}{9}=\dfrac{25}{36}$,同理可得其他各项概率值,故 X 与 Y 的边缘分布律分别为

X	0	1	2
P	$\dfrac{25}{36}$	$\dfrac{10}{36}$	$\dfrac{1}{36}$

Y	0	1	2
P	$\dfrac{4}{9}$	$\dfrac{4}{9}$	$\dfrac{1}{9}$

例 4.16（例 4.9 续）　设连续型随机变量 (X,Y) 的联合密度函数为

$$f(x,y)=\begin{cases} x^2+cxy, & 0<x<1,0<y<2, \\ 0, & \text{其他}, \end{cases}$$

试分别求 X 与 Y 的边缘密度函数.

解　在例 4.9 中已经求得 $c=\dfrac{1}{3}$.

（1）当 $0<x<1$ 时，

$$f_X(x)=\int_{-\infty}^{+\infty}f(x,y)\mathrm{d}y=\int_0^2\left(x^2+\frac{1}{3}xy\right)\mathrm{d}y=2x^2+\frac{2}{3}x;$$

当 $x\leqslant 0$ 或 $x\geqslant 1$ 时，$f(x,y)=0$，故 $f_X(x)=0$，即有

$$f_X(x)=\begin{cases} 2x^2+\dfrac{2}{3}x, & 0<x<1, \\ 0, & \text{其他}. \end{cases}$$

（2）当 $0<y<2$ 时，

$$f_Y(y)=\int_{-\infty}^{+\infty}f(x,y)\mathrm{d}x=\int_0^1\left(x^2+\frac{1}{3}xy\right)\mathrm{d}x=\frac{1}{3}+\frac{1}{6}y;$$

当 $y\leqslant 0$ 或 $y\geqslant 2$ 时，$f(x,y)=0$，故 $f_Y(y)=0$，即有

$$f_Y(y)=\begin{cases} \dfrac{1}{3}+\dfrac{1}{6}y, & 0<y<2, \\ 0, & \text{其他}. \end{cases}$$

三、随机变量的相互独立性

在多维随机变量中，各分量的取值有时会相互影响，有时没有影响，比如一个人的血压与体重会有相互影响，但是和受教育年限可认为没有相互影响. 当一个随机变量的取值不影响另一个随机变量取值的概率时，就产生了相互独立的概念.

对于二维离散型或连续型随机变量，我们给出相互独立的定义.

定义 4.8　设二维离散型随机变量 (X,Y) 的联合分布律为

$$P(X=a_i,Y=b_j)=p_{ij},\quad i,j=1,2,\cdots$$

若 $P(X=a_i,Y=b_j)=P(X=a_i)P(Y=b_j)$，对一切 $i,j=1,2,\cdots$ 成立，则称 X 与 Y **相互独立**. 上述式子也可表示为 $p_{ij}=p_i.\,p._j$，对任意的 i,j 成立.

在连续型的情形，设随机变量 X 与 Y 的联合密度函数为 $f(x,y)$，边缘密度函数分别为

$f_X(x),f_Y(y)$,如果在函数 $f(x,y),f_X(x),f_Y(y)$ 的连续点上都成立 $f(x,y)=f_X(x)f_Y(y)$,那么称 X 与 Y 相互独立.

在例 4.15 中,已知 (X,Y) 的联合分布律及 X 与 Y 的边缘分布律分别为

X	Y		
	0	1	2
0	$\dfrac{1}{4}$	$\dfrac{1}{3}$	$\dfrac{1}{9}$
1	$\dfrac{1}{6}$	$\dfrac{1}{9}$	0
2	$\dfrac{1}{36}$	0	0

X	0	1	2
P	$\dfrac{25}{36}$	$\dfrac{10}{36}$	$\dfrac{1}{36}$

Y	0	1	2
P	$\dfrac{4}{9}$	$\dfrac{4}{9}$	$\dfrac{1}{9}$

因为 $P(X=2,Y=2)=0\neq P(X=2)P(Y=2)=\dfrac{1}{36\times9}$,所以 X 与 Y 不相互独立.

在例 4.16 中,(X,Y) 的联合密度函数为

$$f(x,y)=\begin{cases} x^2+\dfrac{1}{3}xy, & 0<x<1,0<y<2, \\ 0, & \text{其他}, \end{cases}$$

X 的边缘密度函数为 $f_X(x)=\begin{cases} 2x^2+\dfrac{2}{3}x, & 0<x<1, \\ 0, & \text{其他}, \end{cases}$ Y 的边缘密度函数为 $f_Y(y)=$

$\begin{cases} \dfrac{1}{3}+\dfrac{1}{6}y, & 0<y<2, \\ 0, & \text{其他}. \end{cases}$ 取点 $\left(\dfrac{1}{2},\dfrac{1}{2}\right)$,则 $f\left(\dfrac{1}{2},\dfrac{1}{2}\right)=\dfrac{1}{3},f_X\left(\dfrac{1}{2}\right)=\dfrac{5}{6},f_Y\left(\dfrac{1}{2}\right)=\dfrac{5}{12}$,所以

$f\left(\dfrac{1}{2},\dfrac{1}{2}\right)\neq f_X\left(\dfrac{1}{2}\right)f_Y\left(\dfrac{1}{2}\right)$,即随机变量 X 与 Y 不相互独立.

更一般地,有下面随机变量相互独立的定义.

*定义 4.9 如果二维随机变量 (X,Y) 的联合分布函数 $F(x,y)$ 与两个分量 X 和 Y 的边缘分布函数 $F_X(x),F_Y(y)$,对一切 $-\infty<x,y<+\infty$,等式

$$F(x,y)=F_X(x)F_Y(y)$$

成立,那么称**随机变量 X 与 Y 相互独立**.

例 4.17(二维正态随机变量的边缘分布) 设 $(X,Y)\sim N(\mu_1,\mu_2,\sigma_1^2,\sigma_2^2,\rho)$,则 $X\sim N(\mu_1,\sigma_1^2),Y\sim N(\mu_2,\sigma_2^2)$.

*证明 记 $\dfrac{x-\mu_1}{\sigma_1}=u,\dfrac{y-\mu_2}{\sigma_2}=t$,则 (X,Y) 的联合密度函数可表示为

$$f(x,y)=\dfrac{1}{2\pi\sigma_1\sigma_2\sqrt{1-\rho^2}}\mathrm{e}^{-\frac{1}{2(1-\rho^2)}(u^2-2\rho ut+t^2)},u,t\in(-\infty,+\infty).$$

故

$$f_X(x) = \int_{-\infty}^{+\infty} f(x,y)\,\mathrm{d}y$$

$$= \frac{1}{2\pi\sigma_1\sigma_2\sqrt{1-\rho^2}}\int_{-\infty}^{+\infty}\exp\left\{-\frac{1}{2(1-\rho^2)}\left[(t-\rho u)^2 + u^2(1-\rho^2)\right]\right\}\sigma_2\mathrm{d}t$$

$$= \frac{1}{\sqrt{2\pi}\,\sigma_1}\cdot\exp\left\{-\frac{u^2}{2}\right\}\int_{-\infty}^{+\infty}\frac{1}{\sqrt{2\pi}\cdot\sqrt{1-\rho^2}}\exp\left\{-\frac{(t-\rho u)^2}{2(1-\rho^2)}\right\}\mathrm{d}t$$

$$= \frac{1}{\sqrt{2\pi}\,\sigma_1}\exp\left\{-\frac{u^2}{2}\right\}$$

$$= \frac{1}{\sqrt{2\pi}\,\sigma_1}e^{-\frac{(x-\mu_1)^2}{2\sigma_1^2}}, x\in(-\infty,+\infty),$$

其中 $\dfrac{1}{\sqrt{2\pi}\cdot\sqrt{1-\rho^2}}\exp\left\{-\dfrac{(t-\rho u)^2}{2(1-\rho^2)}\right\}$ 可看作服从正态分布 $N(\rho u, 1-\rho^2)$ 的随机变量的密度函数,故其在整个数轴上的积分为 1.由此即得 $X\sim N(\mu_1,\sigma_1^2)$,同理可得 $Y\sim N(\mu_2,\sigma_2^2)$.

例 4.18 设 $(X,Y)\sim N(\mu_1,\mu_2,\sigma_1^2,\sigma_2^2,\rho)$,那么 X 与 Y 相互独立的充要条件是 $\rho=0$.

证明 若 X 与 Y 相互独立,取 $x=\mu_1, y=\mu_2$,则 $f(\mu_1,\mu_2)=f_X(\mu_1)f_Y(\mu_2)$,即

$$\frac{1}{2\pi\sigma_1\sigma_2\sqrt{1-\rho^2}} = \frac{1}{\sqrt{2\pi}\,\sigma_1}\cdot\frac{1}{\sqrt{2\pi}\,\sigma_2}\Rightarrow\sqrt{1-\rho^2}=1\Rightarrow\rho=0;$$

反之,若 $\rho=0$,则 (X,Y) 的联合密度函数

$$f(x,y) = \frac{1}{2\pi\sigma_1\sigma_2}e^{-\frac{1}{2}\left[\frac{(x-\mu_1)^2}{\sigma_1^2}+\frac{(y-\mu_2)^2}{\sigma_2^2}\right]} = \frac{1}{\sqrt{2\pi}\,\sigma_1}e^{-\frac{1}{2}\frac{(x-\mu_1)^2}{\sigma_1^2}}\cdot\frac{1}{\sqrt{2\pi}\,\sigma_2}e^{-\frac{1}{2}\frac{(y-\mu_2)^2}{\sigma_2^2}}=f_X(x)f_Y(y)$$

对任意的 $-\infty<x,y<+\infty$ 均成立,故 X 与 Y 相互独立.

随机变量的独立性与随机事件的独立性之间有着更一般的联系.

定理 4.2 随机变量 X 与 Y 相互独立的充要条件是:对实数轴上任意两个数集 S_1 和 S_2,总有 $P(X\in S_1, Y\in S_2)=P(X\in S_1)P(Y\in S_2)$.

*证明 我们仅对 (X,Y) 为离散型随机变量的情形给出证明.设二维离散型随机变量 X 与 Y 的联合分布律为

$$P(X=a_i, Y=b_j)=p_{ij}, \quad i,j=1,2,\cdots.$$

如果随机变量 X 与 Y 相互独立,那么

$$P(X\in S_1, Y\in S_2) = \sum_{i,j:a_i\in S_1, b_j\in S_2} P(X=a_i, Y=b_j) = \sum_{i,j:a_i\in S_1, b_j\in S_2} p_{ij}$$

$$= \sum_{i,j:a_i\in S_1, b_j\in S_2} p_{i\cdot}p_{\cdot j} = \sum_{i:a_i\in S_1} p_{i\cdot}\sum_{j:b_j\in S_2} p_{\cdot j} = P(X\in S_1)P(Y\in S_2).$$

反之,如果对实数轴上任意两个数集 S_1 和 S_2 ,总有

$$P(X \in S_1, Y \in S_2) = P(X \in S_1)P(Y \in S_2),$$

那么,取两个单点的集合 $S_1 = \{a_i\}$ 和 $S_2 = \{b_j\}$,有 $p_{ij} = p_i. \, p._j$,对任意的 i,j 成立. 即随机变量 X 与 Y 相互独立.

在例 4.16 中,若记 $S_1 = \left(0, \dfrac{1}{2}\right), S_2 = (0,1)$,则

$$P(X \in S_1) = \int_0^{\frac{1}{2}} \left(2x^2 + \frac{2}{3}x\right) dx = \frac{1}{6}, P(Y \in S_2) = \int_0^1 \left(\frac{1}{3} + \frac{1}{6}y\right) dy = \frac{5}{12},$$

而 $P(X \in S_1, Y \in S_2) = \int_0^{\frac{1}{2}} dx \int_0^1 \left(x^2 + \frac{1}{3}xy\right) dy = \frac{1}{16}$,故 $P(X \in S_1, Y \in S_2) \neq P(X \in S_1) \times P(Y \in S_2)$,因此随机变量 X 与 Y 不相互独立.

独立性定义可以推广到 n 维随机变量的情形.

若 n 维离散型随机变量 $(X_1, X_2, \cdots, X_n)$ 满足等式 $P(X_1 = x_1, X_2 = x_2, \cdots, X_n = x_n) = \prod_{i=1}^n P(X_i = x_i)$,对任意的 $x_i \in \Omega_{X_i}, i = 1, 2, \cdots, n$ 成立,那么就称这 n 个随机变量 $X_1, X_2, \cdots, X_n$ **相互独立**;

记 $f_{X_i}(x_i) (i=1,2,\cdots,n)$ 为随机变量 X_i 的边缘密度函数,若 n 维连续型随机变量 $(X_1, X_2, \cdots, X_n)$ 的联合密度函数 $f(x_1, x_2, \cdots, x_n)$ 和每个分量 $X_i(i=1,2,\cdots,n)$ 的边缘密度函数 $f_{X_i}(x_i) (i=1,2,\cdots,n)$ 满足等式

$$f(x_1, x_2, \cdots, x_n) = f_{X_1}(x_1) f_{X_2}(x_2) \cdots f_{X_n}(x_n),$$

且等式在密度函数的一切连续点上成立,则称这 n 个随机变量 $X_1, X_2, \cdots, X_n$ 相互独立.

*四、条件分布和条件数学期望

当随机变量 X 与 Y 不相互独立时,它们之间就有相依关系. 在实际工作中我们经常希望了解 X 与 Y 之间有着怎样的相互影响. 例如,当已知 $Y=y$ 时,希望知道 X 的取值规律,由此引入条件分布以及条件密度函数的概念.

定义 4.10 设二维离散型随机变量 (X,Y) 的联合分布律为 $P(X=a_i, Y=b_j) = p_{ij}$, $i,j = 1,2,\cdots$. 若 $P(Y=b_j) > 0$,则称 $P(X=a_i | Y=b_j) = \dfrac{p_{ij}}{p._j}, i=1,2,\cdots$ 为**已知 $\{Y=b_j\}$ 发生的条件下 X 的条件分布律**,也可记为

$X \mid Y=b_j$	a_1	a_2	$\cdots$	a_i	$\cdots$
P	$\dfrac{p_{1j}}{p._j}$	$\dfrac{p_{2j}}{p._j}$	$\cdots$	$\dfrac{p_{ij}}{p._j}$	$\cdots$

其中 $p_{\cdot j} = \sum\limits_i p_{ij}$;

设 $P(X=a_i)>0$,称 $P(Y=b_j \mid X=a_i) = \dfrac{p_{ij}}{p_{i\cdot}}$, $j=1,2,\cdots$ 为已知 $\{X=a_i\}$ 发生的条件下 Y 的**条件分布律**,也记作

$Y \mid X=a_i$	b_1	b_2	$\cdots$	b_j	$\cdots$
P	$\dfrac{p_{i1}}{p_{i\cdot}}$	$\dfrac{p_{i2}}{p_{i\cdot}}$	$\cdots$	$\dfrac{p_{ij}}{p_{i\cdot}}$	$\cdots$

其中 $p_{i\cdot} = \sum\limits_j p_{ij}$.

在事件 $\{Y=y_j\}$ 发生的条件下随机变量 $g(X)$ 的**条件数学期望**定义为

$$E[g(X) \mid Y=y_j] = \sum_i g(x_i) P(X=x_i \mid Y=y_j) = \sum_i g(x_i) \frac{p_{ij}}{p_{\cdot j}}, \quad p_{\cdot j} > 0 .$$

类似地可以定义在事件 $\{X=x_i\}$ 发生的条件下随机变量 $g(Y)$ 的**条件数学期望**为

$$E[g(Y) \mid X=x_i] = \sum_j g(y_j) P(Y=y_j \mid X=x_i) = \sum_j g(y_j) \frac{p_{ij}}{p_{i\cdot}}, \quad p_{i\cdot} > 0 .$$

例 4.19 设随机变量 X 在 $1,2,3,4$ 四个整数中任取一个值,另一个随机变量 Y 在整数 $1 \sim X$ 中任取一个值. 试求 $Y=1$ 时 X 的条件分布律, $X=3$ 时 Y 的条件分布律以及条件数学期望 $E(Y \mid X=3)$.

解 由乘法公式 $P(X=i, Y=j) = P(X=i) P(Y=j \mid X=i)$, $i,j=1,2,3,4$,

可求得 (X,Y) 的联合分布律如下:

X	Y			
	1	2	3	4
1	$\dfrac{1}{4}$	0	0	0
2	$\dfrac{1}{8}$	$\dfrac{1}{8}$	0	0
3	$\dfrac{1}{12}$	$\dfrac{1}{12}$	$\dfrac{1}{12}$	0
4	$\dfrac{1}{16}$	$\dfrac{1}{16}$	$\dfrac{1}{16}$	$\dfrac{1}{16}$

由 $P(X=i \mid Y=1) = \dfrac{P(X=i, Y=1)}{P(Y=1)} = \dfrac{P(X=i, Y=1)}{25/48}$, $i=1,2,3,4$,计算知 $Y=1$ 时 X 的条件分布律为

$X \mid Y=1$	1	2	3	4
P	$\dfrac{12}{25}$	$\dfrac{6}{25}$	$\dfrac{4}{25}$	$\dfrac{3}{25}$

同理, 由 $P(Y=j \mid X=3)=\dfrac{P(X=3,Y=j)}{P(X=3)}=\dfrac{P(X=3,Y=j)}{3/12}$, $j=1,2,3$, 计算可得 $X=3$ 的条件下, 随机变量 Y 的条件分布律为

$Y \mid X=3$	1	2	3
P	$\dfrac{1}{3}$	$\dfrac{1}{3}$	$\dfrac{1}{3}$

$$E(Y \mid X=3)=1 \times \frac{1}{3}+2 \times \frac{1}{3}+3 \times \frac{1}{3}=2.$$

例 4.20 以 X 记某医院在一天中诞生的婴儿数, 以 Y 记其中的男婴数, 设 (X,Y) 的联合分布律为 $P(X=n,Y=m)=\dfrac{\mathrm{e}^{-14}7.14^{m}6.86^{n-m}}{m!(n-m)!}$, $m=0,1,2,\cdots,n$, $n=0,1,2,\cdots$.

试求:

(1) X 与 Y 的边缘分布律; (2) 已知 $\{Y=m\}$ 的条件下 X 的条件分布律;

(3) 已知 $\{X=n\}$ 的条件下 Y 的条件分布律和条件数学期望 $E(Y \mid X=n)$.

解 (1) $P(X=n)=\displaystyle\sum_{m=0}^{n}\dfrac{\mathrm{e}^{-14}7.14^{m}6.86^{n-m}}{m!(n-m)!}$

$$=\frac{\mathrm{e}^{-14}}{n!}\sum_{m=0}^{n}\frac{n!}{m!(n-m)!}7.14^{m}6.86^{n-m}$$

$$=\frac{\mathrm{e}^{-14}}{n!}(7.14+6.86)^{n}=\frac{14^{n}}{n!}\mathrm{e}^{-14}, \quad n=0,1,2,\cdots;$$

$$P(Y=m)=\sum_{n=m}^{\infty}\frac{\mathrm{e}^{-14}7.14^{m}6.86^{n-m}}{m!(n-m)!}$$

$$=\sum_{k=n-m=0}^{\infty}\frac{\mathrm{e}^{-14}7.14^{m}6.86^{k}}{m!k!}$$

$$=\frac{\mathrm{e}^{-14}}{m!}7.14^{m}\sum_{k=0}^{\infty}\frac{6.86^{k}}{k!}=\frac{\mathrm{e}^{-14}}{m!}7.14^{m}\mathrm{e}^{6.86}$$

$$=\frac{7.14^{m}}{m!}\mathrm{e}^{-7.14}, \quad m=0,1,2,\cdots,n.$$

(2) $P(X=n \mid Y=m)=\dfrac{P(X=n,Y=m)}{P(Y=m)}=\dfrac{\dfrac{\mathrm{e}^{-14}7.14^{m}6.86^{n-m}}{m!(n-m)!}}{\dfrac{7.14^{m}}{m!}\mathrm{e}^{-7.14}}=\dfrac{6.86^{n-m}}{(n-m)!}\mathrm{e}^{-6.86},$

习题讲解
4-2

$$n=m,m+1,m+2,\cdots.$$

(3) $P(Y=m\mid X=n)=\dfrac{P(Y=m,X=n)}{P(X=n)}=\dfrac{\dfrac{\mathrm{e}^{-14}7.14^{m}6.86^{n-m}}{m!(n-m)!}}{\dfrac{14^{n}}{n!}\mathrm{e}^{-14}}$$

$$=\binom{n}{m}\left(\frac{7.14}{14}\right)^{m}\left(\frac{6.86}{14}\right)^{n-m}=\binom{n}{m}0.51^{m}0.49^{n-m},$$

$$m=0,1,2,\cdots,n.$$

由于 $\{X=n\}$ 的条件下 Y 服从二项分布 $B(n,0.51)$,所以 $E(Y\mid X=n)=0.51n$.

定义 4.11 设二维随机变量 (X,Y) 的联合密度函数为 $f(x,y)$,对任意的实数 y,当 $f_{Y}(y)>0$ 时,称 $f_{X\mid Y}(x\mid y)=\dfrac{f(x,y)}{f_{Y}(y)}(-\infty<x<+\infty)$ 为已知 $\{Y=y\}$ 发生时 X 的条件密度函数. 对任意的实数 x,当 $f_{X}(x)>0$ 时,称 $f_{Y\mid X}(y\mid x)=\dfrac{f(x,y)}{f_{X}(x)}(-\infty<y<+\infty)$ 为已知 $\{X=x\}$ 发生时 Y 的条件密度函数.

易证条件密度函数满足 $f_{X\mid Y}(x\mid y)\geqslant0(-\infty<x<+\infty)$,$\displaystyle\int_{-\infty}^{+\infty}f_{X\mid Y}(x\mid y)\mathrm{d}x=1$;以及 $f_{Y\mid X}(y\mid x)\geqslant0(-\infty<y<+\infty)$,$\displaystyle\int_{-\infty}^{+\infty}f_{Y\mid X}(y\mid x)\mathrm{d}y=1$.

当 $f_{Y}(y)>0$ 时,在事件 $\{Y=y\}$ 发生的条件下随机变量 $g(X)$ 的**条件数学期望**定义为

$$E[g(X)\mid Y=y]=\int_{-\infty}^{+\infty}g(x)f_{X\mid Y}(x\mid y)\mathrm{d}x=\int_{-\infty}^{+\infty}g(x)\frac{f(x,y)}{f_{Y}(y)}\mathrm{d}x;$$

类似可定义当 $f_{X}(x)>0$ 时,在事件 $\{X=x\}$ 发生的条件下随机变量 $g(Y)$ 的**条件数学期望**为

$$E[g(Y)\mid X=x]=\int_{-\infty}^{+\infty}g(y)f_{Y\mid X}(y\mid x)\mathrm{d}y=\int_{-\infty}^{+\infty}g(y)\frac{f(x,y)}{f_{X}(x)}\mathrm{d}y.$$

例 4.21 在例 4.16 中,已知 $f(x,y)=\begin{cases}x^{2}+\dfrac{1}{3}xy,&0<x<1,0<y<2,\\0,&\text{其他.}\end{cases}$

(1) 求当 $0<x<1$ 时 Y 的条件密度函数以及当 $0<y<2$ 时 X 的条件密度函数;

(2) 求条件数学期望 $E\left(Y\mid X=\dfrac{1}{2}\right)$.

解 (1) 因 $f(x,y)=\begin{cases}x^{2}+\dfrac{1}{3}xy,&0<x<1,0<y<2,\\0,&\text{其他,}\end{cases}$ 而当 $0<x<1$ 时,$f_{X}(x)=2x^{2}+$

$\dfrac{2}{3}x>0$ 及当 $0<y<2$ 时，$f_Y(y)=\dfrac{1}{3}+\dfrac{y}{6}>0$，给定 x,y 的取值范围是 $0<y<2$，给定 y,x 的取值范围是 $0<x<1$，如图 4.9 所示，所以条件密度函数分别为

$$f_{Y|X}(y\mid x)=\begin{cases}\dfrac{3x+y}{6x+2}, & 0<y<2,\\[2mm]0, & \text{其他,}\end{cases}\qquad f_{X|Y}(x\mid y)=\begin{cases}\dfrac{6x^2+2xy}{2+y}, & 0<x<1,\\[2mm]0, & \text{其他.}\end{cases}$$

（2）$E\left(Y\,\middle|\,X=\dfrac{1}{2}\right)=\displaystyle\int_0^2 y\cdot\dfrac{\dfrac{3}{2}+y}{5}\mathrm{d}y=\dfrac{17}{15}$.

例 4.22（例 4.11 续） 设区域 D 由直线 $y=0,x=1,y=x$ 围成，如图 4.10 所示，二维随机变量 (X,Y) 服从区域 D 上的二维均匀分布. 求在 $\left\{Y=\dfrac{1}{2}\right\}$ 的条件下 X 的条件密度函数 $f_{X|Y}\left(x\,\middle|\,\dfrac{1}{2}\right)$ 和条件数学期望 $E\left(X\,\middle|\,Y=\dfrac{1}{2}\right)$.

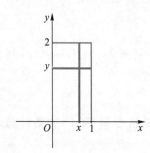

图 4.9 例 4.21 的示意图

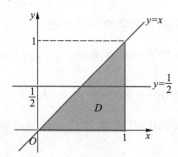

图 4.10 例 4.22 的示意图

解 已知二维随机变量 (X,Y) 的联合密度函数为 $f(x,y)=\begin{cases}2, & (x,y)\in D,\\0, & \text{其他,}\end{cases}$ 故

$$f_Y(y)=\begin{cases}\displaystyle\int_y^1 2\mathrm{d}x, & 0<y<1,\\0, & \text{其他,}\end{cases}=\begin{cases}2(1-y), & 0<y<1,\\0, & \text{其他.}\end{cases}$$

当 $y=\dfrac{1}{2}$ 时，$f_Y\left(\dfrac{1}{2}\right)=1>0$，又 $f\left(x,\dfrac{1}{2}\right)=\begin{cases}2, & \dfrac{1}{2}<x<1,\\0, & \text{其他.}\end{cases}$ 因此

$$f_{X|Y}\left(x\,\middle|\,\dfrac{1}{2}\right)=\dfrac{f\left(x,\dfrac{1}{2}\right)}{f_Y\left(\dfrac{1}{2}\right)}=\begin{cases}2, & \dfrac{1}{2}<x<1,\\0, & \text{其他.}\end{cases}$$

由于在 $\left\{Y=\dfrac{1}{2}\right\}$ 的条件下 X 服从区间 $\left(\dfrac{1}{2},1\right)$ 上的均匀分布，所以

$$E\left(X\,\middle|\,Y=\frac{1}{2}\right)=\frac{\frac{1}{2}+1}{2}=\frac{3}{4}.$$

习题 4.2

1. 袋中有四个号码为 $1,2,3,4$ 的球,从中任取两个球,这两个球的号码中小的号码记为 X,大的号码记为 Y.

(1) 求 X 与 Y 的联合分布律;

(2) 分别求 X 与 Y 的边缘分布律;

(3) 问 X 与 Y 是否相互独立? 请说明理由;

(4) 求概率 $P(X+Y<5)$.

2. 设二维随机变量 (X,Y) 的联合密度函数为

$$f(x,y)=\begin{cases}\dfrac{21}{4}x^2y, & x^2\leqslant y\leqslant 1,\\[2mm] 0, & \text{其他}.\end{cases}$$

(1) 分别求 X 和 Y 的边缘密度函数;

(2) 问 X 与 Y 是否相互独立? 请说明理由;

*(3) 求条件密度函数 $f_{Y\mid X}\left(y\,\middle|\,\dfrac{1}{2}\right)$;

*(4) 求条件概率 $P\left(Y\geqslant\dfrac{3}{4}\,\middle|\,X=\dfrac{1}{2}\right)$.

3. 设二维随机变量 (X,Y) 的联合密度函数为

$$f(x,y)=\begin{cases}kxy, & (x,y)\in D,\\ 0, & \text{其他},\end{cases}$$

其中 D 是由直线 $y=x,x=1$ 和 x 轴所围成的平面区域.

(1) 确定未知常数 k 的值;

(2) 试求 X 与 Y 的边缘密度函数 $f_X(x),f_Y(y)$;

(3) 问随机变量 X 与 Y 是否相互独立? 请说明理由;

(4) 试求概率 $P(X+Y\leqslant 1)$.

*4. 已知随机变量 X 的条件密度函数为

$$f_{X\mid Y}(x\mid y)=\begin{cases}\dfrac{3x^2}{y^3}, & 0<x<y,\\[2mm] 0, & \text{其他},\end{cases}$$

又 Y 的边缘密度函数为

$$f_Y(y)=\begin{cases}5y^4, & 0<y<1,\\ 0, & \text{其他}.\end{cases}$$

(1) 求 (X,Y) 的联合密度函数 $f(x,y)$;

(2) 求 Y 的条件密度函数 $f_{Y|X}(y\mid x)$.

习题讲解
4-4

5. 设 (X,Y) 在区域 G 上服从二维均匀分布,其中 G 是由直线 $y+x=2,y-x=2$ 以及 x 轴所围成的平面区域,试求:

(1) X 与 Y 的联合密度函数;

(2) X 的边缘密度函数;

*(3) 已知 $X=1$ 的条件下 Y 的条件密度函数 $f_{Y|X}(y\mid 1)$ 和条件数学期望 $E(Y\mid X=1)$.

6. 设二维随机变量 (X,Y) 的联合密度函数 $f(x,y)=\begin{cases}\mathrm{e}^{-y}, & 0<x<y,\\ 0, & \text{其他}.\end{cases}$

(1) 分别求随机变量 X 和 Y 的边缘密度函数 $f_X(x),f_Y(y)$;

(2) 问随机变量 X 与 Y 是否相互独立? 请说明理由;

(3) 求概率 $P(X+Y\leqslant 1)$.

7. 设二维随机变量 (X,Y) 服从边长为 $\sqrt{2}$ cm 的正方形区域内的二维均匀分布,该正方形的对角线为坐标轴,试求:

(1) (X,Y) 的联合密度函数;

(2) 分别求 X 与 Y 的边缘密度函数 $f_X(x),f_Y(y)$;

(3) 问随机变量 X 与 Y 是否相互独立? 请说明理由;

(4) 试求概率 $P(|X|\leqslant Y)$.

8. 设 X 与 Y 的联合密度函数为

$$f(x,y)=\begin{cases}6\mathrm{e}^{-(3x+2y)}, & x>0,y>0,\\ 0, & \text{其他}.\end{cases}$$

(1) 问 X 与 Y 相互独立吗? 为什么?

(2) 试求概率 $P(X<3,Y>2)$.

9. 设二维随机变量 (X,Y) 的联合密度函数为

$$f(x,y)=\begin{cases}1+xy, & |x|<\dfrac{1}{2}且|y|<\dfrac{1}{2},\\ 0 & \text{其他}.\end{cases}$$

(1) 分别求 X 和 Y 的边缘密度函数;

(2) 问 X 和 Y 是否相互独立? 请说明理由;

(3) 求概率 $P\left(X+Y\leqslant\dfrac{1}{2}\right)$;

(4) 求条件密度函数 $f_{X|Y}(x\mid y),y\in\left(0,\dfrac{1}{2}\right)$.

* §4.3　二维随机变量函数的分布

一、二维离散型随机变量函数的分布

1. 已知 (X,Y) 的联合分布律，求随机变量 $Z=g(X,Y)$ 的分布律

例 4.23　设随机变量 X 与 Y 相互独立，且服从相同的二项分布 $B(2,0.5)$. 记 $Z=XY$，试求 Z 的分布律.

解　由已知条件得 X 的分布律为

X	0	1	2
P	$\dfrac{1}{4}$	$\dfrac{1}{2}$	$\dfrac{1}{4}$

再由独立性，可知 (X,Y) 的联合分布律为

X	Y		
	0	1	2
0	$\dfrac{1}{16}$	$\dfrac{1}{8}$	$\dfrac{1}{16}$
1	$\dfrac{1}{8}$	$\dfrac{1}{4}$	$\dfrac{1}{8}$
2	$\dfrac{1}{16}$	$\dfrac{1}{8}$	$\dfrac{1}{16}$

由 (X,Y) 的取值及函数关系 $Z=XY$，可知 $Z=XY$ 的取值为 0,1,2,4. 下面分别计算各概率值：

$$P(Z=0)=P(\{X=0\}\cup\{Y=0\})=P(X=0)+P(Y=0)-P(X=0,Y=0)$$

$$=\frac{1}{4}+\frac{1}{4}-\frac{1}{16}=\frac{7}{16},$$

$$P(Z=1)=P(X=1,Y=1)=\frac{1}{4},\quad P(Z=4)=P(X=2,Y=2)=\frac{1}{16},$$

$$P(Z=2)=1-\frac{7}{16}-\frac{1}{4}-\frac{1}{16}=\frac{1}{4}.$$

故 $Z=XY$ 的分布律为

Z	0	1	2	4
P	$\dfrac{7}{16}$	$\dfrac{1}{4}$	$\dfrac{1}{4}$	$\dfrac{1}{16}$

2. 已知 (X,Y) 的联合分布律，记 $U=g(X,Y)$，$V=h(X,Y)$，求二维随机变量 (U,V) 的联合分布律

例 4.24 在例 4.23 中，设 $U=X+Y$，$V=X-Y$，试计算 (U,V) 的联合分布律.

解 在例 4.23 中已求得 (X,Y) 的联合分布律为

X	Y		
	0	1	2
0	$\dfrac{1^0}{16_0}$	$\dfrac{1^1}{8_{-1}}$	$\dfrac{1^2}{16_{-2}}$
1	$\dfrac{1^1}{8_1}$	$\dfrac{1^2}{4_0}$	$\dfrac{1^3}{8_{-1}}$
2	$\dfrac{1^2}{16_2}$	$\dfrac{1^3}{8_1}$	$\dfrac{1^4}{16_0}$

在上表中做标记，每个概率值附有上标和下标，上标表示 U 的取值，下标表示 V 的取值. 故可知 U 的所有可能取值为 $0,1,2,3,4$，V 的所有可能取值为 $-2,-1,0,1,2$，并且易得 (U,V) 的联合分布律如下：

U	V				
	-2	-1	0	1	2
0	0	0	$\dfrac{1}{16}$	0	0
1	0	$\dfrac{1}{8}$	0	$\dfrac{1}{8}$	0
2	$\dfrac{1}{16}$	0	$\dfrac{1}{4}$	0	$\dfrac{1}{16}$
3	0	$\dfrac{1}{8}$	0	$\dfrac{1}{8}$	0
4	0	0	$\dfrac{1}{16}$	0	0

例 4.25 在例 4.23 中，记 $U=\max(X,Y)$，$V=\min(X,Y)$，试求 (U,V) 的联合分布律.

解 易知随机变量 U 和 V 的取值均为 $0,1,2$. 做标记如下：

X	Y		
	0	1	2
0	$\dfrac{1^0}{16_0}$	$\dfrac{1^1}{8_0}$	$\dfrac{1^2}{16_0}$
1	$\dfrac{1^1}{8_0}$	$\dfrac{1^1}{4_1}$	$\dfrac{1^2}{8_1}$
2	$\dfrac{1^2}{16_0}$	$\dfrac{1^2}{8_1}$	$\dfrac{1^2}{16_2}$

其中每个概率值附有上、下标,上标表示 U 的取值,下标表示 V 的取值. 容易得到

$$P(U=0,V=0)=P(X=0,Y=0)=\frac{1}{16},$$

$$P(U=1,V=0)=P(X=1,Y=0)+P(X=0,Y=1)=\frac{1}{8}+\frac{1}{8}=\frac{1}{4},$$

$$P(U=1,V=1)=P(X=1,Y=1)=\frac{1}{4},\cdots\cdots$$

依次类推可得 (U,V) 的联合分布律为

U	V		
	0	1	2
0	$\frac{1}{16}$	0	0
1	$\frac{1}{4}$	$\frac{1}{4}$	0
2	$\frac{1}{8}$	$\frac{1}{4}$	$\frac{1}{16}$

例 4.26 设随机变量 X_1,X_2,X_3,X_4 相互独立,且均服从 0-1 分布 $B(1,0.7)$,试求 $X=\begin{vmatrix} X_1 & X_2 \\ X_3 & X_4 \end{vmatrix}$ 的分布律.

解 因 $X=X_1X_4-X_2X_3$,故 X 的所有可能取值为 $\Omega_X=\{-1,0,1\}$. 注意到 X_1,X_2,X_3,X_4 相互独立,且 $P(X=1)=P(X=-1)$,故

$$P(X=1)=P(X_1=1,X_2=1,X_3=0,X_4=1)+$$
$$P(X_1=1,X_2=0,X_3=1,X_4=1)+$$
$$P(X_1=1,X_2=0,X_3=0,X_4=1)$$
$$=0.2499=P(X=-1),$$

由此得 $P(X=0)=1-2\times0.2499=0.5002$,即 X 的分布律为

X	-1	0	1
P	0.2499	0.5002	0.2499

定理 4.3 设 $X_1,X_2,\cdots,X_n$ 是独立同分布[1]的随机变量,且 $X_i\sim B(1,p)$,$i=1,2,\cdots,n$. 记 $Y=\sum_{i=1}^{n}X_i$,则 $Y\sim B(n,p)$.

证明 在第二章中我们引入了 n 重伯努利试验,记随机变量 Y 为 n 重伯努利试验

---

[1] 独立同分布是指相互独立且服从同一分布.

129

中事件 A 发生的次数,而每次试验中事件 A 发生的概率 $P(A)=p$. 记

$$X_i = \begin{cases} 1, & \text{第 } i \text{ 次试验中事件 } A \text{ 发生}, \\ 0, & \text{第 } i \text{ 次试验中事件 } \bar{A} \text{ 发生}, \end{cases} \quad i=1,2,\cdots,n.$$

容易得到 $X_1,X_2,\cdots,X_n$ 是独立同分布的随机变量,且 $X_i \sim B(1,p)$,$Y = \sum_{i=1}^{n} X_i$,并且由第二章可知 $Y \sim B(n,p)$.

定理 4.4(分布的可加性) 设随机变量 X 与 Y 相互独立,

(1) 若 $X \sim B(m,p)$,$Y \sim B(n,p)$,则 $X+Y \sim B(m+n,p)$;

(2) 若 $X \sim P(\lambda_1)$,$Y \sim P(\lambda_2)$,则 $X+Y \sim P(\lambda_1+\lambda_2)$.

证明 (1) 类似于定理 4.3 的证明,构建 $m+n$ 重伯努利试验,记

$$X_i = \begin{cases} 1, & \text{第 } i \text{ 次试验中事件 } A \text{ 发生}, \\ 0, & \text{第 } i \text{ 次试验中事件 } \bar{A} \text{ 发生}, \end{cases} \quad i=1,2,\cdots,m+n.$$

这里 $X_1,X_2,\cdots,X_m,X_{m+1},X_{m+2},\cdots,X_{m+n}$ 是独立同分布的随机变量,且 $X_i \sim B(1,p)$,$i=1$,$2,\cdots,m+n$,使得 $X = \sum_{i=1}^{m} X_i$,$Y = \sum_{i=m+1}^{m+n} X_i$. 由定理 4.3 可知

$$X + Y = \sum_{i=1}^{m+n} X_i \sim B(m+n,p).$$

(2) $X+Y$ 可能的取值为 $0,1,2,\cdots$. 对于非负整数 $n=0,1,2,\cdots$,有

$$P(X + Y = n) = P\left(\bigcup_{k=0}^{n} \{X=k,Y=n-k\} \right) = \sum_{k=0}^{n} P(X=k,Y=n-k)$$

$$= \sum_{k=0}^{n} P(X=k)P(Y=n-k) = \sum_{k=0}^{n} \frac{\lambda_1^k e^{-\lambda_1}}{k!} \frac{\lambda_2^{n-k} e^{-\lambda_2}}{(n-k)!}$$

$$= e^{-(\lambda_1+\lambda_2)} \frac{1}{n!} \sum_{k=0}^{n} \binom{n}{k} \lambda_1^k \lambda_2^{n-k} = \frac{(\lambda_1+\lambda_2)^n}{n!} e^{-(\lambda_1+\lambda_2)},$$

即 $X+Y \sim P(\lambda_1+\lambda_2)$.

定理 4.4 的结论可推广至 n 个随机变量之和的情形.

二、二维连续型随机变量函数的分布

1. 已知 (X,Y) 的联合密度函数 $f(x,y)$,求 $Z=g(X,Y)$ 的密度函数

主要步骤如下:

(1) 确定随机变量 Z 的取值范围;

(2) 计算 $Z=g(X,Y)$ 的分布函数如下:

$$F_Z(z) = P(Z \leqslant z) = P(g(X,Y) \leqslant z) = \iint\limits_{g(x,y) \leqslant z} f(x,y)\,\mathrm{d}x\mathrm{d}y;$$

(3) 求导得到 Z 的密度函数 $f_Z(z) = \dfrac{\mathrm{d}F_Z(z)}{\mathrm{d}z}$;

(4) 完整写出 Z 的密度函数的表达式.

例 4.27 设 (X,Y) 为二维连续型随机变量,其密度函数为

$$f(x,y) = \begin{cases} 3x, & 0<x<1, 0<y<x, \\ 0, & 其他. \end{cases}$$

试求 $Z = X - Y$ 的密度函数.

解 由 $0<x<1, 0<y<x, z=x-y$ 可知 $z \in (0,1)$.

如图 4.11 所示,当 $0<z<1$ 时,

$$F_Z(z) = P(Z \leqslant z) = P(X-Y \leqslant z) = P(Y \geqslant X-z)$$

$$= \int_0^z \mathrm{d}x \int_0^x 3x\mathrm{d}y + \int_z^1 \mathrm{d}x \int_{x-z}^x 3x\mathrm{d}y = \frac{3}{2}z - \frac{1}{2}z^3,$$

$$f_Z(z) = \frac{3}{2} - \frac{3}{2}z^2;$$

当 $z \leqslant 0$ 或 $z \geqslant 1$ 时,$f_Z(z) = 0$.

因此随机变量 $Z = X - Y$ 的密度函数为

$$f_Z(z) = \begin{cases} \dfrac{3}{2} - \dfrac{3}{2}z^2, & 0<z<1, \\ 0, & 其他. \end{cases}$$

例 4.28 设随机变量 X 与 Y 相互独立,且 $X \sim E(1)$,$Y \sim E(2)$,求 $Z = \dfrac{X}{Y}$ 的密度函数 $f_Z(z)$.

习题讲解
4-5

解 因 X 与 Y 相互独立,故二维随机变量 (X,Y) 的联合密度函数为

$$f(x,y) = f_X(x)f_Y(y) = \begin{cases} 2e^{-x-2y}, & x>0, y>0, \\ 0, & 其他. \end{cases}$$

又 $\Omega_z = (0, +\infty)$. 如图 4.12 所示,若 $z>0$,则

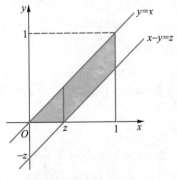

图 4.11 例 4.27 的示意图

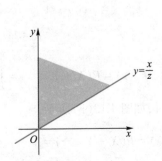

图 4.12 例 4.28 的示意图

$$F_Z(z) = P(Z \leqslant z) = P\left(\frac{X}{Y} \leqslant z\right) = \iint\limits_{\frac{x}{y} \leqslant z} f_X(x) f_Y(y)\,\mathrm{d}x\mathrm{d}y$$

$$= \int_0^{+\infty} \mathrm{d}y \int_0^{yz} f_Y(y) f_X(x)\,\mathrm{d}x = \int_0^{+\infty} \mathrm{d}y \int_0^z y f_Y(y) f_X(uy)\,\mathrm{d}u$$

$$= \int_0^z \mathrm{d}u \int_0^{+\infty} y f_Y(y) f_X(uy)\,\mathrm{d}y,$$

$$f_Z(z) = \frac{\mathrm{d}F_Z(z)}{\mathrm{d}z} = \int_0^{+\infty} y f_Y(y) f_X(zy)\,\mathrm{d}y = \int_0^{+\infty} 2y\exp\{-(2+z)y\}\,\mathrm{d}y$$

$$= \frac{2}{2+z}\int_0^{+\infty} y \cdot (2+z)\mathrm{e}^{-(2+z)y}\mathrm{d}y = \frac{2}{(2+z)^2},$$

即 Z 的密度函数

$$f_Z(z) = \begin{cases} \dfrac{2}{(2+z)^2}, & z>0, \\ 0, & \text{其他}. \end{cases}$$

例 4.29 设二维随机变量 (X,Y) 的密度函数为

$$f(x,y) = \begin{cases} 2-x-y, & 0<x<1, 0<y<1, \\ 0, & \text{其他}. \end{cases}$$

求 $Z = X+Y$ 的密度函数.

解 当 $z \leqslant 0$ 或 $z \geqslant 2$ 时，$f_Z(z) = 0$；

当 $0<z<1$ 时，如图 4.13(a) 所示，

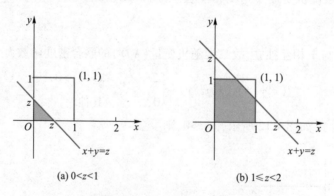

(a) $0<z<1$　　　　　(b) $1 \leqslant z<2$

图 4.13　例 4.29 的示意图

$$F_Z(z) = P(X+Y \leqslant z) = \int_0^z \mathrm{d}x \int_0^{z-x} (2-x-y)\,\mathrm{d}y = z^2 - \frac{1}{3}z^3;$$

当 $1<z<2$ 时，如图 4.13(b) 所示，

$$F_Z(z) = P(X+Y \leqslant z) = 1 - \int_{z-1}^1 \mathrm{d}x \int_{z-x}^1 (2-x-y)\,\mathrm{d}y = 1 + \frac{1}{3}(z-2)^3.$$

分别求导得到相应的密度函数为

$$f_Z(z)=\begin{cases}2z-z^2, & 0<z<1,\\ (z-2)^2, & 1\leqslant z<2,\\ 0, & \text{其他}.\end{cases}$$

2. 已知 X 与 Y 相互独立，求 $Z=X+Y$ 的密度函数

定理 4.5   设二维连续型随机变量 (X,Y) 的联合密度函数为 $f(x,y)$，则随机变量 $Z=X+Y$ 的密度函数为 $f_Z(z)=\int_{-\infty}^{+\infty}f(z-y,y)\mathrm{d}y$ 或 $f_Z(z)=\int_{-\infty}^{+\infty}f(x,z-x)\mathrm{d}x$. 特别地，当 X 与 Y 相互独立且密度函数分别为 $f_X(x),f_Y(y)$ 时，$Z=X+Y$ 的密度函数为

$$f_Z(z)=\int_{-\infty}^{+\infty}f_X(x)f_Y(z-x)\mathrm{d}x,$$

或者

$$f_Z(z)=\int_{-\infty}^{+\infty}f_X(z-y)f_Y(y)\mathrm{d}y.$$

上述公式称为**卷积公式**.

*证明   随机变量 $Z=X+Y$ 的分布函数为

$$F_Z(z)=\iint\limits_{\{(x,y):x+y\leqslant z\}}f(x,y)\mathrm{d}x\mathrm{d}y=\int_{-\infty}^{+\infty}\left\{\int_{-\infty}^{z-y}f(x,y)\mathrm{d}x\right\}\mathrm{d}y$$

对积分作变量代换 $u=x+y$，则 $\int_{-\infty}^{z-y}f(x,y)\mathrm{d}x=\int_{-\infty}^{z}f(u-y,y)\mathrm{d}u$，故

$$F_Z(z)=\int_{-\infty}^{+\infty}\left(\int_{-\infty}^{z}f(u-y,y)\mathrm{d}u\right)\mathrm{d}y=\int_{-\infty}^{z}\left(\int_{-\infty}^{+\infty}f(u-y,y)\mathrm{d}y\right)\mathrm{d}u,$$

上式两边对 z 求导数，得到 $Z=X+Y$ 的密度函数为

$$f_Z(z)=\int_{-\infty}^{+\infty}f(z-y,y)\mathrm{d}y.$$

类似可以得到

$$f_Z(z)=\int_{-\infty}^{+\infty}f(x,z-x)\mathrm{d}x.$$

当 X 与 Y 相互独立时，$f(z-y,y)=f_X(z-y)f_Y(y)$，$f(x,z-x)=f_X(x)f_Y(z-x)$，故

$$f_Z(z)=\int_{-\infty}^{+\infty}f_X(z-y)f_Y(y)\mathrm{d}y$$

或

$$f_Z(z)=\int_{-\infty}^{+\infty}f_X(x)f_Y(z-x)\mathrm{d}x.$$

例 4.30   设 X 与 Y 相互独立，且 $X\sim U(0,1)$，$Y\sim E(1)$，求 $Z=X+Y$ 的密度函数.

解   由卷积公式，$Z=X+Y$ 的密度函数 $f_Z(z)=\int_{-\infty}^{+\infty}f_X(x)f_Y(z-x)\mathrm{d}x$，其中

重难点讲解 4-2

$$f_X(x)=\begin{cases}1, & 0<x<1,\\0, & \text{其他},\end{cases} \quad f_Y(z-x)=\begin{cases}e^{-(z-x)}, & z-x>0,\\0, & \text{其他}.\end{cases}$$

由

$$\begin{cases}0<x<1,\\z-x>0\end{cases}\Rightarrow\begin{cases}0<x<1,\\0<x<z\end{cases}\Rightarrow\begin{cases}z>1,\\0<x<1\end{cases}\text{或}\begin{cases}z\leq1,\\0<x<z,\end{cases}$$

因此如图 4.14 所示,当 $z>1$ 时,

$$f_X(x)f_Y(z-x)=\begin{cases}e^{-(z-x)}, & 0<x<1,\\0, & \text{其他};\end{cases}$$

当 $0<z\leq1$ 时,

$$f_X(x)f_Y(z-x)=\begin{cases}e^{-(z-x)}, & 0<x<z,\\0, & \text{其他}.\end{cases}$$

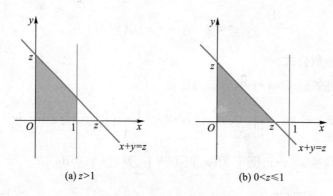

(a) $z>1$　　(b) $0<z\leq1$

图 4.14　例 4.30 的示意图

所以,

$$f_Z(z)=\int_{-\infty}^{+\infty}f_X(x)f_Y(z-x)\,dx=\begin{cases}\int_0^z e^{-(z-x)}\,dx, & 0<z\leq1,\\[2mm]\int_0^1 e^{-(z-x)}\,dx, & z>1,\\[2mm]0, & \text{其他},\end{cases}$$

$$=\begin{cases}1-e^{-z}, & 0<z\leq1,\\e^{-z}(e-1), & z>1,\\0, & \text{其他}.\end{cases}$$

定理 4.6（正态分布的可加性）　设随机变量 X 与 Y 相互独立,且 $X\sim N(\mu_1,\sigma_1^2)$,$Y\sim N(\mu_2,\sigma_2^2)$,则 $X+Y\sim N(\mu_1+\mu_2,\sigma_1^2+\sigma_2^2)$.

证明见本章最后一节.

更一般地,有下面结论:

(1) 设随机变量 X 与 Y 相互独立,且 $X\sim N(\mu_1,\sigma_1^2)$,$Y\sim N(\mu_2,\sigma_2^2)$,$k,l,b$ 是一些

常数,且 k,l 不全为零,则 $kX+lY+b \sim N(k\mu_1+l\mu_2+b,k^2\sigma_1^2+l^2\sigma_2^2)$;

（2）设随机变量 $X_1,X_2,\cdots,X_n$ 相互独立,且 $X_i \sim N(\mu_i,\sigma_i^2)$, $i=1,2,\cdots,n$, k_1, $k_2,\cdots,k_n$ 是一些不全为零的常数, c 是常数,则

$$\sum_{i=1}^{n}k_iX_i + c \sim N\left(\sum_{i=1}^{n}k_i\mu_i + c, \sum_{i=1}^{n}k_i^2\sigma_i^2\right).$$

3. 最大值和最小值的分布

定理 4.7 设连续型随机变量 $X_1,X_2,\cdots,X_n$ 相互独立且服从同一分布, X_1 具有分布函数 $F(x)$ 及密度函数 $f(x)$,则 $U=\max(X_1,X_2,\cdots,X_n)$ 的密度函数为

$$f_U(x)=n[F(x)]^{n-1}f(x);$$

$V=\min(X_1,X_2,\cdots,X_n)$ 的密度函数为

$$f_V(x)=n[1-F(x)]^{n-1}f(x).$$

证明 U 的分布函数

$$F_U(x)=P(\max(X_1,X_2,\cdots,X_n)\leq x)=P(X_1\leq x,X_2\leq x,\cdots,X_n\leq x)$$

$$=P(X_1\leq x)P(X_2\leq x)\cdots P(X_n\leq x)=[F(x)]^n,$$

求导即得 U 的密度函数;

V 的分布函数

$$F_V(x)=P(\min(X_1,X_2,\cdots,X_n)\leq x)=1-P(\min(X_1,X_2,\cdots,X_n)>x)$$

$$=1-P(X_1>x)P(X_2>x)\cdots P(X_n>x)=1-[1-F(x)]^n,$$

求导即得 V 的密度函数.

例 4.31 设随机变量 $X_1,X_2,\cdots,X_n$ 独立同分布,且 $X_i \sim U(0,\theta)$, $i=1,2,\cdots,n$. 求:

（1） $X=\max(X_1,X_2,\cdots,X_n)$ 和 $Y=\min(X_1,X_2,\cdots,X_n)$ 的密度函数;

（2）概率 $P\left(\max(X_1,X_2,\cdots,X_n)>\dfrac{\theta}{3}\right)$.

解 （1） $X_i(i=1,2,\cdots,n)$ 的密度函数为 $f(t)=\dfrac{1}{\theta}$, $0<t<\theta$,分布函数为 $F(t)=\dfrac{t}{\theta}$, $0\leq t<\theta$,因此 $X=\max(X_1,X_2,\cdots,X_n)$ 的密度函数为

$$f_X(x)=n[F(x)]^{n-1}f(x)=\begin{cases}\dfrac{nx^{n-1}}{\theta^n}, & 0<x<\theta,\\ 0, & \text{其他};\end{cases}$$

$Y=\min(X_1,X_2,\cdots,X_n)$ 的密度函数为

$$f_Y(y)=n[1-F(y)]^{n-1}f(y)=\begin{cases}\dfrac{n(\theta-y)^{n-1}}{\theta^n}, & 0<y<\theta,\\ 0, & \text{其他}.\end{cases}$$

$$(2)\ P\left(\max(X_1,X_2,\cdots,X_n)>\frac{\theta}{3}\right)=P\left(X>\frac{\theta}{3}\right)=\int_{\frac{\theta}{3}}^{\theta}\frac{nx^{n-1}}{\theta^n}\mathrm{d}x=\left(\frac{x}{\theta}\right)^n\Big|_{\frac{\theta}{3}}^{\theta}=1-\left(\frac{1}{3}\right)^n.$$

*4. 已知(X,Y)的联合密度函数，记$U=g(X,Y)$，$V=h(X,Y)$，求二维随机变量(U,V)的联合密度函数

*定理 4.8（变量变换法）　设二维连续型随机变量(X,Y)的联合密度函数为$f(x,y)$，若函数$\begin{cases}u=g(x,y),\\v=h(x,y)\end{cases}$有连续偏导数，且存在唯一的反函数$\begin{cases}x=g^{-1}(u,v),\\y=h^{-1}(u,v)\end{cases}$该变换的雅可比行列式

$$J=\frac{\partial(x,y)}{\partial(u,v)}=\begin{vmatrix}\dfrac{\partial x}{\partial u}&\dfrac{\partial y}{\partial u}\\[2mm]\dfrac{\partial x}{\partial v}&\dfrac{\partial y}{\partial v}\end{vmatrix}=\left(\frac{\partial(u,v)}{\partial(x,y)}\right)^{-1}\neq0,$$

则$(U=g(X,Y),V=h(X,Y))$的联合密度函数为$f_{(U,V)}(u,v)=f(x(u,v),y(u,v))\,|J|$.

定理 4.8 可以利用二重积分的变量变换法得到证明.

*例 4.32　设随机变量X与Y相互独立，其密度函数分别为$f_X(x)$，$f_Y(y)$. 试求$U=XY$的密度函数.

解　记$\begin{cases}u=xy,\\v=y,\end{cases}$则可解出反函数$\begin{cases}x=\dfrac{u}{v},\\[2mm]y=v,\end{cases}$变换的雅可比行列式$J=\dfrac{\partial(x,y)}{\partial(u,v)}=$

$\begin{vmatrix}\dfrac{1}{v}&0\\[2mm]-\dfrac{u}{v^2}&1\end{vmatrix}=\dfrac{1}{v}\neq0$，因此$(U=XY,V=Y)$的联合密度函数为

$$f_{(U,V)}(u,v)=f(x(u,v),y(u,v))\,|J|=f\left(\frac{u}{v},v\right)\cdot\frac{1}{|v|}=f_X\left(\frac{u}{v}\right)f_Y(v)\frac{1}{|v|},$$

将$f_{(U,V)}(u,v)$对v积分即得$U=XY$的密度函数为

$$f_U(u)=\int_{-\infty}^{+\infty}f_X\left(\frac{u}{v}\right)f_Y(v)\ \frac{1}{|v|}\mathrm{d}v\,.$$

*习题 4.3

1. 设随机变量Y服从参数为 1 的指数分布，记随机变量

$$X_i=\begin{cases}0,&Y\leqslant i,\\1,&Y>i,\end{cases}\qquad i=1,2.$$

试求：(1) X_1与X_2的联合分布律；　(2) $Z=X_1+X_2$的分布律.

2. 设随机变量 (X,Y) 的联合密度函数为

$$f(x,y)=\begin{cases}ky^2, & 0\leqslant y\leqslant x\leqslant 1,\\ 0, & \text{其他}.\end{cases}$$

试确定未知常数 k 的值并求 $X+Y$ 的密度函数.

3. 现有 1,2,3,4 四个整数,X 表示从这 4 个整数中随机抽取一个整数,Y 表示从 1 至 X 中随机抽取一个整数,试求 $U=X-Y$ 的分布律.

4. 设 X 与 Y 是相互独立的随机变量,其密度函数分别为

$$f_X(x)=\begin{cases}\mathrm{e}^{-x}, & x>0,\\ 0, & x\leqslant 0,\end{cases}\quad f_Y(y)=\begin{cases}2\mathrm{e}^{-2y}, & y>0,\\ 0, & y\leqslant 0.\end{cases}$$

定义随机变量 $Z=\begin{cases}1, & X\leqslant Y,\\ 0, & X>Y,\end{cases}$ 试求 Z 的分布律和分布函数.

5. 设 (X,Y) 为二维离散型随机变量,X,Y 的边缘分布律分别为

X	0	1
P	$\dfrac{2}{3}$	$\dfrac{1}{3}$

Y	-1	0	1
P	$\dfrac{1}{4}$	$\dfrac{1}{2}$	$\dfrac{1}{4}$

且 $P(XY=0)=1$,试求:

(1) (X,Y) 的联合分布律;

(2) $Z=X-Y$ 的分布律;

(3) $W=X^2Y$ 的分布律.

6. 设有三个灯泡,其寿命 X_1,X_2,X_3 相互独立且服从相同的分布,X_1 的密度函数为 $f(x)=\begin{cases}5000x^{-3}, & x>50,\\ 0, & \text{其他}.\end{cases}$ 试求 $J=\min(X_1,X_2,X_3)$ 的密度函数.

7. 设随机变量 X 与 Y 相互独立,其密度函数分别为 $f_X(x)=\begin{cases}1, & 0<x<1,\\ 0, & \text{其他},\end{cases}$ $f_Y(y)=\begin{cases}\mathrm{e}^{-y}, & y>0,\\ 0, & \text{其他}.\end{cases}$ 试求随机变量 $Z=2X+Y$ 的密度函数.

8. 设随机变量 X 与 Y 相互独立且服从相同的分布,X 的分布律为 $P(X=k)=\left(\dfrac{1}{2}\right)^k,k=1,2,3,\cdots$. 记 $U=\min(X,Y),V=\max(X,Y)$.

(1) 求 U 和 V 的分布律; (2) 求二维随机变量 (U,V) 的联合分布律.

习题讲解
4-6

§4.4 随机向量的数字特征

一、二维随机变量函数的数学期望

设二维离散型随机变量 (X,Y) 的联合分布律为 $P(X=a_i,Y=b_j)=p_{ij},i,j=1,2,\cdots,$

$Z = g(X, Y)$. 若 $\sum\limits_{i,j} |g(a_i, b_j)| p_{ij} < +\infty$ ，则可以证明：$Z = g(X, Y)$ 的数学期望 $E(Z) = \sum\limits_{i,j} g(a_i, b_j) p_{ij}$. 特别地，当 $g(X, Y) = X$ 或 Y 时，

$$E(X) = \sum_i \sum_j a_i p_{ij} = \sum_i a_i \sum_j p_{ij} = \sum_i a_i p_{i\cdot} ,$$
$$E(Y) = \sum_i \sum_j b_j p_{ij} = \sum_j b_j \sum_i p_{ij} = \sum_j b_j p_{\cdot j} .$$

设二维连续型随机变量 (X, Y) 的联合密度函数为 $f(x, y)$，则 $Z = g(X, Y)$ 的数学期望 $E(Z) = \int_{-\infty}^{+\infty} \int_{-\infty}^{+\infty} g(x, y) f(x, y) \mathrm{d}x \mathrm{d}y$ ，这里要求 $\int_{-\infty}^{+\infty} \int_{-\infty}^{+\infty} |g(x, y)| f(x, y) \mathrm{d}x \mathrm{d}y < +\infty$. 特别地，当 $g(X, Y) = X$ 或 Y 时，

$$E(X) = \int_{-\infty}^{+\infty} \int_{-\infty}^{+\infty} x f(x, y) \mathrm{d}x \mathrm{d}y = \int_{-\infty}^{+\infty} x \mathrm{d}x \int_{-\infty}^{+\infty} f(x, y) \mathrm{d}y = \int_{-\infty}^{+\infty} x f_X(x) \mathrm{d}x ,$$
$$E(Y) = \int_{-\infty}^{+\infty} \int_{-\infty}^{+\infty} y f(x, y) \mathrm{d}x \mathrm{d}y = \int_{-\infty}^{+\infty} y \mathrm{d}y \int_{-\infty}^{+\infty} f(x, y) \mathrm{d}x = \int_{-\infty}^{+\infty} y f_Y(y) \mathrm{d}y .$$

上述结论可推广至 n 维随机变量函数的数学期望.

例 4.33 给定二维离散型随机变量 (X, Y) 的联合分布律为

X	Y		
	0	1	2
-1	0	$\frac{1}{6}$	$\frac{1}{6}$
0	$\frac{1}{6}$	0	$\frac{1}{6}$
1	$\frac{1}{6}$	$\frac{1}{6}$	0

记随机变量 $Z = XY$，试求 Z 的数学期望.

解 将分布律写为如下形式：

(X, Y)	$(-1,1)$	$(-1,2)$	$(0,0)$	$(0,2)$	$(1,0)$	$(1,1)$
P	$\frac{1}{6}$	$\frac{1}{6}$	$\frac{1}{6}$	$\frac{1}{6}$	$\frac{1}{6}$	$\frac{1}{6}$
$Z = XY$	-1	-2	0	0	0	1

则 $E(XY) = \sum\limits_{i,j} a_i b_j p_{ij} = \frac{1}{6} \times (-1 - 2 + 1) = -\frac{1}{3}$.

定理 4.9（数学期望性质的推广） 设随机变量 $X_1, X_2, \cdots, X_n$，

（1）若 $Y = \sum\limits_{i=1}^n k_i X_i + c$，其中 $k_i(i = 1, 2, \cdots, n)$，c 是常数，则

$$E(Y) = \sum_{i=1}^n k_i E(X_i) + c .$$

特别地，$E\left(\sum\limits_{i=1}^{n} X_i\right) = \sum\limits_{i=1}^{n} E(X_i)$ ；

（2）当随机变量 $X_1, X_2, \cdots, X_n$ 相互独立时，

$$E(X_1 X_2 \cdots X_n) = E(X_1) E(X_2) \cdots E(X_n).$$

*证明　只对连续型随机变量情形给出证明，读者可以尝试对离散型随机变量给出证明. 设 $f(x_1, x_2, \cdots, x_n)$ 为 $(X_1, X_2, \cdots, X_n)$ 的联合密度函数.

（1）由多维随机变量函数的数学期望计算可知

$$E(Y) = \int_{-\infty}^{+\infty} \int_{-\infty}^{+\infty} \cdots \int_{-\infty}^{+\infty} \left(\sum_{i=1}^{n} k_i x_i + c\right) f(x_1, x_2, \cdots, x_n) \,\mathrm{d}x_1 \mathrm{d}x_2 \cdots \mathrm{d}x_n$$

$$= \sum_{i=1}^{n} k_i \int_{-\infty}^{+\infty} \int_{-\infty}^{+\infty} \cdots \int_{-\infty}^{+\infty} x_i f(x_1, x_2, \cdots, x_n) \,\mathrm{d}x_1 \mathrm{d}x_2 \cdots \mathrm{d}x_n + c$$

$$= \sum_{i=1}^{n} k_i E(X_i) + c.$$

（2）当 $X_1, X_2, \cdots, X_n$ 相互独立时，

$$E(X_1 X_2 \cdots X_n) = \int_{-\infty}^{+\infty} \int_{-\infty}^{+\infty} \cdots \int_{-\infty}^{+\infty} x_1 x_2 \cdots x_n f(x_1, x_2, \cdots, x_n) \,\mathrm{d}x_1 \mathrm{d}x_2 \cdots \mathrm{d}x_n$$

$$= \int_{-\infty}^{+\infty} \int_{-\infty}^{+\infty} \cdots \int_{-\infty}^{+\infty} x_1 x_2 \cdots x_n f_{X_1}(x_1) f_{X_2}(x_2) \cdots f_{X_n}(x_n) \,\mathrm{d}x_1 \mathrm{d}x_2 \cdots \mathrm{d}x_n$$

$$= \int_{-\infty}^{+\infty} x_1 f_{X_1}(x_1) \,\mathrm{d}x_1 \int_{-\infty}^{+\infty} x_2 f_{X_2}(x_2) \,\mathrm{d}x_2 \cdots \int_{-\infty}^{+\infty} x_n f_{X_n}(x_n) \,\mathrm{d}x_n$$

$$= E(X_1) E(X_2) \cdots E(X_n).$$

*例 4.34　设随机变量 X 与 Y 相互独立，且均服从正态分布 $N(0,1)$，求 $Z = \sqrt{X^2 + Y^2}$ 的数学期望和方差.

习题讲解
4-7

解　由条件知随机变量 X 与 Y 的联合密度函数为

$$f(x,y) = \frac{1}{2\pi} \mathrm{e}^{-\frac{x^2 + y^2}{2}}, \quad x, y \in (-\infty, +\infty).$$

再由函数的数学期望计算公式

$$E(Z) = E(\sqrt{X^2 + Y^2}) = \frac{1}{2\pi} \int_{-\infty}^{+\infty} \int_{-\infty}^{+\infty} \sqrt{x^2 + y^2} \, \mathrm{e}^{-\frac{x^2 + y^2}{2}} \,\mathrm{d}x\mathrm{d}y$$

$$= \int_{0}^{+\infty} \rho^2 \mathrm{e}^{-\frac{\rho^2}{2}} \,\mathrm{d}\rho = \sqrt{\frac{\pi}{2}},$$

$$E(Z^2) = E(X^2 + Y^2) = E(X^2) + E(Y^2) = 2,$$

所以 $\mathrm{Var}(Z) = E(Z^2) - [E(Z)]^2 = 2 - \dfrac{\pi}{2}$.

例 4.35　将 n 个球随机放入到 N 个盒中，设每个球放入各个盒子都是等可能的，求有球的盒子数 X 的数学期望 $E(X)$.

解 引入 $X_i = \begin{cases} 1, & \text{第 } i \text{ 个盒子有球}, \\ 0, & \text{第 } i \text{ 个盒子无球}, \end{cases}$ $i = 1, 2, \cdots, N$. 有球的盒子数 $X = \sum_{i=1}^{N} X_i$.

对第 i 个盒子而言,无球的概率为 $\dfrac{(N-1)^n}{N^n} = \left(1 - \dfrac{1}{N}\right)^n$, 即随机变量 X_i 的分布

律为

X_i	0	1
P	$\left(1 - \dfrac{1}{N}\right)^n$	$1 - \left(1 - \dfrac{1}{N}\right)^n$

所以相应的数学期望为 $E(X_i) = 1 - \left(1 - \dfrac{1}{N}\right)^n$. 因 $X = \sum_{i=1}^{N} X_i$, 由此得随机变量 X 的数学

期望 $E(X) = \sum_{i=1}^{N} E(X_i) = N\left[1 - \left(1 - \dfrac{1}{N}\right)^n\right]$.

例 4.36 设正态随机变量 X 与 Y 相互独立, 且 $X \sim N(1,2)$, $Y \sim N(2,3)$. 试求 $E(XY)$ 与 $\mathrm{Var}(XY)$.

解 由定理 4.9(2)即知 $E(XY) = E(X)E(Y) = 2$;

$\mathrm{Var}(XY) = E(X^2 Y^2) - [E(XY)]^2 = E(X^2)E(Y^2) - 4 = 3 \times 7 - 4 = 17$.

定理 4.10(方差性质的推广) 设 X, Y 是随机变量, 则

(1) $\mathrm{Var}(X \pm Y) = \mathrm{Var}(X) + \mathrm{Var}(Y) \pm 2E[(X - E(X))(Y - E(Y))]$;

(2) 当 X 与 Y 相互独立时, $\mathrm{Var}(X \pm Y) = \mathrm{Var}(X) + \mathrm{Var}(Y)$.

证明 (1) $\mathrm{Var}(X \pm Y) = E\{[X \pm Y - E(X \pm Y)]^2\}$

$= E\{[(X - E(X)) \pm (Y - E(Y))]^2\}$

$= \mathrm{Var}(X) + \mathrm{Var}(Y) \pm 2E[(X - E(X))(Y - E(Y))]$.

(2) 当 X 与 Y 相互独立时,

$E[(X - E(X))(Y - E(Y))] = E[X - E(X)]E[Y - E(Y)] = 0$.

由(1)就得到 $\mathrm{Var}(X \pm Y) = \mathrm{Var}(X) + \mathrm{Var}(Y)$.

一般地, 若随机变量 $X_1, X_2, \cdots, X_n$ 相互独立, 则 $\mathrm{Var}\left(\sum_{i=1}^{n} X_i\right) = \sum_{i=1}^{n} \mathrm{Var}(X_i)$.

二、协方差及相关系数

方差表现了随机变量取值的分散程度, 在方差的性质中, $X \pm Y$ 的方差

$$\mathrm{Var}(X \pm Y) = \mathrm{Var}(X) + \mathrm{Var}(Y) \pm 2E\{[X - E(X)][Y - E(Y)]\}$$

由三个部分组成, 即 X 的方差、Y 的方差和一个与 X 和 Y 都有关联的量: $E\{[X - E(X)] [Y - E(Y)]\}$, 而当 X 与 Y 相互独立时, 这个值恰好为 0. 因此这个数字特征描述了 X 与

Y 之间的某种联系.

定义 4.12 称 $\mathrm{Cov}(X,Y)=E\{[X-E(X)][Y-E(Y)]\}$ 为随机变量 X 与 Y 的**协方差**.

由协方差定义和定理 4.10 容易得到以下结论:

(1) $\mathrm{Cov}(X,X)=\mathrm{Var}(X)$;

(2) $\mathrm{Var}(X\pm Y)=\mathrm{Var}(X)+\mathrm{Var}(Y)\pm 2\mathrm{Cov}(X,Y)$;

更一般地,设 a,b,c 是任意常数,则
$$\mathrm{Var}(aX\pm bY+c)=a^2\mathrm{Var}(X)+b^2\mathrm{Var}(Y)\pm 2ab\mathrm{Cov}(X,Y);$$

(3) 当 X 与 Y 相互独立且协方差 $\mathrm{Cov}(X,Y)$ 存在时,$\mathrm{Cov}(X,Y)=0$.

利用数学期望的性质可以得到
$$\mathrm{Cov}(X,Y)=E[XY-YE(X)-XE(Y)+E(X)E(Y)]$$
$$=E(XY)-E(Y)E(X)-E(X)E(Y)+E(X)E(Y)=E(XY)-E(X)E(Y).$$

由此建立计算协方差常用的公式:
$$\mathrm{Cov}(X,Y)=E(XY)-E(X)E(Y).$$

例 4.37 设二维随机变量 (X,Y) 的联合密度函数为
$$f(x,y)=\begin{cases}2xy, & 0<2y<x<2,\\ 0, & \text{其他.}\end{cases}$$

试求 X 与 Y 的协方差 $\mathrm{Cov}(X,Y)$.

解 如图 4.15 所示,$E(XY)=\displaystyle\int_{-\infty}^{+\infty}\int_{-\infty}^{+\infty}xy\cdot$

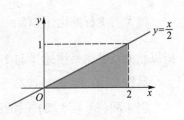

图 4.15 例 4.37 的示意图

$f(x,y)\mathrm{d}x\mathrm{d}y=\displaystyle\int_0^2\mathrm{d}x\int_0^{\frac{x}{2}}2x^2y^2\mathrm{d}y=\dfrac{8}{9}$,

$E(X)=\displaystyle\int_{-\infty}^{+\infty}\int_{-\infty}^{+\infty}x\cdot f(x,y)\mathrm{d}x\mathrm{d}y=\int_0^2\mathrm{d}x\int_0^{\frac{x}{2}}2x^2y\mathrm{d}y=\dfrac{8}{5}$,

$E(Y)=\displaystyle\int_{-\infty}^{+\infty}\int_{-\infty}^{+\infty}y\cdot f(x,y)\mathrm{d}x\mathrm{d}y=\int_0^2\mathrm{d}x\int_0^{\frac{x}{2}}2xy^2\mathrm{d}y=\dfrac{8}{15}$,

故
$$\mathrm{Cov}(X,Y)=E(XY)-E(X)E(Y)=\frac{8}{9}-\frac{8}{5}\times\frac{8}{15}=\frac{8}{225}.$$

定理 4.11(协方差的性质) 设 X,Y 是随机变量,

(1) 若 C 为任意常数,则 $\mathrm{Cov}(X,C)=0$;

(2) 协方差具有对称性,即 $\mathrm{Cov}(X,Y)=\mathrm{Cov}(Y,X)$;

(3) 设 k,l 都是常数,则 $\mathrm{Cov}(kX,lY)=kl\mathrm{Cov}(X,Y)$;

(4) $\mathrm{Cov}\left(\displaystyle\sum_{i=1}^{m}X_i,\sum_{j=1}^{n}Y_j\right)=\sum_{i=1}^{m}\sum_{j=1}^{n}\mathrm{Cov}(X_i,Y_j)$,

其中 $X_1, X_2, \cdots, X_m, Y_1, Y_2, \cdots, Y_n$ 是随机变量.

证明　我们只给出(4)的证明,其他留给读者作为练习.

$$\text{Cov}\left(\sum_{i=1}^{m} X_i, \sum_{j=1}^{n} Y_j\right) = E\left[\left(\sum_{i=1}^{m} [X_i - E(X_i)]\right)\left(\sum_{j=1}^{n} [Y_j - E(Y_j)]\right)\right]$$

$$= \sum_{i=1}^{m} \sum_{j=1}^{n} E[(X_i - E(X_i))(Y_j - E(Y_j))] = \sum_{i=1}^{m} \sum_{j=1}^{n} \text{Cov}(X_i, Y_j).$$

例 4.38　设随机变量 $X_1, X_2, \cdots, X_n$ 独立同分布,且方差 $\text{Var}(X_1) = \sigma^2 > 0$,记 $\bar{X} = \frac{1}{n}\sum_{i=1}^{n} X_i$,试计算下列数字特征:(1) $\text{Cov}(X_1, \bar{X})$;(2) $\text{Var}(X_1 - \bar{X})$.

解　由独立性及协方差性质可知,

(1) $\text{Cov}(X_1, \bar{X}) = \frac{1}{n}\text{Cov}\left(X_1, \sum_{i=1}^{n} X_i\right) = \frac{1}{n}\sum_{i=1}^{n}\text{Cov}(X_1, X_i) = \frac{\sigma^2}{n}$;

(2) 因为 $\text{Var}(\bar{X}) = \text{Var}\left(\frac{1}{n}\sum_{i=1}^{n} X_i\right) = \frac{1}{n^2}\sum_{i=1}^{n}\text{Var}(X_i) = \frac{1}{n}\sigma^2$,故

$$\text{Var}(X_1 - \bar{X}) = \text{Var}(X_1) + \text{Var}(\bar{X}) - 2\text{Cov}(X_1, \bar{X}) = \sigma^2 + \frac{\sigma^2}{n} - 2\frac{\sigma^2}{n} = \frac{n-1}{n}\sigma^2.$$

定义 4.13　称 $\text{Corr}(X, Y) \hat{=} \dfrac{\text{Cov}(X, Y)}{\sqrt{\text{Var}(X)}\sqrt{\text{Var}(Y)}}$ 为随机变量 X 与 Y 的**相关系数**,其中 $\text{Var}(X) > 0, \text{Var}(Y) > 0$.

将 X 与 Y 标准化,记 $X^* = \dfrac{X - E(X)}{\sqrt{\text{Var}(X)}}, Y^* = \dfrac{Y - E(Y)}{\sqrt{\text{Var}(Y)}}$,则 $\text{Corr}(X, Y) = \text{Cov}(X^*, Y^*)$,所以相关系数也是描述 X 与 Y 之间某种联系的数字特征.

易知 $E(X^*) = 0, \text{Var}(X^*) = 1, E(Y^*) = 0, \text{Var}(Y^*) = 1$.

例 4.39(例 4.33 续)　给定二维离散型随机变量 (X, Y) 的联合分布律为

X	Y		
	0	1	2
−1	0	$\frac{1}{6}$	$\frac{1}{6}$
0	$\frac{1}{6}$	0	$\frac{1}{6}$
1	$\frac{1}{6}$	$\frac{1}{6}$	0

试计算 X 与 Y 的相关系数.

解　由 (X, Y) 的联合分布律可得 X 与 Y 各自的边缘分布律分别为

X	-1	0	1
P	$\dfrac{1}{3}$	$\dfrac{1}{3}$	$\dfrac{1}{3}$

Y	1	0	2
P	$\dfrac{1}{3}$	$\dfrac{1}{3}$	$\dfrac{1}{3}$

例 4.33 中已算得 $E(XY) = -\dfrac{1}{3}$，又 $E(X) = 0, E(Y) = 1$，故协方差 $\mathrm{Cov}(X,Y) = -\dfrac{1}{3}$；

再计算 X 与 Y 各自的方差：由 $E(X^2) = \dfrac{2}{3}$，可得 $\mathrm{Var}(X) = \dfrac{2}{3}$，由 $E(Y^2) = \dfrac{5}{3}$，可得

$\mathrm{Var}(Y) = \dfrac{2}{3}$，故

$$\mathrm{Corr}(X,Y) \hat{=} \frac{\mathrm{Cov}(X,Y)}{\sqrt{\mathrm{Var}(X)}\sqrt{\mathrm{Var}(Y)}} = \frac{-\dfrac{1}{3}}{\dfrac{2}{3}} = -\frac{1}{2}.$$

例 4.40 设随机变量 X 与 Y 满足 $2X+3Y=5$，试计算 X 与 Y 的相关系数.

解 由 $Y = -\dfrac{2}{3}X + \dfrac{5}{3}$ 可得，$E(Y) = -\dfrac{2}{3}E(X) + \dfrac{5}{3}$，$\mathrm{Var}(Y) = \dfrac{4}{9}\mathrm{Var}(X)$，故

$E(X)E(Y) = -\dfrac{2}{3}(E(X))^2 + \dfrac{5}{3}E(X)$；又由 $XY = -\dfrac{2}{3}X^2 + \dfrac{5}{3}X$ 可得，$E(XY) = -\dfrac{2}{3}E(X^2) +$

$\dfrac{5}{3}E(X)$，所以

$$\mathrm{Cov}(X,Y) = E(XY) - E(X)E(Y) = -\frac{2}{3}E(X^2) + \frac{2}{3}\left[E(X)\right]^2 = -\frac{2}{3}\mathrm{Var}(X)，$$

由此得到

$$\mathrm{Corr}(X,Y) = \frac{\mathrm{Cov}(X,Y)}{\sqrt{\mathrm{Var}(X)}\sqrt{\mathrm{Var}(Y)}} = \frac{-\dfrac{2}{3}\mathrm{Var}(X)}{\sqrt{\mathrm{Var}(X)} \cdot \sqrt{\dfrac{4}{9}\mathrm{Var}(X)}} = -1.$$

更一般的结论：若随机变量 X 与 Y 满足 $Y = aX+b\,(a \neq 0)$，则 X 与 Y 的相关系数为

$\dfrac{a}{|a|}$. 即，当 $a>0$ 时，X 与 Y 的相关系数为 1，当 $a<0$ 时，X 与 Y 的相关系数为 -1.

可见，相关系数是刻画随机变量之间是否存在线性关系的一个数字特征.

下面给出相关系数的性质.

定理 4.12 设 X,Y 是随机变量，当 $\mathrm{Var}(X)>0, \mathrm{Var}(Y)>0$ 时，有

（1）$\mathrm{Corr}(X,Y) = \mathrm{Corr}(Y,X)$；

（2）$|\mathrm{Corr}(X,Y)| \leqslant 1$；

（3）$|\mathrm{Corr}(X,Y)| = 1$ 的充要条件是：存在非零常数 a 及常数 b，使得

$Y = aX + b\,(a \neq 0)$ 以概率 1 成立, 即 $P(Y = aX + b) = 1$.

* 证明　由协方差的性质即可得到 (1).

记 $X^* = \dfrac{X - E(X)}{\sqrt{\mathrm{Var}\,X}}$, $Y^* = \dfrac{Y - E(Y)}{\sqrt{\mathrm{Var}\,Y}}$, 由方差性质可得

$$0 \leqslant \mathrm{Var}(X^* \pm Y^*) = \mathrm{Var}(X^*) + \mathrm{Var}(Y^*) \pm 2\mathrm{Cov}(X^*, Y^*) = 2 \pm 2\mathrm{Cov}(X^*, Y^*),$$

故 $|\mathrm{Cov}(X^*, Y^*)| \leqslant 1$, 由于 $\mathrm{Corr}(X, Y) = \mathrm{Cov}(X^*, Y^*)$, 即得到 $|\mathrm{Corr}(X, Y)| \leqslant 1$. (2) 得证.

当 $\mathrm{Var}(X^* \pm Y^*) = 0$ 时, $\mathrm{Corr}(X, Y) = \mp 1$. $\mathrm{Var}(X^* \pm Y^*) = 0$ 的充要条件为 $P(X^* \pm Y^* = E(X^* \pm Y^*) = 0) = 1$. 所以, 当 $P(X^* \pm Y^* = 0) = 1$ 时, $\mathrm{Corr}(X, Y) = \mp 1$. 此时 X 与 Y 以概率 1 成立线性关系 $P\left(X = E(X) \mp \dfrac{\mathrm{Var}(X)}{\mathrm{Var}(Y)}[Y - E(Y)]\right) = 1$. (3) 得证.

当 $\mathrm{Corr}(X, Y) = 1$ 时, $P\left(X = E(X) + \dfrac{\mathrm{Var}(X)}{\mathrm{Var}(Y)}[Y - E(Y)]\right) = 1$, 此时称 X 与 Y 完全正相关.

当 $\mathrm{Corr}(X, Y) = -1$ 时, $P\left(X = E(X) - \dfrac{\mathrm{Var}(X)}{\mathrm{Var}(Y)}[Y - E(Y)]\right) = 1$, 称 X 与 Y 为完全负相关. X 与 Y 之间线性联系的程度随着 $|\mathrm{Corr}(X, Y)|$ 的减少而减弱, 所以相关系数这个数字特征是衡量 X 与 Y 之间线性联系强弱的一个重要指标.

特别地, 当 $\mathrm{Corr}(X, Y) = 0$ 时, 称 X 与 Y **不相关**.

在 X 与 Y 不相关时, 有 $\mathrm{Cov}(X, Y) = \mathrm{Corr}(X, Y)\sqrt{\mathrm{Var}(X)\mathrm{Var}(Y)} = 0$, 从而又可推出

$$\mathrm{Var}(X \pm Y) = \mathrm{Var}(X) + \mathrm{Var}(Y), \quad E(XY) = E(X)E(Y).$$

由定理 4.12(2) 容易得到**柯西-施瓦茨不等式**:

$$|\mathrm{Cov}(X, Y)|^2 \leqslant \mathrm{Var}(X)\mathrm{Var}(Y).$$

更一般地有内积不等式

$$|E(XY)|^2 \leqslant E(X^2)E(Y^2).$$

内积不等式的证明可以参见文献 [3] 第 169 页.

例 4.41　设随机变量 X 的密度函数为

$$f(x) = \frac{1}{2}\mathrm{e}^{-|x|}, \quad x \in (-\infty, +\infty).$$

试计算 X 与 $|X|$ 的相关系数并判断其相关性.

解　因密度函数 $f(x)$ 为偶函数, 故 $E(X) = 0$; 而

$$E(|X|) = \int_{-\infty}^{+\infty} |x| f(x)\,\mathrm{d}x = \int_{0}^{+\infty} x\mathrm{e}^{-x}\,\mathrm{d}x = 1,$$

故

$$\mathrm{Cov}(X,|X|) = E\{[X-E(X)][|X|-E(|X|)]\} = E[X(|X|-1)]$$

$$= \int_{-\infty}^{+\infty} x(|x|-1)f(x)\mathrm{d}x = 0,$$

又 X 不服从退化分布，$\mathrm{Var}(X)$ 与 $\mathrm{Var}(|X|)$ 都不等于零，因此 $\mathrm{Corr}(X,Y)=0$，X 与 $|X|$ 不相关.

定理 4.13 若随机变量 X 与 Y 相互独立，且 $\mathrm{Cov}(X,Y)$ 存在，则 X 与 Y 不相关，反之则不然.

该定理的逆否命题成立，即若 X 与 Y 相关，则 X 与 Y 一定不独立.

例 4.42 证明：在例 4.41 中的 X 与 $|X|$ 不相互独立.

证明 注意到

$$P(X<1) = 1 - \int_1^{+\infty} \frac{1}{2}\mathrm{e}^{-x}\mathrm{d}x = 1 - \frac{1}{2}\mathrm{e}^{-1},$$

$$P(|X|<1) = \int_0^1 \mathrm{e}^{-x}\mathrm{d}x = 1 - \mathrm{e}^{-1},$$

所以 $P(X<1,|X|<1) = P(|X|<1) \neq P(X<1) \cdot P(|X|<1)$，即随机变量 X 与 $|X|$ 并不相互独立.

定理 4.14 设 (X,Y) 服从二维正态分布 $N(\mu_1,\mu_2,\sigma_1^2,\sigma_2^2,\rho)$，则 $\rho = \mathrm{Corr}(X,Y)$.

*证明 先求 X 与 Y 的协方差. 由定义可知

$$\mathrm{Cov}(X,Y) = E\{(X-\mu_1)(Y-\mu_2)\} = \int_{-\infty}^{+\infty}\int_{-\infty}^{+\infty}(x-\mu_1)(y-\mu_2)f(x,y)\mathrm{d}x\mathrm{d}y,$$

其中 $f(x,y)$ 为 (X,Y) 的联合密度函数，对积分变量作换元 $u = \frac{x-\mu_1}{\sigma_1}$，$v = \frac{y-\mu_2}{\sigma_2}$，则

$$\mathrm{Cov}(X,Y) = \int_{-\infty}^{+\infty}\int_{-\infty}^{+\infty}\frac{uv\sigma_1\sigma_2}{2\pi\sqrt{1-\rho^2}} \cdot \exp\left\{-\frac{u^2-2\rho uv+v^2}{2(1-\rho^2)}\right\}\mathrm{d}u\mathrm{d}v$$

$$= \sigma_1\sigma_2\int_{-\infty}^{+\infty}\frac{u}{\sqrt{2\pi}}\mathrm{d}u\int_{-\infty}^{+\infty}\frac{v}{\sqrt{2\pi}\sqrt{1-\rho^2}} \cdot \exp\left\{-\frac{(v-\rho u)^2+u^2-\rho^2 u^2}{2(1-\rho^2)}\right\}\mathrm{d}v$$

$$= \sigma_1\sigma_2\int_{-\infty}^{+\infty}\frac{u}{\sqrt{2\pi}}\mathrm{e}^{-\frac{u^2}{2}}\mathrm{d}u\int_{-\infty}^{+\infty}\frac{v}{\sqrt{2\pi}\sqrt{1-\rho^2}} \cdot \exp\left\{-\frac{(v-\rho u)^2}{2(1-\rho^2)}\right\}\mathrm{d}v$$

$$= \sigma_1\sigma_2\int_{-\infty}^{+\infty}\frac{\rho u^2}{\sqrt{2\pi}}\mathrm{e}^{-\frac{u^2}{2}}\mathrm{d}u = \rho\sigma_1\sigma_2\int_{-\infty}^{+\infty}u^2 \cdot \frac{1}{\sqrt{2\pi}}\mathrm{e}^{-\frac{u^2}{2}}\mathrm{d}u = \rho\sigma_1\sigma_2,$$

从而 $\mathrm{Corr}(X,Y) = \dfrac{\mathrm{Cov}(X,Y)}{\sqrt{\mathrm{Var}(X)\mathrm{Var}(Y)}} = \dfrac{\rho\sigma_1\sigma_2}{\sigma_1\sigma_2} = \rho$.

定理 4.15 设 (X,Y) 服从二维正态分布，则 X 与 Y 相互独立等价于 X 与 Y 不相关.

定理 4.15 可由例 4.18 的结论和定理 4.14 得到.

重难点讲解
4-3

*三、期望向量、协方差矩阵、多维正态分布

将数字特征的概念推广到 n 维随机变量,即有

定义 4.14 记 n 维随机向量 $\boldsymbol{X} = (X_1, X_2, \cdots, X_n)^{\mathrm{T}}$,若 $E(X_i)$,$i = 1, 2, \cdots, n$ 都存在,则称 $\boldsymbol{\mu} = (E(X_1), E(X_2), \cdots, E(X_n))^{\mathrm{T}}$ 为 n 维随机向量 $\boldsymbol{X}$ 的**期望向量**,其中 $(X_1, X_2, \cdots, X_n)^{\mathrm{T}}$ 表示 $(X_1, X_2, \cdots, X_n)$ 的转置,称下列 $n \times n$ 矩阵

$$\boldsymbol{\Sigma} = \begin{pmatrix} \mathrm{Cov}(X_1, X_1) & \mathrm{Cov}(X_1, X_2) & \cdots & \mathrm{Cov}(X_1, X_n) \\ \mathrm{Cov}(X_2, X_1) & \mathrm{Cov}(X_2, X_2) & \cdots & \mathrm{Cov}(X_2, X_n) \\ \vdots & \vdots & & \vdots \\ \mathrm{Cov}(X_n, X_1) & \mathrm{Cov}(X_n, X_2) & \cdots & \mathrm{Cov}(X_n, X_n) \end{pmatrix}$$

为随机向量 $\boldsymbol{X}$ 的**协方差矩阵**. 协方差矩阵也可表示为

$$\boldsymbol{\Sigma} = E\{(\boldsymbol{X} - E(\boldsymbol{X}))(\boldsymbol{X} - E(\boldsymbol{X}))^{\mathrm{T}}\}.$$

可以证明:协方差矩阵为非负定矩阵.

例 4.43 设二维随机变量 (X, Y) 服从二维正态分布 $N(\mu_1, \mu_2, \sigma_1^2, \sigma_2^2, \rho)$,试写出 $(X, Y)^{\mathrm{T}}$ 的期望向量和协方差矩阵.

解 期望向量为 $\begin{pmatrix} E(X) \\ E(Y) \end{pmatrix} = \begin{pmatrix} \mu_1 \\ \mu_2 \end{pmatrix}$,协方差矩阵为 $\boldsymbol{\Sigma} = \begin{pmatrix} \sigma_1^2 & \rho\sigma_1\sigma_2 \\ \rho\sigma_1\sigma_2 & \sigma_2^2 \end{pmatrix}$. 这里用了 $\mathrm{Cov}(X, Y) = \mathrm{Corr}(X, Y)\sqrt{\mathrm{Var}(X)\mathrm{Var}(Y)} = \rho\sigma_1\sigma_2$.

在一维正态分布中有结论:若 $X \sim N(0, 1)$,则 $Y = \sigma X + \mu \sim N(\mu, \sigma^2)$.

定义 4.15 设有 n 个相互独立的随机变量 $\varepsilon_1, \varepsilon_2, \cdots, \varepsilon_n$,它们都服从标准正态分布 $N(0, 1)$. 记 $\boldsymbol{\varepsilon} = (\varepsilon_1, \varepsilon_2, \cdots, \varepsilon_n)^{\mathrm{T}}$,则 $\boldsymbol{\varepsilon}$ 的期望向量是 n 维零向量 $\boldsymbol{0} = (0, 0, \cdots, 0)^{\mathrm{T}}$,$\boldsymbol{\varepsilon}$ 的协方差矩阵是 n 阶单位矩阵 $\boldsymbol{I}_n$,称随机向量 $\boldsymbol{\varepsilon}$ 服从的分布为 n **维标准正态分布**,记为 $N(\boldsymbol{0}, \boldsymbol{I}_n)$.

定义 4.16 设随机向量 $\boldsymbol{X} = \boldsymbol{\mu} + \boldsymbol{B}\boldsymbol{\varepsilon}$,其中 $\boldsymbol{\mu}$ 是 m 维常向量,$\boldsymbol{B}$ 是 $m \times n$ 矩阵,随机向量 $\boldsymbol{\varepsilon}$ 服从 $N(\boldsymbol{0}, \boldsymbol{I}_n)$,则 $\boldsymbol{X}$ 的期望向量 $E(\boldsymbol{X}) = \boldsymbol{\mu}$,协方差矩阵为

$$\boldsymbol{\Sigma} = E\{(\boldsymbol{X} - E(\boldsymbol{X}))(\boldsymbol{X} - E(\boldsymbol{X}))^{\mathrm{T}}\} = E(\boldsymbol{B}\boldsymbol{\varepsilon}\boldsymbol{\varepsilon}^{\mathrm{T}}\boldsymbol{B}^{\mathrm{T}}) = \boldsymbol{B}\boldsymbol{B}^{\mathrm{T}},$$

称随机向量 $\boldsymbol{X}$ 服从 m **维正态分布**,记作 $\boldsymbol{X} \sim N(\boldsymbol{\mu}, \boldsymbol{\Sigma})$.

在定义 4.16 中不需要假设协方差矩阵为正定矩阵. 若协方差矩阵为正定矩阵,则可以得到多维正态分布的密度函数.

定理 4.16 若 n 维随机向量 $\boldsymbol{X} = (X_1, X_2, \cdots, X_n)^{\mathrm{T}}$ 服从多维正态分布 $N(\boldsymbol{\mu}, \boldsymbol{\Sigma})$,若协方差矩阵 $\boldsymbol{\Sigma}$ 为正定矩阵,则 $\boldsymbol{X}$ 的联合密度函数可以表示为

$$f(\boldsymbol{x}) = \frac{1}{(2\pi)^{\frac{n}{2}} |\boldsymbol{\Sigma}|^{\frac{1}{2}}} \exp\left\{ -\frac{1}{2}(\boldsymbol{x}-\boldsymbol{\mu})^{\mathrm{T}}\boldsymbol{\Sigma}^{-1}(\boldsymbol{x}-\boldsymbol{\mu}) \right\},$$

其中 $\boldsymbol{x} = (x_1, x_2, \cdots, x_n)^{\mathrm{T}}, x_i \in \mathbf{R}, i = 1, 2, \cdots, n.$ $|\boldsymbol{\Sigma}|$ 表示 $\boldsymbol{\Sigma}$ 的行列式, $\boldsymbol{\Sigma}^{-1}$ 表示 $\boldsymbol{\Sigma}$ 的逆矩阵.

定理 4.16 的证明可以参见[3]第 210 页.

定理 4.17(多维正态分布的性质)

设 n 维随机向量 $\boldsymbol{X} = (X_1, X_2, \cdots, X_n)^{\mathrm{T}} \sim N(\boldsymbol{\mu}, \boldsymbol{\Sigma})$, $\boldsymbol{A}$ 是任意一个 $m \times n$ 矩阵,则 $\boldsymbol{AX}$ 服从 m 维正态分布 $N(\boldsymbol{A\mu}, \boldsymbol{A\Sigma A}^{\mathrm{T}})$.

*证明 由于协方差矩阵 $\boldsymbol{\Sigma}$ 是非负定矩阵,因此存在 n 阶方阵 $\boldsymbol{B}$,使得 $\boldsymbol{\Sigma} = \boldsymbol{BB}^{\mathrm{T}}$. 按照定义 4.16,随机向量 $\boldsymbol{X} = \boldsymbol{\mu} + \boldsymbol{B\varepsilon}$,其中 $\boldsymbol{\mu}$ 是 m 维常向量,随机向量 $\boldsymbol{\varepsilon}$ 服从 $N(\boldsymbol{0}, \boldsymbol{I}_n)$. $\boldsymbol{AX} = \boldsymbol{A\mu} + \boldsymbol{AB\varepsilon} \sim N(\boldsymbol{A\mu}, \boldsymbol{AB}(\boldsymbol{AB})^{\mathrm{T}})$. 注意到 $(\boldsymbol{AB})(\boldsymbol{AB})^{\mathrm{T}} = \boldsymbol{ABB}^{\mathrm{T}}\boldsymbol{A}^{\mathrm{T}} = \boldsymbol{A\Sigma A}^{\mathrm{T}}$,因此 $\boldsymbol{AX}$ 服从 m 维正态分布 $N(\boldsymbol{A\mu}, \boldsymbol{A\Sigma A}^{\mathrm{T}})$.

例 4.44 设随机变量 X 与 Y 相互独立,且都服从标准正态分布 $N(0,1)$,记

$$\begin{cases} U = X + Y, \\ V = X - Y. \end{cases}$$

试求 (U, V) 的联合密度函数,并且问 U 与 V 是否相互独立? 为什么?

解 记 $\boldsymbol{A} = \begin{pmatrix} 1 & 1 \\ 1 & -1 \end{pmatrix}$,则 $\begin{pmatrix} U \\ V \end{pmatrix} = \boldsymbol{A}\begin{pmatrix} X \\ Y \end{pmatrix}$,而 $\begin{pmatrix} X \\ Y \end{pmatrix} \sim N\left(\begin{pmatrix} 0 \\ 0 \end{pmatrix}, \begin{pmatrix} 1 & 0 \\ 0 & 1 \end{pmatrix}\right)$. 由多维正态分布的性质知 $\begin{pmatrix} U \\ V \end{pmatrix} \sim N\left(\boldsymbol{A}\begin{pmatrix} 0 \\ 0 \end{pmatrix}, \boldsymbol{A}\begin{pmatrix} 1 & 0 \\ 0 & 1 \end{pmatrix}\boldsymbol{A}^{\mathrm{T}}\right)$,计算 $\boldsymbol{A}\begin{pmatrix} 1 & 0 \\ 0 & 1 \end{pmatrix}\boldsymbol{A}^{\mathrm{T}} = \boldsymbol{AA}^{\mathrm{T}} = \begin{pmatrix} 2 & 0 \\ 0 & 2 \end{pmatrix}$,故 $\begin{pmatrix} U \\ V \end{pmatrix} \sim N\left(\begin{pmatrix} 0 \\ 0 \end{pmatrix}, \begin{pmatrix} 2 & 0 \\ 0 & 2 \end{pmatrix}\right)$,即 U 与 V 的协方差为 0,由此得到 U 与 V 相互独立,且 $U \sim N(0, 2)$, $V \sim N(0, 2)$, (U, V) 的联合密度函数为

$$f(u, v) = \frac{1}{\sqrt{2\pi} \cdot \sqrt{2}} \exp\left\{ -\frac{u^2}{2 \cdot 2} \right\} \cdot \frac{1}{\sqrt{2\pi} \cdot \sqrt{2}} \exp\left\{ -\frac{v^2}{2 \cdot 2} \right\}$$

$$= \frac{1}{4\pi} \exp\left\{ -\frac{u^2 + v^2}{4} \right\}, \quad u, v \in (-\infty, +\infty).$$

例 4.45 设二维随机变量 (X, Y) 服从二维正态分布,记 $\xi = X + Y, \eta = X - Y$,试给出随机变量 ξ 与 η 相互独立的充要条件.

解 记 $(X, Y) \sim N(\mu_1, \mu_2, \sigma_1^2, \sigma_2^2, \rho)$,其中 $\rho = \mathrm{Corr}(X, Y)$,与例 4.44 一样可以证明 (ξ, η) 服从二维正态分布,因此随机变量 ξ 与 η 相互独立的充要条件是随机变量 ξ 与 η 不相关. 所以,

$$\mathrm{Corr}(\xi, \eta) = 0 \Leftrightarrow \mathrm{Cov}(\xi, \eta) = 0 \Leftrightarrow \mathrm{Cov}(X + Y, X - Y) = \mathrm{Var}(X) - \mathrm{Var}(Y) = 0,$$

即随机变量 ξ 与 η 相互独立的充要条件是随机变量 X 与 Y 的方差相等.

例 **4.46** 证明正态分布具有可加性:设随机变量 $X_1, X_2, \cdots, X_n$ 相互独立且 $X_i \sim N(\mu_i, \sigma_i^2)$, $i = 1, 2, \cdots, n, k_1, k_2, \cdots, k_n$ 是不全为零的常数, c 是常数,则

$$\sum_{i=1}^{n} k_i X_i + c \sim N\left(\sum_{i=1}^{n} k_i \mu_i + c, \sum_{i=1}^{n} k_i^2 \sigma_i^2\right).$$

证明 记 $\boldsymbol{X} = (X_1, X_2, \cdots, X_n)^\mathrm{T}$,则 $\boldsymbol{X}$ 服从多维正态分布,其期望向量 $\boldsymbol{\mu} = (\mu_1,$

$\mu_2, \cdots, \mu_n)^\mathrm{T}$,协方差阵 $\boldsymbol{\Sigma} = \begin{pmatrix} \sigma_1^2 & 0 & \cdots & 0 \\ 0 & \sigma_2^2 & \cdots & 0 \\ \vdots & \vdots & & \vdots \\ 0 & 0 & \cdots & \sigma_n^2 \end{pmatrix}$,即 $\boldsymbol{X} \sim N(\boldsymbol{\mu}, \boldsymbol{\Sigma})$. 由定理 4.17 多维正态

分布的性质知,

$$\sum_{i=1}^{n} k_i X_i = (k_1, k_2, \cdots, k_n) \boldsymbol{X} \sim N((k_1, k_2, \cdots, k_n)\boldsymbol{\mu}, (k_1, k_2, \cdots, k_n)\boldsymbol{\Sigma}(k_1, k_2, \cdots, k_n)^\mathrm{T}),$$

计算得

$$(k_1, k_2, \cdots, k_n)\boldsymbol{\mu} = \sum_{i=1}^{n} k_i \mu_i, (k_1, k_2, \cdots, k_n)\boldsymbol{\Sigma}(k_1, k_2, \cdots, k_n)^\mathrm{T} = \sum_{i=1}^{n} k_i^2 \sigma_i^2,$$

故

$$\sum_{i=1}^{n} k_i X_i \sim N\left(\sum_{i=1}^{n} k_i \mu_i, \sum_{i=1}^{n} k_i^2 \sigma_i^2\right),$$

因此

$$\sum_{i=1}^{n} k_i X_i + c \sim N\left(\sum_{i=1}^{n} k_i \mu_i + c, \sum_{i=1}^{n} k_i^2 \sigma_i^2\right).$$

习题 4.4

1. 设二维离散型随机变量 (X, Y) 的联合分布律为

X	Y		
	1	2	3
1	$\frac{1}{4}$	$\frac{1}{4}$	$\frac{1}{8}$
2	$\frac{1}{8}$	0	0
3	$\frac{1}{8}$	$\frac{1}{8}$	0

求数字特征: $E(X), E(Y), E(X-2Y), \mathrm{Var}(X), \mathrm{Var}(Y), \mathrm{Cov}(X, Y), \mathrm{Corr}(X, Y)$.

2. 设 X 与 Y 的联合分布律为

X	Y		
	−1	0	1
−1	$\dfrac{1}{8}$	$\dfrac{1}{4}$	$\dfrac{1}{8}$
0	$\dfrac{1}{4}$	0	$\dfrac{1}{4}$

(1) 求 $E(X^2Y)$;

(2) 计算 X 与 Y 的相关系数 $\mathrm{Corr}(X,Y)$,并问 X 与 Y 是否不相关?

(3) 求 $U=\max(X,Y)$ 的分布律.

3. 设 X 与 Y 相互独立,且 $X\sim N(1,2)$,$Y\sim N(2,3)$.

(1) 求 $Z=2X-Y+1$ 的密度函数;

(2) 求 $E(XY)$ 与 $\mathrm{Var}(XY)$.

4. 抛一枚均匀硬币两次,记 $X_i = \begin{cases} 1, & \text{第 } i \text{ 次出现正面,} \\ 0, & \text{第 } i \text{ 次出现反面,} \end{cases}$ $i=1,2$,令 $Y=X_1+X_2$,

(1) 试求 (X_1,Y) 的联合分布律;

(2) 试分别求 X_1 以及 Y 的边缘分布律;

(3) 问 X_1 与 Y 是否相关? 为什么?

(4) 试求概率 $P(2X_1 \leqslant Y)$.

5. 设 X 服从参数为 4 的泊松分布,Y 服从参数为 2 的指数分布,且 X 与 Y 的相关系数 $\mathrm{Corr}(X,Y)=\dfrac{1}{2}$,试求下列数字特征:(1) $E(XY)$;(2) $\mathrm{Var}(X+Y)$.

6. 在长度为 1 的线段上任取两点,求两点间的距离的数学期望与标准差.

7. 假设随机变量 U 在区间 $[-2,2]$ 上服从均匀分布,定义随机变量

$$X=\begin{cases} -1, & U\leqslant -1, \\ 1, & U>-1, \end{cases} \qquad Y=\begin{cases} -1, & U\leqslant 1, \\ 1, & U>1. \end{cases}$$

试求:

(1) X 和 Y 的联合分布律;

(2) 随机变量的函数 $Z=X+Y$ 的分布律;

(3) 求 $\mathrm{Var}(Z)$,$\mathrm{Corr}(X,Z)$.

*8. 设 $\{X_n\}$ 是独立随机变量序列,且 $P(X_k=2^k)=P(X_k=-2^k)=\dfrac{1}{2^{2k+1}}$,$P(X_k=0)=1-\dfrac{1}{2^{2k}}$,试计算 $E(X_iX_j)$,$\mathrm{Var}(X_iX_j)$,$i,j=1,2,\cdots,n,\cdots$.

习题讲解
4-8

*9. 设随机变量 X 与 Y 相互独立且都服从区间 $[0,2]$ 上的均匀分布,记随机变量

$$Z=X+Y, \qquad U=\begin{cases} 1, & X\leqslant Y, \\ 0, & X>Y, \end{cases} \qquad V=\begin{cases} 1, & X\leqslant 2Y, \\ 0, & X>2Y. \end{cases}$$

试求:

(1) $Z=X+Y$ 的密度函数 $f_Z(z)$;

（2）(U,V) 的联合分布律；

（3）U 与 V 的相关系数 $\text{Corr}(U,V)$.

10. 已知 X 与 Y 独立同分布，且 $X \sim N(0,\sigma^2)$，记 $\xi=kX+lY,\eta=kX-lY$，其中 k,l 为常数. 求：

（1）数字特征 $E(\xi),E(\eta),\text{Var}(\xi),\text{Var}(\eta),\text{Corr}(\xi,\eta)$；

（2）η 的密度函数；

（3）问：常数 k,l 满足什么关系时，随机变量 ξ 与 η 不相关？

11. 设随机变量 (X,Y) 服从区域 $D=\{(x,y):0 \leq x \leq 2,0 \leq y \leq 1\}$ 上的二维均匀分布，记随机变量

$$U=\begin{cases}0, X \leq Y, \\ 1, X>Y,\end{cases} \qquad V=\begin{cases}0, X \leq 2Y, \\ 1, X>2Y.\end{cases}$$

（1）试求 (U,V) 的联合分布律；

（2）问随机变量 U 与 V 是否相互独立？请说明理由；

（3）求随机变量 U 与 V 的相关系数 $\text{Corr}(U,V)$.

12. 设二维随机变量 (X,Y) 的联合密度函数为

$$f(x,y)=\begin{cases}1+xy, & |x|<\dfrac{1}{2} \text{ 且 } |y|<\dfrac{1}{2}, \\ 0, & \text{其他}.\end{cases}$$

试求协方差 $\text{Cov}(X^2,Y^2)$ 与相关系数 $\text{Corr}(X,Y)$.

13. 设二维随机变量 (X,Y) 的联合密度函数为

$$f(x,y)=\begin{cases}\dfrac{21}{4}x^2y, & x^2 \leq y \leq 1, \\ 0, & \text{其他}.\end{cases}$$

计算 X 和 Y 的相关系数并问 X 和 Y 是否不相关？请说明理由.

*14. 设 X_1,X_2 相互独立且服从同一分布，$P(X_1=k)=p(1-p)^k,k=0,1,2,3,\cdots$，记 $Z=X_1+X_2$.

（1）求 Z 的分布律；　（2）求条件概率 $P(X_1=k \mid Z=n)$，$k=0,1,2,\cdots,n$；　（3）求数学期望 $E(X_1+X_2)$.

15. 设二维随机变量 (X,Y) 的联合密度函数为

$$f(x,y)=\begin{cases}x^2+\dfrac{1}{3}xy, & 0<x<1 \text{ 且 } 0<y<2, \\ 0, & \text{其他}.\end{cases}$$

（1）分别求 X 和 Y 的边缘密度函数；

（2）问 X 和 Y 是否相互独立？请说明理由；

（3）求 X 和 Y 的数学期望 $E(X),E(Y)$ 及协方差 $\text{Cov}(X,Y)$.

16. 设二维随机变量 (X,Y) 的联合密度函数为

$$f(x,y)=\begin{cases}x^2+\dfrac{8}{3}xy, & 0<x<1 \text{ 且 } 0<y<1, \\ 0, & \text{其他}.\end{cases}$$

（1）求 X 和 Y 的边缘密度函数；

（2）问 X 与 Y 是否相互独立？是否不相关？请说明理由.

（3）计算概率 $P(X+Y>1)$.

17. 从 $\{1,2,3\}$ 中任意取出一正整数，记这数为 X. 再从 $\{1,2,\cdots,X\}$ 中任意取出一正整数，记为 Y.

（1）求 (X,Y) 的联合分布律（要求结果用列表形式表示）；

（2）求 $Z=X+Y$ 的分布律；

（3）求数学期望 $E(X),E(Y)$ 和协方差 $\mathrm{Cov}(X,Y)$.

18. 设二维随机变量 (X,Y) 的联合密度函数为

$$f(x,y)=\begin{cases}\dfrac{1}{2}(x+y)\,\mathrm{e}^{-(x+y)}, & x>0\text{ 且 }y>0,\\ 0, & \text{其他}.\end{cases}$$

（1）分别求 X 和 Y 的边缘密度函数；

（2）问 X 和 Y 是否相互独立？请说明理由；

（3）求 X 和 Y 的协方差 $\mathrm{Cov}(X,Y)$ 和相关系数 $\mathrm{Corr}(X,Y)$；

（4）求随机变量 $Z=X+Y$ 的分布函数.

相关数学家及其成就

许宝騄

（1910—1970）

许宝騄是中国数学家. 1910 年 9 月 1 日生于北京, 1970 年 12 月 18 日卒于北京.

许宝騄的研究工作主要在数理统计和概率论这两个数学分支, 是中国最早从事这方面工作的数学家, 并取得突出成就, 达到了世界先进水平. 他的主要成就有: 1938—1945 年, 他在多元统计分析与统计推断方面发表了一系列出色论文. 他发展了矩阵变换的技巧, 推导样本协方差矩阵的分布与某些行列式方程的根的分布, 推进了矩阵论在数理统计学中的应用. 他对高斯-马尔可夫模型中方差的最优估计的研究是后来关

于方差分量和方差的最佳二次估计的众多研究的起点. 他揭示了线性假设的似然比检验的第一个优良性质, 推动了人们对所有相似检验进行研究. 他在概率论方面, 得到了样本方差的分布的渐近展开以及中心极限定理中误差大小的阶的精确估计. 他对特征函数也进行了深入的研究. 1947 年他与罗宾斯合作提出的"完全收敛"则是强大数律的重要加强, 是后来一系列有关强收敛速度的研究的起点. 许宝騄的成就得到了世界学术界的高度评价.

近 20 多年活跃在国内外的不少著名数理统计和概率论领域的学者、教授都是他培养的学生.

1981 年, 施普林格出版社刊印了由杰出数学家钟开莱主编的《许宝騄全集》. 1984 年以他的名字设立了统计数学奖.

第四章
重难点讲解

第四章
习题讲解

第四章
自测题

第五章

大数定律和中心极限定理

在第一章中曾提及：当试验次数 n 足够大时事件发生的频率可以近似于事件发生的概率. 我们通过许多概率论先驱们进行的抛硬币的试验结果来说明这一事实. 本章我们将用数学方法证明这一事实. 为此将引入随机变量序列的依概率收敛和大数定律. 大数定律就是研究随机变量序列的算术平均值向随机变量序列各个期望的算术平均值收敛的定律. 人们还注意到这样一个事实：在自然界与生产实践中，常常要考虑一些随机因素造成的总的影响，如果每个因素所产生的影响都很微小时，总的影响可以看作是服从正态分布的. 例如要规划一次马拉松比赛路线，可以把总的路线分割成 420 段进行测量，每段都有测量误差，可以认为测量的总误差是服从正态分布的. 中心极限定理从数学上证明了这一事实.

§5.1 大 数 定 律

在 n 重伯努利试验中，定义随机变量 $X_i = \begin{cases} 1, & \text{第 } i \text{ 次试验中 } A \text{ 发生,} \\ 0, & \text{第 } i \text{ 次试验中 } \bar{A} \text{ 发生,} \end{cases}$ $i = 1, 2, \cdots,$ n. 如果在每次伯努利试验中事件 A 发生的概率为 $P(A) = p$，我们试图说明：当试验次数 n 足够大时，事件 A 发生的频率 $Y_n = \dfrac{1}{n} \sum\limits_{i=1}^{n} X_i$ 近似于事件 A 发生的概率 p. 由于事件 A 发生的频率 Y_n 是随机变量，而事件 A 发生的概率 $P(A) = p$ 是实数，因此这里先要定义一下"近似"的含义.

定义 5.1 设 $Y_1, Y_2, \cdots, Y_n, \cdots$ 是随机变量序列，Y 是随机变量，如果对于任意正数 $\varepsilon > 0$，都有 $\lim\limits_{n \to \infty} P(|Y_n - Y| \geq \varepsilon) = 0$，则称 Y_n **依概率收敛于** Y，记为 $Y_n \xrightarrow{P} Y$. 特别当 Y 服从退化分布，即 $P(Y = c) = 1$ 时，称 Y_n **依概率收敛于** c，记为 $Y_n \xrightarrow{P} c$.

注意到 $\lim\limits_{n\to\infty}P(|Y_n-Y|\geqslant\varepsilon)=0$ 等价于 $\lim\limits_{n\to\infty}P(|Y_n-Y|<\varepsilon)=1$,因此 Y_n 依概率收敛于 Y 表明:当样本容量 n 足够大时,"Y_n 与 Y 充分接近"的概率近似为 1.

由于 n 重伯努利试验中,$X_i=\begin{cases}1, & \text{第 }i\text{ 次试验中 }A\text{ 发生,}\\ 0, & \text{第 }i\text{ 次试验中 }\bar{A}\text{ 发生,}\end{cases}$ $i=1,2,\cdots,n$,X_i 服从 0-1 分布 $B(1,p)$,事件 A 发生的频率 Y_n 的数学期望为 $E(Y_n)=p$,我们希望能够证明 $Y_n\xrightarrow{P}p$.

考虑更一般的情形,设有随机变量序列 $X_1,X_2,\cdots,X_n,\cdots$,记 $\overline{X}=\dfrac{1}{n}\sum\limits_{i=1}^{n}X_i$,如果满足 $\overline{X}-E(\overline{X})\xrightarrow{P}0$,则称**随机变量序列 $X_1,X_2,\cdots,X_n,\cdots$ 服从大数定律**.

为研究大数定律,我们先介绍两个常用的概率不等式:马尔可夫不等式和切比雪夫不等式.

重难点讲解
5-2

定理 5.1(马尔可夫不等式)　若 $E(|X|^p)<+\infty$,实数 $p>0$,则对任意正数 $\varepsilon>0$,都有

$$P(|X|\geqslant\varepsilon)\leqslant\frac{E(|X|^p)}{\varepsilon^p}.$$

证明　记示性函数 $I_A=\begin{cases}1, & A\text{ 发生,}\\ 0, & A\text{ 不发生.}\end{cases}$ 由于示性函数 $I_{(|X|\geqslant\varepsilon)}$ 服从参数为 $P(|X|\geqslant\varepsilon)$ 的 0-1 分布,所以 $E(I_{(|X|\geqslant\varepsilon)})=P(|X|\geqslant\varepsilon)$.

当 $|X|\geqslant\varepsilon$ 发生时,$1\leqslant\dfrac{|X|}{\varepsilon}$,从而有 $1\leqslant\left(\dfrac{|X|}{\varepsilon}\right)^p=\dfrac{|X|^p}{\varepsilon^p}$,$I_{(|X|\geqslant\varepsilon)}\leqslant\dfrac{|X|^pI_{(|X|\geqslant\varepsilon)}}{\varepsilon^p}$;当 $|X|\geqslant\varepsilon$ 不发生时,上式两边均为 0. 又注意到 $I_{(|X|\geqslant\varepsilon)}\leqslant1$,故 $|X|^pI_{(|X|\geqslant\varepsilon)}\leqslant|X|^p$,因此有

$$P(|X|\geqslant\varepsilon)=E(I_{(|X|\geqslant\varepsilon)})\leqslant E\left(\frac{|X|^pI_{(|X|\geqslant\varepsilon)}}{\varepsilon^p}\right)\leqslant\frac{E(|X|^p)}{\varepsilon^p}.$$

定理 5.2(切比雪夫不等式)　若 $E(X^2)<+\infty$,则对任意正数 $\varepsilon>0$,都有

$$P(|X-E(X)|\geqslant\varepsilon)\leqslant\frac{\mathrm{Var}(X)}{\varepsilon^2}.$$

证明　只需在马尔可夫不等式中取 $p=2$ 并用 $X-E(X)$ 代替 X 就可得到切比雪夫不等式.

定理 5.3(马尔可夫大数定律)　如果随机变量序列 $X_1,X_2,\cdots,X_n,\cdots$ 满足 $\lim\limits_{n\to\infty}\dfrac{1}{n^2}\mathrm{Var}\left(\sum\limits_{i=1}^{n}X_i\right)=0$,则随机变量序列 $X_1,X_2,\cdots,X_n,\cdots$ 服从大数定律.

证明　由切比雪夫不等式得到

$$0 \leqslant \lim_{n \to \infty} P(\,|\,\overline{X} - E(\overline{X})\,| \geqslant \varepsilon) \leqslant \lim_{n \to \infty} \frac{\mathrm{Var}(\overline{X})}{\varepsilon^2} = \lim_{n \to \infty} \frac{\mathrm{Var}\left(\sum\limits_{i=1}^{n} X_i\right)}{n^2 \varepsilon^2} = 0,$$

因此，$\lim\limits_{n \to \infty} P(\,|\,\overline{X} - E(\overline{X})\,| \geqslant \varepsilon) = 0.$

设 $X_1, X_2, \cdots, X_n \cdots$ 是独立且服从同一分布的随机变量序列，如果方差 $\mathrm{Var}(X_1)$ 存

在，则 $\lim\limits_{n \to \infty} \dfrac{1}{n^2} \mathrm{Var}\left(\sum\limits_{i=1}^{n} X_i\right) = \lim\limits_{n \to \infty} \dfrac{\sum\limits_{i=1}^{n} \mathrm{Var}(X_i)}{n^2} = \lim\limits_{n \to \infty} \dfrac{n \mathrm{Var}(X_1)}{n^2} = 0$，并且 $E(\overline{X}) =$

$E(X_1)$，故由马尔可夫大数定律即得 $\overline{X} \xrightarrow{P} E(X_1).$

若一个随机变量序列 $X_1, X_2, \cdots, X_n, \cdots$ 满足条件：对于任意正整数 m 和任意 m 个正整数 $n_1 < n_2 < \cdots < n_m$，m 个随机变量 $X_{n_1}, X_{n_2}, \cdots, X_{n_m}$ 相互独立，则称随机变量序列 X_1, $X_2, \cdots, X_n, \cdots$ 是**独立的随机变量序列**. 进一步若独立的随机变量序列 $X_1, X_2, \cdots, X_n, \cdots$ 中每个随机变量都服从同一分布，则称随机变量序列 $X_1, X_2, \cdots, X_n, \cdots$ 是**独立同分布的随机变量序列**.

下面的辛钦大数定律表明：对于独立同分布的随机变量序列，即使 $\mathrm{Var}(X_1)$ 不存在，也成立 $\overline{X} \xrightarrow{P} E(X_1).$

定理 5.4（辛钦大数定律）　对于独立同分布的随机变量序列 $X_1, X_2, \cdots, X_n, \cdots$，若 $E(X_1)$ 存在，则随机变量序列 $X_1, X_2, \cdots, X_n, \cdots$ 服从大数定律.

辛钦大数定律的证明参阅文献 [2] 第 235 页.

定理 5.5（伯努利大数定律）　对于独立同分布的随机变量序列 $X_1, X_2, \cdots, X_n, \cdots$，且 X_1 服从 0-1 分布 $B(1, p)$，则 $\overline{X} \xrightarrow{P} p.$

定理 5.5 是定理 5.4 的简单推论，因为 $E(X_1) = p$ 存在，所以事件 A 发生的频率依概率收敛于事件 A 发生的概率.

例 5.1　设 $X_1, X_2, \cdots, X_n, \cdots$ 是独立的随机变量序列，且

$$P(X_1 = 0) = 1, \quad P(X_k = \sqrt{k}) = P(X_k = -\sqrt{k}) = \frac{1}{k}, \quad P(X_k = 0) = 1 - \frac{2}{k}, \quad k = 2, 3, \cdots.$$

试问：$X_1, X_2, \cdots, X_n, \cdots$ 是否服从大数定律？

解　容易得到 $E(X_k) = 0$，$k = 1, 2, \cdots$，因此，$\mathrm{Var}(X_k) = E(X_k^2) = 2$，$k = 2, 3, \cdots$，且 $\mathrm{Var}(X_1) = 0$，所以，满足马尔可夫大数定律的条件

$$\lim_{n \to \infty} \frac{1}{n^2} \mathrm{Var}\left(\sum_{i=1}^{n} X_i\right) = \lim_{n \to \infty} \frac{2(n-1)}{n^2} = 0.$$

由定理 5.3 可知，$X_1, X_2, \cdots, X_n, \cdots$ 服从大数定律.

例 5.2　设 $X_1, X_2, \cdots, X_n, \cdots$ 是独立的随机变量序列,且 $P(X_k = 2^k) = P(X_k = -2^k) = 2^{-(2k+1)}, P(X_k = 0) = 1 - 2^{-2k}$, $k = 1, 2, 3, \cdots$. 试问: $X_1, X_2, \cdots, X_n, \cdots$ 是否服从大数定律?

解　由于 $E(X_k) = 0$,因此,$\mathrm{Var}(X_k) = E(X_k^2) = \dfrac{1}{2} + \dfrac{1}{2} = 1$, $k = 1, 2, 3, \cdots$,由此得到

$$\lim_{n \to \infty} \frac{1}{n^2} \mathrm{Var}\left(\sum_{i=1}^{n} X_i \right) = \lim_{n \to \infty} \frac{1}{n} = 0.$$

由定理 5.3 可知,$X_1, X_2, \cdots, X_n, \cdots$ 服从大数定律.

例 5.3　设 $X_1, X_2, \cdots, X_n, \cdots$ 是独立同分布的随机变量序列,且 $P(X_n = 2^{k-2\ln k}) = 2^{-k}, k = 1, 2, 3, \cdots$. 试证明: $X_1, X_2, \cdots, X_n, \cdots$ 服从大数定律.

证明　由定理 5.4,只需证明 $E(X_n)$ 存在.

$$E(|X_n|) = \sum_{k=1}^{\infty} 2^{k-2\ln k} 2^{-k} = \sum_{k=1}^{\infty} 2^{-2\ln k} = \sum_{k=1}^{\infty} 4^{-\ln k} = \sum_{k=1}^{\infty} k^{-\ln 4},$$

这里用到:若记 $a_k = 4^{-\ln k}$,则 $\ln a_k = -\ln k \cdot \ln 4 = \ln k^{-\ln 4}$,故,$a_k = k^{-\ln 4}$. 显然,$4 > \mathrm{e}, \ln 4 > 1$,因此,$E(X_n) = \sum\limits_{k=1}^{\infty} k^{-\ln 4} < +\infty$. 即 $X_1, X_2, \cdots, X_n \cdots$ 服从大数定律.

例 5.4(蒙特卡罗方法计算定积分)　用大数定律计算积分:

$$J = \int_a^b g(x)\,\mathrm{d}x,$$

其中 $g(x)$ 是已知函数.

解　先产生相互独立且都服从区间 $[a, b]$ 上均匀分布的随机数 $X_1, X_2, \cdots, X_n$,这可以利用软件(如 EXCEL, R, Minitab 等)得到,利用辛钦大数定律可知

$$\frac{1}{n} \sum_{i=1}^{n} g(X_i) \xrightarrow{P} E(g(X_1)) = \frac{1}{b-a} \int_a^b g(x)\,\mathrm{d}x.$$

因此,当 n 足够大(如取 $n = 1000$)时,$\displaystyle\int_a^b g(x)\,\mathrm{d}x \approx \frac{b-a}{n} \sum_{i=1}^{n} g(X_i)$.

习题 5.1

1. 设随机变量 X 服从参数为 λ 的泊松分布,$\lambda > 0$,则由切比雪夫不等式,有 $P(|X - \lambda| \geqslant 2\sqrt{\lambda})$ $\leqslant$ _____.

2. 设随机变量 X 服从参数为 4 的泊松分布,则由切比雪夫不等式,有 $P(|X - 4| < 6) \geqslant$ _____.

3. 设随机变量 X 服从区间 $[0, 1]$ 上的均匀分布,则由切比雪夫不等式,有 $P\left(\left| X - \dfrac{1}{2} \right| < \dfrac{1}{3} \right)$

≥ _____ .

4. 设 $X_1, X_2, \cdots, X_n, \cdots$ 是独立同分布的随机变量序列,且 $E(X_1) = \mu$, $\mathrm{Var}(X_1) = \sigma^2$,试证明:

$$\frac{2}{n(n+1)} \sum_{i=1}^{n} i X_i \xrightarrow{P} \mu.$$

5. 设 $X_1, X_2, \cdots, X_n, \cdots$ 是独立同分布的随机变量序列, $E(X_1^k)$ 存在,试证明:

$$\frac{1}{n} \sum_{i=1}^{n} X_i^k \xrightarrow{P} E(X_1^k).$$

6. 设 $X_1, X_2, \cdots, X_n, \cdots$ 是独立同分布的随机变量序列, $X_1 \sim N(\mu, \sigma^2)$,问: $\dfrac{1}{n} \sum_{i=1}^{n} X_i^2$ 依概率收敛于什么值?

*7. 设 $X_1, X_2, \cdots, X_n, \cdots$ 是独立同分布的随机变量序列,且 $P\left(X_1 = \dfrac{2^k}{k^2}\right) = \dfrac{1}{2^k}$, $k = 1, 2, \cdots$. 试问: $X_1, X_2, \cdots, X_n, \cdots$ 是否服从大数定律?

*8. 设 $X_1, X_2, \cdots, X_n, \cdots$ 是独立的随机变量序列,且

$$P(X_1 = 0) = 1, P(X_k = \sqrt{\ln k}) = P(X_k = -\sqrt{\ln k}) = \frac{1}{2}, \quad k = 2, 3, \cdots.$$

试问: $X_1, X_2, \cdots, X_n, \cdots$ 是否服从大数定律?

*9. (切比雪夫大数定律) 设 $X_1, X_2, \cdots, X_n, \cdots$ 是两两不相关的随机变量序列,且存在常数 C,使得 $\mathrm{Var}(X_n) \leq C$, $n = 1, 2, 3, \cdots$. 试证明 $X_1, X_2, \cdots, X_n, \cdots$ 服从大数定律.

*10. (泊松大数定律) 设 $X_1, X_2, \cdots, X_n, \cdots$ 是独立的随机变量序列,且 $X_i \sim B(1, p_i)$, $i = 1, 2, 3, \cdots$. 试证明 $X_1, X_2, \cdots, X_n, \cdots$ 服从大数定律.

*11. 设 $X_1, X_2, \cdots, X_n, \cdots$ 是独立的随机变量序列,且 $X_i \sim P(\sqrt{i})$, $i = 1, 2, 3, \cdots$. 试问: $X_1, X_2, \cdots, X_n, \cdots$ 是否服从大数定律?

§5.2 中心极限定理

设 $X_1, X_2, \cdots, X_n, \cdots$ 是独立同分布的随机变量序列,如果 X_1 服从正态分布 $N(\mu, \sigma^2)$,那么,由于正态分布具有可加性, $\sum_{i=1}^{n} X_i \sim N(n\mu, n\sigma^2)$. 若 X_1 不服从正态分布,则 $\sum_{i=1}^{n} X_i$ 的精确分布一般不是正态分布. 在许多情况下, $\sum_{i=1}^{n} X_i$ 的精确分布很难得到,那么当 n 足够大时, $\sum_{i=1}^{n} X_i$ 是否近似服从正态分布 $N(n\mu, n\sigma^2)$ 呢?

先看一个例子.

例 5.5 (高尔顿钉板试验) 试验的设计者为英国生物统计学家高尔顿,图 5.1 中每一个点表示钉在板上的一颗钉子,它们彼此的距离均相等,上一层的每一颗的水平

位置恰好位于下一层的两颗正中间. 从入口处放进一个直径略小于两颗钉子之间的距离的小圆玻璃球, 当小圆球向下降落过程中, 碰到钉子后皆以 $\dfrac{1}{2}$ 的概率向左或向右滚下, 于是又碰到下一层钉子. 如此继续下去, 直到滚到底板的某一个格子内为止. 记 n 为钉子的层数.

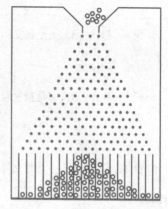

图 5.1　高尔顿钉板试验

如果将底板的每个格子用整数标记, 最中间的是 0, 0 格的右边依次标记为 $1, 2, 3, \cdots$, 0 格的左边依次标记为 $-1, -2, -3, \cdots$, 记

$$X_i = \begin{cases} 1, & \text{小圆玻璃球第 } i \text{ 次碰到钉子向右滚下,} \\ -1, & \text{小圆玻璃球第 } i \text{ 次碰到钉子向左滚下,} \end{cases} \quad i = 1, 2, \cdots.$$

$P(X_i = 1) = P(X_i = -1) = 0.5$, 容易计算得到 $E(X_i) = 0, \mathrm{Var}(X_i) = 1$.

当 n 为钉子的层数时, 球落入的格子的标记数字为 $\sum\limits_{i=1}^{n} X_i$, 从试验结果: 根据落入各格子的球的数目, 画出直方图的话, 可以看出 $\sum\limits_{i=1}^{n} X_i$ 的密度曲线和正态分布相近.

容易计算得到 $E\left(\sum\limits_{i=1}^{n} X_i \right) = n \times 0 = 0, \mathrm{Var}\left(\sum\limits_{i=1}^{n} X_i \right) = n \times 1 = n$. 试验结果表明: n 较大时, $\sum\limits_{i=1}^{n} X_i$ 近似服从正态分布 $N(0, n)$.

下面介绍的定理 5.6 表明: 对于独立同分布的随机变量序列 $X_1, X_2, \cdots, X_n, \cdots$, 在 $\mathrm{Var}(X_1) = \sigma^2$ 存在的条件下, 当 n 足够大时, $\sum\limits_{i=1}^{n} X_i$ 近似服从正态分布 $N(n\mu, n\sigma^2)$ 的这个结论是成立的, 其中 $\mu = E(X_1)$.

首先我们要定义所谓"近似服从"的含义.

定义 5.2　设随机变量 $Y, Y_1, Y_2, \cdots, Y_n, \cdots$ 的分布函数分别为 $F(x), F_1(x), F_2(x), \cdots, F_n(x), \cdots$. 若对 $F(x)$ 的任一连续点 x, 都有

$$\lim_{n \to \infty} F_n(x) = F(x) \tag{5.1}$$

重难点讲解
5-3

则称**随机变量序列 $\{Y_n\}$ 按分布收敛于随机变量 Y**, 记为 $Y_n \overset{L}{\longrightarrow} Y$. 特别当 $Y \sim N(0, 1)$ 时, 可记为 $Y_n \overset{L}{\longrightarrow} N(0, 1)$.

历史上有许多学者研究了对随机变量序列 $X_1, X_2, \cdots, X_n, \cdots$,

$$\frac{\sum\limits_{i=1}^{n} X_i - \sum\limits_{i=1}^{n} E(X_i)}{\sqrt{\mathrm{Var}\left(\sum\limits_{i=1}^{n} X_i \right)}} \overset{L}{\longrightarrow} N(0, 1)$$

成立所需的条件,有关这方面的结论常称为**中心极限定理**.

定理 5.6(林德伯格-莱维中心极限定理)　设 $X_1,X_2,\cdots,X_n,\cdots$ 是独立同分布的随机变量序列,且 $E(X_1)=\mu,\mathrm{Var}(X_1)=\sigma^2$,记

$$Y_n=\frac{\overline{X}-\mu}{\dfrac{\sigma}{\sqrt{n}}}=\frac{\sum_{i=1}^{n}X_i-n\mu}{\sqrt{n}\,\sigma},$$

则对任意实数 x,有

$$\lim_{n\to\infty}P(Y_n\leqslant x)=\Phi(x)=\frac{1}{\sqrt{2\pi}}\int_{-\infty}^{x}\mathrm{e}^{-\frac{t^2}{2}}\mathrm{d}t. \tag{5.2}$$

定理 5.6 的证明见文献[2]第 240,241 页.

由定理 5.6 可知,对于一般的独立同分布的随机变量序列,记 $\overline{X}=\frac{1}{n}\sum_{i=1}^{n}X_i$,

$E(X_1)=\mu,\mathrm{Var}(X_1)=\sigma^2$,则当 n 较大时,$\dfrac{\sqrt{n}(\overline{X}-\mu)}{\sigma}=\dfrac{\sum_{i=1}^{n}X_i-n\mu}{\sqrt{n}\,\sigma}$ **近似服从标准正**

态分布. 若 $X_1\sim N(\mu,\sigma^2)$,则对**任意正整数** n,都有 $\dfrac{\sqrt{n}(\overline{X}-\mu)}{\sigma}$ 服从标准正态分布. 这个结论的证明参见第六章定理 6.6(1).

定理 5.6 表明:当一些现象受到许多相互独立的随机因素的影响时,若每个因素所产生的影响都很微小,则总的影响可以看作是服从正态分布的. 例如,在平静水面上的一个花粉粒子经过多次花粉粒子之间的碰撞后产生的水平位移可以看作服从正态分布;上海市一年内发生的因机动车交通事故造成总的损失金额可以看作服从正态分布.

例 5.6　某咨询公司受托调查某大型股份制银行员工的月收入 X(单位:万元)情况,假设要随机调查 n 个银行员工的月收入 $X_1,X_2,\cdots,X_n$(单位:万元),已知 $\mathrm{Var}(X)=1$,记 $E(X)=\mu,\overline{X}=\frac{1}{n}\sum_{i=1}^{n}X_i$. 为了使 $P(|\overline{X}-\mu|\leqslant0.02)\geqslant0.90$,问:至少需要调查多少名员工? 即要求 n 的值.

解　设至少需要调查 n 名员工,由定理 5.6 得到

$$P(|\overline{X}-\mu|\leqslant0.02)=P(|\sqrt{n}(\overline{X}-\mu)|\leqslant0.02\sqrt{n})\approx2\Phi(0.02\sqrt{n})-1\geqslant0.90.$$

所以,$\Phi(0.02\sqrt{n})\geqslant0.95,0.02\sqrt{n}\geqslant u_{0.95}=1.645,n\geqslant\left(\dfrac{1.645}{0.02}\right)^2=6765.0625$. 为达到预定精度,需要至少调查 6766 名员工.

定理 5.7（棣莫弗-拉普拉斯中心极限定理） 设 $X_1, X_2, \cdots, X_n, \cdots$ 是独立同分布的随机变量序列, 且 X_1 服从 0-1 分布 $B(1,p)$, 则对任意实数 x, 有

$$\lim_{n \to \infty} P\left(\frac{\sum\limits_{i=1}^n X_i - np}{\sqrt{np(1-p)}} \leq x \right) = \Phi(x) = \frac{1}{\sqrt{2\pi}} \int_{-\infty}^x e^{-\frac{t^2}{2}} dt. \tag{5.3}$$

定理 5.7 是定理 5.6 的特例, 注意到当 X_1 服从 0-1 分布 $B(1,p)$ 时, 有 $E(X_1) = p$, $\mathrm{Var}(X_1) = p(1-p)$, 由定理 5.6 即可得到定理 5.7.

棣莫弗-拉普拉斯中心极限定理是历史上第一个中心极限定理, 1718 年法国数学家棣莫弗(De Moiver)证明了当 $p=0.5$ 时定理 5.7 结论成立, 1812 年拉普拉斯证明了当 $0<p<1$ 时定理 5.7 结论成立. 1901 年, 俄国数学家李雅普诺夫(Lyapunov)用更普通的随机变量定义中心极限定理并在数学上进行了精确的证明. 如今, 中心极限定理被认为是概率论的重要内容, 也是数理统计学的基石之一.

由于 X_1 服从 0-1 分布 $B(1,p)$, 记 $Y = \sum\limits_{i=1}^n X_i$, 由二项分布的可加性知 $Y \sim B(n,p)$. 故定理 5.7 表明, 若 $Y \sim B(n,p)$, 则当 n 较大时, 有

$$P\left(\frac{Y-np}{\sqrt{np(1-p)}} \leq x \right) \approx \Phi(x).$$

注意到 $P(c_1 < Y \leq c_2) = P\left(\dfrac{c_1-np}{\sqrt{np(1-p)}} < \dfrac{Y-np}{\sqrt{np(1-p)}} \leq \dfrac{c_2-np}{\sqrt{np(1-p)}} \right)$, 故当 n 较大时,

$$P(c_1 < Y \leq c_2) \approx \Phi\left(\frac{c_2-np}{\sqrt{np(1-p)}} \right) - \Phi\left(\frac{c_1-np}{\sqrt{np(1-p)}} \right). \tag{5.4}$$

注 （1）当 n 较大时, $P(Y=c_1)$ 和 $P(Y=c_2)$ 都很小, 因此, 对于 $P(c_1 \leq Y \leq c_2)$, $P(c_1 \leq Y < c_2)$ 和 $P(c_1 < Y < c_2)$ 也可以用(5.4)式近似计算.

（2）由于分布函数的值域为 $[0,1]$, 且

$$1 = P(0 \leq Y \leq n) \approx \Phi\left(\frac{n-np}{\sqrt{np(1-p)}} \right) - \Phi\left(\frac{0-np}{\sqrt{np(1-p)}} \right),$$

因此, $\Phi\left(\dfrac{n-np}{\sqrt{np(1-p)}} \right) \approx 1$, $\Phi\left(\dfrac{0-np}{\sqrt{np(1-p)}} \right) \approx 0$.

中心极限定理在保险业有广泛的应用.

例 5.7 假设某保险公司有 100 万客户参加了某人身意外险的投保, 每人每年支付保险费 120 元, 在一年内投保人意外死亡的概率为 0.00006, 投保人意外死亡时其家属可以得到保险公司赔付 100 万元. 问: 假如不计管理和营销成本, 求保险公司在这个险种上一年的盈利不少于 6000 万元的概率的近似值.

解 记 100 万客户在一年内意外死亡的人数为 X, 则 X 服从二项分布 $B(100 \times 10^4,$

0.00006),保险公司在这个险种上一年的盈利(单位:万元)为$120×100-100X$. 依题意,一年的盈利不少于6000万元等价于$120×100-100X\geqslant 6000$,即$X\leqslant 60$.

由定理5.7,

$$P(X\leqslant 60)=P\left(\frac{X-100\times 10^4\times 0.00006}{\sqrt{100\times 10^4\times 0.00006\times 0.99994}}\leqslant \frac{60-60}{\sqrt{60\times 0.99994}}\right)\approx \varPhi(0)=0.5.$$

为了更精确地得到概率的近似值,耶茨(Yates)1934年提出了连续性修正的思想. 当n较大时,$Y\sim B(n,p)$,$P(Y\leqslant 3)=P(Y<4)$,如果直接用(5.4)式计算,有$P(Y\leqslant 3)\approx$

$\varPhi\left(\dfrac{3-np}{\sqrt{np(1-p)}}\right),P(Y<4)\approx \varPhi\left(\dfrac{4-np}{\sqrt{np(1-p)}}\right)$,这两个近似值不同,这时可以采用连续性

修正,即 $P(Y\leqslant 3)\approx \varPhi\left(\dfrac{3.5-np}{\sqrt{np(1-p)}}\right)$,类似地有 $P(Y\geqslant 3)=P(Y>2)\approx 1-$

$\varPhi\left(\dfrac{2.5-np}{\sqrt{np(1-p)}}\right)$. 在实际应用时大家可以考虑使用连续性修正.

为简单起见,本书的例题和习题没有采用连续性修正.

例5.8 用中心极限定理证明:

$$\lim_{n\to\infty}\left(1+n+\frac{n^2}{2!}+\cdots+\frac{n^n}{n!}\right)e^{-n}=0.5.$$

习题讲解

5-3

证明 注意到$\lim\limits_{n\to\infty}\left(1+n+\dfrac{n^2}{2!}+\cdots+\dfrac{n^n}{n!}\right)e^{-n}=\lim\limits_{n\to\infty}P(Y\leqslant n)$,其中$Y\sim P(n)$,由于泊松

分布具有可加性,所以假设$X_1,X_2,\cdots,X_n$独立且都服从参数为1的泊松分布$P(1)$,则

$\sum\limits_{i=1}^{n}X_i\sim P(n)$. 由$E\left(\sum\limits_{i=1}^{n}X_i\right)=n$,$\mathrm{Var}\left(\sum\limits_{i=1}^{n}X_i\right)=n$,利用中心极限定理可得

$$\lim_{n\to\infty}\left(1+n+\frac{n^2}{2!}+\cdots+\frac{n^n}{n!}\right)e^{-n}=\lim_{n\to\infty}P\left(\sum_{i=1}^{n}X_i\leqslant n\right)$$

$$=\lim_{n\to\infty}P\left(\frac{\sum\limits_{i=1}^{n}X_i-n}{\sqrt{n}}\leqslant 0\right)=\varPhi(0)=0.5.$$

习题 5.2

1. 设X_i表示某邮局收到的第i个邮件的质量(单位:g),$X_1,X_2,\cdots$是独立同分布的随机变量序列,现该邮局收到10000个邮件,记其总重量为Y.

(1) 若X_1服从正态分布$N(20,81)$,求$P(Y\leqslant 200900)$的值;

(2) 若X_1服从指数分布$E\left(\dfrac{1}{20}\right)$,求$P(Y\leqslant 200900)$的近似值.

2. 将一枚均匀的硬币连掷 100 次,试计算 100 次中出现正面的次数大于 60 的概率的近似值.

3. 有一批钢材,其中 20% 的钢材长度小于 4 m,现从中随机地取出 100 根钢材,试求取出的钢材中长度不小于 4 m 的钢材数不超过 84 根的概率的近似值.

4. 某小家电商场每天接待顾客 10000 人,设每位顾客的消费金额(单位:元)服从区间 $[100,1000]$ 上的均匀分布,各个顾客的消费金额相互独立,求该商场一天的销售金额在 548 万元到 552 万元之间的概率的近似值.

5. 设某厂生产的某型号的螺丝钉的质量为随机变量 X,已知 X 的期望和标准差分别为 $E(X)=5$, $\sqrt{\mathrm{Var}(X)}=0.5$(单位:g),某家具厂采购了一批该厂这种型号的螺丝钉,假设组装一套家具需要这种型号的螺丝钉 100 个,各螺丝钉的质量相互独立. 求组装 100 套家具所用的 10000 个螺丝钉的总质量在 50 kg 至 50.1 kg 之间的概率的近似值.

6. 设某品牌电脑的寿命服从指数分布 $E(\ln 3)$(单位:10^4 h).

(1) 若某大学数学系有 3 位同学购买了这个品牌的电脑,求其中至少有一位同学购买的电脑的寿命超过 10000 h 的概率;

(2) 若某大学有 200 位同学购买了这个品牌的电脑,求其中至少有 70 位同学购买的电脑的寿命超过 10000 h 的概率的近似值.

7. 有一个复杂系统由 n 个相互独立起作用的部件组成. 每个部件的可靠性(即部件正常工作的概率)为 0.8,且必须至少有 75% 的部件正常工作时整个系统才能正常工作. 问:n 至少为多大才能使整个系统正常工作的概率不低于 0.95?

8. 小明在商业广场摆了个小吃摊,假设今天有 400 位顾客光顾了小明的摊位,每人在摊位上的花费金额 $X_1,X_2,\cdots,X_{400}$(单位:元)相互独立且服从同一分布,已知 $E(X_1)=20$,$\mathrm{Var}(X_1)=100$. 求今天小明的小吃摊的总营业额超过 7800 元的概率的近似值.

9. 某大型汽车商城每天出售的汽车数量服从参数为 40 的泊松分布. 若该商城一年有 360 天在经营汽车销售,且每天出售的汽车数量相互独立. 求一年中该汽车商城至少售出 14280 辆的概率的近似值.

10. 设 $X_1,X_2,X_3,\cdots$ 是独立同分布的随机变量序列,X_1 服从区间 $[-\sqrt{3},\sqrt{3}]$ 上的均匀分布,求 $\lim\limits_{n\to\infty}P\left(\Big|\sum\limits_{i=1}^{n}X_i\Big|\leqslant\sqrt{n}\right)$ 的值.

相关数学家及其成就

棣莫弗(Abraham de Moivre)

(1667—1754)

　　棣莫弗出生于法国的一个乡村医生之家,求学期间惠更斯的《论赌博中的机会》一书,启发了他的数学灵感.当他读了牛顿的《自然哲学的数学原理》,深深地被这部著作吸引了,并由此打下了坚实的基础.1695年写出颇有见地的有关流数术学的论文,并成为牛顿的好友.两年后当选为皇家学会会员,1735年、1754年又分别被接纳为柏林科学院和巴黎科学院院士.

　　棣莫弗在1711年撰写了论文《抽签的计量》,1718年扩充为《机会的学说》一书,这是概率论的最早著作之一,书中首次定义了独立事件的乘法定理,给出了二项分布公式,讨论了掷骰子和其他赌博的许多问题.他的另一本名著是1730年的《关于级数和求积的综合分析》,讨论了排列和组合理论.棣莫弗还将概率论应用于保险事业.1725年,他出版了《年金论》,推导出了计算年金的公式,从而为保险事业提供了合理处理有关问题的依据,这些内容被后人奉为经典.他的《年金论》在欧洲产生了广泛的影响,先后用多种文字出版.1733年他又用阶乘的近似公式导出正态分布的频率曲线,以此作为二项分布的近似.以棣莫弗姓氏命名的棣莫弗-拉普拉斯极限定理,是概率论中第二个基本极限定理的原始形式.

　　棣莫弗在概率论方面的成就,受到了与他同时代的科学家的关注和赞誉.

切比雪夫（Pafnuty Chebyshev）
（1821—1894）

俄国数学家、力学家.他一生发表了 70 多篇科学论文,内容涉及数论、概率论、函数逼近论、积分学等方面.

切比雪夫在数学的很多方面及其邻近的学科都做出了重要贡献.在概率论方面,他建立了证明极限定理的新方法——矩方法,用十分简明的初等方法证明了一般形式的大数定律.他引出的一系列概念和研究题材与方法为俄国的数学家继承和发展,并形成了俄国的概率论学派.

切比雪夫善于将数学理论与自然科学技术的实践紧密地结合起来.例如,他应用函数逼近论的理论与算法于机器设计,取得了许多有用的结果;他关于插值理论的研究也部分地来源于分析炮弹着点数据的需要;他在一篇题为《论服装裁剪》的论文中提出的"切比雪夫网"成了曲面论中的一个重要概念.切比雪夫认为:"科学本身在实践的影响下发展,而又为实践开发了新的研究对象."

由于切比雪夫在彼得堡大学几十年来的言传身教,孕育、培养、造就了不少杰出数学家,例如马尔可夫、李雅普诺夫、格拉韦等,从而逐步形成了以切比雪夫为代表的彼得堡数学学派.这个学派的特点是:重视基础理论,善于以经典课题为突破口;理论联系实际;擅长运用初等工具建立高深的结果;以大学为基地,科研、教学相结合.

切比雪夫把一生献给了科学教育事业.他去世后,先后出版了他的论文集（1899—1907）、全集（1944—1951）和选集（1955）.1944 年,苏联科学院设立了切比雪夫奖金.

马尔可夫（Andrey Andreyevich Markov）
（1856—1922）

马尔可夫是俄国数学家,研究范围很广,在概率论、数理统计、数论、函数逼近论、微分方程、数的几何等学科都有建树.

在概率论方面,他深入研究并发展了其老师切比雪夫的矩方法,使中心极限定理的证明成为可能.他推广了大数定律和中心极限定理的应用范围.他提出并研究了一种能够用数学分析方法研究自然过程的一般图式,这种图式后人即以他的姓氏命名为马尔可夫链.他还开创了一种无后效性随机过程的研究,这就是现在大家耳熟能详的马尔可夫过程.马尔可夫的工作极大地丰富了概率论的内容,使其成为与自然科学和技术直接有关的最重要的数学领域之一.在数理统计方面,他还引入了等价互不相容概念和有效性统计原理.

在数论方面,他研究了不定二次式理论,解决了求已知行列式的极值二次式的难题.他建立了二次型表示论与丢番图分析之间的联系,得到了关于三元、四元二次型的较好结果.

马尔可夫共发表论著 70 多种,其中《概率演算》和《有限差分学》堪称经典著作.马尔可夫将自己的一生奉献给了数学事业,当有人向他请教数学的定义,他不无骄傲地说:"数学,那就是高斯、切比雪夫、李雅普诺夫、斯捷克洛夫和我所从事的事业."

李雅普诺夫(Aleksander Mikhailovich Lyapunov)
(1857—1918)

　　俄国著名的数学家、力学家.李雅普诺夫是切比雪夫创立的彼得堡学派的杰出代表,他的建树涉及多个领域,尤以概率论、微分方程和数学物理最有名.

　　在概率论中,他创立了特征函数法,实现了概率论极限定理在研究方法上的突破,这个方法的特点在于能保留随机变量分布规律的全部信息,提供了特征函数的收敛性质与分布函数的收敛性质之间的一一对应关系,给出了比切比雪夫、马尔可夫关于中心极限定理更简单而严密的证明,他还利用这一定理第一次科学地解释了为什么实际中遇到的许多随机变量近似服从正态分布.他对概率论的建树主要发表在其 1900 年的《概率论的一个定理》和 1901 年的《概率论极限定理的新形式》论文中.他的方法已在现代概率论中得到广泛的应用.

　　李雅普诺夫是常微分方程运动稳定性理论的创始人,他 1884 年完成了《论一个旋转液体平衡之椭球面形状的稳定性》一文,1888 年,他发表了《关于具有有限个自由度的力学系统的稳定性》.特别是他 1892 年的博士论文《运动稳定性的一般问题》是经典名著,在其中开创性地提出求解非线性常微分方程的李雅普诺夫函数法,亦称直接法,在科学技术的许多领域中得到广泛地应用和发展,并奠定了常微分方程稳定性理论的基础,也是常微分方程定性理论的重要手段.

　　李雅普诺夫对位势理论的研究为数学物理方法的发展开辟了新的途径.他 1898 年发表的论文《关于狄利克雷问题的某些研究》奠定了解边值问题经典方法的基础.

 第五章
重难点讲解

 第五章
习题讲解

 第五章
自测题

第六章

统计量及其分布

前面五章我们学习了概率论的基本知识,从本章开始我们要进入统计学的学习. **大不列颠百科全书把统计学定义为"搜集和分析数据的科学和艺术"**. 本章我们将介绍数理统计的基本概念,包括直方图、常用统计量和充分统计量等. 在进行统计分析时需要用到统计量的分布,统计量的分布称为**抽样分布**. 本章介绍正态总体下的抽样分布的一些结论、次序统计量的分布的求法和指数分布总体下的抽样分布,也介绍了统计量的近似分布.

§6.1 数据、数据的整理与分析

一、数据

统计学的研究对象是数据. 在日常生活我们会遇到各种各样的数据.

例 6.1 手机的股票交易软件会显示股票的交易数据,表 6.1 为上海证券交易所 2021 年 4 月 2 日涨幅排在前列的 20 个股票的收盘价和涨跌幅等数据.

表 6.1 涨幅排在前列的 20 个股票的收盘价和涨跌幅等数据

序号	代码	名称	收盘价	涨跌幅	涨跌额	成交量/手	成交额/元
1	688630	芯碁微装	66.99	51.90%	22.89	17.01 万	9.37 亿
2	688368	晶丰明源	228.00	20.00%	38.00	7230	1.58 亿
3	688699	明微电子	89.82	15.75%	12.22	2.85 万	2.44 亿
4	688135	利扬芯片	36.10	15.48%	4.84	4.29 万	1.48 亿
5	688661	和林微纳	47.80	14.19%	5.94	6.96 万	3.20 亿
6	688208	道通科技	74.56	10.39%	7.02	4.88 万	3.54 亿
7	688588	凌志软件	24.61	10.21%	2.28	6.72 万	1.61 亿

序号	代码	名称	收盘价	涨跌幅	涨跌额	成交量/手	成交额/元
8	600052	浙江广厦	3.05	10.11%	0.28	22.07 万	6554.27 万
9	688633	星球石墨	56.23	10.10%	5.16	4.71 万	2.56 亿
10	601068	中铝国际	3.94	10.06%	0.36	57.72 万	2.21 亿
11	600379	宝光股份	8.99	10.04%	0.82	28.16 万	2.44 亿
12	605268	王力安防	16.34	10.03%	1.49	14.82 万	2.39 亿
13	605368	蓝天燃气	18.21	10.03%	1.66	11.76 万	2.11 亿
14	600983	惠而浦	8.12	10.03%	0.74	11.77 万	9120.60 万
15	603112	华翔股份	14.16	10.02%	1.29	6.02 万	8518.80 万
16	600766	园城黄金	4.72	10.02%	0.43	22.04 万	1.01 亿
17	600916	中国黄金	19.98	10.02%	1.82	57.06 万	10.94 亿
18	600460	士兰微	29.32	10.02%	2.67	99.97 万	28.46 亿
19	603988	中电电机	20.10	10.02%	1.83	6.58 万	1.32 亿
20	603533	掌阅科技	34.71	10.02%	3.16	14.68 万	4.99 亿

例 6.2　某医院对发热患者进行流感检测后得到结果:

1. 男性,体温 39.1 ℃,55 岁,流感检测结果为阳性;

2. 女性,体温 38.5 ℃,46 岁,流感检测结果为阴性;

3. 男性,体温 38.2 ℃,16 岁,流感检测结果为阴性;

4. 女性,体温 37.9 ℃,33 岁,流感检测结果为阴性.

例 6.3　某班级的高等数学期中考试成绩按照学号排列如下:

1. 及格;2. 优;3. 良;4. 中;5. 不及格;6. 优;7. 良;8. 中;9. 优;10. 优……

数据分为**连续性的变量数据**和**分类变量数据**两种类型. 例 6.1 中股票的收盘价和涨跌幅、例 6.2 中的年龄和体温都是连续性的变量数据,这些变量的特点是可以取实数值,可以直接录入. 例 6.2 中的性别(男性,女性)和流感检测结果(阴性,阳性)都是分类变量数据. 例 6.3 中的考试成绩(不及格、及格、中、良、优)也是分类变量数据. 分类变量数据的变量值是定性的,表现为互不相容的类别或属性. 分类变量数据也称为定性数据或属性数据.

分类变量数据又分为**无序分类变量数据**和**有序分类变量数据**. 无序的分类变量数据是指所分类别或属性之间无程度和顺序上的差别. 例 6.2 中的性别(男性,女性)和流感检测结果(阴性,阳性)都是无序的分类变量数据. 有序分类变量数据是指各类别之间有程度的差别. 例 6.3 中的考试成绩(不及格、及格、中、良、优)是有序分类变量数据,它体现了成绩的高低. 医生考察某种疾病患者服用某药物治疗的效果可以分为:治愈、显效、好转、无效. 相应的对患者的评价数据也是有序分类变量数据.

当然,随着研究的深入以及信息化技术和电子化手段的进步,现在声音和图像也被认为是数据. 对这些数据的研究产生了语音输入法、人脸识别、指纹识别等技术.

二、数据的整理与分析

对数据进行整理和分析可以得到一些有价值的结论. 本节介绍用直方图和茎叶图等对数据进行整理分析的方法.

1. 直方图

对于例 6.1 中数据,分析 2021 年 4 月 2 日涨幅排在前列的股票的收盘价的特点,可以采用直方图方法.

下面以例 6.1 中股票收盘价数据为例,说明直方图的绘制过程:

(1) 找出这 20 个数据中的最大值和最小值. 本例收盘价中的最大值为 228.00,最小值为 3.05,样本数为 20 个.

(2) 选定常数 a(可以取略小于最小值)与常数 b(可以取略大于最大值),并把区间 $(a,b]$ 等分成 m 组 $(a_{j-1},a_j]$,$j=1,2,\cdots,m$,其中

$$a=a_0<a_1<\cdots<a_m=b,$$

本例采用 minitab 软件画出直方图,取 $a=-12.50,b=237.50,m=10$,把区间等分为 10 组,每组组距为 25. 如果自己画直方图也可以取 $a=1,b=231,m=10$.

(3) 计算各组相应的频数 n_j,$j=1,2,\cdots,m$,如表 6.2 所示.

表 6.2 例 6.1 各组的频数分布表

区间	频数
$(-12.5,12.5]$	5
$(12.5,37.5]$	9
$(37.5,62.5]$	2
$(62.5,87.5]$	2
$(87.5,112.5]$	1
$(112.5,137.5]$	0
$(137.5,162.5]$	0
$(162.5,187.5]$	0
$(187.5,212.5]$	0
$(212.5,237.5]$	1

(4) 在平面直角坐标系上画出 m 个长方形,各个长方形以 $(a_{j-1},a_j]$ 为底边,它们的高度为 n_j,$j=1,2,\cdots,m$. 这 m 个长方形合在一起便构成了直方图,如图 6.1 所示.

从直方图中可以看出在 2021 年 4 月 2 日涨幅排在前列的股票中收盘价较低的股票占比较大,收盘价在 12.5 元到 37.5 元的股票占比最大(占比 45%),其次是收盘价

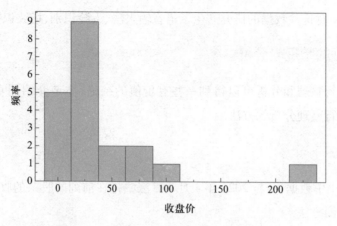

图 6.1　例 6.1 中收盘价数据的直方图

低于 12.5 元的股票（占比 25%），收盘价超过 112.5 元的股票占比很小（占比 5%）.

　　从直方图可以看出数据是否对称，数据是否集中，数据是否有缺口，是否存在有远离其他数据的数据. 图 6.1 的直方图中有一个远离其他数据的数据，即晶丰明源的收盘价 228.00 元. 远离其他数据的数据常称为**离群值**. 图 6.2 告诉我们通过直方图可以了解随机变量分布的特征.

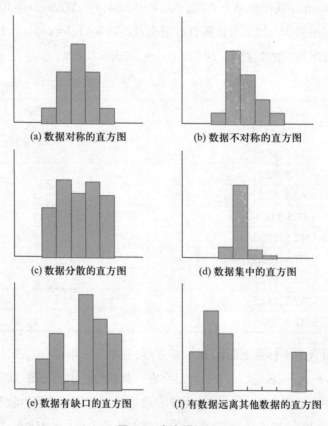

图 6.2　直方图示例

例 6.1 中收盘价数据的直方图就是有数据远离其他数据的直方图.

2. 频数密度分布图

为了更清楚地表现数据的分布,引入频数密度 p_k,即第 k 个区间的频数 n_k 除以总样本数 n 与区间长度 Δ_k,得频数密度

$$p_k = \frac{n_k}{n \cdot \Delta_k}, \quad k = 1, 2, \cdots, m,$$

然后,在每个区间内,画出高度为 p_k 的条形.

对于例 6.1 中收盘价数据,$n \cdot \Delta_k = 20 \times 25 = 500$,要得到频数密度分布图只需将图 6.1 中直方图的条形的高度分别调整为 $0.01, 0.018, 0.004, 0.004, 0.002, 0, 0, 0, 0, 0.002$ 即可.

频数密度分布图具有一个重要的性质,就是这些条状图的面积之和为 1:

$$\sum_{k=1}^{m} p_k \Delta_k = 1 .$$

3. 茎叶图

从直方图中,我们可以大致看出隐含在观测数据中的关于研究对象的信息,如分布是否对称,重心是否偏中,中心点的位置等. 为了达到同样的目的,常用一种茎叶图的方法. 茎叶图的优点是简单、直观,不需要数学运算,可以从图形还原原始数据. 缺点是它对于观测数据有一定的要求,不如直方图那样通用,因此,茎叶图一般只在一些简单场合下使用.

例 6.4 为了比较某高校 A、B 两个学院一年级学生高等数学期末考试成绩,各随机选取了 20 个学生查看其高等数学期末考试成绩,如表 6.3 所示.

表 6.3 某高校 A、B 两个学院一年级学生高等数学期末考试成绩

A 学院	B 学院
67, 77, 89, 56, 76, 46, 89, 99, 88, 83, 76, 69, 85, 86, 95, 77, 68, 73, 71, 66	43, 77, 55, 99, 89, 86, 87, 95, 93, 100, 87, 85, 76, 94, 91, 33, 41, 45, 56, 62

仔细分析上述数据,发现除了 100 之外都有 2 位有效数字,且都是两位整数. 将十位数字作为茎(100 以 10 为茎),个位数字作为叶,将数据中的十位数字由小到大写在竖线的左边,个位数字写在相应十位数字的右边,有一个数就写一个,遇到相同的个位数字要全部写上去,这样就可以得到上述数据的茎叶图,如图 6.3 所示.

为了方便比较,可以把两个学院的茎叶图放在一起,组成**背靠背茎叶图**,如图 6.4 所示.

171

```
4 | 6              3 | 3                           3 | 3
5 | 6              4 | 1 3 5               6 | 4 | 1 3 5
6 | 6 7 8 9        5 | 5 6                 6 | 5 | 5 6
7 | 1 3 6 6 7 7    6 | 2              9 8 7 6 | 6 | 2
8 | 3 5 6 8 9 9    7 | 6 7          7 7 6 6 3 1 | 7 | 6 7
9 | 5 9            8 | 5 6 7 7 9    9 9 8 6 5 3 | 8 | 5 6 7 7 9
                   9 | 1 3 4 5 9            9 5 | 9 | 1 3 4 5 9
                  10 | 0                          10 | 0

  (a) A 学院        (b) B 学院          A 学院              B 学院
```

图 6.3　A 学院和 B 学院一年级学生高等　　图 6.4　A 学院和 B 学院一年级学生高等
　　数学期末考试成绩茎叶图　　　　　　　　数学期末考试成绩的背靠背茎叶图

从图 6.4 可以看出 A 学院一年级学生的高等数学期末考试成绩比较集中,多数集中在 60 分到 80 分. B 学院一年级学生成绩比较分散,存在两极分化现象.

习题 6.1

1. 某大型建筑和出租公司在本地区有一种统一的公寓出租,为分析潜在消费者的消费行为,该公司汇总了每月的房屋租金数据,共 120 个样本,如表 6.4 所示.

表 6.4　某公司房屋租金数据

1170	1207	1581	1277	1305	1472	1077	1319	1537	1849
1332	1418	1949	1403	1744	1532	1219	896	1500	1671
1471	1399	1041	1379	821	1558	1118	1533	1510	1760
1826	1309	1426	1288	1394	1545	1032	1289	695	803
1440	1421	1329	1407	718	1457	1449	1455	2051	1677
1119	1020	1400	1442	1593	1962	1263	1788	1501	1668
1352	1340	1459	1823	1451	1138	1592	982	1981	1091
1428	1603	1699	1237	1325	1590	1142	1425	1550	913
1470	1783	1618	1431	1557	896	1662	1591	1551	1612
1249	1419	2162	1373	1542	1631	1567	1221	1972	1714
949	1539	1634	1637	1649	1607	1640	1739	1540	2187
1752	1648	1978	640	1736	1222	1790	1188	2091	1829

(1) 试画出直方图;(2) 从该直方图中可以得到什么结论?

2. 金属线缠在塑料卷轴上以制作马达的线圈,当电流通过金属线时塑料会发热. 一位工程师想比较新旧两种类型塑料的温度. 他从新旧两种塑料产品中独立地各随机挑选 30 个卷轴,对于每个卷轴记录了电流通过之后卷轴的温度,其数据如表 6.5 和表 6.6 所示. 试用茎叶图来表示其分布.

表 6.5　新型塑料(X)的温度　　　　　　　　　　　　单位:℃

45.6	45.7	45.9	46.0	46.2	46.4	46.4	46.6	46.6	46.7
47.0	47.0	47.1	47.2	47.2	47.3	47.4	47.4	47.6	47.6
47.6	47.7	47.7	47.8	47.9	47.9	48.0	48.1	48.2	49.1

表 6.6　旧型塑料(Y)的温度　　　　　　　　　　　　单位:℃

44.7	44.7	45.0	45.1	45.3	45.3	45.4	45.7	45.8	45.8
45.9	45.9	45.9	46.0	46.0	46.1	46.2	46.2	46.3	46.4
46.5	46.5	46.5	46.7	46.7	47.0	47.2	47.4	48.1	50.6

(1) 分别画出新型塑料(X)的温度和旧型塑料(Y)的温度数据的茎叶图;

(2) 分析新型塑料(X)的温度和旧型塑料(Y)的温度的差异.

3. 1978 年英国科学家卡文迪什仔仔细细测量了地球的密度,记录的地球密度是水密度的某个倍数,测量结果如表 6.7 所示.

表 6.7　卡文迪什测量结果

5.50	5.61	4.88	5.07	5.26	5.55	5.36	5.29	5.58	5.65
5.57	5.53	5.62	5.29	5.44	5.34	5.79	5.10	5.27	5.39
5.42	5.47	5.63	5.34	5.46	5.30	5.75	5.68	5.85	

试用直方图或茎叶图来表示这些数据.

4. 表 6.8 数据是在一个 50 人的样本中,一周时间内使用个人计算机的时数.

表 6.8　一周时间内使用个人计算机的时数　　　　　　　　单位:h

4.1	1.5	10.4	5.9	3.4	5.7	1.6	6.1	3.0	3.7
3.1	4.8	2.0	14.8	5.4	4.2	3.9	4.1	11.1	3.5
4.1	4.1	8.8	5.6	4.3	3.3	7.1	10.3	6.2	7.6
10.8	2.8	9.5	12.9	12.1	0.7	4.0	9.2	4.4	5.7
7.2	6.1	5.7	5.9	4.7	3.9	3.7	3.1	6.1	3.1

(1) 试画出直方图;

(2) 试画出茎叶图;

(3) 从上述数据能得到什么有用信息?

§6.2　总体、个体与样本

统计学是一门很古老的科学,一般认为其理论研究始于古希腊的亚里士多德时代,迄今已有两千三百多年的历史.统计学最初起源于研究社会经济问题.

在统计问题中,常把研究对象的全体称为**总体**,把构成总体的每个成员称为**个体**.例如例 6.4 中要研究某高校 A 学院一年级学生的高等数学期末考试成绩,则该高校 A 学院一年级学生就组成了总体,该高校 A 学院每个一年级学生就是一个个体.

在实际问题的研究中我们常常只对总体的某个指标感兴趣,例如例 6.4 中我们只对一年级学生的高等数学期末考试成绩感兴趣.感兴趣总体的指标 X 是一个随机变量,我们把感兴趣总体的指标 X 称为总体 X,总体指标 X 的分布称为**总体分布**,并用总体分布的名称称呼总体.例如总体分布为正态分布的总体称为**正态总体**.若总体指标 X 是离散型随机变量,则称总体指标 X 的分布律为**总体分布律**;若总体指标 X 是连续型随机变量,则称总体指标 X 的密度函数为**总体密度函数**.

本书只讨论总体指标 X 是一维随机变量的情况,对于总体指标 X 是多维随机变量的情况,读者可以参阅多元统计分析方面的教材.

在统计学中有时总体分布是未知的,或者总体分布的类型是已知的,但分布中存在未知的参数.例如在例 6.4 中假设 A 学院一年级学生的高等数学期末考试成绩服从正态分布 $N(\mu,\sigma^2)$,但参数 μ 和 σ^2 是未知的.如何推测总体分布相关的信息呢?例如例 6.4 中推测 A 学院一年级学生的高等数学期末考试的平均分数 μ 的值.为了推测总体分布相关的信息,可以从总体中抽取一些个体,通过了解这些个体的指标值来得到相关信息,帮助我们推测总体分布相关的信息.从总体中按照一定的规则抽取一些个体,通过观测得到这些个体的指标值,这些个体的指标值称为**样本**,得到样本的这一过程称为**抽样**.

从总体中抽样的方法多种多样,可以根据具体问题,提出具体的抽样方法.抽样方法在统计学中有专门的分支——抽样论和试验设计进行研究.本节要介绍的是一类最简单的抽样方法,用这种方法得到的样本称为**简单随机样本**.

简单随机样本 $(X_1,X_2,\cdots,X_n)$ 满足:

(1)**同分布性**:$X_1,X_2,\cdots,X_n$ 服从相同的分布,且每个 X_i 与总体指标 X 服从相同的分布;

(2)**独立性**:$X_1,X_2,\cdots,X_n$ 相互独立.

简单随机抽样相当于有放回的抽样.所谓**有放回抽样**就是指:从某个总体中抽取容量为 n 的样本(即 n 个个体),每抽取一个个体做测试或观察后放回总体中,然后再随机抽取下一个个体,直到完成要求的 n 次测试或观察为止.若每抽取一个个体后不再放回总体,而做下一次抽取,则称此为**不放回抽样**.

在实际问题中,很多抽样都涉及对有限总体进行**不放回抽样**.若样本大小 n 远小于总体所含个体的个数 N(一般认为,当 $n<0.1N$ 时,可以当作 n 远小于 N),则可以将不放回抽样当作有放回抽样来处理,可以近似地认为所得到的样本为简单随机样本.

抽样完成后,得到 n 个数据 $x_1, x_2, \cdots, x_n$,这些数据称为**样本观测值**,n 称为**样本容量**或**样本大小**. 例如例 6.4 中调查了 A 学院 20 个学生的高等数学期末考试成绩,得到 20 个数据,样本容量为 20.在具体实施抽样前,我们不知道样本观测值的取值,可以假定从总体 X 中抽样得到的样本 $X_1, X_2, \cdots, X_n$ 为 n 个随机变量,样本可以理解为 n 维随机变量 $(X_1, X_2, \cdots, X_n)$.

今后没有特别说明,样本 $(X_1, X_2, \cdots, X_n)$ 都是指简单随机样本,并简记为 $X_1, X_2, \cdots, X_n$.

数理统计学是统计学分支学科,它以概率论为理论基础,对受随机因素影响的不确定性现象进行大量的观测或试验,以有效的方法获取样本、提取信息,进而对随机现象的统计规律(如参数、分布、相关性等)做出推断. 概率论是数理统计方法的理论基础,但是它不属于统计学的范畴,而属于数学的范畴.

统计学和数学的区别在于评价的标准不同. 数学的评价标准是对错,例如得到了某个方程的解后,可以代入方程检验其是否是方程的解. 对一种统计方法,统计学的评价标准是按照某种准则来评价这个方法是合适的还是不合适的. 在某种标准下合适的统计方法,换一个标准这个统计方法可能是不合适的. 在学习了参数估计的评价标准后会有更深的体会.

设总体 X 的密度函数为 $f(x;\theta)$,其中 θ 为未知参数,则样本 $X_1, X_2, \cdots, X_n$ 的联合密度函数为

$$f(x_1, x_2, \cdots, x_n; \theta) = \prod_{i=1}^{n} f(x_i; \theta) . \tag{6.1}$$

例如,对于正态总体 $X \sim N(\mu, \sigma^2)$,样本 $X_1, X_2, \cdots, X_n$ 的联合密度函数为

$$f(x_1, x_2, \cdots, x_n; \theta) = \prod_{i=1}^{n} f(x_i; \theta) = \prod_{i=1}^{n} \frac{1}{\sqrt{2\pi}\sigma} \exp\left\{-\frac{(x_i-\mu)^2}{2\sigma^2}\right\}$$

$$= (2\pi\sigma^2)^{-\frac{n}{2}} \exp\left\{-\frac{1}{2\sigma^2} \sum_{i=1}^{n} (x_i-\mu)^2\right\}, \quad -\infty < x_1, x_2, \cdots, x_n < +\infty,$$

这里 $\theta = (\mu, \sigma^2)$ 为未知参数.

设总体 X 的分布律为 $f(x;\theta) = P(X=x)$,其中 θ 为未知参数,则样本 $X_1, X_2, \cdots, X_n$ 的联合分布律为

$$f(x_1, x_2, \cdots, x_n; \theta) = P(X_1=x_1, X_2=x_2, \cdots, X_n=x_n)$$

$$= \prod_{i=1}^{n} P(X_i=x_i) = \prod_{i=1}^{n} P(X=x_i) = \prod_{i=1}^{n} f(x_i; \theta).$$

例如,设总体 X 服从参数为 λ 的泊松分布,其分布律为

$$f(x; \lambda) = \frac{\lambda^x}{x!} e^{-\lambda}, \quad x=0,1,2,\cdots, \lambda>0,$$

则样本 $X_1, X_2, \cdots, X_n$ 的联合分布律为

$$f(x_1, x_2, \cdots, x_n; \lambda) = \prod_{i=1}^{n} f(x_i; \lambda) = \prod_{i=1}^{n} \frac{\lambda^{x_i}}{x_i!} e^{-\lambda}$$

$$= \frac{\lambda^{\sum_{i=1}^{n} x_i}}{x_1! x_2! \cdots x_n!} e^{-n\lambda}, \quad x_i = 0, 1, 2, \cdots, \quad i = 1, 2, \cdots, n, \lambda > 0.$$

习题 6.2

1. 设 $X_1, X_2, \cdots, X_n$ 是取自总体 X 的样本,其中 X 服从参数为 λ 的指数分布,$\lambda > 0$,求样本 $X_1,$ $X_2, \cdots, X_n$ 的联合密度函数.

2. 设 $X_1, X_2, \cdots, X_n$ 是取自总体 X 的样本,其中 X 服从区间 $[0, \theta]$ 上的均匀分布,$\theta > 0$,求样本 $X_1, X_2, \cdots, X_n$ 的联合密度函数.

3. 设 $X_1, X_2, \cdots, X_n$ 是取自总体 X 的样本,其中 X 服从参数为 p 的 0-1 分布 $B(1, p)$,$0 < p < 1$,求样本 $X_1, X_2, \cdots, X_n$ 的联合分布律.

4. 设 $X_1, X_2, \cdots, X_n$ 是取自总体 X 的样本,其中 X 服从参数为 p 的几何分布 $Ge(p)$,$0 < p < 1$,求样本 $X_1, X_2, \cdots, X_n$ 的联合分布律.

§6.3　统计量和经验分布函数

一、统计量

在 §6.1 中介绍了用直方图和茎叶图对样本数据进行整理和分析的方法. 在实际应用中常常需要对总体分布或总体分布的数字特征进行推断,例如,已知正态总体 $X \sim N(\mu, \sigma^2)$,要推测未知参数 μ 和 σ^2 的取值. 如何利用样本 $X_1, X_2, \cdots, X_n$ 来进行统计推断呢?

为了能够用于统计推断,可以构建样本的函数 $h(X_1, X_2, \cdots, X_n)$,要求 $h(X_1, X_2, \cdots, X_n)$ 不能包含未知参数. 例如,已知正态总体 $N(\mu, \sigma^2)$,要推测未知参数 μ 的值,可以构建 $h(X_1, X_2, \cdots, X_n) = \dfrac{1}{n} \sum_{i=1}^{n} X_i$.

定义 6.1　任何样本的函数 $h(X_1, X_2, \cdots, X_n)$,只要不直接包含未知参数,都称为统计量.

解释一下"不直接包含"的含义:一旦得到样本观测值 $x_1, x_2, \cdots, x_n$,可以计算出 $h(x_1, x_2, \cdots, x_n)$ 的具体数值. 统计量是统计学中的一个重要概念. 从表面上看,样本观

测值 $x_1, x_2, \cdots, x_n$ 往往表现为一大堆杂乱无章的数据. 引进统计量之后,相当于把这一大堆数据加工成若干个较简单又更能体现总体分布本质的量,以便可以用来推测总体分布中未知的量.

二、经验分布函数

对一个统计推断问题,如何找到合适的统计量呢? 对于一个与总体分布的数字特征有关的统计推测问题,一个思路是先考虑如何利用样本构建与总体分布函数 $F(x)$ 相接近的分布函数 $F_n(x)$,再利用 $F_n(x)$ 的相应数字特征去推测总体分布函数 $F(x)$ 相应的数字特征. 下面介绍经验分布函数 $F_n(x)$.

对应于样本观测值 $x_1, x_2, \cdots, x_n$,如果定义一个离散型随机变量 $\widetilde{X}$,其分布律为

$$P(\widetilde{X} = x_i) = \frac{1}{n}, \quad i = 1, 2, \cdots, n.$$

记示性函数 $I_A = \begin{cases} 1, & A \text{ 发生}, \\ 0, & A \text{ 不发生}, \end{cases}$ 容易得到 $\widetilde{X}$ 的分布函数为

$$\widetilde{F}_n(x) = \frac{1}{n} \sum_{i=1}^{n} I_{\{x_i \leqslant x\}}. \tag{6.2}$$

对应于样本 $X_1, X_2, \cdots, X_n$,定义**经验分布函数**为

$$F_n(x) = \frac{1}{n} \sum_{i=1}^{n} I_{\{X_i \leqslant x\}}. \tag{6.3}$$

定理 6.1 若记总体 X 的分布函数为 $F(x)$,则对于任意实数 x 和任意正数 ε,

$$\lim_{n \to \infty} P(|F_n(x) - F(x)| \geqslant \varepsilon) = 0, \tag{6.4}$$

等价地,成立如下等式

$$\lim_{n \to \infty} P(|F_n(x) - F(x)| < \varepsilon) = 1.$$

证明 假设 $X_1, X_2, \cdots, X_n$ 是取自分布函数为 $F(x)$ 的总体的样本,定义经验分布函数为

$$F_n(x) = \frac{1}{n} \sum_{i=1}^{n} I_{\{X_i \leqslant x\}}$$

记 $Y_i = I_{\{X_i \leqslant x\}}, i = 1, 2, \cdots, n, \cdots$,则 $Y_1, Y_2, \cdots, Y_n, \cdots$ 是独立同分布的随机变量序列,且 $P(Y_1 = 1) = P(X_1 \leqslant x) = F(x)$,即 Y_1 服从 0-1 分布 $B(1, F(x))$. 由定理 5.5 有

$$F_n(x) = \frac{1}{n} \sum_{i=1}^{n} Y_i \xrightarrow{P} F(x).$$

对应于样本观测值 $x_1, x_2, \cdots, x_n$,前面定义的函数 $\widetilde{F}_n(x)$ 称为**经验分布函数的一个实现**.

对于样本观测值 $x_1, x_2, \cdots, x_n$,将其按照从小到大重新排列得到 $x_{(1)} \leqslant x_{(2)} \leqslant \cdots \leqslant$

$x_{(n)}$,容易算出

$$\widetilde{F}_n(x) = \begin{cases} 0, & x < x_{(1)}, \\ \dfrac{1}{n}, & x_{(1)} \leqslant x < x_{(2)}, \\ \cdots \\ \dfrac{k}{n}, & x_{(k)} \leqslant x < x_{(k+1)}, \\ \cdots \\ 1, & x \geqslant x_{(n)}. \end{cases}$$

经验分布函数的一个实现 $\widetilde{F}_n(x)$ 的图像如图 6.5 所示.

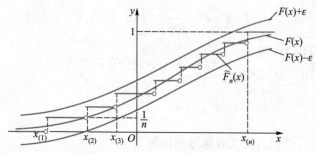

图 6.5 经验分布函数的一个实现 $\widetilde{F}_n(x)$ 的图像

例 6.5 从某总体中抽取样本,得到三个样本观测值 $1,3,3$,那么,容易计算出经验分布函数的一个实现为

$$\widetilde{F}_3(x) = \begin{cases} 0, & x < 1, \\ \dfrac{1}{3}, & 1 \leqslant x < 3, \\ 1, & x \geqslant 3. \end{cases}$$

习题 6.3

1. 设 $X_1, X_2, \cdots, X_n$ 是取自总体 X 的样本($n \geqslant 2$),其中 X 服从参数为 λ 的指数分布,$\lambda > 0$ 为未知参数,问:下列随机变量哪些是统计量?

(1) $\dfrac{1}{n} \sum\limits_{i=1}^{n} X_i$; (2) $\dfrac{1}{n} \sum\limits_{i=1}^{n} (X_i - \lambda)^2$; (3) $X_2 - X_1$;

(4) $\min(X_1, X_2, \cdots, X_n)$; (5) $\dfrac{\sum\limits_{i=1}^{n} X_i - n\lambda}{\sqrt{n\lambda}}$; (6) $\max(X_1, X_2)$.

2. 设 $X_1, X_2, \cdots, X_n$ 是取自正态总体 $N(\mu, \sigma^2)$ 的样本 $(n \geqslant 2)$,其中 μ, σ^2 为未知参数,问:下列随机变量哪些是统计量?

(1) $\dfrac{1}{n} \sum\limits_{i=1}^{n} (X_i - \mu)^2$;　　　　(2) $\dfrac{1}{\sigma^2} \sum\limits_{i=1}^{n} X_i^2$;　　　　(3) $\max(X_1, X_2, \cdots, X_n)$;

(4) $\dfrac{\sum\limits_{i=1}^{n} X_i - n\mu}{\sqrt{n\sigma^2}}$;　　　　(5) $\min(X_1, X_2)$.

3. 从总体 X 中抽取样本,得到样本观测值 $1.5, 1.2, 1.3, 2.6, 3.9, 3.9$,求经验分布函数的一个实现 $\widetilde{F}_6(x)$.

4. 从总体 X 中抽取样本,得到样本观测值 $105, 112, 112, 123, 206, 206, 319, 350, 225$,求经验分布函数的一个实现 $\widetilde{F}_9(x)$.

§6.4　常用统计量

本节介绍一些常用的统计量.

一、样本原点矩、样本中心矩和样本混合矩

如何得到有用的统计量呢? 先计算一下经验分布函数的一个实现 $\widetilde{F}_n(x)$ 的数字特征:$E(\widetilde{X}) = \dfrac{1}{n} \sum\limits_{i=1}^{n} x_i \hat{=} \overline{x}$, $\mathrm{Var}(\widetilde{X}) = \dfrac{1}{n} \sum\limits_{i=1}^{n} (x_i - \overline{x})^2 \hat{=} s_n^2$, $E(\widetilde{X}^k) = \dfrac{1}{n} \sum\limits_{i=1}^{n} x_i^k \hat{=} a_k$,

$E\big[(\widetilde{X} - E(\widetilde{X}))^k\big] = \dfrac{1}{n} \sum\limits_{i=1}^{n} (x_i - \overline{x})^k \hat{=} b_k, \quad k = 1, 2, \cdots$.

当样本容量 n 足够大时,可以用经验分布函数 $F_n(x)$ 来近似未知的总体分布函数 $F(x)$. 由此想到,能否用经验分布的特征来近似总体的特征呢? 为估计总体分布的数学期望、方差、k 阶原点矩和 k 阶中心矩,可以引入如下一些常用的统计量:

样本均值 $\overline{X} = \dfrac{1}{n} \sum\limits_{i=1}^{n} X_i$,

样本方差 $S^2 = \dfrac{1}{n-1} \sum\limits_{i=1}^{n} (X_i - \overline{X})^2$,

样本标准差 $S = \sqrt{S^2}$,

样本 k 阶原点矩 $A_k = \dfrac{1}{n} \sum\limits_{i=1}^{n} X_i^k$, $\quad k = 1, 2, \cdots$,

样本 k 阶中心矩 $B_k = \dfrac{1}{n} \sum\limits_{i=1}^{n} (X_i - \overline{X})^k$, $k = 1, 2, \cdots$.

$$S_n^2 = \frac{1}{n}\sum_{i=1}^{n}(X_i - \overline{X})^2 = B_2$$ 也是一个常用的估计总体分布方差的统计量.

定理 6.2 设 $X_1, X_2, \cdots, X_n$ 是取自总体 X 的样本,则

(1) $\sum_{i=1}^{n}(X_i - \overline{X}) = 0$,即 $B_1 = 0$;

(2) $\sum_{i=1}^{n}(X_i - \overline{X})^2 = \sum_{i=1}^{n}(X_i - c)^2 - n(\overline{X} - c)^2$,其中 c 为任意实数. 特别当 $c = 0$ 时,有 $\sum_{i=1}^{n}(X_i - \overline{X})^2 = \sum_{i=1}^{n}X_i^2 - n\overline{X}^2$;

(3) 对总体 X 而言,如果 $E(X^2) < +\infty$,则 $E(\overline{X}) = E(X)$,$\mathrm{Var}(\overline{X}) = \dfrac{\mathrm{Var}(X)}{n}$,$E(S^2) = \mathrm{Var}(X)$.

证明 (1) $\sum_{i=1}^{n}(X_i - \overline{X}) = \sum_{i=1}^{n}X_i - n\overline{X} = 0.$

(2) $\sum_{i=1}^{n}(X_i - \overline{X})^2 = \sum_{i=1}^{n}[(X_i - c) - (\overline{X} - c)]^2$

$$= \sum_{i=1}^{n}(X_i - c)^2 - 2\sum_{i=1}^{n}(X_i - c)(\overline{X} - c) + n(\overline{X} - c)^2$$

$$= \sum_{i=1}^{n}(X_i - c)^2 - 2n(\overline{X} - c)^2 + n(\overline{X} - c)^2$$

$$= \sum_{i=1}^{n}(X_i - c)^2 - n(\overline{X} - c)^2.$$

(3) 记 $\mu = E(X)$,则 $E(\overline{X}) = \frac{1}{n}\sum_{i=1}^{n}E(X_i) = \frac{1}{n}nE(X) = E(X) = \mu.$ 因此,

$$E[(\overline{X} - \mu)^2] = \mathrm{Var}(\overline{X}) = \mathrm{Var}\left(\frac{1}{n}\sum_{i=1}^{n}X_i\right) = \frac{1}{n^2}\sum_{i=1}^{n}\mathrm{Var}(X_i) = \frac{\mathrm{Var}(X)}{n}.$$

在(2)中取 $c = \mu$,有

$$E(S^2) = \frac{1}{n-1}E\left(\sum_{i=1}^{n}(X_i - \overline{X})^2\right) = \frac{1}{n-1}E\left(\sum_{i=1}^{n}(X_i - \mu)^2 - n(\overline{X} - \mu)^2\right)$$

$$= \frac{1}{n-1}\left(\sum_{i=1}^{n}\mathrm{Var}(X_i) - n\mathrm{Var}(\overline{X})\right) = \frac{1}{n-1}(n\mathrm{Var}(X) - \mathrm{Var}(X)) = \mathrm{Var}(X).$$

由于 S^2 的期望是总体的方差,因此,样本方差不用 S_n^2,而用 $S^2 = \dfrac{n}{n-1}S_n^2$,它对 S_n^2 进行了修正.

§3.6 中已经介绍了变异系数、偏度系数和峰度系数,有了样本后如何估计总体的这些数字特征呢?

利用样本均值和样本标准差可以定义样本变异系数:

样本变异系数 $\delta_X = \dfrac{S}{|\bar{X}|}$.

利用样本 k 阶中心矩可以定义样本偏度系数和样本峰度系数,用它们分别来近似总体 X 的偏度系数和峰度系数.

样本偏度系数 $\hat{\beta}_S = \dfrac{B_3}{B_2^{\frac{3}{2}}}$,**样本峰度系数** $\hat{\beta}_k = \dfrac{B_4}{B_2^2} - 3$.

例 6.6 抽查了甲、乙两组学生的考试成绩如下:

甲组:67 69 68 67 69 71 74 65 73 77

乙组:55 67 64 61 52 98 85 48 80 90

试分别计算两组成绩的样本均值、样本方差、样本标准差和样本变异系数,并对其进行分析.

解 可以算出甲组的样本均值为 $\bar{x}_甲 = 70$,乙组的样本均值为 $\bar{x}_乙 = 70$. 甲组的样本方差为 $s_甲^2 = 13.78$,乙组的样本方差为 $s_乙^2 = 296.44$. 甲组的样本标准差为 $s_甲 = 3.71$,乙组的样本标准差为 $s_乙 = 17.22$. 甲组的样本变异系数为 $\delta_甲 = \dfrac{s_甲}{|\bar{x}_甲|} = \dfrac{3.71}{|70|} = 0.053$,乙组的样本变异系数为 $\delta_乙 = \dfrac{s_乙}{|\bar{x}_乙|} = \dfrac{17.22}{|70|} = 0.246$.

可以看出,尽管甲、乙两组的平均分数相同,但乙组的样本标准差和样本变异系数更大,说明乙组同学成绩存在严重的两极分化现象.

另外可以算出甲组的样本偏度系数为 0.67、样本峰度系数为 -0.26.乙组的样本偏度系数为 0.37、样本峰度系数为 -1.28.

如果总体指标是二维随机变量 (X, Y),抽样得到的样本为 $(X_1, Y_1), (X_2, Y_2), \cdots, (X_n, Y_n)$,可以定义**样本 (k, l) 阶混合矩**

$$C_{k,l} = \frac{1}{n} \sum_{i=1}^{n} (X_i - \bar{X})^k (Y_i - \bar{Y})^l, \quad k, l = 1, 2, \cdots.$$

$C_{1,1}$ 称为**样本协方差**,它可以用来近似总体的协方差 $\mathrm{Cov}(X, Y)$.

由于相关系数 $\mathrm{Corr}(X, Y) = \dfrac{\mathrm{Cov}(X, Y)}{\sqrt{\mathrm{Var}(X)\mathrm{Var}(Y)}}$,因此可以定义**样本相关系数**

$$R = \frac{\sum\limits_{i=1}^{n} (X_i - \bar{X})(Y_i - \bar{Y})}{\sqrt{\sum\limits_{i=1}^{n} (X_i - \bar{X})^2} \sqrt{\sum\limits_{i=1}^{n} (Y_i - \bar{Y})^2}}.$$

样本相关系数的大小可以衡量 X 与 Y 的线性相关程度. $R \approx 1$ 表明 X 与 Y 呈近似完全正相关,$R \approx -1$ 表明 X 与 Y 呈近似完全负相关,$R \approx 0$ 表明 X 与 Y 近似不相关.

二、次序统计量

设 $x_1, x_2, \cdots, x_n$ 为一组样本观测值,可以将其按照从小到大进行重排为

$$x_{(1)} \leqslant x_{(2)} \leqslant \cdots \leqslant x_{(n)},$$

由此得到 $(x_{(1)}, x_{(2)}, \cdots, x_{(n)})$,对应于样本 $X_1, X_2, \cdots, X_n$,按照从小到大进行重排也可以得到 $(X_{(1)}, X_{(2)}, \cdots, X_{(n)})$,由于 $X_1, X_2, \cdots, X_n$ 是随机变量,因此 $(X_{(1)}, X_{(2)}, \cdots, X_{(n)})$ 是 n 维随机变量,称 $(X_{(1)}, X_{(2)}, \cdots, X_{(n)})$ 为**次序统计量**,其中 $X_{(1)} = \min(X_1, X_2, \cdots, X_n)$ 称为**最小次序统计量**, $X_{(n)} = \max(X_1, X_2, \cdots, X_n)$ 称为**最大次序统计量**. 在 §4.3 定理 4.7 中给出了当总体是连续型随机变量时求出最小次序统计量和最大次序统计量分布的公式.

利用次序统计量可以定义**样本极差**:

$$R_X = X_{(n)} - X_{(1)},$$

样本极差反映了样本数据的分散程度. 样本极差越大,数据越分散.

对应于总体分布的中位数,可以定义**样本中位数**:

$$M_{0.5} = \begin{cases} \dfrac{1}{2}\left(X_{\left(\frac{n}{2}\right)} + X_{\left(\frac{n}{2}+1\right)}\right), & n \text{ 为偶数}, \\ X_{\left(\frac{n+1}{2}\right)}, & n \text{ 为奇数}. \end{cases}$$

当样本容量较大时,样本中位数可以用于近似总体分布的中位数. 样本中位数也反映了总体指标的平均取值,和样本均值相比较,样本均值容易受到样本中离群值的影响,样本中位数则不受离群值的影响. 这涉及统计学中稳健性的概念. 样本中位数具有稳健性. 通俗地讲,稳健性是方法或模型在小的扰动下保持稳定的能力.

进一步可以定义**样本的 p 分位数**:

$$M_p = \begin{cases} \dfrac{1}{2}\left(X_{(np)} + X_{(np+1)}\right), & np \text{ 为整数}, \\ X_{([np+1])}, & np \text{ 不为整数}. \end{cases}$$

这里 $[np+1]$ 表示 $np+1$ 的整数部分.

$M_{0.25}, M_{0.75}$ 分别被称为**第一四分位数**(或**下四分位数**)和**第三四分位数**(或**上四分位数**). 称

$$IQR = M_{0.75} - M_{0.25}$$

为**四分位极差**. 和样本极差相比较,四分位极差具有稳健性,而样本极差易受离群值的影响.

三、五数总括和箱线图

得到样本观测值以后可以算出最小次序统计量值 $x_{(1)}$、第一四分位数 $m_{0.25}$、样本中位数 $m_{0.5}$、第三四分位数 $m_{0.75}$ 和最大次序统计量值 $x_{(n)}$,把这五个数值称为**五数总括**. 通过五数总括,我们对数据的分布情况有了大致的了解. 用五数总括可以画出如图 6.6 所示的**箱线图**:

图中的盒的上下底分别表示四分位数 $m_{0.75}$ 和 $m_{0.25}$,盒中间的线表示中位数 $m_{0.5}$,盒的上下直线延展出去直到最小值和最大值.

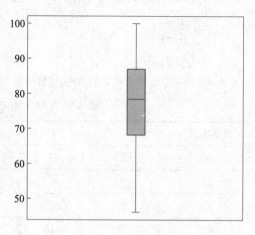

图 6.6 箱线图

例 6.7(例 6.6 续) 根据例 6.6 的数据可以算出:

甲组的最小次序统计量值为 65,第一四分位数为 67,样本中位数为 69,第三四分位数为 73,最大次序统计量值为 77,样本极差为 12,四分位极差为 6.

乙组的最小次序统计量值为 48,第一四分位数为 55,样本中位数为 65.5,第三四分位数为 85,最大次序统计量值为 98,样本极差为 50,四分位极差为 30.

两组数据的箱线图如图 6.7 所示.

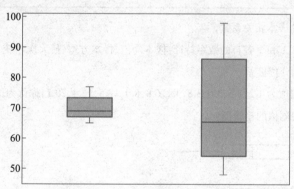

图 6.7 甲组数据的箱线图(左)和乙组数据的箱线图(右)

从箱线图可以直观地看出:乙组数据的分散程度更高.

习题 6.4

1. 设 $X_1, X_2, \cdots, X_n (n \geqslant 2)$ 是独立同分布的随机变量,$X_1 \sim U(0,2)$,记 $\overline{X} = \dfrac{1}{n} \sum_{i=1}^{n} X_i$, $S^2 =$

$\dfrac{1}{n-1}\sum\limits_{i=1}^{n}(X_i-\overline{X})^2$，$A_2=\dfrac{1}{n}\sum\limits_{i=1}^{n}X_i^2$，则 $E(\overline{X})=$ _____，$\mathrm{Var}(\overline{X})=$ _____，$E(S^2)=$ _____，

$E(A_2)=$ _____．

2. 设 (X_1,X_2,X_3) 是取自总体 X 的样本，下列随机变量中是次序统计量的是（　　）．

A. $\overline{X}=\dfrac{1}{3}\sum\limits_{i=1}^{3}X_i$ 　　　　　　　　B. $\min(X_1,X_2)$

C. $\min(X_1,X_2,X_3)$ 　　　　　　　D. $\max(X_1,X_2,X_3)$

3. 表 6.9 是两个变量 X 和 Y 的 20 次观测结果．

表 6.9　X 和 Y 的 20 次观测结果

观测次数	X	Y	观测次数	X	Y
1	−22	22	11	−37	48
2	−33	49	12	34	−29
3	2	8	13	9	−18
4	29	−16	14	−33	31
5	−13	10	15	20	−16
6	21	−28	16	−3	14
7	−13	27	17	−15	18
8	−23	35	18	12	17
9	14	−5	19	−20	−11
10	3	−3	20	−7	−22

（1）求 X 和 Y 的样本相关系数；

（2）试分别计算 X 和 Y 各自的数字特征：样本均值、样本方差、最大次序统计量值、最小次序统计量值、样本极差、四分位极差．

4. 假设样本观测值为 $1.2,2.5,3.6,3.8,4.1,6.8,8.9,12.5,16.4,20.1$，你认为图 6.8 中的哪个箱线图可能是这组样本观测值的箱线图？（　　）

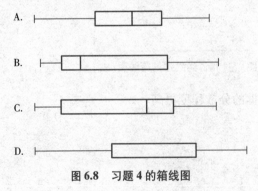

A.

B.

C.

D.

图 6.8　习题 4 的箱线图

*§6.5   充分统计量和相合统计量

一、充分统计量

解决一个确定的统计问题时,什么样的统计量是理想的统计量?

例如,考虑常见的参数统计问题:样本 $X_1, X_2, \cdots, X_n$ 相互独立且都与总体 X 服从相同的分布 $F(x;\theta)$,其中 θ 是未知参数,如何对 θ 或 θ 的函数进行统计分析? 哪个统计量是理想的统计量呢?

样本 $X_1, X_2, \cdots, X_n$ 中包含有 θ 的信息,在把样本加工成统计量 $T(X_1, X_2, \cdots, X_n)$ 的过程中有可能会丢失掉样本中关于 θ 的信息. 即样本 $X_1, X_2, \cdots, X_n$ 中包含的关于 θ 的信息等于统计量 $T(X_1, X_2, \cdots, X_n)$ 中包含的关于 θ 的信息与给定统计量 $T(X_1, X_2, \cdots, X_n)$ 后样本 $X_1, X_2, \cdots, X_n$ 中剩余的关于 θ 的信息之和.

如果给定统计量 $T(X_1, X_2, \cdots, X_n)$ 后样本 $X_1, X_2, \cdots, X_n$ 中不再含有关于 θ 的信息,那么,样本 $X_1, X_2, \cdots, X_n$ 中包含有关于 θ 的信息即为统计量 $T(X_1, X_2, \cdots, X_n)$ 中包含的关于 θ 的信息. 满足上述性质的统计量应该是理想的统计量.

定义 6.2   设 $X_1, X_2, \cdots, X_n$ 是取自总体 X 的样本,总体分布函数为 $F(x;\theta)$,其中 θ 是未知参数,若当给定统计量 $T(X_1, X_2, \cdots, X_n) = t$ 时,$(X_1, X_2, \cdots, X_n)$ 的联合条件分布(联合条件分布函数,或联合条件密度函数,或联合条件分布律)与参数 θ 无关,则称统计量 $T(X_1, X_2, \cdots, X_n)$ 为 θ 的**充分统计量**.

当给定统计量 $T(X_1, X_2, \cdots, X_n) = t$ 时,$(X_1, X_2, \cdots, X_n)$ 的联合条件分布函数为

$$F_{(X_1, X_2, \cdots, X_n \mid T(X_1, X_2, \cdots, X_n))}(x_1, x_2, \cdots, x_n \mid t)$$
$$= P(X_1 \leqslant x_1, X_2 \leqslant x_2, \cdots, X_n \leqslant x_n \mid T(X_1, X_2, \cdots, X_n) = t).$$

对于总体分布为连续型随机变量的分布,假设 $(X_1, X_2, \cdots, X_n)$ 的联合密度函数为 $f(x_1, x_2, \cdots, x_n; \theta)$,统计量 $T(X_1, X_2, \cdots, X_n)$ 的密度函数为 $f(t;\theta)$,则当给定统计量 $T(X_1, X_2, \cdots, X_n) = t$ 时,$(X_1, X_2, \cdots, X_n)$ 的联合条件密度函数为

$$f_{(X_1, X_2, \cdots, X_n \mid T(X_1, X_2, \cdots, X_n))}(x_1, x_2, \cdots, x_n \mid t) = \frac{f(x_1, x_2, \cdots, x_n; \theta) I_{\mid T(x_1, x_2, \cdots, x_n) = t}}{f(t;\theta)}.$$

上述公式的推导可参见文献[5]第 49 页,其中示性函数 $I_A = \begin{cases} 1, & A \text{ 发生}, \\ 0, & A \text{ 不发生}. \end{cases}$

对于总体分布为离散型随机变量的分布,当给定统计量 $T(X_1, X_2, \cdots, X_n) = t$ 时,$(X_1, X_2, \cdots, X_n)$ 的联合条件分布律为

重难点讲解

6-1

$$f_{(X_1,X_2,\cdots,X_n\,|\,T(X_1,X_2,\cdots,X_n))}(x_1,x_2,\cdots,x_n\,|\,t)$$
$$=P(X_1=x_1,X_2=x_2,\cdots,X_n=x_n\,|\,T(X_1,X_2,\cdots,X_n)=t).$$

例 6.8　设 $X_1,X_2,\cdots,X_n(n>1)$ 是取自总体 X 的样本,总体分布为参数 λ 的泊松分布,λ 未知,问:(1) 统计量 $T_1=\overline{X}$ 是 λ 的充分统计量吗? (2) 统计量 $T_2=X_1+X_2+\cdots+X_{n-1}$ 是 λ 的充分统计量吗?

解　(1) 考虑联合条件分布律,对于非负整数 $x_1,x_2,\cdots,x_n,nt$,有

$$P(X_1=x_1,X_2=x_2,\cdots,X_n=x_n\,|\,T_1=t)$$

$$=\frac{P\left(X_1=x_1,X_2=x_2,\cdots,X_n=x_n,\sum_{i=1}^{n}X_i=nt\right)}{P\left(\sum_{i=1}^{n}X_i=nt\right)}.$$

由于泊松分布具有可加性,所以 $\sum_{i=1}^{n}X_i$ 服从参数为 $n\lambda$ 的泊松分布,当 $\sum_{i=1}^{n}x_i=nt$ 时,有

$$P(X_1=x_1,X_2=x_2,\cdots,X_n=x_n\,|\,T_1=t)$$

$$=\frac{P(X_1=x_1)P(X_2=x_2)\cdots P(X_n=x_n)}{P\left(\sum_{i=1}^{n}X_i=nt\right)}=\frac{\dfrac{\lambda^{x_1}}{x_1!}\mathrm{e}^{-\lambda}\dfrac{\lambda^{x_2}}{x_2!}\mathrm{e}^{-\lambda}\cdots\dfrac{\lambda^{x_n}}{x_n!}\mathrm{e}^{-\lambda}}{\dfrac{(n\lambda)^{nt}}{(nt)!}\mathrm{e}^{-n\lambda}}=\frac{(nt)!}{n^{nt}x_1!x_2!\cdots x_n!},$$

当 $\sum_{i=1}^{n}x_i\neq nt$ 时,有

$$P(X_1=x_1,X_2=x_2,\cdots,X_n=x_n\,|\,T_1=t)=0.$$

由于联合条件分布律与 λ 无关,因此统计量 $T_1=\overline{X}$ 是 λ 的充分统计量.

(2)　　　　　$$P(X_1=x_1,X_2=x_2,\cdots,X_n=x_n\,|\,T_2=t)$$

$$=\frac{P\left(X_1=x_1,X_2=x_2,\cdots,X_n=x_n,\sum_{i=1}^{n-1}X_i=t\right)}{P\left(\sum_{i=1}^{n-1}X_i=t\right)}.$$

由于泊松分布具有可加性,所以 $\sum_{i=1}^{n-1}X_i$ 服从参数为 $(n-1)\lambda$ 的泊松分布,当 $\sum_{i=1}^{n-1}x_i=t$ 时,有

$$P(X_1=x_1,X_2=x_2,\cdots,X_n=x_n\,|\,T_2=t)$$

$$=\frac{P(X_1=x_1)P(X_2=x_2)\cdots P(X_n=x_n)}{P\left(\sum_{i=1}^{n-1}X_i=t\right)}$$

$$= \frac{\dfrac{\lambda^{x_1}}{x_1!}e^{-\lambda} \dfrac{\lambda^{x_2}}{x_2!}e^{-\lambda} \cdots \dfrac{\lambda^{x_n}}{x_n!}e^{-\lambda}}{\dfrac{((n-1)\lambda)^t}{t!}e^{-(n-1)\lambda}} = \frac{t!e^{-\lambda}\lambda^{x_n}}{(n-1)^t x_1! x_2! \cdots x_n!}.$$

此联合条件分布律与 λ 有关,故统计量 $T_2 = X_1 + X_2 + \cdots + X_{n-1}$ 不是 λ 的充分统计量.

下面的因子分解定理可以帮助我们判断一个统计量是否为充分统计量.

定理 6.3(因子分解定理) 设 $X_1, X_2, \cdots, X_n$ 是取自总体 X 的样本,总体分布函数为 $F(x;\theta)$,其中 θ 是未知参数,则统计量 $T(X_1, X_2, \cdots, X_n)$ 是 θ 的充分统计量的充要条件为:$(X_1, X_2, \cdots, X_n)$ 的联合密度函数(或联合分布律)可以写成如下形式

$$f(x_1, x_2, \cdots, x_n; \theta) = g(T(x_1, x_2, \cdots, x_n), \theta) h(x_1, x_2, \cdots, x_n),$$

其中 $g(T(x_1, x_2, \cdots, x_n), \theta)$ 是关于统计量 $T(X_1, X_2, \cdots, X_n)$ 和 θ 的函数,$h(x_1, x_2, \cdots, x_n)$ 是与 θ 无关的函数.

上述定理的严格证明可以参阅文献[1].

例 6.8 中运用因子分解定理可得:样本 $(X_1, X_2, \cdots, X_n)$ 的联合分布律

$$\begin{aligned}
f(x_1, x_2, \cdots, x_n; \theta) &= P(X_1 = x_1, X_2 = x_2, \cdots, X_n = x_n) \\
&= P(X_1 = x_1) P(X_2 = x_2) \cdots P(X_n = x_n) \\
&= \frac{\lambda^{x_1}}{x_1!}e^{-\lambda} \frac{\lambda^{x_2}}{x_2!}e^{-\lambda} \cdots \frac{\lambda^{x_n}}{x_n!}e^{-\lambda} \\
&= \lambda^{n\bar{x}} e^{-n\lambda} \frac{1}{x_1! x_2! \cdots x_n!} = g(\bar{x}, \lambda) h(x_1, x_2, \cdots, x_n),
\end{aligned}$$

其中 $g(\bar{x}, \lambda) = \lambda^{n\bar{x}} e^{-n\lambda}$,$h(x_1, x_2, \cdots, x_n) = \dfrac{1}{x_1! x_2! \cdots x_n!}$.

由因子分解定理,统计量 $T_1 = \bar{X}$ 是 λ 的充分统计量.

对于正态总体 $X \sim N(\mu, \sigma^2)$,未知参数为 $\theta = (\mu, \sigma^2)$,样本 $X_1, X_2, \cdots, X_n$ 的联合密度函数为

$$\begin{aligned}
f(x_1, x_2, \cdots, x_n; \theta) &= \prod_{i=1}^{n} f(x_i; \theta) = \prod_{i=1}^{n} \frac{1}{\sqrt{2\pi}\sigma} \exp\left\{-\frac{(x_i - \mu)^2}{2\sigma^2}\right\} \\
&= (2\pi\sigma^2)^{-\frac{n}{2}} \exp\left\{-\frac{1}{2\sigma^2} \sum_{i=1}^{n} (x_i - \mu)^2\right\} \\
&= (2\pi\sigma^2)^{-\frac{n}{2}} \exp\left\{-\frac{1}{2\sigma^2} ((n-1)s^2 + n(\bar{x} - \mu)^2)\right\}, \\
&\qquad\qquad\qquad\qquad\qquad -\infty < x_1, x_2, \cdots, x_n < +\infty,
\end{aligned}$$

上面最后一个等式用到定理 6.2(2),即

$$(n-1)s^2 = \sum_{i=1}^{n} (x_i - \bar{x})^2 = \sum_{i=1}^{n} (x_i - \mu)^2 - n(\bar{x} - \mu)^2.$$

由因子分解定理知道:样本均值 $\bar{X}$ 和样本方差 S^2 是 $\theta = (\mu, \sigma^2)$ 的充分统计量.

二、相合统计量

第五章介绍了大数定律. 在 n 重伯努利试验中,记 $p = P(A)$,

$$X_i = \begin{cases} 1, & \text{第 } i \text{ 次试验中 } A \text{ 发生,} \\ 0, & \text{第 } i \text{ 次试验中 } \bar{A} \text{ 发生,} \end{cases} \quad i = 1, 2, \cdots, n.$$

记 $\bar{X} = \dfrac{1}{n} \sum\limits_{i=1}^{n} X_i$,由定理 5.5,事件 A 发生的频率 $\bar{X}$ 依概率收敛于事件 A 发生的概率 p,

即 $\bar{X} \xrightarrow{P} p$. 因此,有理由认为 $\bar{X}$ 是推断未知参数 p 的比较合适的统计量.

设 $X_1, X_2, \cdots, X_n$ 是取自总体 X 的样本,由定理 5.4 可以得到 $\bar{X} \xrightarrow{P} E(X)$. 更一般地,由定理 5.4 得到:样本的 k 阶原点矩 $A_k = \dfrac{1}{n} \sum\limits_{i=1}^{n} X_i^k$ 依概率收敛于总体 X 的 k 阶原点矩 $E(X^k)$,即 $A_k \xrightarrow{P} E(X^k)$. 因此,有理由认为样本的 k 阶原点矩 A_k 是推断总体 X 的 k 阶原点矩 $E(X^k)$ 的比较合适的统计量. 一般地,我们引入相合统计量的概念.

定义 6.3   如果统计量 $T = T(X_1, X_2, \cdots, X_n)$ 依概率收敛于参数 θ,称统计量 $T = T(X_1, X_2, \cdots, X_n)$ 为参数 θ 的**相合统计量**,或称统计量 $T = T(X_1, X_2, \cdots, X_n)$ 具有**相合性**.

由定义可知,样本 k 阶原点矩 A_k 是总体 X 的 k 阶原点矩 $E(X^k)$ 的相合统计量.

可以证明:样本的 k 阶中心矩 $B_k = \dfrac{1}{n} \sum\limits_{i=1}^{n} (X_i - \bar{X})^k$ 是总体 X 的 k 阶中心矩 $E[(X - E(X))^k]$ 的相合统计量. 参见文献[5]第 116 页.

定理 6.1 表明:经验分布函数是总体分布函数的相合统计量.

下面的定理 6.4 给出了一个判定相合统计量的充分条件.

定理 6.4   如果统计量 $T = T(X_1, X_2, \cdots, X_n)$ 满足条件:

$$\lim_{n \to \infty} E[T(X_1, X_2, \cdots, X_n)] = \theta, \quad \lim_{n \to \infty} \text{Var}(T(X_1, X_2, \cdots, X_n)) = 0,$$

则统计量 $T = T(X_1, X_2, \cdots, X_n)$ 是参数 θ 的相合统计量.

证明   利用定理 5.1 可得:对任给 $\varepsilon > 0$, $P(|T - \theta| \geqslant \varepsilon) \leqslant \dfrac{E(T - \theta)^2}{\varepsilon^2}$.

容易验证,$E(T - \theta)^2 = E(T - E(T) + E(T) - \theta)^2 = \text{Var}(T) + [E(T) - \theta]^2$. 由定理条件 $\lim\limits_{n \to \infty} \text{Var}(T) = 0, \lim\limits_{n \to \infty} (E(T) - \theta)^2 = 0$,可推出 $\lim\limits_{n \to \infty} E(T - \theta)^2 = 0$. 而 $0 \leqslant P(|T - \theta| \geqslant \varepsilon) \leqslant \dfrac{E(T - \theta)^2}{\varepsilon^2}$,因此,$\lim\limits_{n \to \infty} P(|T - \theta| \geqslant \varepsilon) = 0$,即统计量 $T = T(X_1, X_2, \cdots, X_n)$ 是参数 θ 的相合统计量.

例 6.9   设 $X_1, X_2, \cdots, X_n$ 是取自总体 X 的样本,其中 X 服从区间 $[0, \theta]$ 上的均匀分布,$\theta > 0$ 为未知参数,试证明最大次序统计量 $X_{(n)}$ 是参数 θ 的相合统计量.

习题讲解
6-2

解 由例 4.31 得到 $X_{(n)}$ 的密度函数为

$$f_{X_{(n)}}(x) = n\left[F_X(x)\right]^{n-1}f_X(x) = \begin{cases} \dfrac{nx^{n-1}}{\theta^n}, & 0<x<\theta, \\ 0, & 其他. \end{cases}$$

所以,当 $n\to\infty$ 时,$E(X_{(n)}) = \displaystyle\int_0^\theta x\cdot\frac{nx^{n-1}}{\theta^n}\mathrm{d}x = \frac{n}{n+1}\theta \to \theta,$

$$E(X_{(n)}^2) = \int_0^\theta x^2\frac{nx^{n-1}}{\theta^n}\mathrm{d}x = \frac{n}{n+2}\theta^2 \to \theta^2,$$

由此可知 $\lim\limits_{n\to\infty}\mathrm{Var}(X_{(n)}) = \lim\limits_{n\to\infty}\left[E(X_{(n)}^2)-(E(X_{(n)}))^2\right]=0.$ 由定理 6.4,$X_{(n)}$ 是参数 θ 的相合统计量.

另外,由因子分解定理容易知道:$X_{(n)}$ 也是参数 θ 的充分统计量.

习题 6.5

1. 设 $X_1,X_2,\cdots,X_n$ ($n\geq2$) 是取自正态总体 $N(\mu,\sigma^2)$ 的样本.
(1) 如果 μ 为未知参数,σ^2 已知,试证明样本均值 $\bar{X}$ 为 μ 的充分统计量和相合统计量;
(2) 如果 σ^2 为未知参数,μ 已知,试证明统计量 $\hat{\sigma^2} = \dfrac{1}{n}\sum\limits_{i=1}^n(X_i-\mu)^2$ 为 σ^2 的充分统计量和相合统计量;
(3) 如果 μ,σ^2 为未知参数,试证明样本均值和样本方差 $(\bar{X},S^2)$ 为 $\theta=(\mu,\sigma^2)$ 的充分统计量.

2. 设 $X_1,X_2,\cdots,X_n$ 是取自总体 X 的样本,其中 X 服从参数为 λ 的指数分布,$\lambda>0$ 为未知参数,求参数 λ 的充分统计量.

3. 设 $X_1,X_2,\cdots,X_n$ 是取自总体 X 的样本,其中 X 服从区间 $[0,\theta]$ 上的均匀分布,$\theta>0$ 为未知参数,求参数 θ 的充分统计量.

4. 设 $X_1,X_2,\cdots,X_n$ 是取自总体 X 的样本,其中 X 服从参数为 p 的 0-1 分布 $B(1,p)$,$0<p<1$ 为未知参数. (1) 求参数 p 的充分统计量;(2) 求 $p(1-p)$ 的一个相合统计量.

§6.6 χ^2 分布、t 分布和 F 分布

在抽样分布中除了正态分布以外,三个与正态分布联系密切的分布也有非常广泛的应用. 这些常用分布的分位数可以通过查书后的附表得到,也可以利用 Excel 的统计函数功能得到.

一、χ^2 分布

定义 6.4 设 $X_1,X_2,\cdots,X_n$ 为相互独立且服从同一分布的随机变量,X_1 服从标准

正态分布,则称随机变量 $U = \sum\limits_{i=1}^{n} X_i^2$ 服从自由度为 n 的 χ^2 **分布**,记为 $U \sim \chi^2(n)$. 因 $E(X_1) = 0, E(X_1^2) = \text{Var}(X_1) = 1, E(X_1^4) = 3, \text{Var}(X_1^2) = E(X_1^4) - [E(X_1^2)]^2 = 2$,故可通过定义直接求出 U 的数学期望和方差分别为 n 和 $2n$.

可以得到上述随机变量 U 的密度函数为

$$f(x) = \begin{cases} \dfrac{\left(\dfrac{1}{2}\right)^{\frac{n}{2}}}{\Gamma\left(\dfrac{n}{2}\right)} x^{\frac{n}{2}-1} \mathrm{e}^{-\frac{x}{2}}, & x > 0, \\ 0, & x \leqslant 0. \end{cases}$$

其中用到 Γ 函数 $\Gamma(\alpha) = \int_0^{+\infty} x^{\alpha-1} \mathrm{e}^{-x} \mathrm{d}x$, $\alpha > 0$. $f(x)$ 的图像如图 6.9 所示.

密度函数的推导可参考文献 [2] 第 283 页.

当 $n = 2$ 时,自由度为 2 的 χ^2 分布就是参数为 0.5 的指数分布,即 $E\left(\dfrac{1}{2}\right) = \chi^2(2)$.

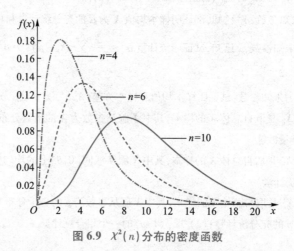

图 6.9 $\chi^2(n)$ 分布的密度函数

定理 6.5 χ^2 分布具有可加性:设 $U_1 \sim \chi^2(m)$, $U_2 \sim \chi^2(n)$,且 U_1 与 U_2 相互独立,则 $U_1 + U_2 \sim \chi^2(m+n)$.

证明 根据定义 6.4,可取 $X_1, X_2, \cdots, X_{m+n}$ 为相互独立且服从同一分布的随机变量,其中 X_1 服从标准正态分布,且使得

$$U_1 = X_1^2 + X_2^2 + \cdots + X_m^2, U_2 = X_{m+1}^2 + X_{m+2}^2 + \cdots + X_{m+n}^2,$$

根据定义 6.4, $U_1 + U_2 = \sum\limits_{i=1}^{m+n} X_i^2 \sim \chi^2(m+n)$.

$\chi^2(n)$ 分布的 p 分位数记为 $\chi_p^2(n)$,当 $U \sim \chi^2(n)$ 时,

$$P(U \leqslant \chi_p^2(n)) = p, \quad 0 < p < 1.$$

$\chi_p^2(n)$ 的值可以查附表 3 得到. 例如 $\chi_{0.99}^2(12) = 26.2170$.

例 6.10 设 $X_1, X_2, \cdots, X_6$ 是来自正态总体 $X \sim N(0, \sigma^2)$ 的样本,记

$$Y = \frac{1}{\sigma^2}\left[\left(\sum_{i=1}^{3} X_i\right)^2 + \left(\sum_{i=4}^{6} X_i\right)^2\right],$$

问:当非零常数 c 取何值时,cY 服从 χ^2 分布? 其自由度为多少?

解 由正态分布可加性知,$\sum_{i=1}^{3} X_i \sim N(0, 3\sigma^2)$,$\sum_{i=4}^{6} X_i \sim N(0, 3\sigma^2)$,因此,

$$\frac{\sum_{i=1}^{3} X_i}{\sqrt{3}\sigma} \sim N(0,1),\ \frac{\sum_{i=4}^{6} X_i}{\sqrt{3}\sigma} \sim N(0,1),$$ 且两者相互独立,由 χ^2 分布的定义可得

$$\left(\frac{\sum_{i=1}^{3} X_i}{\sqrt{3}\sigma}\right)^2 + \left(\frac{\sum_{i=4}^{6} X_i}{\sqrt{3}\sigma}\right)^2 = \frac{1}{3}Y \sim \chi^2(2).$$

故当非零常数 $c = \dfrac{1}{3}$ 时,cY 服从 χ^2 分布,其自由度为 2.

二、t 分布

定义 6.5 若随机变量 X 与 Y 相互独立,且 $X \sim N(0,1)$,$Y \sim \chi^2(n)$,则称随机变量

$T = \dfrac{X}{\sqrt{Y/n}}$ 服从自由度为 n 的 **t 分布**,记为 $T \sim t(n)$.

可以得到上述随机变量 T 的密度函数为

$$f(x) = \frac{\Gamma\left(\dfrac{n+1}{2}\right)}{\sqrt{n\pi}\,\Gamma\left(\dfrac{n}{2}\right)}\left(1 + \frac{x^2}{n}\right)^{-\frac{n+1}{2}},$$

$$-\infty < x < +\infty.$$

此密度函数的推导可参考文献[2]第 288, 289 页.

t 分布的密度函数图像与标准正态分布的密度函数图像非常相似,同样具有对称性,如图 6.10 所示. 只是 t 分布的尾部的概率比标准正态分布的大一些,常称 t 分布具有的这一特性为分布的厚尾性. 当自由度 $n \geqslant 30$ 时,t 分布可以用标准正态分布 $N(0,1)$ 近似.

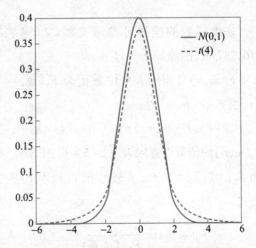

图 6.10 t 分布和标准正态分布的密度函数

$t(n)$ 分布的 p 分位数记为 $t_p(n)$. 当 $T \sim t(n)$ 时, $P(T \le t_p(n)) = p,\ 0 < p < 1$.

由 t 分布的密度函数具有对称性, 可知

$$t_p(n) = -t_{1-p}(n). \tag{6.5}$$

$t_p(n)$ 的值可以查附表 4 得到. p 较小时可以利用对称性得到 $t_p(n)$ 的值. 例如 $t_{0.95}(11) = 1.7959, t_{0.05}(11) = -t_{0.95}(11) = -1.7959$.

例 6.11 设随机变量 T 服从自由度为 4 的 t 分布, 求常数 c 使得 $P(|T| > c) = 0.10$.

解 由于 $P(|T| > c) = 1 - P(|T| \le c) = 0.10$, 所以 $P(|T| \le c) = 0.90$,

$$P(|T| \le c) = P(T \le c) - P(T \le -c) = P(T \le c) - (1 - P(T \le c))$$
$$= 2P(T \le c) - 1 = 0.90.$$

故 $P(T \le c) = 0.95$, 从而, $c = t_{0.95}(4) = 2.1318$.

三、F 分布

定义 6.6 若随机变量 U 与 V 独立, 且 $U \sim \chi^2(m)$, $V \sim \chi^2(n)$, 则称随机变量 $F = \dfrac{U/m}{V/n}$ 服从自由度为 (m,n) 的 F **分布**, 记为 $F \sim F(m,n)$.

根据定义 6.6, 服从 F 分布的随机变量的倒数还服从 F 分布, 即当 $F \sim F(m,n)$ 时, $\dfrac{1}{F} \sim F(n,m)$.

可以得到自由度为 (m,n) 的 $F(m,n)$ 分布密度函数为

$$f_{m,n}(x) = \begin{cases} \dfrac{\Gamma\left(\dfrac{m+n}{2}\right)\left(\dfrac{m}{n}\right)^{\frac{m}{2}}}{\Gamma\left(\dfrac{m}{2}\right)\Gamma\left(\dfrac{n}{2}\right)} x^{\frac{m}{2}-1}\left(1 + \dfrac{m}{n}x\right)^{-\frac{m+n}{2}}, & x > 0, \\ 0, & x \le 0. \end{cases}$$

密度函数的推导可参考文献 [2] 第 286, 287 页, 图像如图 6.11 所示.

$F(m,n)$ 分布的 p 分位数记为 $F_p(m, n)$, 当 $F \sim F(m,n)$ 时,

$$P(F \le F_p(m,n)) = p, \quad 0 < p < 1.$$

$F_p(m,n)$ 的值可以查附表 5.1~5.4 得到. 例如 $F_{0.95}(2,3) = 9.55$. p 较小时可以利用公式

$$F_p(m,n) = \frac{1}{F_{1-p}(n,m)} \tag{6.6}$$

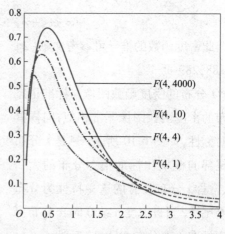

图 6.11 F 分布的密度函数

得到 $F_p(m,n)$ 的值. 这是因为当 $F \sim F(m,n)$ 时，$\dfrac{1}{F} \sim F(n,m)$，所以

$$P\left(F \leqslant \frac{1}{F_{1-p}(n,m)}\right) = P\left(\frac{1}{F} \geqslant F_{1-p}(n,m)\right)$$

$$= 1 - P\left(\frac{1}{F} \leqslant F_{1-p}(n,m)\right) = 1 - (1-p) = p.$$

例如，$F_{0.05}(3,2) = \dfrac{1}{F_{0.95}(2,3)} = \dfrac{1}{9.55} = 0.1047.$

以后正态总体 $N(\mu,\sigma^2)$ 即表示总体 $X \sim N(\mu,\sigma^2)$.

例 6.12 设 $X_1, X_2, \cdots, X_6$ 是取自正态总体 $N(0,\sigma^2)$ 的简单随机样本，问：当非零常数 c 取何值时，统计量 $c\,\dfrac{(X_1+X_2+X_3)^2}{X_4^2+X_5^2+X_6^2}$ 服从 F 分布？并指出其自由度.

解 由正态分布可加性知 $\sum\limits_{i=1}^{3} X_i \sim N(0,3\sigma^2)$，故 $\dfrac{\sum\limits_{i=1}^{3} X_i}{\sqrt{3}\,\sigma} \sim N(0,1)$. 由 χ^2 分布的定义可得，$\dfrac{\left(\sum\limits_{i=1}^{3} X_i\right)^2}{3\sigma^2} \sim \chi^2(1)$，$\left(\dfrac{X_4}{\sigma}\right)^2 + \left(\dfrac{X_5}{\sigma}\right)^2 + \left(\dfrac{X_6}{\sigma}\right)^2 \sim \chi^2(3)$，且两者相互独立，按照定义 6.6，

$$\frac{(X_1+X_2+X_3)^2}{X_4^2+X_5^2+X_6^2} = \frac{\dfrac{(X_1+X_2+X_3)^2}{3\sigma^2}}{\dfrac{X_4^2+X_5^2+X_6^2}{3\sigma^2}} \sim F(1,3).$$

因此，当非零常数 $c=1$ 时，统计量 $c\,\dfrac{(X_1+X_2+X_3)^2}{X_4^2+X_5^2+X_6^2}$ 服从自由度为 $(1,3)$ 的 F 分布.

习题 6.6

1. 设 X_1, X_2, X_3, X_4, X_5 是独立同分布的随机变量，$X_1 \sim N(0,1)$，记 $Y = C_1(X_1+X_2+X_3)^2 + C_2(X_4+X_5)^2$，其中 C_1, C_2 为非零常数，那么，当 $C_1 = $ _____，$C_2 = $ _____ 时，Y 服从自由度为 _____ 的 χ^2 分布.

2. 已知随机变量 $Y \sim t(10)$，试问：当 c 为何值时，$P(|Y|>c) = 0.05$，并把 c 用分位数记号表示出来.

3. 试求下列分位数的值：$\chi^2_{0.99}(12)$，$t_{0.05}(12)$，$F_{0.05}(3,8)$.

4. 设随机变量 X 与 Y 相互独立，且 $X \sim N(0,4)$，$Y \sim \chi^2(4)$，问：非零常数 C 取何值时，随机变量

$Z = C\dfrac{X}{\sqrt{Y}}$ 服从 t 分布? 并指出其自由度.

5. 设随机变量 X 服从 F 分布,且 $F_{0.9}(6,5) = 3.4$,求 $F_{0.1}(5,6)$ 的值.

6. 设总体 X 服从正态分布 $N(0,\sigma^2)$,$X_1,X_2,\cdots,X_6$ 是来自总体 X 的样本,则非零常数 c 取

_____时,随机变量 $Y = c\dfrac{X_1 + X_2 + X_3 + X_4}{\sqrt{X_5^2 + X_6^2}}$ 服从自由度为_____的 t 分布.

7. 设 $T \sim t(n)$,证明:$T^2 \sim F(1,n)$.

8. 设 $X_1,X_2,\cdots,X_6$ 相互独立且服从相同的分布,且 X_1 服从正态分布 $N(0,9)$,记 $T = a\left(\dfrac{X_1 + X_2}{\sqrt{\sum\limits_{i=3}^{6} X_i^2}}\right)$,其中 a 为非零常数,则当 $a =$ _____时,T^2 服从自由度为_____的 F 分布.

9. 设 $X_1,X_2,\cdots,X_5$ 是取自正态总体 $N(0,\sigma^2)$ 的样本,$T = c\dfrac{(X_1 + X_2 + X_3)^2}{(X_4 + X_5)^2}$,其中 c 为非零常数,问:当 c 取何值时,T 服从 F 分布? 指出其自由度.

10. 设二维随机变量 (X,Y) 服从二维正态分布 $N(\mu_1,\mu_2,\sigma_1^2,\sigma_2^2;\rho)$,且已知 $\mu_1 = \mu_2 = \rho = 0$,$\sigma_1^2 = \sigma_2^2 = 1$,问:$\dfrac{X}{|Y|}$ 服从什么分布? $\left(\text{提示}:\dfrac{X}{|Y|} = \dfrac{X}{\sqrt{Y^2/1}}.\right)$

§6.7　正态总体下的抽样分布

通常我们很难得到统计量的精确分布,但在总体服从正态分布的情况下,能够得到样本均值和样本方差的精确分布. 若总体服从正态分布,则称总体为正态总体. 本节介绍正态总体下的抽样分布.

定理 6.6　设 $X_1,X_2,\cdots,X_n$ 是取自正态总体 $N(\mu,\sigma^2)$ 的样本,样本均值为 $\overline{X} = \dfrac{1}{n}\sum\limits_{i=1}^{n} X_i$,样本方差为 $S^2 = \dfrac{1}{n-1}\sum\limits_{i=1}^{n}(X_i - \overline{X})^2$,则有

重难点讲解
6-2

(1) $\overline{X} \sim N\left(\mu,\dfrac{\sigma^2}{n}\right)$,即 $\dfrac{\sqrt{n}(\overline{X} - \mu)}{\sigma} \sim N(0,1)$;

(2) $\dfrac{(n-1)S^2}{\sigma^2} \sim \chi^2(n-1)$;

(3) $\overline{X}$ 与 S^2 相互独立.

*证明　(1) 记 $Y_i = \dfrac{X_i - \mu}{\sigma}$,$i = 1,2,\cdots,n$. 容易知道 $Y_1,Y_2,\cdots,Y_n$ 相互独立,且都服从标准正态分布. 即随机向量 $(Y_1,Y_2,\cdots,Y_n)^{\mathrm{T}} \sim N(\mathbf{0},\mathbf{I}_n)$,其中 $\mathbf{I}_n$ 为 n 阶单位矩

阵. 取 n 阶正交矩阵 $\boldsymbol{A}$（即满足 $\boldsymbol{AA}^{\mathrm{T}}=\boldsymbol{I}_n$），其第一行的每个元素都是 $\dfrac{1}{\sqrt{n}}$. 即

$$
\boldsymbol{A}=\begin{pmatrix}
\dfrac{1}{\sqrt{n}} & \dfrac{1}{\sqrt{n}} & \cdots & \dfrac{1}{\sqrt{n}} \\
a_{21} & a_{22} & \cdots & a_{2n} \\
\vdots & \vdots & & \vdots \\
a_{n1} & a_{n2} & \cdots & a_{nn}
\end{pmatrix}.
$$

这样的正交矩阵 $\boldsymbol{A}$ 有许多，例如文献 [2] 第 285 页给出了一个具体的满足上述条件的正交矩阵 $\boldsymbol{A}$. 引入 n 维随机向量 $(Z_1,Z_2,\cdots,Z_n)^{\mathrm{T}}=\boldsymbol{A}(Y_1,Y_2,\cdots,Y_n)^{\mathrm{T}}$，由定理 4.17 可得 $(Z_1,Z_2,\cdots,Z_n)^{\mathrm{T}}\sim N(\boldsymbol{0},\boldsymbol{A}\boldsymbol{I}_n\boldsymbol{A}^{\mathrm{T}})$. 由于 $\boldsymbol{A}\boldsymbol{I}_n\boldsymbol{A}^{\mathrm{T}}=\boldsymbol{A}\boldsymbol{A}^{\mathrm{T}}=\boldsymbol{I}_n$，所以，$(Z_1,Z_2,\cdots,Z_n)^{\mathrm{T}}\sim N(\boldsymbol{0},\boldsymbol{I}_n)$. 即 $Z_1,Z_2,\cdots,Z_n$ 相互独立，且都服从标准正态分布. 由此得到

$$
\frac{\sqrt{n}(\bar{X}-\mu)}{\sigma}=\frac{1}{\sqrt{n}}\sum_{i=1}^{n}\frac{X_i-\mu}{\sigma}=\frac{1}{\sqrt{n}}\sum_{i=1}^{n}Y_i=Z_1\sim N(0,1).
$$

(2) 在定理 6.2(2) 中取 $c=\mu$，则有

$$
\frac{(n-1)S^2}{\sigma^2}=\frac{\sum_{i=1}^{n}(X_i-\bar{X})^2}{\sigma^2}=\frac{\sum_{i=1}^{n}(X_i-\mu)^2-n(\bar{X}-\mu)^2}{\sigma^2}=\sum_{i=1}^{n}Y_i^2-Z_1^2,
$$

注意到 $(Z_1,Z_2,\cdots,Z_n)(Z_1,Z_2,\cdots,Z_n)^{\mathrm{T}}=(Y_1,Y_2,\cdots,Y_n)\boldsymbol{A}^{\mathrm{T}}\boldsymbol{A}(Y_1,Y_2,\cdots,Y_n)^{\mathrm{T}}=(Y_1,Y_2,\cdots,Y_n)(Y_1,Y_2,\cdots,Y_n)^{\mathrm{T}}$，即 $\sum_{i=1}^{n}Z_i^2=\sum_{i=1}^{n}Y_i^2$. 因此，由 χ^2 分布的定义可得

$$
\frac{(n-1)S^2}{\sigma^2}=\sum_{i=1}^{n}Z_i^2-Z_1^2=\sum_{i=2}^{n}Z_i^2\sim\chi^2(n-1).
$$

(3) 由于 $\bar{X}$ 是 Z_1 的函数，而 S^2 是 $Z_2,Z_3,\cdots,Z_n$ 的函数，所以，$\bar{X}$ 与 S^2 相互独立.

定理 6.6 的结论是非常重要的，由 §6.5 知道：样本均值 $\bar{X}$ 和样本方差 S^2 是 $\theta=(\mu,\sigma^2)$ 的充分统计量. 后续的正态总体未知参数的区间估计和假设检验问题都要用到这些结论.

定理 6.6 的 (1) 是容易理解的，利用概率论知识：相互独立的正态随机变量的线性组合服从正态分布，因此 $\bar{X}=\dfrac{1}{n}\sum_{i=1}^{n}X_i$ 服从正态分布，由定理 6.2(3) 得到 $E(\bar{X})=E(X)=\mu$，$\mathrm{Var}(\bar{X})=\dfrac{\mathrm{Var}(X)}{n}=\dfrac{\sigma^2}{n}$，所以 $\bar{X}\sim N\left(\mu,\dfrac{\sigma^2}{n}\right)$.

定理 6.6 的 (2) 不容易理解，有人会问：$\dfrac{(n-1)S^2}{\sigma^2}$ 的自由度为何是 $n-1$？这是因为：如果记 $Y_i=\dfrac{X_i-\bar{X}}{\sigma}$，那么 $\dfrac{(n-1)S^2}{\sigma^2}=\sum_{i=1}^{n}\left(\dfrac{X_i-\bar{X}}{\sigma}\right)^2=\sum_{i=1}^{n}Y_i^2$，这里 $Y_1,Y_2,\cdots,Y_n$

并不相互独立,由 $\bar{X}$ 的定义式可得 $\sum\limits_{i=1}^{n} Y_i = \dfrac{1}{\sigma} \sum\limits_{i=1}^{n}(X_i - \bar{X}) = \dfrac{1}{\sigma}\left(\sum\limits_{i=1}^{n} X_i - n\bar{X}\right) = 0.$ 即存

在约束条件 $\sum\limits_{i=1}^{n} Y_i = 0.$ 正是这个约束条件使得 $\dfrac{(n-1)S^2}{\sigma^2}$ 的自由度为 $n-1.$

例 6.13 设 $X_1, X_2, \cdots, X_n$ 是取自正态总体 $N(\mu, \sigma^2)$ 的样本. 证明:

$$\frac{\sum\limits_{i=1}^{n}(X_i - \mu)^2}{\sigma^2} \sim \chi^2(n) . \tag{6.7}$$

证明 记 $Y_i = \dfrac{X_i - \mu}{\sigma}, i = 1, 2, \cdots, n,$ 则 $Y_1, Y_2, \cdots, Y_n$ 相互独立,且均服从标准正态

分布,因此,根据 χ^2 分布的定义有 $\dfrac{\sum\limits_{i=1}^{n}(X_i - \mu)^2}{\sigma^2} = \sum\limits_{i=1}^{n} Y_i^2 \sim \chi^2(n) .$

习题讲解
6-4

例 6.14 设 $X_1, X_2, X_3, X_4, X_5, X_6$ 是取自正态总体 $N(1, \sigma^2)$ 的样本, $\bar{X}, S^2$ 分别为
样本均值和样本方差. 求概率 $P(\bar{X} > 1)$ 和 $P(\bar{X} < 1, S^2 < 1.8472\sigma^2)$ 的值.

解 由定理 6.6(1), $\bar{X} \sim N\left(1, \dfrac{\sigma^2}{6}\right),$ 因此

$$P(\bar{X} > 1) = P\left(\frac{\sqrt{6}(\bar{X} - 1)}{\sigma} > 0\right) = 1 - \Phi(0) = 1 - 0.5 = 0.5.$$

且由此还可得到 $P(\bar{X} < 1) = \Phi(0) = 0.5.$

由定理 6.6(2), 且 $\chi^2_{0.90}(5) = 9.236,$ 可得

$$P(S^2 < 1.8472\sigma^2) = P\left(\frac{5S^2}{\sigma^2} < 9.236\right) = 0.90.$$

再由定理 6.6(3), $\bar{X}$ 与 S^2 相互独立,因此

$$P(\bar{X} < 1, S^2 < 1.8472\sigma^2) = P(\bar{X} < 1)P(S^2 < 1.8472\sigma^2) = 0.5 \times 0.90 = 0.45.$$

由定理 6.6 可以得到一些有用的结论.

定理 6.7 设 $X_1, X_2, \cdots, X_n$ 为来自正态总体 $N(\mu, \sigma^2)$ 的样本,则有

$$T = \frac{\sqrt{n}(\bar{X} - \mu)}{S} \sim t(n-1). \tag{6.8}$$

证明 由定理 6.6, $\bar{X}$ 与 S^2 相互独立,且

$$\frac{\sqrt{n}(\bar{X} - \mu)}{\sigma} \sim N(0,1) , \quad \frac{(n-1)S^2}{\sigma^2} \sim \chi^2(n-1) ,$$

故根据 t 分布的定义,有

$$\frac{\dfrac{\sqrt{n}\,(\overline{X}-\mu)}{\sigma}}{\sqrt{\dfrac{(n-1)S^2}{\sigma^2}/(n-1)}}\sim t(n-1)\,,$$

化简后即得

$$T=\frac{\sqrt{n}\,(\overline{X}-\mu)}{S}\sim t(n-1)\,.$$

例 6.15　设 $X_1,X_2,\cdots,X_{16}$ 是取自总体 $X\sim N(\mu,\sigma^2)$ 的样本,$\overline{X},S^2$ 分别为样本均值和样本方差,求常数 k,使得 $P(\overline{X}>\mu+kS)=0.05$.

解　由定理 6.7,$\dfrac{\sqrt{16}\,(\overline{X}-\mu)}{S}\sim t(15)$,从而

$$P(\overline{X}>\mu+kS)=P\left(\frac{\sqrt{16}\,(\overline{X}-\mu)}{S}>4k\right)=1-P\left(\frac{\sqrt{16}\,(\overline{X}-\mu)}{S}\leqslant 4k\right)=0.05.$$

即

$$P\left(\frac{\sqrt{16}\,(\overline{X}-\mu)}{S}\leqslant 4k\right)=0.95.$$

由此可得

$$4k=t_{0.95}(15)=1.7531,k=0.4383.$$

在实际问题中,常常会碰到两个总体做比较的情形. 例如,我们要比较治疗高血压的 A,B 两种不同药物的疗效,可以随机安排甲乙两组患者,甲组患者服用 A 药物,乙组患者服用 B 药物,然后得到他们的降压值. 此时甲组患者的降压值可以视为总体 X,乙组患者的降压值可以视为总体 Y.

以下假设两个总体都是正态总体.

*定理 6.8　设 $X_1,X_2,\cdots,X_m$ 为取自总体 $X\sim N(\mu_1,\sigma_1^2)$ 的样本,$Y_1,Y_2,\cdots,Y_n$ 为取自总体 $Y\sim N(\mu_2,\sigma_2^2)$ 的样本. 假设合样本 $X_1,X_2,\cdots,X_m,Y_1,Y_2,\cdots,Y_n$ 相互独立. 记

$$\overline{X}=\frac{1}{m}\sum_{i=1}^{m}X_i,\overline{Y}=\frac{1}{n}\sum_{i=1}^{n}Y_i\,,S_X^2=\frac{1}{m-1}\sum_{i=1}^{m}\left(X_i-\overline{X}\right)^2,S_Y^2=\frac{1}{n-1}\sum_{i=1}^{n}\left(Y_i-\overline{Y}\right)^2,$$

$$S_w^2=\frac{1}{m+n-2}\left[\sum_{i=1}^{m}\left(X_i-\overline{X}\right)^2+\sum_{i=1}^{n}\left(Y_i-\overline{Y}\right)^2\right]=\frac{1}{m+n-2}\left[(m-1)S_X^2+(n-1)S_Y^2\right],S_w=\sqrt{S_w^2}\,,$$

则有

(1) $\dfrac{\overline{X}-\overline{Y}-(\mu_1-\mu_2)}{\sqrt{\dfrac{\sigma_1^2}{m}+\dfrac{\sigma_2^2}{n}}}\sim N(0,1)$;

习题讲解
6-5

(2) $\dfrac{\dfrac{S_X^2}{S_Y^2}}{\dfrac{\sigma_1^2}{\sigma_2^2}} \sim F(m-1,n-1)$;

(3) $\dfrac{\dfrac{1}{m}\sum\limits_{i=1}^{m}(X_i-\mu_1)^2}{\dfrac{1}{n}\sum\limits_{i=1}^{n}(Y_i-\mu_2)^2}{\Big/}\dfrac{\sigma_1^2}{\sigma_2^2} \sim F(m,n)$.

进一步,当 $\sigma_1^2=\sigma_2^2$ 时,则有

(4) $T=\dfrac{\overline{X}-\overline{Y}-(\mu_1-\mu_2)}{S_w\sqrt{\dfrac{1}{m}+\dfrac{1}{n}}} \sim t(m+n-2)$;

(5) $F=\dfrac{S_X^2}{S_Y^2} \sim F(m-1,n-1)$.

*证明 先证明(1),由定理 6.6(1),$\overline{X}\sim N\left(\mu_1,\dfrac{\sigma_1^2}{m}\right)$,$\overline{Y}\sim N\left(\mu_2,\dfrac{\sigma_2^2}{n}\right)$,且 $\overline{X}$ 与 $\overline{Y}$ 相互独立,所以

$$\overline{X}-\overline{Y}\sim N\left(\mu_1-\mu_2,\dfrac{\sigma_1^2}{m}+\dfrac{\sigma_2^2}{n}\right),$$

将 $\overline{X}-\overline{Y}$ 标准化即得(1)的结论.

再证明(2),由定理 6.6(2),$\dfrac{(m-1)S_X^2}{\sigma_1^2}\sim\chi^2(m-1)$,$\dfrac{(n-1)S_Y^2}{\sigma_2^2}\sim\chi^2(n-1)$,且两者相互独立,根据 F 分布的定义,有

$$\dfrac{\dfrac{(m-1)S_X^2}{\sigma_1^2}/(m-1)}{\dfrac{(n-1)S_Y^2}{\sigma_2^2}/(n-1)}\sim F(m-1,n-1),$$

整理后即得到(2)的结论.

现证明(3),由例 6.13 的结论得到

$$\dfrac{\sum\limits_{i=1}^{m}(X_i-\mu_1)^2}{\sigma_1^2}\sim\chi^2(m)\ ,\qquad \dfrac{\sum\limits_{i=1}^{n}(Y_i-\mu_2)^2}{\sigma_2^2}\sim\chi^2(n).$$

和(2)的证明类似,利用 F 分布的定义即可得到(3)的结论.

当 $\sigma_1^2 = \sigma_2^2$ 时,由(2)可以得到(5).最后证明(4),记 $\sigma^2 = \sigma_1^2 = \sigma_2^2$,则由(1)得到

$\dfrac{\overline{X}-\overline{Y}-(\mu_1-\mu_2)}{\sigma\sqrt{\dfrac{1}{m}+\dfrac{1}{n}}} \sim N(0,1)$. 因为 $\dfrac{(m-1)S_X^2}{\sigma^2} \sim \chi^2(m-1)$, $\dfrac{(n-1)S_Y^2}{\sigma^2} \sim \chi^2(n-1)$,且 S_X^2, S_Y^2

相互独立,由定理6.5可知

$$\frac{(m-1)S_X^2}{\sigma^2} + \frac{(n-1)S_Y^2}{\sigma^2} \sim \chi^2(m+n-2).$$

由定理6.6(3), $\overline{X}$ 与 S_X^2 相互独立, $\overline{Y}$ 与 S_Y^2 相互独立,利用 $X_1, X_2, \cdots, X_m, Y_1, Y_2, \cdots, Y_n$

相互独立,有 $\overline{X}, S_X^2, \overline{Y}, S_Y^2$ 相互独立,因此, $\overline{X}-\overline{Y}$ 与 $\dfrac{(m-1)S_X^2}{\sigma^2} + \dfrac{(n-1)S_Y^2}{\sigma^2}$ 相互独立,再

由 t 分布的定义,即得

$$T = \frac{\overline{X}-\overline{Y}-(\mu_1-\mu_2)}{S_w\sqrt{\dfrac{1}{m}+\dfrac{1}{n}}}$$

$$= \frac{\dfrac{\overline{X}-\overline{Y}-(\mu_1-\mu_2)}{\sigma\sqrt{\dfrac{1}{m}+\dfrac{1}{n}}}}{\sqrt{\dfrac{(m-1)S_X^2+(n-1)S_Y^2}{\sigma^2}\Big/(m+n-2)}} \sim t(m+n-2).$$

例6.16 假设总体 X 服从正态分布 $N(\mu,500)$,总体 Y 服从正态分布 $N(\mu,625)$,现从这两个总体中各独立抽取了样本容量为5的样本 $X_1, X_2, \cdots, X_5, Y_1, Y_2, \cdots, Y_5$,即样本 $X_1, X_2, \cdots, X_5, Y_1, Y_2, \cdots, Y_5$ 相互独立.求随机变量 $\overline{X}-\overline{Y}$ 的密度函数,其中 $\overline{X}, \overline{Y}$ 分别为两个正态总体的样本均值.

解 由定理6.8(1)得到 $\overline{X}-\overline{Y} \sim N\left(\mu-\mu, \dfrac{500}{5}+\dfrac{625}{5}\right)$,即 $\overline{X}-\overline{Y} \sim N(0,225)$. 故 $\overline{X}-\overline{Y}$ 的密度函数为 $f(x) = \dfrac{1}{15\sqrt{2\pi}}e^{-\frac{x^2}{450}}$, $\quad -\infty < x < +\infty$.

习题6.7

1. 已知 $\chi_{0.92}^2(16)=24, \chi_{0.05}^2(16)=8, \chi_{0.94}^2(15)=24, \chi_{0.056}^2(15)=8$,设 $X_1, X_2, \cdots, X_{16}$ 是取自正态总体 $N(\mu,\sigma^2)$ 的样本,那么 $P\left(\dfrac{\sigma^2}{2} \leqslant \dfrac{1}{16}\sum\limits_{i=1}^{16}(X_i-\mu)^2 \leqslant \dfrac{3}{2}\sigma^2\right) = \underline{\qquad}$.

2. 设 $X_1, X_2, \cdots, X_n$ 是取自正态总体 $N(\mu,36)$ 的样本,问: n 至少为多大时,有 $P(|\overline{X}-\mu|<1) \geqslant$

0.95?

3. 设随机变量 $X_1, X_2, \cdots, X_{36}$ 是取自正态总体 $N(\mu, \sigma^2)$ 的样本,$\overline{X}, S$ 分别为样本均值和样本标准差,求常数 k 使得 $P(\overline{X} > \mu + kS) = 0.95$.

4. (选择题)设 $X_1, X_2, \cdots, X_n (n \geqslant 2)$ 是取自正态总体 $N(1, \sigma^2)$ 的样本,$\widehat{\sigma^2} = \dfrac{1}{n} \sum_{i=1}^{n} (X_i - 1)^2$,

$S^2 = \dfrac{1}{n-1} \sum_{i=1}^{n} (X_i - \overline{X})^2$,则下列选项中正确的是(   ).

A. $\mathrm{Var}(\widehat{\sigma^2}) > \mathrm{Var}(S^2)$

B. $\mathrm{Var}(\widehat{\sigma^2}) < \mathrm{Var}(S^2)$

C. $\mathrm{Var}(\widehat{\sigma^2}) = \mathrm{Var}(S^2)$

D. $\mathrm{Var}(\widehat{\sigma^2})$ 和 $\mathrm{Var}(S^2)$ 的大小关系无法确定

5. 设 $X_1, X_2, \cdots, X_n, X_{n+1}$ 是取自正态总体 $N(\mu, \sigma^2)$ 的样本,$\overline{X}_n = \dfrac{1}{n} \sum_{i=1}^{n} X_i$,$S_n^2 = \dfrac{1}{n-1} \sum_{i=1}^{n} (X_i - \overline{X}_n)^2$,$S_n = \sqrt{S_n^2}$,则当非零常数 $c =$ _____ 时,$c \dfrac{X_{n+1} - \overline{X}_n}{S_n}$ 服从自由度为 _____ 的 t 分布.

6. 设 $X_1, X_2, \cdots, X_{2n}$ 是取自正态总体 $N(\mu, \sigma^2)$ 的样本,其样本均值 $\overline{X}_{2n} = \dfrac{1}{2n} \sum_{i=1}^{2n} X_i$,求统计量 $T = \sum_{i=1}^{n} (X_i + X_{n+i} - 2\overline{X}_{2n})^2$ 的数学期望和方差.

$\left(\text{提示:记 } Y_i = X_i + X_{n+i}, i = 1, 2, \cdots, n. \text{ 则 } Y_1, Y_2, \cdots, Y_n \text{ 可视为取自正态总体 } N(2\mu, 2\sigma^2) \text{ 的样本,} \right.$

$\left. \overline{Y}_n = \dfrac{1}{n} \sum_{i=1}^{n} Y_i = \dfrac{1}{n} \sum_{i=1}^{n} (X_i + X_{n+i}) = 2 \times \dfrac{1}{2n} \sum_{i=1}^{2n} X_i = 2\overline{X}_{2n} \right)$

7. 设 $X_1, X_2, \cdots, X_{2n}$ 是取自正态总体 $N(1, \sigma^2)$ 的样本,求统计量 $T = \sum_{i=1}^{n} (X_i + X_{n+i} - 2)^2$ 的数学期望.

8. (选择题)设 $X_1, X_2, \cdots, X_9$ 是取自正态总体 $N(\mu_1, \sigma^2)$ 的样本,$Y_1, Y_2, \cdots, Y_9$ 是取自正态总体 $N(\mu_2, \sigma^2)$ 的样本,且 $X_1, X_2, \cdots, X_9, Y_1, Y_2, \cdots, Y_9$ 相互独立,则 $T = 2\overline{X} + 3\overline{Y}$ 服从的分布是(   ).

A. $N\left(2\mu_1 + 3\mu_2, \dfrac{12}{9}\sigma^2\right)$ B. $N\left(2\mu_1 + \mu_2, \dfrac{10}{9}\sigma^2\right)$

C. $N\left(2\mu_1 + 3\mu_2, \dfrac{13}{9}\sigma^2\right)$ D. $N\left(2\mu_1 + \mu_2, \dfrac{11}{9}\sigma^2\right)$

9. 设 $X_1, X_2, \cdots, X_n$ 是取自正态总体 $N(\mu_1, \sigma^2)$ 的样本,$Y_1, Y_2, \cdots, Y_n$ 是取自正态总体 $N(\mu_2, \sigma^2)$ 的样本,且 $X_1, X_2, \cdots, X_n, Y_1, Y_2, \cdots, Y_n$ 相互独立,$S_w = \sqrt{\dfrac{1}{2n-2} \left[\sum_{i=1}^{n} (X_i - \overline{X})^2 + \sum_{i=1}^{n} (Y_i - \overline{Y})^2 \right]}$,

已知常数 a, b 的值且满足 $ab \neq 0$,则当常数 $c =$ _____ 时,统计量 $T = c \dfrac{a(\overline{X} - \mu_1) + b(\overline{Y} - \mu_2)}{S_w}$ 服从自由度为 _____ 的 t 分布.

10. 设 $X_1, X_2, \cdots, X_7$ 是取自正态总体 $N(\mu_1, \sigma^2)$ 的样本，$Y_1, Y_2, \cdots, Y_7$ 是取自正态总体 $N(\mu_2, \sigma^2)$ 的样本，且 $X_1, X_2, \cdots, X_7, Y_1, Y_2, \cdots, Y_7$ 相互独立，求概率 $P\left(\sum_{i=1}^{7}(X_i - \bar{X})^2 > \sigma^2 \chi_{0.95}^2(6), \sum_{i=1}^{7}(Y_i - \bar{Y})^2 < \sigma^2 \chi_{0.95}^2(6)\right)$.

§6.8 非正态总体下的抽样分布

一、次序统计量的分布

前面我们介绍了次序统计量的概念，本节介绍次序统计量分布的求法.

设次序统计量为 $(X_{(1)}, X_{(2)}, \cdots, X_{(n)})$，其中 $X_{(1)} = \min(X_1, X_2, \cdots, X_n)$ 称为最小次序统计量，$X_{(n)} = \max(X_1, X_2, \cdots, X_n)$ 称为最大次序统计量. 下面的定理给出了求最小次序统计量和最大次序统计量分布的方法.

定理 6.9 假设总体 X 的分布函数为 $F(x)$，则 $X_{(1)}$ 的分布函数为
$$F_{X_{(1)}}(x) = 1 - [1 - F(x)]^n, \tag{6.9}$$
$X_{(n)}$ 的分布函数为
$$F_{X_{(n)}}(x) = [F(x)]^n. \tag{6.10}$$

进一步，若总体 X 有密度函数 $f(x)$，则 $X_{(1)}$ 的密度函数为
$$f_{X_{(1)}}(x) = n[1 - F(x)]^{n-1} f(x), \tag{6.11}$$
$X_{(n)}$ 的密度函数为
$$f_{X_{(n)}}(x) = n[F(x)]^{n-1} f(x). \tag{6.12}$$

上述结论已在定理 4.7 中证明过.

例 6.17 设 $X_1, X_2, \cdots, X_n$ 是取自总体 X 的样本，X 服从参数为 λ 的指数分布，求最小次序统计量 $X_{(1)}$ 的密度函数和最大次序统计量 $X_{(n)}$ 的密度函数.

解 X 服从参数为 λ 的指数分布，所以其分布函数和密度函数为
$$F(x) = 1 - e^{-\lambda x}, \quad x > 0.$$
$$f(x) = \lambda e^{-\lambda x}, \quad x > 0.$$

由公式 (6.11) 和 (6.12) 可以得到 $X_{(1)}$ 的密度函数和 $X_{(n)}$ 的密度函数分别为
$$f_{X_{(1)}}(x) = n[1 - F(x)]^{n-1} f(x) = \begin{cases} n\lambda e^{-n\lambda x}, & x > 0, \\ 0, & x \leq 0, \end{cases}$$
$$f_{X_{(n)}}(x) = n[F(x)]^{n-1} f(x) = \begin{cases} n\lambda (1 - e^{-\lambda x})^{n-1} e^{-\lambda x}, & x > 0, \\ 0, & x \leq 0. \end{cases}$$

由此可知 $X_{(1)}$ 服从参数为 $n\lambda$ 的指数分布.

进一步可以求第 k 个次序统计量的分布.

定理 6.10 假设总体 X 的分布函数为 $F(x)$,总体 X 有密度函数 $f(x)$,则 $X_{(k)}$ 的密度函数为

$$f_{X_{(k)}}(x) = \frac{n!}{(k-1)!(n-k)!}[F(x)]^{k-1}[1-F(x)]^{n-k}f(x), \quad k=1,2,\cdots,n. \quad (6.13)$$

定理 6.10 的证明可参阅文献[2]第 273 页.

*二、指数分布总体下的抽样分布

定理 6.11 设 $X_1,X_2,\cdots,X_n$ 是取自指数分布总体 $X \sim E(\lambda)$ 的样本,样本均值为

$\overline{X} = \dfrac{1}{n}\sum\limits_{i=1}^{n}X_i$,则 $2\lambda n\overline{X} \sim \chi^2(2n)$.

证明 易知 $2\lambda n\overline{X} = \sum\limits_{i=1}^{n}2\lambda X_i$,记 $Y_1 = 2\lambda X_1$,Y_1 的分布函数为

$$F_{Y_1}(y) = P(Y_1 \leqslant y) = P(2\lambda X_1 \leqslant y) = P\left(X_1 \leqslant \frac{y}{2\lambda}\right)$$

$$= 1-\mathrm{e}^{-\lambda\frac{y}{2\lambda}} = 1-\mathrm{e}^{-\frac{y}{2}}, \quad y>0.$$

这表明 $Y_1 = 2\lambda X_1 \sim E\left(\dfrac{1}{2}\right) = \chi^2(2)$. 再利用 χ^2 分布具有可加性,得到 $2\lambda n\overline{X} = \sum\limits_{i=1}^{n}2\lambda X_i \sim \chi^2(2n)$.

由因子分解定理容易知道:样本均值 $\overline{X}$ 是 λ 的充分统计量.

例 6.18 设 $X_1,X_2,\cdots,X_n$ 是取自分布函数为 $F(x)$ 的总体 X 的样本,$F(x)$ 是连续且严格单调增加的函数,证明 $T = -2\sum\limits_{i=1}^{n}\ln F(X_i)$ 服从 $\chi^2(2n)$.

证明 记 $Y_i = F(X_i)$,$i=1,2,\cdots,n$. 由概率论知道,$Y_i \sim U(0,1)$,$i=1,2,\cdots,n$. 记 $Z_i = -\ln Y_i$,$i=1,2,\cdots,n$,Z_1 的分布函数

$$F_{Z_1}(z) = P(Z_1 \leqslant z) = P(-\ln Y_1 \leqslant z) = P(Y_1 \geqslant \mathrm{e}^{-z}) = \begin{cases} 1-\mathrm{e}^{-z}, & z>0, \\ 0, & z \leqslant 0. \end{cases}$$

这表明 $Z_1 \sim E(1)$,由定理 6.11,$T = -2\sum\limits_{i=1}^{n}\ln F(X_i) = 2\sum\limits_{i=1}^{n}Z_i \sim \chi^2(2n)$.

三、统计量的渐近正态性

对于正态总体 $N(\mu,\sigma^2)$ 而言,对任意样本容量 n,都有 $\dfrac{\sqrt{n}(\overline{X}-\mu)}{\sigma}$ 服从标准正态

分布,即样本均值 $\overline{X}$ 服从正态分布 $N\left(\mu,\dfrac{\sigma^2}{n}\right)$.除了正态总体和指数分布总体等少数情况外,对一般总体而言,统计量的精确分布很难得到,经常求在样本容量 n 较大时统计量的近似分布.正态分布是最常用的近似分布.

定义 6.7 记总体分布中的未知参数为 θ,如果存在 $\nu(\theta)>0$,使得统计量 $T(X_1,X_2,\cdots,X_n)$ 满足

$$\sqrt{n}\,[\,T(X_1,X_2,\cdots,X_n)-g(\theta)\,]\xrightarrow{\ L\ }Z\sim N(0,\nu(\theta)),$$

即 $\sqrt{n}\,[\,T(X_1,X_2,\cdots,X_n)-g(\theta)\,]$ 按分布收敛于服从 $N(0,\nu(\theta))$ 的随机变量 Z,则称统计量 $T(X_1,X_2,\cdots,X_n)$ 为**渐近正态的**,亦称 $T(X_1,X_2,\cdots,X_n)$ **渐近服从**正态分布 $N\left(g(\theta),\dfrac{\nu(\theta)}{n}\right)$,或称 $N\left(g(\theta),\dfrac{\nu(\theta)}{n}\right)$ 为统计量 $T(X_1,X_2,\cdots,X_n)$ 的**渐近分布**.

可以证明:如果 $\sqrt{n}\,[\,T(X_1,X_2,\cdots,X_n)-g(\theta)\,]\xrightarrow{\ L\ }Z\sim N(0,\nu(\theta))$,则 $T(X_1,X_2,\cdots,X_n)\xrightarrow{\ P\ }g(\theta)$.具体证明可参见文献[5]第 186 页.这表明:如果统计量 $T(X_1,X_2,\cdots,X_n)$ 为渐近正态的,则统计量 $T(X_1,X_2,\cdots,X_n)$ 为 $g(\theta)$ 的相合统计量.

由于 $\dfrac{\sqrt{n}\,(\overline{X}-\mu)}{\sigma}=\dfrac{\sum\limits_{i=1}^{n}X_i-n\mu}{\sqrt{n}\,\sigma}$,根据中心极限定律,对于一般的总体 X 而言,记 $E(X)=\mu$,$\mathrm{Var}(X)=\sigma^2$,$\dfrac{\sqrt{n}\,(\overline{X}-\mu)}{\sigma}$ 按分布收敛于 $Y\sim N(0,1)$.当样本容量 n 较大时,样本均值 $\overline{X}$ 渐近服从正态分布 $N\left(\mu,\dfrac{\sigma^2}{n}\right)$,或称 $N\left(\mu,\dfrac{\sigma^2}{n}\right)$ 为统计量 $\overline{X}$ 的渐近分布.

如果 $X_1,X_2,\cdots,X_n$ 是取自 0-1 分布 $B(1,p)$ 总体的简单随机样本,根据棣莫弗-拉普拉斯中心极限定理,对任意实数 x,有

$$\lim_{n\to\infty}P\left(\dfrac{\sum\limits_{i=1}^{n}X_i-np}{\sqrt{np(1-p)}}\leqslant x\right)=\Phi(x)=\dfrac{1}{\sqrt{2\pi}}\int_{-\infty}^{x}\mathrm{e}^{-\frac{t^2}{2}}\mathrm{d}t.$$

即当样本容量 n 较大时,样本均值 $\overline{X}$ 渐近服从正态分布 $N\left(p,\dfrac{p(1-p)}{n}\right)$.

随着近代统计学的发展,现在已经可以利用再抽样技术来得到统计量的近似分布,这方面的方法主要包括美国统计学家埃弗龙提出的自助法(bootstrap 方法),以及随机加权法(random weighting method)等,有兴趣的读者可以搜索并查阅相关的文献.

习题 6.8

1. 设 $X_1,X_2,\cdots,X_n$ 是取自总体 X 的样本,总体 X 服从区间 $[0,\theta]$ 上的均匀分布,其中 $\theta>0$,分别求最大次序统计量 $X_{(n)}$ 和最小次序统计量 $X_{(1)}$ 的密度函数.

2. 设 X_1,X_2,X_3,X_4 是取自总体 X 的样本,$X\sim U(0,\theta)$,$\theta>0$,θ 未知,则 $P(X_{(1)}>0.5\theta)=$ _____,$P(X_{(4)}>0.5\theta)=$ _____.

3. 设 $X_1,X_2,\cdots,X_n$ 是取自正态总体 $N(\mu,\sigma^2)$ 的样本,分别求最大次序统计量 $X_{(n)}$ 和最小次序统计量 $X_{(1)}$ 的密度函数.

4. 设 $X_1,X_2,\cdots,X_n$ 是取自总体 X 的样本,其中 X 服从参数为 λ 的泊松分布,且 $\lambda>0$,求概率 $P(X_{(n)}\leqslant1)$ 和 $P(X_{(1)}\geqslant1)$ 的值.

5. 设 $X_1,X_2,\cdots,X_n$ 是取自总体 X 的样本,其中 X 服从参数为 p 的几何分布 $Ge(p)$,且 $0<p<1$,求概率 $P(X_{(n)}\leqslant2)$ 和 $P(X_{(1)}\geqslant2)$ 的值.

*6. 设 $X_1,X_2,\cdots,X_6$ 是取自指数分布总体 $E(\lambda)$ 的样本,样本均值为 $\bar{X}=\dfrac{1}{6}\sum\limits_{i=1}^{6}X_i$,求概率 $P(12\lambda\bar{X}>\chi^2_{0.05}(12))$ 的值.

7. 设 $X_1,X_2,\cdots,X_n$ 是取自总体 X 的样本,X 服从指数分布 $E(\lambda)$,$\lambda>0$,试证明:$\bar{X}=\dfrac{1}{n}\sum\limits_{i=1}^{n}X_i$ 是渐近正态的,并给出其渐近分布.

8. 设 $X_1,X_2,\cdots,X_n$ 是取自总体 X 的样本,X 服从泊松分布 $P(\lambda)$,$\lambda>0$,试证明:$\bar{X}=\dfrac{1}{n}\sum\limits_{i=1}^{n}X_i$ 是渐近正态的,并给出其渐近分布.

9. 设 $X_1,X_2,\cdots,X_n$ 是取自总体 X 的样本,X 服从泊松分布 $P(\lambda)$,$\lambda>0$,试证明:$A_2=\dfrac{1}{n}\sum\limits_{i=1}^{n}X_i^2$ 是渐近正态的,并给出其渐近分布.

10. 设 $X_1,X_2,\cdots,X_n$ 是取自总体 X 的样本,X 服从均匀分布 $U(0,\theta)$,$\theta>0$,试证明:$A_2=\dfrac{1}{n}\sum\limits_{i=1}^{n}X_i^2$ 是渐近正态的,并给出其渐近分布.

相关数学家及其成就

凯特勒(Lambert Adolphe Jacques Quetelet)
(1796—1874)

　　凯特勒是比利时数学家. 凯特勒 1815 年在根特专科学校任教(教数学、语法、绘画),1819 年在根特大学毕业后获博士学位,1820 年被选为布鲁塞尔皇家科学院院士,1825—1839 年主持比利时数学物理杂志的出版工作,1832 年创建了比利时天文台,并任台长直至逝世. 1834 年当选为布鲁塞尔研究院常务书记.

　　凯特勒在统计学、几何学、天文学、气象学、地球物理学等方面都有贡献.

　　在比利时的人口普查工作中,他研究并运用了数理统计学理论,引进了所谓"平均人"的概念,它起了总体概念的先驱作用,他还提到正态分布以及高次的二项分布的规律,最早发现士兵身高服从正态分布. 他在统计学方面共发了 65 篇论文,其主要著作有《概率通讯》(1846 年)等.

　　在几何学方面,凯特勒证明了法向线汇经任意多次折射后仍为法向线汇.

　　凯特勒曾致力于比利时的国势调查和组织国际统计活动,1852 年,由他发起在布鲁塞尔召开了首届国际统计学大会,对推动统计学的发展起了作用.

戈塞特(William Sealy Gossett)
(1876—1937)

　　戈塞特是英国数学家. 戈塞特早先在牛津温彻斯特及新学院学习数学和化学,成绩优秀,后来到都柏林市一家酿酒公司担任酿造化学技师,从事统计和实验工作. 1906—1907 年,公司派他到伦敦进修,同时在伦敦大学学院生物实验室做研究,也有机会和皮尔逊共同研讨,此后他们经常通信.

　　戈塞特是小样本统计理论的开创者. 他在酿酒公司工作中发现,供酿酒的每批麦子质量相差很大,而同一批麦子中能抽样供试验的麦子又很少,每批样本在不同的温度下做实验,其结果相差很大. 这样一来,实际上取得的麦子样本,不可能是大样本,只能是小样本. 可是,从小样本来分析数据是否可靠? 误差有多大? 小样本理论就在这样的背景下应运而生. 1905 年,戈塞特利用酒厂里大量的小样本数据写了第一篇论文《误差法则在酿酒过程中的应用》,在此基础上,戈塞特做了大量的实验记录,彻底搞清楚了小样本和大样本之间的差别. 1908 年,戈塞特以"学生(Student)"为笔名在《生物计量学》杂志发表了论文《平均数的规律误差》. 这篇论文开创了小样本统计理论的先河,为研究样本分布理论奠定了重要基础,被统计学家誉为统计推断理论发展史上的里程碑.

 第六章
重难点讲解

 第六章
习题讲解

 第六章
自测题

第七章

参数估计

　　根据样本,对总体的种种统计特征做出判断是数理统计学的一个基本问题. 在第六章中已经基于经验分布函数引进了一些常用统计量. 本章主要介绍基于样本对总体分布中的未知因素进行统计推断的一个常用的形式:估计. 估计分为**参数估计**和**非参数估计**. 我们举例说明两者的区别:如果总体分布的类型未知,要对总体分布函数或总体分布的数字特征进行估计,这问题属于非参数估计,例如在第六章我们可以用经验分布函数来估计总体分布函数. 如果总体分布类型已知,只是总体分布中的参数部分或全部未知,在这种情形下对未知参数或未知参数的函数进行估计,这问题属于参数估计. 本章介绍参数估计的基本原理和基本方法.

　　参数估计包括点估计和区间估计. 比如已知总体服从正态分布 $N(\mu,\sigma^2)$,其中参数 μ 和 σ^2 未知,需要根据样本估计 μ 和 σ^2. 可以估计 μ 和 σ^2 这两个未知参数的值,这就是点估计,也可以估计未知参数可能所处的范围,这就是区间估计. 例如根据收集到的某地区 5000 名 18 岁男孩的身高数据,要估计这地区 18 岁男孩的平均身高,可以给出点估计:这地区 18 岁男孩的平均身高为 177 cm;也可以给出区间估计:这地区 18 岁男孩的平均身高在 175～179 cm.

　　本章主要讨论求点估计的方法、估计量的评选标准. 对区间估计主要介绍置信区间的概念,介绍单正态总体情形下如何求总体的均值、方差的置信区间和双正态总体情形下如何求两个总体的均值差、方差比的置信区间. 最后给出了实际问题中经常遇到的单个总体服从 0-1 分布情形下总体均值的点估计和置信区间以及两个总体分布均服从 0-1 分布情形下两个总体的均值差的点估计和置信区间的求法.

§7.1　参数估计问题

　　假定总体 X 是连续型随机变量(或离散型随机变量), $f(x;\theta)$ 为 X 的密度函数(或分布律),θ 为未知参数. θ 可以是一个标量,也可以是一个多维向量,θ 的取值范围 Θ 是已知的,称 Θ 为参数空间.

比如,对于正态总体 $X \sim N(5, \sigma^2)$,σ^2 未知,$\sigma^2 > 0$,此时,σ^2 的取值范围 Θ 就是 $(0, +\infty)$.

此时,总体 X 的样本 $X_1, X_2, \cdots, X_n$ 独立同分布,也即每个个体 X_i 都服从总体分布,并且相互独立. 此时,样本的联合密度函数(或联合分布律)为 $\prod_{i=1}^{n} f(x_i; \theta)$,$\theta \in \Theta$. 由于 θ 是未知的,或者是部分未知的,所以我们希望通过样本对于未知参数 θ 做出点估计. 具体做法就是构建合适的统计量 $\hat{\theta} = \hat{\theta}(X_1, X_2, \cdots, X_n)$ 作为未知参数 θ 的估计,称统计量 $\hat{\theta} = \hat{\theta}(X_1, X_2, \cdots, X_n)$ 为 θ 的**估计量**,一旦有了样本观测值 $x_1, x_2, \cdots, x_n$,称 $\hat{\theta} = \hat{\theta}(x_1, x_2, \cdots, x_n)$ 为 θ 的**估计值**.

我们来看一个例子.

例 7.1 猫的听觉神经纤维反应速度 Y 近似服从未知参数为 λ 的泊松分布. 假设随机抽取了 10 只猫,测得它们的听觉神经纤维反应速度(用噪声爆发的每 200 ms 的脉冲个数表示)数据如下:

15.1, 14.6, 12.0, 19.2, 16.1, 15.5, 11.3, 18.7, 17.1, 17.2,
试问猫的平均反应速度是多少?

由于 $E(X) = \lambda$,利用第六章中介绍的常用统计量,样本均值 $\bar{X}$ 可以作为总体均值的估计,$\hat{\lambda} = \bar{X}$ 是未知参数 λ 的估计量,现 $n = 10$,$\bar{x} = \frac{1}{10} \sum_{i=1}^{10} x_i = 15.68$,$\hat{\lambda} = 15.68$ 是猫的平均反应速度 λ 的估计值.

如果再随机抽取 10 只猫,测得另一批数据,得到的平均反应速度可能会不一样. 那么哪个更可信呢?

为了解决这个问题,我们换一个角度考虑这件事. 在点估计基础上,是否可以找一个点估计的邻域,使得这个邻域有很大的把握能够覆盖这个参数? 这个想法就引出了区间估计的概念.

点估计可以给出总体分布中待估参数的一个值,便于我们更好地了解总体分布. 但是由于样本取值的随机性,导致点估计的估计值不太可能正好是真实的参数值. 虽然我们不期望得到的估计值与未知参数完全相等,但我们期望它们会比较"接近". 为了更准确地了解参数大概率可能所处的范围,而不只是由点估计给出一个值,我们可以设法去找一个包含点估计的随机区间,这个区间可以以预先给定的大概率覆盖真实的参数值,这样的区间称为**置信区间**.

定义 7.1 设 $X_1, X_2, \cdots, X_n$ 是取自总体 X 的样本,总体 $X \sim f(x; \theta)$,$\theta \in \Theta$ 未知,对任意 α,$0 < \alpha < 1$,若两个统计量满足 $\underline{\theta} \hat{=} \underline{\theta}(X_1, X_2, \cdots, X_n) < \overline{\theta}(X_1, X_2, \cdots, X_n) \hat{=} \overline{\theta}$,使得

$$P_\theta(\underline{\theta} \leqslant \theta \leqslant \overline{\theta}) \geqslant 1-\alpha, \quad \theta \in \Theta,$$

则称 $[\underline{\theta}, \overline{\theta}]$ 为 θ 的**双侧 $1-\alpha$ 置信区间**, $\underline{\theta}, \overline{\theta}$ 分别称为 θ 的**双侧 $1-\alpha$ 置信下限**和**置信上限**, $1-\alpha$ 称为**置信水平**. 一旦有了样本观测值 $x_1, x_2, \cdots, x_n$, 代入 $\underline{\theta}$ 和 $\overline{\theta}$, 则称相应的区间 $[\underline{\theta}(x_1, x_2, \cdots, x_n), \overline{\theta}(x_1, x_2, \cdots, x_n)]$ 为 $1-\alpha$ **置信区间的观测值**.

这里置信水平 $1-\alpha$ 的直观解释是, 在大量重复使用 θ 的双侧置信区间 $[\underline{\theta}, \overline{\theta}]$ 时, 由于每次取样得到的样本观测值都是不同的, 所以每次得到的置信区间的观测值也是不同的. 对一个具体的区间观测值而言, 待估计参数 θ 的真值可能落在其中, 也可能不落在其中. 例如重复试验 1000 次, 每次抽 100 个数据, 代入置信区间的计算公式, 可得 1000 个 θ 的双侧置信区间的观测值. 若取 $1-\alpha = 0.95$, 则表示平均而言, 在这 1000 个区间估计观测值中, 大约至少会有 950 个区间包含真值 θ, 而大约只有不到 50 个区间不包含真值 θ.

一般而言, 置信区间的长度 $\overline{\theta} - \underline{\theta}$ 反映了区间估计的精度. 通常 $\overline{\theta} - \underline{\theta}$ 越大, 则置信水平 $1-\alpha$ 越大. 在给定置信水平 $1-\alpha$ 情况下, 我们希望找到置信区间, 其长度 $\overline{\theta} - \underline{\theta}$ 尽可能小.

实际问题中, 有时可能只对未知参数 θ 的上限(或下限)感兴趣. 例如对建筑物所用钢材的平均抗拉强度, 一般我们希望越大越好. 此时我们关心的是它的 $1-\alpha$ 的置信下限, 这个下限标志着该产品的质量. 有的时候, 对某些指标, 我们可能只感兴趣其上限. 例如我们考虑造大坝, 则我们关心最大降雨量会是多少? 这牵涉大坝设计强度需要达到多大? 下面给出单侧置信区间的定义:

定义 7.2 若有统计量 $\overline{\theta} = \overline{\theta}(X_1, X_2, \cdots, X_n)$, 使得

$$P_\theta(\theta \leqslant \overline{\theta}) \geqslant 1-\alpha, \quad \theta \in \Theta,$$

则称 $(-\infty, \overline{\theta}(X_1, X_2, \cdots, X_n)]$ 为 θ 的单侧 $1-\alpha$ 置信区间, $\overline{\theta}(X_1, X_2, \cdots, X_n)$ 为 θ 的**单侧 $1-\alpha$ 置信上限**.

定义 7.3 若有统计量 $\underline{\theta} = \underline{\theta}(X_1, X_2, \cdots, X_n)$, 使得

$$P_\theta(\theta \geqslant \underline{\theta}) \geqslant 1-\alpha, \quad \theta \in \Theta,$$

则称 $[\underline{\theta}(X_1, X_2, \cdots, X_n), +\infty)$ 为 θ 的单侧 $1-\alpha$ 置信区间, $\underline{\theta}(X_1, X_2, \cdots, X_n)$ 为 θ 的**单侧 $1-\alpha$ 置信下限**.

一旦有了样本观测值 $x_1, x_2, \cdots, x_n$, 代入 θ 的单侧 $1-\alpha$ 置信下限 $\underline{\theta}$ 和单侧 $1-\alpha$ 置信上限 $\overline{\theta}$ 的表达式, 就可以分别求出 θ 的单侧 $1-\alpha$ 置信下限观测值和 θ 的单侧 $1-\alpha$ 置信上限观测值.

§7.2　矩估计与最大似然估计

假如我们需要估计某个总体的未知参数 θ，点估计量用符号 $\hat{\theta}=\hat{\theta}(X_1,X_2,\cdots,X_n)$ 表示. 具体问题中,我们通过求出未知参数的估计量,代入样本观测值来给出参数的一个估计值.

已经有很多种求参数点估计的方法,最常用的当属矩估计法和最大似然估计法.

一、矩估计

矩估计法是由英国统计学家皮尔逊于 1894 年提出的,也是最古老的求点估计方法之一.

对于随机变量来说,矩是最广泛、最常用的数字特征,主要有中心矩和原点矩两种.

由辛钦大数定律可知,简单随机样本的原点矩依概率收敛到相应总体的原点矩. 这就启发我们可以用样本矩来近似总体矩,进而找出未知参数的估计. 基于这种思想求估计量的方法称为**矩估计法**. 用矩估计法求得的估计量和估计值分别称为**矩估计量**和**矩估计值**.

矩估计法的思想就是替换:用样本矩替换总体矩. 可以证明,若总体 X 的 p 阶原点矩存在,则总体的 k 阶原点矩 $\mu_k=E(X^k)$，$k\leqslant p$ 都存在. 样本的 k 阶原点矩 $A_k=\dfrac{1}{n}\displaystyle\sum_{j=1}^{n}X_j^k$，$k=1,2,\cdots,p$. 若未知参数 $\theta=\varphi(\mu_1,\mu_2,\cdots,\mu_p)$，则 θ 的**矩估计量**为 $\hat{\theta}=\hat{\theta}(X_1,X_2,\cdots,X_n)=\varphi(A_1,A_2,\cdots,A_p)$.

若我们代入的是样本 k 阶原点矩的观测值,也就是 $a_k=\dfrac{1}{n}\displaystyle\sum_{j=1}^{n}x_j^k$，则 $\hat{\theta}(x_1,x_2,\cdots,x_n)=\varphi(a_1,a_2,\cdots,a_p)$ 称为 θ 的**矩估计值**.

注　由于这种替换并没有规定必须从一阶矩开始,因而矩估计的结果是不唯一的. 实际工作中,为了处理简便,尽可能采用低阶矩替换,我们一般会从 $k=1$ 开始替换,也就是用 $\bar{X}$ 来代替 $E(X)$.

例 7.2　设 $X_1,X_2,\cdots,X_n$ 是取自总体 X 的样本,$X\sim B(1,p)$，p 未知,$0<p<1$. 试求参数 p 的矩估计量.

解　由随机变量数字特征的结论可知,服从 0–1 分布的随机变量 X 的数学期望 $E(X)=p$，用样本一阶矩替换总体一阶矩,可得 p 的矩估计量为 $\hat{p}=\bar{X}$.

当我们有了样本观测值,可以代入估计量中,得到估计值. 有时,我们要求的不是

分布中的未知参数 θ 的估计,而是未知参数的函数 $g(\theta)$ 的估计,这时候可以采用替换原理,用未知参数 θ 的矩估计 $\hat{\theta}$ 代替函数 $g(\theta)$ 中的未知参数 θ,从而得到函数 $g(\theta)$ 的矩估计 $g(\hat{\theta})$.

例 7.3 设总体 $X \sim P(\lambda)$,其中 $\lambda > 0$ 未知,$X_1, X_2, \cdots, X_n$ 是取自总体 X 的样本,求

(1) λ 的矩估计量;

(2) $P(X=0)$ 的矩估计.

解 (1) 由于 $E(X) = \lambda$,故 λ 的矩估计量为 $\hat{\lambda}_1 = \bar{X}$.

又 $\lambda = \mathrm{Var}(X) = E(X^2) - [E(X)]^2$,故 λ 的矩估计量又可写为 $\hat{\lambda}_2 = \dfrac{1}{n}\sum_{i=1}^{n}X_i^2 - \bar{X}^2$.

这说明矩估计可以不唯一,这是矩估计法的一个缺点. 通常我们会尽量采用较低阶的矩来给出未知参数的估计.

(2) 由于 $P(X=0) = \mathrm{e}^{-\lambda}\dfrac{\lambda^0}{0!} = \mathrm{e}^{-\lambda}$,采用 $\hat{\lambda}_1 = \bar{X}$,有 $\widehat{P(X=0)} = \mathrm{e}^{-\bar{X}}$.

下面我们对实际问题中最常碰见的正态分布进行矩估计.

例 7.4 设总体 X 服从正态分布 $N(\mu, \sigma^2)$,$X_1, X_2, \cdots, X_n$ 是取自总体 X 的样本.

(1) μ 未知,求 μ 的矩估计量;

(2) μ 已知,σ 未知,求 σ^2 的矩估计量;

(3) μ, σ 都未知,求 μ, σ^2 的矩估计量.

解 (1) $\mu = E(X)$,故 μ 的矩估计量为 $\hat{\mu} = \bar{X}$;

(2) $\sigma^2 = \mathrm{Var}(X) = E(X^2) - [E(X)]^2$,又因为 $\mu = E(X)$ 已知,故 σ^2 的矩估计量为

$$\widehat{\sigma^2} = \frac{1}{n}\sum_{i=1}^{n}X_i^2 - \mu^2 \;;$$

(3) $\mu = E(X)$,故 μ 的矩估计量 $\hat{\mu} = \bar{X}$,结论同(1),而 $\sigma^2 = \mathrm{Var}(X) = E(X^2) - [E(X)]^2$,故 σ^2 的矩估计量为

$$\widehat{\sigma^2} = \frac{1}{n}\sum_{i=1}^{n}X_i^2 - \bar{X}^2 = \frac{1}{n}\sum_{i=1}^{n}(X_i - \bar{X})^2 = S_n^2 .$$

当然,在均值 μ 已知时,我们依然可以用 S_n^2 来估计 σ^2. 只是在均值 μ 已知时,利用这个信息,而不用 $\bar{X}$ 来近似 μ,估计会更准确一些.

可以看到,随着均值 μ 已知或未知,σ^2 的矩估计的结果并不一样. 事实上,不只是矩估计有这样的结果,后面即将讨论的最大似然估计也有类似的结果.

从例 7.4 的解题过程可以看出:即使我们不知道总体分布的类型,但只要总体分布的数学期望和方差存在,$\bar{X}$ 就是总体分布的数学期望的矩估计量,S_n^2 就是总体分布的方差的矩估计量. 从这个意义上讲,矩估计法也是非参数估计方法.

从上述例子中可以总结出求解总体未知参数 θ 的矩估计量的一般步骤:

（1）设 k 为一正整数，通常取 1 或 2（根据未知参数的个数），计算总体的 k 阶原点矩 $\mu_k = E(X^k)$，原点矩一般会包含未知参数 θ，记 $\theta = h(\mu_1, \mu_2, \cdots, \mu_k)$；

（2）用样本的 j 阶原点矩 $A_j = \dfrac{1}{n} \sum\limits_{i=1}^{n} X_i^j$ 替换 μ_j，$j = 1, 2, \cdots, k$，得 $\hat{\theta} = h(A_1, A_2, \cdots, A_k)$．$\hat{\theta}$ 即是 θ 的矩估计量．

矩估计法是一种经典的估计方法，原理直观，计算简单，即使不知道总体分布类型，只要知道未知参数与总体各阶原点矩的关系就能使用．因此，在实际问题中，矩估计有很广泛的应用．

二、最大似然估计

最大似然估计法是对总体未知参数的另一种更常用的点估计方法．为了理解最大似然估计法的基本思想，我们来看一个例子．

例 7.5　箱子里有一定数量的小球，每次随机拿取一个小球，查看颜色以后放回，已知一次取球拿到白球的概率 p 为 0.7 或者 0.3，现在取了三次，发现都不是白球，试推断一次取球拿到白球的概率 p 为 0.7 还是 0.3？

解　从数学上来讲，因为一次取球拿到白球的概率 p 未知，想要准确地求出一次取球拿到白球的概率 p 是不可能的，现在取了三次，发现都不是白球，可以简单地分别求出白球概率为 0.7 或 0.3 的时候，出现取三次球都不是白球的概率．

若 $p = 0.7$，则三次都不是白球的概率为 $(1-p)^3 = 0.3^3 = 0.027$；

若 $p = 0.3$，则三次都不是白球的概率为 $(1-p)^3 = 0.7^3 = 0.343$．

可见当一次取球拿到白球的概率 p 为 0.3 时，出现取三次球都不是白球的概率远大于 p 为 0.7 时出现取三次球都不是白球的概率．因而我们认为现在取三次球都不是白球的试验结果帮助我们判断 p 更可能为 0.3．因此推断一次取球拿到白球的概率 p 为 0.3．

这个例子就是对未知参数 p 的最大似然推断．在 p 的所有备选取值假定下，比较样本发生概率的大小，使样本观测值发生概率最大的 p 的取值即为 p 的最大似然估计值．本质上来说，最大似然估计就是以出现现有样本观测值概率最大的参数值作为参数的估计值．

对离散型总体，若有样本观测值 $x_1, x_2, \cdots, x_n$，我们可以计算该观测值出现的概率，它一般依赖于某个或某几个参数，用 θ 表示，将该概率当作 θ 的函数，用 $L(\theta)$ 表示，又称为 θ 的**似然函数**，即

$$L(\theta) = P(X_1 = x_1, X_2 = x_2, \cdots, X_n = x_n; \theta).$$

最大似然估计法的思想，就是考虑到既然样本取到了这个观测值，那么可以认为那个使该观测值出现概率最大的 θ 应该就是我们要找的估计，也就是找 θ 的估计值

$\widehat{\theta}=\widehat{\theta}(x_1,x_2,\cdots,x_n)$ 使得上式的 $L(\theta)$ 达到最大值.

对连续型总体,总体 X 的密度函数为 $f(x;\theta)$（其中 θ 为未知参数）,$P(X_1=x_1,X_2=x_2,\cdots,X_n=x_n;\theta)=0$, 我们考虑对于充分小的 $\varepsilon_i>0,i=1,2,\cdots,n,P(x_1-\varepsilon_1<X_1\leqslant x_1,x_2-\varepsilon_2<X_2\leqslant x_2,\cdots,x_n-\varepsilon_n<X_n\leqslant x_n)\approx\prod\limits_{i=1}^{n}f(x_i;\theta)\cdot\varepsilon_1\varepsilon_2\cdots\varepsilon_n$,因此可以用样本的联合密度函数替代上面的联合分布律,具体地说,设总体 X 的密度函数为 $f(x;\theta)$（其中 θ 为未知参数）,已知 $x_1,x_2,\cdots,x_n$ 为总体 X 的样本 $X_1,X_2,\cdots,X_n$ 的观测值,则似然函数为 $L(\theta)=\prod\limits_{i=1}^{n}f(x_i;\theta)$. 可以用类似的方法得知,使似然函数达到最大的 θ 应该就是我们要找的估计. 由此,我们统一给出如下定义:

定义 7.4 设总体 X 的密度函数（或分布律）为 $f(x;\theta)$,$\theta\in\Theta$（Θ 是参数空间）,θ 可以是一维或多维. $X_1,X_2,\cdots,X_n$ 为取自总体 X 的一个样本,其观测值记为 $x_1,x_2,\cdots,x_n$. 则样本的联合密度函数（或联合分布律）为

$$\prod_{i=1}^{n}f(x_i;\theta)=f(x_1;\theta)f(x_2;\theta)\cdots f(x_n;\theta)\ ,$$

这里参数 θ 未知,$x_1,x_2,\cdots,x_n$ 为变化值. 如果固定样本 $X_1,X_2,\cdots,X_n$ 的观测值为 $x_1,x_2,\cdots,x_n$,则 $\prod\limits_{i=1}^{n}f(x_i;\theta)$ 可视为 θ 的函数,定义

$$L(\theta)=f(x_1;\theta)f(x_2;\theta)\cdots f(x_n;\theta)\ ,\ \theta\in\Theta,$$

称 $L(\theta)$ 为**似然函数**.

若有 $\widehat{\theta}$ 使得 $L(\widehat{\theta})=\max\limits_{\theta\in\Theta}L(\theta)$,则称 $\widehat{\theta}=\widehat{\theta}(x_1,x_2,\cdots,x_n)$ 为 θ 的**最大似然估计值**,称 $\widehat{\theta}=\widehat{\theta}(X_1,X_2,\cdots,X_n)$ 为 θ 的**最大似然估计量**,统称为最大似然估计.

当似然函数 $L(\theta)$ 是可微函数时,可以利用求导求驻点的方法求解出最大似然估计 $\widehat{\theta}$. 由于 $\ln L(\theta)$ 与 $L(\theta)$ 在相同的 θ 处达到最大,极值点位置相同,因而,我们一般会对乘积函数 $L(\theta)$ 取对数,得到对数似然函数 $\ln L(\theta)$,再求极值来简化运算. 也即用如下对数似然方程

$$\frac{\mathrm{d}}{\mathrm{d}\theta}\ln L(\theta)=0$$

来求解 θ 的最大似然估计.

当参数 θ 为多维参数时,例如 $\theta=(\theta_1,\theta_2,\cdots,\theta_k)$,若似然函数 $L(\theta)=L(\theta_1,\theta_2,\cdots,\theta_k)$ 是可微函数,则可通过求解对数似然方程组

重难点讲解

7-1

213

$$\begin{cases} \dfrac{\partial}{\partial \theta_1} \ln L(\theta_1, \theta_2, \cdots, \theta_k) = 0, \\[2mm] \dfrac{\partial}{\partial \theta_2} \ln L(\theta_1, \theta_2, \cdots, \theta_k) = 0, \\[2mm] \qquad \cdots\cdots\cdots\cdots \\[2mm] \dfrac{\partial}{\partial \theta_k} \ln L(\theta_1, \theta_2, \cdots, \theta_k) = 0 \end{cases}$$

来得到 θ 的最大似然估计.

例 7.6　设总体 X 的密度函数为 $f(x) = \begin{cases} \lambda^2 x \mathrm{e}^{-\lambda x}, & x>0, \\ 0, & \text{其他}, \end{cases}$ 其中 λ 未知, $\lambda>0$, X_1, $X_2, \cdots, X_n$ 是来自总体 X 的样本, 求 λ 的最大似然估计量.

解　似然函数

$$L(\lambda) = \prod_{i=1}^{n} f(x_i;\lambda) = \lambda^{2n} \cdot \left(\prod_{i=1}^{n} x_i \right) \cdot \mathrm{e}^{-\lambda \sum\limits_{i=1}^{n} x_i},$$

取对数似然函数为

$$\ln L = 2n\ln \lambda + \sum_{i=1}^{n} \ln x_i - \lambda \sum_{i=1}^{n} x_i,$$

对数似然方程为

$$\frac{\mathrm{d}\ln L}{\mathrm{d}\lambda} = \frac{2n}{\lambda} - \sum_{i=1}^{n} x_i = 0,$$

解得

$$\hat{\lambda} = \frac{2n}{\sum\limits_{i=1}^{n} x_i} = \frac{2}{\dfrac{1}{n}\sum\limits_{i=1}^{n} x_i} = \frac{2}{\bar{x}},$$

故 λ 的最大似然估计值为 $\hat{\lambda} = \dfrac{2}{\bar{x}}$, λ 的最大似然估计量为 $\hat{\lambda} = \dfrac{2}{\bar{X}}$.

和矩估计类似, 若我们要求的不是分布中的未知参数 θ 的最大似然估计量, 而是未知参数函数 $g(\theta)$ 的最大似然估计量, 则可以采用替换原理, 用未知参数 θ 的最大似然估计量 $\hat{\theta}$ 代替函数 $g(\theta)$ 中的未知参数 θ, 从而得到函数 $g(\theta)$ 的最大似然估计量 $g(\hat{\theta})$. 这就是最大似然估计的**不变原理**.

关于最大似然估计不变原理的理论方面讨论可以参考文献[5]第 109 页.

例 7.7　设总体 X 服从正态分布 $N(\mu, \sigma^2)$, 其中 μ, σ^2 均未知, $X_1, X_2, \cdots, X_n$ 是取自该总体的样本, 求

习题讲解
7-1

（1）μ, σ^2 的最大似然估计量;

（2）$\theta = P(X \geqslant 2)$ 的最大似然估计量.

解 （1）正态总体 X 的密度函数为 $f(x) = \dfrac{1}{\sqrt{2\pi}\,\sigma} \mathrm{e}^{-\frac{(x-\mu)^2}{2\sigma^2}}$，$-\infty < x < +\infty$，故似然函数为

$$L(\theta) = \frac{1}{(\sqrt{2\pi\sigma^2})^n} \mathrm{e}^{-\frac{\sum\limits_{i=1}^{n}(x_i-\mu)^2}{2\sigma^2}},$$

对数似然函数为

$$\ln L(\theta) = -\frac{n}{2}\ln(2\pi) - \frac{n}{2}\ln\sigma^2 - \frac{\sum\limits_{i=1}^{n}(x_i-\mu)^2}{2\sigma^2},$$

对数似然方程为

$$\begin{cases} \dfrac{\partial \ln L}{\partial \mu} = \dfrac{1}{\sigma^2}\sum\limits_{i=1}^{n}(x_i-\mu) = 0, \\[3mm] \dfrac{\partial \ln L}{\partial \sigma^2} = -\dfrac{n}{2\sigma^2} + \dfrac{1}{2\sigma^4}\sum\limits_{i=1}^{n}(x_i-\mu)^2 = 0, \end{cases}$$

解得 μ, σ^2 的最大似然估计值分别为

$$\hat{\mu} = \overline{x}, \quad \widehat{\sigma^2} = \frac{1}{n}\sum\limits_{i=1}^{n}(x_i-\overline{x})^2 = s_n^2.$$

相应的 μ, σ^2 的最大似然估计量分别为

$$\hat{\mu} = \overline{X}, \quad \widehat{\sigma^2} = \frac{1}{n}\sum\limits_{i=1}^{n}(X_i-\overline{X})^2 = S_n^2.$$

这个结论与相应情况下的矩估计一样.

（2）$\theta = P(X \geqslant 2) = 1 - \Phi\left(\dfrac{2-\mu}{\sigma}\right)$，以 $\hat{\mu}, \hat{\sigma}$ 代替 μ, σ，可得 θ 的最大似然估计量为

$$\hat{\theta} = 1 - \Phi\left(\frac{2-\hat{\mu}}{\hat{\sigma}}\right) = 1 - \Phi\left(\frac{2-\overline{X}}{S_n}\right).$$

第（2）问的解题过程用到了最大似然估计的不变原理.

例 7.8 若已知某水样中 $CaCO_3$ 的含量（单位：mg/L）X 服从正态分布 $N(\mu, \sigma^2)$，现用某法测定该水样 11 次，$CaCO_3$ 的含量分别为

$$20.99, 20.41, 20.10, 20.00, 20.91, 22.60, 20.99, 20.41, 20.00, 23.00, 22.00.$$

试问由该法测得均值的最大似然估计值为多少（保留四位小数）？

解 显然 μ, σ 都未知，由例 7.7 可知，μ 的最大似然估计值是 $\overline{x}$，$\overline{x} = \dfrac{1}{11}\sum\limits_{i=1}^{11} x_i = 21.0373$，也即由该法测得均值的最大似然估计值为 21.0373.

若似然函数不可微或没有驻点，但却单调，则极值点可在 θ 的边界取到. 即使似然函数

不单调,一般也可以直接寻求使得 $L(\theta)$ 达到最大值的解来求出 θ 的最大似然估计.

例 7.9　设总体 X 服从区间 $(0,\theta)$ 上的均匀分布 $U(0,\theta)$,其中 $\theta>0$ 未知,X_1,$X_2,\cdots,X_n$ 是取自总体 X 的样本,求 θ 的最大似然估计量.

解　易知似然函数

$$L(\theta)=\begin{cases}\dfrac{1}{\theta^n}, & 0\leqslant x_{(1)}\leqslant x_{(2)}\leqslant\cdots\leqslant x_{(n)}\leqslant\theta,\\0, & \text{其他},\end{cases}$$

其中 $x_{(1)}=\min\limits_{1\leqslant i\leqslant n}x_i$,$x_{(n)}=\max\limits_{1\leqslant i\leqslant n}x_i$. $L(\theta)$ 作为 θ 的函数没有驻点,无法使用求导解得极值,但是 $L(\theta)$ 是单调减少函数,因此其极值可在 θ 的边界求得. 要使 $L(\theta)$ 取得最大值,需要 θ 取到最小值. 注意到 $\theta\geqslant x_{(n)}$,故取 $\theta=x_{(n)}$ 时,$L(\theta)$ 达到最大值,即 θ 的最大似然估计值为 $\hat{\theta}=x_{(n)}$,从而 θ 的最大似然估计量为 $\hat{\theta}=X_{(n)}$.

例 7.10　设某种元件使用寿命 X 的密度函数为

$$f(x;\theta)=\begin{cases}2\mathrm{e}^{-2(x-\theta)}, & x>\theta,\\0, & x\leqslant\theta,\end{cases}$$

其中 $\theta>0$ 为未知参数. 又设 $x_1,x_2,\cdots,x_n$ 是总体 X 的样本 $X_1,X_2,\cdots,X_n$ 的观测值,求参数 θ 的最大似然估计量.

解　易知似然函数 $L(\theta)=\begin{cases}2^n\exp\left\{-2\sum\limits_{i=1}^n(x_i-\theta)\right\}, & x_{(1)}>\theta,\\0, & x_{(1)}\leqslant\theta,\end{cases}$ 其中 $x_{(1)}=\min\limits_{1\leqslant i\leqslant n}x_i$. 此处与例 7.9 相似,$L(\theta)$ 没有驻点,无法使用求导解得极值,只能直接求函数 $L(\theta)$ 的最大值点. 注意到 $L(\theta)\geqslant0$,且当 $\theta<x_{(1)}$ 时,$L(\theta)=2^n\exp\left\{-2\sum\limits_{i=1}^n(x_i-\theta)\right\}$ 随 θ 的递增而递增,因而当 θ 取到最大值,也即 $\theta=x_{(1)}$ 时,$L(\theta)$ 达到最大值. 所以 $\hat{\theta}=x_{(1)}$ 是 θ 的最大似然估计值,$\hat{\theta}=X_{(1)}$ 是 θ 的最大似然估计量.

$L(\hat{\theta})=\max\limits_{\theta\in\Theta}L(\theta)$,数学上可以记 $\hat{\theta}=\underset{\theta\in\Theta}{\arg\max}\,L(\theta)$,由定理 6.3 可知,若统计量 $T(X_1,X_2,\cdots,X_n)$ 为 θ 的充分统计量,则似然函数

$$L(\theta)=g(T(x_1,x_2,\cdots,x_n),\theta)h(x_1,x_2,\cdots,x_n),$$

$\hat{\theta}=\underset{\theta\in\Theta}{\arg\max}\,L(\theta)=\underset{\theta\in\Theta}{\arg\max}\,g(T(x_1,x_2,\cdots,x_n),\theta)$,这表明最大似然估计量 $\hat{\theta}$ 是充分统计量 $T(X_1,X_2,\cdots,X_n)$ 的函数,因此,最大似然估计的理论性质一般会优于矩估计.

最后,总结一下求解总体未知参数 θ 的最大似然估计的一般步骤:

(1) 由总体分布写出样本的联合分布律或联合密度函数;

(2) 把 θ 看成自变量,样本联合分布律或联合密度函数看作是 θ 的函数,即为似然函数 $L(\theta)$;

（3）求似然函数 $L(\theta)$ 的最大值点（很多时候为了计算简便，可以转化为求自然对数似然函数的最大值点）；

（4）使 $L(\theta)$ 达到最大值时 θ 的取值即为 θ 的最大似然估计值.

习题 7.2

1. 设 $X_1, X_2, \cdots, X_n$ 是取自总体 X 的样本，X 的密度函数为

$$f(x,a) = \begin{cases} \dfrac{2}{a^2}(a-x), & 0<x<a, \\ 0, & \text{其他,} \end{cases}$$

求 a 的矩估计量.

2. 设 $X_1, X_2, \cdots, X_n$ 是取自总体 X 的样本，X 的密度函数为

$$f(x,\theta) = \begin{cases} \dfrac{2x}{\theta^2}, & 0<x<\theta, \\ 0, & \text{其他,} \end{cases}$$

其中，θ 未知，$\theta>0$. 试求 θ 的矩估计量.

3. 设 $X_1, X_2, \cdots, X_n$ 是取自总体 X 的样本，其中总体 X 服从参数为 λ 的泊松分布，λ 未知，$\lambda>0$，

（1）求 λ 的矩估计量与最大似然估计量；

（2）如得到如下一组样本观测值

X	0	1	2	3	4
频数	17	20	10	2	1

求 λ 的矩估计值与最大似然估计值.

4. 设 $X_1, X_2, \cdots, X_n$ 是取自总体 X 的样本. 在下列两种情形下，试求总体参数的矩估计和最大似然估计.

（1）$X \sim B(1,p)$，其中 p 未知，$0<p<1$；

（2）$X \sim E(\lambda)$，其中 λ 未知，$\lambda>0$.

5. 设 $X_1, X_2, \cdots, X_n$ 是取自总体 X 的样本，X 的分布函数为

$$F(x) = \begin{cases} 1-x^{-\theta}, & x\geq 1, \\ 0, & x<1, \end{cases}$$

其中 θ 未知，$\theta>1$. 试求 θ 的矩估计和最大似然估计.

6. 设 $X_1, X_2, \cdots, X_n$ 是取自总体 X 的样本，X 的密度函数为

$$f(x) = \begin{cases} (\theta+1)x^{\theta}, & 0<x<1, \\ 0, & \text{其他,} \end{cases}$$

其中 θ 未知，$\theta>-1$，求 θ 的矩估计和最大似然估计.

7. 设 $X_1, X_2, \cdots, X_n$ 是取自总体 X 的样本，X 的密度函数为

习题讲解 7-2

习题讲解 7-3

$$f(x)=\begin{cases}\dfrac{x}{\theta}\mathrm{e}^{-\frac{x^2}{2\theta}}, & x>0,\\[2mm] 0, & x\leqslant 0,\end{cases}$$

其中 θ 未知, $\theta>0$, 求 θ 的矩估计和最大似然估计.

8. 设 $X_1,X_2,\cdots,X_n$ 是取自总体 X 的样本, $X\sim U(\theta,1)$, 其中 θ 未知, $\theta<1$.

(1) 求 θ 的矩估计;

(2) 求 θ 的最大似然估计.

9. 设 $X_1,X_2,\cdots,X_n$ 是取自总体 X 的样本, X 的密度函数为

$$f(x)=\frac{x}{2\theta}\mathrm{e}^{-\frac{|x|}{\theta}},\quad -\infty<x<+\infty,$$

其中 θ 未知, $\theta>0$,

(1) 求 θ 的矩估计;

(2) 求 θ 的最大似然估计.

10. 设 $X_1,X_2,\cdots,X_n$ 是取自总体 X 的样本, X 的分布函数为

$$F(x)=\begin{cases}1-\dfrac{\theta}{x}, & x\geqslant\theta,\\[2mm] 0, & x<\theta,\end{cases}$$

其中 θ 未知, $\theta>0$. 试求 θ 的最大似然估计.

§7.3　估计量的评选标准

从前面例子中可以看到,对于同一个参数,用不同的估计方法,甚至用同一个估计方法,求出的估计量都可能是不同的. 这时自然就会提出这样的问题,到底采用哪个估计量会更好些?

当然所谓的好坏是与我们的评判标准密切相关的. 不同的标准,得到的结论可能完全不同. 本节将介绍三种最常用的标准:无偏性、有效性和相合性.

一、无偏性

定义 7.5　设 $\hat{\theta}=\hat{\theta}(X_1,X_2,\cdots,X_n)$ 是 θ 的一个估计量, θ 的参数空间为 Θ. 若对任意的 $\theta\in\Theta$,有

$$E[\hat{\theta}(X_1,X_2,\cdots,X_n)]=\theta,$$

则称 $\hat{\theta}=\hat{\theta}(X_1,X_2,\cdots,X_n)$ 是 θ 的一个**无偏估计**;否则称为有偏估计,其**偏差**(也称为**偏倚**)为 $E[\hat{\theta}(X_1,X_2,\cdots,X_n)]-\theta$.

若 $\hat{\theta}$ 是 θ 的一个有偏估计,但是随着 $n\to+\infty$,其偏差收敛到 0,也即:

$$\lim_{n \to +\infty} E[\hat{\theta}(X_1, X_2, \cdots, X_n)] = \theta.$$

则称 $\hat{\theta} = \hat{\theta}(X_1, X_2, \cdots, X_n)$ 是 θ 的一个**渐近无偏估计**.

估计量的无偏性是指:估计没有系统性的偏差,由估计量得到的估计值相对于未知参数真值来说,虽然有时偏大,有时偏小,但反复使用这个估计方法后,其平均偏差为 0. 若估计量不具有无偏性,则无论估计多少次,其平均值会大于参数真值或小于参数真值,这个差异就是系统误差了.

例 7.11 设 $X_1, X_2, \cdots, X_n$ 是取自总体 X 的样本,总体 X 服从区间 $(0, \theta)$ 上的均匀分布 $U(0, \theta)$,其中 $\theta > 0$ 未知,试讨论 θ 的矩估计量和最大似然估计量的无偏性.

解 由于 $E(X) = \dfrac{\theta}{2}$,$\theta = 2E(X)$,故 θ 的矩估计量 $\hat{\theta}_1 = 2\bar{X}$.

由例 7.9,θ 的最大似然估计量为 $\hat{\theta}_2 = \max_i X_i = X_{(n)}$.

因为 $E(\hat{\theta}_1) = E(2\bar{X}) = 2E(\bar{X}) = 2E\left(\dfrac{1}{n}\sum_{i=1}^{n} X_i\right) = \dfrac{2}{n}\sum_{i=1}^{n} E(X_i) = \dfrac{2}{n}\sum_{i=1}^{n} \dfrac{\theta}{2} = \theta$,故 θ 的矩估计量 $2\bar{X}$ 是 θ 的无偏估计.

由定理 4.7 可知 $X_{(n)}$ 的密度函数如下:

$$f_{X_{(n)}}(x) = n[F_X(x)]^{n-1}f_X(x) = \begin{cases} \dfrac{nx^{n-1}}{\theta^n}, & 0 < x < \theta, \\ 0, & \text{其他}, \end{cases}$$

因此 $E(\hat{\theta}_2) = E(X_{(n)}) = \displaystyle\int_0^\theta x \cdot \dfrac{nx^{n-1}}{\theta^n}\mathrm{d}x = \dfrac{n}{n+1}\theta \neq \theta$,说明 θ 的最大似然估计量 $X_{(n)}$ 不是 θ 的无偏估计,是 θ 的有偏估计. 不过,随着 n 趋于无穷,$\lim\limits_{n \to +\infty} E(\hat{\theta}_2) = \theta$,也就是说 $X_{(n)}$ 虽然不是 θ 的无偏估计,但是为 θ 的渐近无偏估计.

我们可以将 $\hat{\theta}_2$ 修正为 $\hat{\theta}_2^* = \dfrac{n+1}{n}\hat{\theta}_2 = \dfrac{n+1}{n}X_{(n)}$,则 $\hat{\theta}_2^*$ 满足 $E(\hat{\theta}_2^*) = \theta$,即修正后的估计量 $\dfrac{n+1}{n}X_{(n)}$ 是 θ 的无偏估计.

由于最大似然估计是充分统计量的函数,最大似然估计比矩估计有更好的理论性质,所以我们常常会对有偏的最大似然估计进行修正,从而使得估计既能保证无偏性,又有较优秀的理论性质.

我们一般会用样本均值估计总体均值,用样本方差估计总体方差,其道理源于下面的定理 7.1.

定理 7.1 设 $X_1, X_2, \cdots, X_n$ 是取自总体 X 的样本,总体均值 $E(X) \hat{=} \mu$,总体方差 $\mathrm{Var}(X) \hat{=} \sigma^2$,$\mu$ 与 σ^2 均未知,则样本均值 $\bar{X}$ 是总体均值 μ 的无偏估计,样本方差 S^2 是 σ^2 的无偏估计,S_n^2 不是 σ^2 的无偏估计.

证明 $E(\overline{X}) = E\left(\dfrac{1}{n}\sum_{i=1}^{n}X_i\right) = E(X) = \mu$,因此样本均值 $\overline{X}$ 是总体均值 μ 的无偏估计.

$$E(S_n^2) = E\left[\frac{1}{n}\sum_{i=1}^{n}(X_i - \overline{X})^2\right] = \frac{1}{n}E\left\{\sum_{i=1}^{n}\left[X_i - \mu - (\overline{X} - \mu)\right]^2\right\}$$

$$= \frac{1}{n}E\left[\sum_{i=1}^{n}(X_i - \mu)^2 - n(\overline{X} - \mu)^2\right] = \frac{1}{n}\sum_{i=1}^{n}E[(X_i - \mu)^2] - E[(\overline{X} - \mu)^2]$$

$$= \frac{1}{n}\sum_{i=1}^{n}\mathrm{Var}(X_i) - \mathrm{Var}(\overline{X}) = \sigma^2 - \frac{\sigma^2}{n} = \frac{n-1}{n}\sigma^2,$$

因此 S_n^2 不是 σ^2 的无偏估计,是 σ^2 的渐近无偏估计.

$$S^2 = \frac{n}{n-1}S_n^2 = \frac{1}{n-1}\sum_{i=1}^{n}(X_i - \overline{X})^2,$$

显然有 $E(S^2) = \sigma^2$,因而 S^2 是 σ^2 的无偏估计.

例 7.12(例 7.4 续) 设 $X_1, X_2, \cdots, X_n$ 是取自总体 X 的样本,X 服从正态分布 $N(\mu, \sigma^2)$,已求得:

当 μ 已知时,σ^2 的矩估计量 $\widehat{\sigma_1^2} = \dfrac{1}{n}\sum_{i=1}^{n}X_i^2 - \mu^2$;

当 μ 未知时,σ^2 的矩估计量 $\widehat{\sigma_2^2} = \dfrac{1}{n}\sum_{i=1}^{n}X_i^2 - \overline{X}^2 = \dfrac{1}{n}\sum_{i=1}^{n}(X_i - \overline{X})^2 = S_n^2$.

问 $\widehat{\sigma_1^2}$ 与 $\widehat{\sigma_2^2}$ 都是 σ^2 的无偏估计吗?

解 当 μ 已知时,

$$E(\widehat{\sigma_1^2}) = E\left(\frac{1}{n}\sum_{i=1}^{n}X_i^2 - \mu^2\right) = \frac{1}{n}\sum_{i=1}^{n}E(X_i^2) - \mu^2 = \frac{1}{n}\sum_{i=1}^{n}(\sigma^2 + \mu^2) - \mu^2 = \sigma^2,$$

因此 μ 已知时,σ^2 的矩估计量 $\widehat{\sigma_1^2} = \dfrac{1}{n}\sum_{i=1}^{n}X_i^2 - \mu^2$ 是 σ^2 的无偏估计.

当 μ 未知时,由定理 7.1 结论,σ^2 的矩估计量 S_n^2 不是 σ^2 的无偏估计,其修正 S^2 是 σ^2 的无偏估计,也即 $\widehat{\sigma_2^2}$ 不是 σ^2 的无偏估计.

二、有效性

对估计量而言,无偏性是比较容易达成的目标. 如果一个估计不是无偏的,那么在很多情况下我们可以调整这个估计,将其修正为无偏估计.

如果一个参数的无偏估计有多个,如何从多个无偏估计中选出较好的估计呢? 一个很自然的想法是,能不能根据估计与真值的差异来选? 由于平均差异都是 0,我们当然希望每次估计的差异越小越好,也就是估计值与真值的差异波动越小越好. 为了避免差异的正负抵消,我们选择差异的平方来衡量波动大小,也就是用无偏估计方差的度量作为衡量无偏估计优劣的标准,这就是有效性的标准.

定义 7.6 设 $\hat{\theta}_1,\hat{\theta}_2$ 是 θ 的两个无偏估计,若对任意的 $\theta\in\Theta$,有 $\mathrm{Var}(\hat{\theta}_1)\leqslant\mathrm{Var}(\hat{\theta}_2)$,且至少有一个 $\theta_0\in\Theta$ 使得上述不等式严格成立,则称 $\hat{\theta}_1$ 比 $\hat{\theta}_2$ **有效**.

例 7.13(例 7.11 续) 设 $X_1,X_2,\cdots,X_n$ 是取自总体 X 的样本,X 服从区间 $(0,\theta)$ 上的均匀分布 $U(0,\theta)$,其中 θ 未知,$\theta>0$. θ 的矩估计量 $\hat{\theta}_1=2\overline{X}$ 是 θ 的无偏估计,修正后的最大似然估计量 $\hat{\theta}_2^*=\dfrac{n+1}{n}X_{(n)}$ 也是 θ 的无偏估计,两者哪个更有效?

解 计算两个估计量各自的方差:

$$\mathrm{Var}(\hat{\theta}_1)=\mathrm{Var}(2\overline{X})=4\mathrm{Var}(\overline{X})=\frac{4}{n}\mathrm{Var}(X)=\frac{4}{n}\cdot\frac{\theta^2}{12}=\frac{\theta^2}{3n}.$$

$$E(X_{(n)}^2)=\int_0^\theta t^2\cdot\frac{nt^{n-1}}{\theta^n}\mathrm{d}t=\frac{n}{n+2}\theta^2,$$

$$\mathrm{Var}(X_{(n)})=E(X_{(n)}^2)-(E(X_{(n)}))^2=\frac{n}{n+2}\theta^2-\left(\frac{n}{n+1}\theta\right)^2=\frac{n}{(n+2)(n+1)^2}\theta^2,$$

$$\mathrm{Var}(\hat{\theta}_2^*)=\mathrm{Var}\left(\frac{n+1}{n}X_{(n)}\right)=\left(\frac{n+1}{n}\right)^2\mathrm{Var}(X_{(n)})$$

$$=\left(\frac{n+1}{n}\right)^2\cdot\frac{n}{(n+2)(n+1)^2}\theta^2=\frac{1}{n(n+2)}\theta^2.$$

显然,当 $n\geqslant 2$ 时,$\mathrm{Var}(\hat{\theta}_2^*)<\mathrm{Var}(\hat{\theta}_1)$,所以 $\hat{\theta}_2^*$ 比 $\hat{\theta}_1$ 有效.

三、相合性

由于参数的点估计一定是样本的函数,因而其仍然是一个随机变量. 虽然这个随机变量不可能正好是我们所要求的未知参数的真实值,但是一个很自然的想法是,在样本量不断增大的情况下,这个估计和真实值是不是越来越接近了? 这里接近的含义是概率意义上的收敛. 如果随着 $n\to+\infty$,估计量依概率收敛到参数真值,我们就认为这个估计是相合的.

定义 7.7 设 $\hat{\theta}=\hat{\theta}(X_1,X_2,\cdots,X_n)$ 是 θ 的一个估计量,若对任意的 $\varepsilon>0$,有
$$\lim_{n\to+\infty}P(|\hat{\theta}-\theta|\geqslant\varepsilon)=0,$$
即 $\hat{\theta}=\hat{\theta}(X_1,X_2,\cdots,X_n)$ 依概率收敛于未知参数 θ,则称 $\hat{\theta}$ 是 θ 的一个**相合估计**(或**一致估计**).

一般而言,相合性是对估计的一个基本要求,也是比较容易达到的一个标准. 如果一个估计量,在样本量不断增大时,它依然不能越来越接近待估计的参数真值,那么这个估计量通常是不够理想的,也是不会被采用的.

定理 7.2 若 $\hat{\theta}$ 是 θ 的一个无偏估计或渐近无偏估计,且 $\lim\limits_{n\to+\infty}\mathrm{Var}(\hat{\theta})=0$,则 $\hat{\theta}$ 是 θ 的一个相合估计.

定理 7.2 的证明见定理 6.4.

这个结论告诉我们,只要当 $n\to+\infty$ 时,$\hat{\theta}$ 的方差收敛到 0,$\hat{\theta}$ 是 θ 的一个无偏估计或渐近无偏估计,那么这个估计就是相合估计. 这个结论涵盖了我们讨论过的大部分估计量.

例 7.14 设 $X_1,X_2,\cdots,X_n$ 是取自总体 $X\sim N(0,\sigma^2)$ 的样本,其中 σ^2 未知,$\sigma^2>0$,令 $\widehat{\sigma^2}=\dfrac{1}{n}\sum\limits_{i=1}^{n}X_i^2$,试证 $\widehat{\sigma^2}$ 是 σ^2 的相合估计.

证明 易见 $E(\widehat{\sigma^2})=E\left(\dfrac{1}{n}\sum\limits_{i=1}^{n}X_i^2\right)=\dfrac{1}{n}\sum\limits_{i=1}^{n}E(X_i^2)=\sigma^2$,即 $\widehat{\sigma^2}$ 是 σ^2 的无偏估计.

又 $\dfrac{1}{\sigma^2}\sum\limits_{i=1}^{n}X_i^2\sim\chi^2(n)$,由 χ^2 分布的数字特征,有 $\mathrm{Var}\left(\dfrac{1}{\sigma^2}\sum\limits_{i=1}^{n}X_i^2\right)=2n$,因而

$$\mathrm{Var}(\widehat{\sigma^2})=\mathrm{Var}\left(\dfrac{1}{\sigma^2}\sum\limits_{i=1}^{n}X_i^2\right)\cdot\dfrac{\sigma^4}{n^2}=\dfrac{2\sigma^4}{n}\to0,\quad n\to+\infty.$$

由定理 7.2,$\widehat{\sigma^2}$ 是 σ^2 的相合估计.

习题 7.3

1. 设 $X_1,X_2,\cdots,X_n$ 是来自总体 X 的样本,$X\sim B(1,p)$,其中 p 未知,$0<p<1$,试证

(1) X_1 是 p 的无偏估计;

(2) X_1^2 不是 p^2 的无偏估计;

(3) 当 $n\geqslant2$ 时,X_1X_2 是 p^2 的无偏估计.

2. 设 $X_1,X_2,\cdots,X_n$ 是取自总体 X 的样本,X 的分布律如下表所示:

X	-1	0	1
P	$\dfrac{\theta}{2}$	$1-\theta$	$\dfrac{\theta}{2}$

其中 θ 未知,$0<\theta<1$,试求 θ 的最大似然估计并讨论无偏性. 若不是无偏估计,试修正为无偏估计.

3. 设 $X_1,X_2,\cdots,X_n$ 是取自总体 X 的样本,X 的密度函数为

$$f(x)=\begin{cases}\dfrac{kx^{k-1}}{\theta^k}, & 0\leqslant x\leqslant\theta,\\[2mm]0, & \text{其他},\end{cases}$$

其中 θ 未知,$\theta>1$,k 是一指定的正整数.

(1) 求 θ 的矩估计;

(2) 求 θ 的最大似然估计并讨论无偏性;

习题讲解
7-4

（3）试求常数 c，使得 $c\sum_{i=1}^{n}X_i^2$ 成为 θ^2 的无偏估计；

（4）试求 $P(X<\sqrt{\theta})$ 的矩估计，并证明当 $n=1$ 时它不具有无偏性.

4. 设 $\hat{\theta}_1$ 和 $\hat{\theta}_2$ 都是未知参数 θ 的无偏估计，且 $\hat{\theta}_1$ 与 $\hat{\theta}_2$ 相互独立，$\mathrm{Var}(\hat{\theta}_1)=4\mathrm{Var}(\hat{\theta}_2)$. 试确定常数 c_1 与 c_2，使得 $c_1\hat{\theta}_1+c_2\hat{\theta}_2$ 仍是 θ 的无偏估计，且在这类无偏估计中方差达到最小.

5. 设 X_1,X_2,X_3 为总体 $X\sim N(\mu,\sigma^2)$ 的样本，试证明下式定义的 $\hat{\mu}_1$ 和 $\hat{\mu}_2$ 都是总体均值 μ 的无偏估计，并进一步确定哪个估计更有效.

$$\hat{\mu}_1=\frac{1}{4}X_1+\frac{1}{2}X_2+\frac{1}{4}X_3,$$

$$\hat{\mu}_2=\frac{1}{3}X_1+\frac{1}{6}X_2+\frac{1}{2}X_3.$$

6. 设 $X_1,X_2,\cdots,X_n$ 是取自总体 X 的样本，X 的密度函数为

$$f(x)=\begin{cases}\lambda\mathrm{e}^{-\lambda(x-\theta)}, & x\geqslant\theta,\\ 0, & \text{其他},\end{cases}$$

其中 θ 未知，λ 是一指定的正数.

（1）试证 θ 的最大似然估计量为 $X_{(1)}$；

（2）试证 $X_{(1)}$ 不是 θ 的无偏估计，但是 θ 的渐近无偏估计，而 $X_{(1)}-\dfrac{1}{n\lambda}$ 是 θ 的无偏估计；

（3）试证 $X_{(1)}$ 与 $X_{(1)}-\dfrac{1}{n\lambda}$ 都是 θ 的相合估计.

7. 设 $X_1,X_2,\cdots,X_n$ 是取自总体 X 的样本，$E(X)=\mu$，$\mathrm{Var}(X)=\sigma^2$. 试证 $\dfrac{2}{n(n+1)}\sum_{i=1}^{n}iX_i$ 是未知参数 μ 的无偏估计，也是相合估计.

§7.4 正态总体均值和方差的置信区间

构造未知参数 θ 置信区间的最常用方法为**枢轴变量法**，其步骤可以概括为如下四步：

（1）先求出 θ 的一个点估计 $\hat{\theta}=\hat{\theta}(X_1,X_2,\cdots,X_n)$，通常会取 θ 的最大似然估计；

（2）构造一个样本的函数 G，作为枢轴函数. G 除包含待估计的未知参数 θ 以外，不再包含其他未知参数，并且 G 的分布的分位数可以通过查表或简单计算得到；

（3）确定 a 和 b，$a<b$，使得

$$P(a\leqslant G\leqslant b)\geqslant 1-\alpha,$$

当 G 为连续型分布时，只需考虑上述概率不等式中等号成立的情形；

（4）将 $a \leqslant G \leqslant b$ 等价变形为 $\underline{\theta} \leqslant \theta \leqslant \overline{\theta}$，其中 $\underline{\theta} = \underline{\theta}(X_1, X_2, \cdots, X_n)$ 和 $\overline{\theta} = \overline{\theta}(X_1, X_2, \cdots, X_n)$ 仅是样本的函数，则 $[\underline{\theta}(X_1, X_2, \cdots, X_n), \overline{\theta}(X_1, X_2, \cdots, X_n)]$ 就是 θ 的双侧 $1-\alpha$ 置信区间.

事实上，满足 $P(a \leqslant G \leqslant b) = 1-\alpha$ 的 a, b 可以有无数组解，所以区间估计是不唯一的. 通常在给定置信水平 $1-\alpha$ 的情况下，会选择 a, b，使得 $\overline{\theta} - \underline{\theta}$ 尽可能小，也就是区间的长度尽可能的短. 对于 G 的分布，如果能找到 a, b，使得 $\overline{\theta} - \underline{\theta}$ 的平均长度达到最短当然是最好的，这在一些对称分布（如标准正态分布、t 分布等）情形下可以做到. 不过很多场合下，最短区间的求解可能很难，这时我们参照对称分布的做法，常常这样选择 a, b，使得分布左右两个尾部的概率皆为 $\dfrac{\alpha}{2}$，即

$$P(G > b) = P(G < a) = \frac{\alpha}{2}.$$

这样得到的置信区间，也称为**等尾置信区间**. 实用的置信区间大都是等尾置信区间. 当总体分布为正态分布时，枢轴变量的分布大多是常用分布，例如正态分布、t 分布、F 分布、χ^2 分布等，因此可查常用分布表求得 a, b.

重难点讲解
7-2

一、单正态总体下未知参数的置信区间

正态总体是实际问题中最常见的总体. 定理 6.6—定理 6.8 给出了正态总体抽样分布的结果，利用这些结果可以建立正态总体未知参数的区间估计. 运用前述的枢轴变量法，首先讨论单正态总体情形下对均值 μ 和方差 σ^2 的区间估计.

设 $X_1, X_2, \cdots, X_n$ 是取自正态总体 X 的样本，$X \sim N(\mu, \sigma^2)$，置信水平为 $1-\alpha$，样本均值 $\overline{X} = \dfrac{1}{n} \sum\limits_{i=1}^{n} X_i$，样本方差 $S^2 = \dfrac{1}{n-1} \sum\limits_{i=1}^{n} (X_i - \overline{X})^2$.

1. 均值的置信区间

现在来求均值的置信区间，根据方差是否已知，分成两部分讨论.

（1）σ^2 已知，求 μ 的置信区间.

注意到 $\overline{X} \sim N\left(\mu, \dfrac{\sigma^2}{n}\right)$，设枢轴变量为 $G = \dfrac{\sqrt{n}(\overline{X} - \mu)}{\sigma} \sim N(0, 1)$，则存在 a 和 b，使得

$$P\left(a \leqslant \frac{\sqrt{n}(\overline{X} - \mu)}{\sigma} \leqslant b\right) = 1-\alpha.$$

注意到 G 的密度函数关于 y 轴对称，从图 7.1 中可以看出在 $\Phi(b) - \Phi(a) = 1-\alpha$

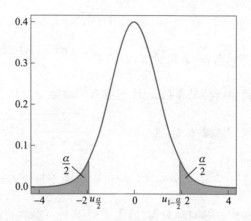

的条件下,当 $b=u_{1-\frac{\alpha}{2}}$,$a=u_{\frac{\alpha}{2}}=-u_{1-\frac{\alpha}{2}}$ 时,$b-a$ 达到最小,由此给出了 μ 的双侧 $1-\alpha$ 置信区间为

$$\left[\overline{X}-u_{1-\frac{\alpha}{2}}\frac{\sigma}{\sqrt{n}},\quad \overline{X}+u_{1-\frac{\alpha}{2}}\frac{\sigma}{\sqrt{n}}\right].$$

μ 的置信区间是以最大似然估计 $\overline{X}$ 为中心,长度为 $2u_{1-\frac{\alpha}{2}}\frac{\sigma}{\sqrt{n}}$ 的一个对称区间.

图 7.1　标准正态随机变量的密度函数

有时候,我们可能只关心 μ 的下限或 μ 的上限,并不需要同时考虑 μ 的上限和下限,这时,就可以求解 μ 的一个单侧 $1-\alpha$ 置信区间.

令 $P\left(\dfrac{\overline{X}-\mu}{\dfrac{\sigma}{\sqrt{n}}}\leqslant b\right)=1-\alpha$,可得 $b=u_{1-\alpha}$,即 μ 的**单侧 $1-\alpha$ 置信下限**为 $\overline{X}-u_{1-\alpha}\dfrac{\sigma}{\sqrt{n}}$,相应的 μ 的单侧 $1-\alpha$ 置信区间为 $\left[\overline{X}-u_{1-\alpha}\dfrac{\sigma}{\sqrt{n}},+\infty\right)$.

令 $P\left(\dfrac{\overline{X}-\mu}{\dfrac{\sigma}{\sqrt{n}}}\geqslant a\right)=1-\alpha$,可得 $a=u_{\alpha}=-u_{1-\alpha}$,即 μ 的**单侧 $1-\alpha$ 置信上限**为 $\overline{X}+u_{1-\alpha}\dfrac{\sigma}{\sqrt{n}}$,相应的 μ 的单侧 $1-\alpha$ 置信区间为 $\left(-\infty,\overline{X}+u_{1-\alpha}\dfrac{\sigma}{\sqrt{n}}\right]$.

例 7.15　某学生的数学测验的成绩 X(单位:分)服从正态分布 $N(\mu,\sigma^2)$. 已知该学生的成绩偏差长期以来稳定在 5 分以内,现随机抽取其最近 5 次的测验成绩,得测验分:75,83,82,79,82,求该学生平均成绩 μ 的双侧 0.95 置信区间(保留两位小数).

解　样本均值 $\overline{X}=\dfrac{1}{n}\sum\limits_{i=1}^{n}X_i$ 是 μ 的无偏估计,σ^2 已知,为 5^2,$\alpha=0.05$,故 μ 的 $1-\alpha$ 双侧置信区间为

$$\left[\overline{X}-u_{1-\frac{\alpha}{2}}\frac{\sigma}{\sqrt{n}},\overline{X}+u_{1-\frac{\alpha}{2}}\frac{\sigma}{\sqrt{n}}\right].$$

由样本观测值得 $\overline{x}=80.2$,临界点 $u_{0.975}=1.96$,故 μ 的 0.95 双侧置信区间的观测值为

$$\left[80.2-1.96\times\frac{\sqrt{25}}{\sqrt{5}},80.2+1.96\times\frac{\sqrt{25}}{\sqrt{5}}\right],$$

即为 $[75.82,84.58]$,也即该学生测验的平均成绩一般会在 $76\sim84$ 分.

（2）σ^2 未知，求 μ 的置信区间.

当 σ^2 未知时，前面的 $G = \dfrac{\sqrt{n}\,(\bar{X}-\mu)}{\sigma}$ 已经不符合枢轴变量的要求，因为在 G 中，既包含待估参数 μ，还包含未知参数 σ，这时无法用这个枢轴变量来求出 μ 的置信区间. 用样本标准差 $S = \sqrt{\dfrac{1}{n-1}\sum\limits_{i=1}^{n}(X_i-\bar{X})^2}$ 来估计 σ，由定理 6.7 可知，$\dfrac{\sqrt{n}\,(\bar{X}-\mu)}{S} \sim t(n-1)$，故可取枢轴变量为 $G = \dfrac{\sqrt{n}\,(\bar{X}-\mu)}{S}$，注意到 t 分布与标准正态分布同样是对称分布，因而类似于上一段落的讨论，可得 μ 的双侧 $1-\alpha$ 置信区间为

$$\left[\bar{X}-t_{1-\frac{\alpha}{2}}(n-1)\frac{S}{\sqrt{n}},\ \bar{X}+t_{1-\frac{\alpha}{2}}(n-1)\frac{S}{\sqrt{n}}\right].$$

同样可得 μ 的单侧 $1-\alpha$ 置信区间分别为 $\left(-\infty,\ \bar{X}+t_{1-\alpha}(n-1)\dfrac{S}{\sqrt{n}}\right]$ 和 $\left[\bar{X}-t_{1-\alpha}(n-1)\dfrac{S}{\sqrt{n}},\ +\infty\right)$.

例 7.16 已知某种油漆的干燥时间（单位：h）X 服从正态分布 $N(\mu,\sigma^2)$，其中 μ 和 σ^2 均未知，现在抽取了四个样品做检验，得数据 x_1,x_2,x_3,x_4，并由此算出 $\sum\limits_{i=1}^{4}x_i = 24$，$\sum\limits_{i=1}^{4}x_i^2 = 147$. 试求未知参数 μ 的 0.95 双侧置信区间.

解 $\bar{X}$ 是 μ 的无偏估计，又 σ^2 未知，故 μ 的双侧 $1-\alpha$ 置信区间为

$$\left[\bar{X}-t_{1-\frac{\alpha}{2}}(n-1)\frac{S}{\sqrt{n}},\ \bar{X}+t_{1-\frac{\alpha}{2}}(n-1)\frac{S}{\sqrt{n}}\right].$$

$n=4$，$\bar{x}=\dfrac{1}{n}\sum\limits_{i=1}^{n}x_i=\dfrac{24}{4}=6$，$s^2=\dfrac{1}{n-1}\sum\limits_{i=1}^{n}(x_i-\bar{x})^2=\dfrac{1}{n-1}\left(\sum\limits_{i=1}^{n}x_i^2-n\bar{x}^2\right)=\dfrac{1}{3}(147-4\times 6^2)=1$，$t_{0.975}(3)=3.1824$. 故 μ 的 0.95 双侧置信区间的观测值为

$$\left[6-3.1824\times\frac{1}{\sqrt{4}},\ 6+3.1824\times\frac{1}{\sqrt{4}}\right]，$$

即为 $[4.4088,7.5912]$，表示该种油漆的平均干燥时间在 4.4088 h 至 7.5912 h.

2. 方差的置信区间

现在来求方差的置信区间，根据均值是否已知，也分成两部分讨论.

（1）μ 已知，求 σ^2 的置信区间.

当 μ 已知时, σ^2 的最大似然估计为 $\widehat{\sigma^2} = \dfrac{1}{n}\sum\limits_{i=1}^{n}(X_i - \mu)^2$, 取枢轴变量 $G = \dfrac{1}{\sigma^2}\sum\limits_{i=1}^{n}(X_i - \mu)^2$, 注意到 $X_1, X_2, \cdots, X_n$ 独立同分布于正态总体 $N(\mu, \sigma^2)$, 因而有 $G \sim \chi^2(n)$. 取实轴上两个点 a 和 b, $0 < a < b$, 满足

$$P\left(a \leqslant \frac{1}{\sigma^2}\sum_{i=1}^{n}(X_i - \mu)^2 \leqslant b\right) = 1 - \alpha.$$

由于 χ^2 分布是偏态分布, 因此若让置信区间的长度取到最短, 则双侧置信区间就成单侧置信区间了. 沿用前面枢轴变量服从对称分布两端取等尾(等概率)的做法, 取 $a = \chi^2_{\frac{\alpha}{2}}(n)$, $b = \chi^2_{1-\frac{\alpha}{2}}(n)$, 如图 7.2 所示. 此时, σ^2 的双侧 $1-\alpha$ 置信区间为

$$\left[\frac{\sum\limits_{i=1}^{n}(X_i - \mu)^2}{\chi^2_{1-\frac{\alpha}{2}}(n)}, \frac{\sum\limits_{i=1}^{n}(X_i - \mu)^2}{\chi^2_{\frac{\alpha}{2}}(n)}\right].$$

(7.1)

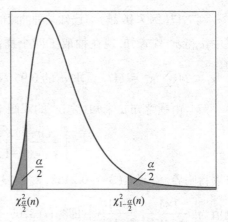

图 7.2 $\chi^2(n)$ 的分位数示意图

同理可得 σ^2 的单侧 $1-\alpha$ 置信区间分别为

$$\left(-\infty, \frac{\sum\limits_{i=1}^{n}(X_i - \mu)^2}{\chi^2_{\alpha}(n)}\right] \text{ 和 } \left[\frac{\sum\limits_{i=1}^{n}(X_i - \mu)^2}{\chi^2_{1-\alpha}(n)}, +\infty\right).$$

有时候需要求 σ 的置信区间, 而非 σ^2 的置信区间, 这时求解过程类似, 只不过在 (7.1) 式两边开根号就可以得到 σ 的双侧 $1-\alpha$ 置信区间为

$$\left[\sqrt{\frac{\sum\limits_{i=1}^{n}(X_i - \mu)^2}{\chi^2_{1-\frac{\alpha}{2}}(n)}}, \sqrt{\frac{\sum\limits_{i=1}^{n}(X_i - \mu)^2}{\chi^2_{\frac{\alpha}{2}}(n)}}\right].$$

实际问题中, μ 已知的情况很少, 大部分情形下 μ 都是未知的.

(2) μ 未知, 求 σ^2 的置信区间.

当 μ 未知时, σ^2 的最大似然估计为 $\widehat{\sigma^2} = S_n^2$, 取 $G = \dfrac{nS_n^2}{\sigma^2}$, 则由定理 6.6(2), $\dfrac{nS_n^2}{\sigma^2} = \dfrac{(n-1)S^2}{\sigma^2} \sim \chi^2(n-1)$. 完全类似于 μ 已知时求 σ^2 置信区间的方法, 可得 σ^2 的双侧 $1-\alpha$ 置信区间为

$$\left[\frac{(n-1)S^2}{\chi^2_{1-\frac{\alpha}{2}}(n-1)}, \frac{(n-1)S^2}{\chi^2_{\frac{\alpha}{2}}(n-1)}\right].$$

同理可得 σ 的双侧 $1-\alpha$ 置信区间为

$$\left[\sqrt{\frac{(n-1)S^2}{\chi^2_{1-\frac{\alpha}{2}}(n-1)}}, \sqrt{\frac{(n-1)S^2}{\chi^2_{\frac{\alpha}{2}}(n-1)}}\right].$$

σ^2 的单侧 $1-\alpha$ 置信区间为 $\left(-\infty, \dfrac{(n-1)S^2}{\chi^2_{\alpha}(n-1)}\right]$ 和 $\left[\dfrac{(n-1)S^2}{\chi^2_{1-\alpha}(n-1)}, +\infty\right)$.

例 7.17（例 7.16 续）　已知某种油漆的干燥时间（单位：h）X 服从正态分布 $N(\mu, \sigma^2)$，其中 μ 和 σ^2 均未知，现在抽取了四个样品做检验，得数据 x_1, x_2, x_3, x_4，并由此算出 $\sum\limits_{i=1}^{4} x_i = 24, \sum\limits_{i=1}^{4} x_i^2 = 147$. 试求 σ 的 0.95 双侧置信区间.

解　由题意知 μ 未知，故 σ^2 的双侧 $1-\alpha$ 置信区间为

$$\left[\frac{(n-1)S^2}{\chi^2_{1-\frac{\alpha}{2}}(n-1)}, \frac{(n-1)S^2}{\chi^2_{\frac{\alpha}{2}}(n-1)}\right].$$

查表得临界点：$\chi^2_{0.025}(3) = 0.2158, \chi^2_{0.975}(3) = 9.3484$，故 σ^2 的双侧 0.95 置信区间的观测值为 $\left[\dfrac{3\times 1}{9.3484}, \dfrac{3\times 1}{0.2158}\right]$，即为 $[0.3209, 13.9018]$，从而有 σ 的双侧 0.95 置信区间的观测值为 $\left[\sqrt{\dfrac{3\times 1}{9.3484}}, \sqrt{\dfrac{3\times 1}{0.2158}}\right]$，即为 $[0.5665, 3.7285]$.

*二、双正态总体下未知参数的置信区间

设 $X_1, X_2, \cdots, X_m$ 是取自正态总体 $X \sim N(\mu_1, \sigma_1^2)$ 的样本，$Y_1, Y_2, \cdots, Y_n$ 是取自正态总体 $Y \sim N(\mu_2, \sigma_2^2)$ 的样本，假设 $X_1, X_2, \cdots, X_m, Y_1, Y_2, \cdots, Y_n$ 相互独立. 记 $\overline{X} = \dfrac{1}{m}\sum\limits_{i=1}^{m} X_i$，$\overline{Y} = \dfrac{1}{n}\sum\limits_{i=1}^{n} Y_i$，$S_X^2 = \dfrac{1}{m-1}\sum\limits_{i=1}^{m}(X_i - \overline{X})^2$，$S_Y^2 = \dfrac{1}{n-1}\sum\limits_{i=1}^{n}(Y_i - \overline{Y})^2$，$S_w^2 = \dfrac{1}{m+n-2}\left[\sum\limits_{i=1}^{m}(X_i - \overline{X})^2 + \sum\limits_{i=1}^{n}(Y_i - \overline{Y})^2\right] = \dfrac{1}{m+n-2}[(m-1)S_X^2 + (n-1)S_Y^2]$.

在双正态总体下，我们探讨的是两个正态总体均值差的置信区间以及方差比的置信区间. 这里置信水平为 $1-\alpha$，探讨的是双侧置信区间的求解过程. 单侧置信区间的求解方法和单正态总体情形下相似.

1. 均值差的置信区间

（1）σ_1^2, σ_2^2 已知，求 $\mu_1 - \mu_2$ 的置信区间.

由定理 $6.8(1)$, $\bar{X}-\bar{Y}\sim N\left(\mu_1-\mu_2,\dfrac{\sigma_1^2}{m}+\dfrac{\sigma_2^2}{n}\right)$. 取枢轴变量 $G=\dfrac{\bar{X}-\bar{Y}-(\mu_1-\mu_2)}{\sqrt{\dfrac{\sigma_1^2}{m}+\dfrac{\sigma_2^2}{n}}}$, $G\sim$

$N(0,1)$. 类似于单正态总体的讨论,可得 $\mu_1-\mu_2$ 的双侧 $1-\alpha$ 置信区间为

$$\left[\bar{X}-\bar{Y}-u_{1-\frac{\alpha}{2}}\sqrt{\frac{\sigma_1^2}{m}+\frac{\sigma_2^2}{n}},\bar{X}-\bar{Y}+u_{1-\frac{\alpha}{2}}\sqrt{\frac{\sigma_1^2}{m}+\frac{\sigma_2^2}{n}}\right].$$

$\mu_1-\mu_2$ 的单侧 $1-\alpha$ 置信区间分别为 $\left(-\infty,\bar{X}-\bar{Y}+u_{1-\alpha}\sqrt{\dfrac{\sigma_1^2}{m}+\dfrac{\sigma_2^2}{n}}\right]$ 和 $\left[\bar{X}-\bar{Y}-\right.$

$\left.u_{1-\alpha}\sqrt{\dfrac{\sigma_1^2}{m}+\dfrac{\sigma_2^2}{n}},+\infty\right)$.

例 7.18 设 $X_1,X_2,\cdots,X_{2n}$ 是取自正态总体 $X\sim N(\mu_1,18)$ 的样本, $Y_1,Y_2,\cdots,Y_n$ 是取自正态总体 $Y\sim N(\mu_2,16)$ 的样本,要使 $\mu_1-\mu_2$ 的双侧 0.95 置信区间的长度不超过 l ,问 n 至少要取多大?

解 $\bar{X}-\bar{Y}$ 为 $\mu_1-\mu_2$ 的最大似然估计,由于 σ_1^2 和 σ_2^2 已知,故 $\mu_1-\mu_2$ 的双侧 $1-\alpha$ 置信区间为

$$\left[\bar{X}-\bar{Y}-u_{1-\frac{\alpha}{2}}\sqrt{\frac{18}{2n}+\frac{16}{n}},\bar{X}-\bar{Y}+u_{1-\frac{\alpha}{2}}\sqrt{\frac{18}{2n}+\frac{16}{n}}\right].$$

置信区间的长度 $L=2u_{1-\frac{\alpha}{2}}\sqrt{\dfrac{18}{2n}+\dfrac{16}{n}}=2u_{0.975}\sqrt{\dfrac{25}{n}}=2\times1.96\times\dfrac{5}{\sqrt{n}}=\dfrac{19.6}{\sqrt{n}}\leqslant l$,故 $n\geqslant$

$\dfrac{384.16}{l^2}$. 若 $\dfrac{384.16}{l^2}$ 为正整数,则 n 至少要取 $\dfrac{384.16}{l^2}$;若 $\dfrac{384.16}{l^2}$ 不是正整数,则 n 至少

要取 $\left[\dfrac{384.16}{l^2}\right]+1$. 这里 $\left[\dfrac{384.16}{l^2}\right]$ 表示对 $\dfrac{384.16}{l^2}$ 取整.

(2) σ_1^2,σ_2^2 未知但 $\sigma_1^2=\sigma_2^2$,求 $\mu_1-\mu_2$ 的置信区间.

由定理 $6.8(4)$,取枢轴变量 $G=\dfrac{\bar{X}-\bar{Y}-(\mu_1-\mu_2)}{S_w\sqrt{\dfrac{1}{m}+\dfrac{1}{n}}}$,则有 $G\sim t(m+n-2)$,故 $\mu_1-\mu_2$ 的

双侧 $1-\alpha$ 置信区间为

$$\left[\bar{X}-\bar{Y}-t_{1-\frac{\alpha}{2}}(m+n-2)S_w\sqrt{\frac{1}{m}+\frac{1}{n}},\bar{X}-\bar{Y}+t_{1-\frac{\alpha}{2}}(m+n-2)S_w\sqrt{\frac{1}{m}+\frac{1}{n}}\right].$$

$\mu_1-\mu_2$ 的单侧 $1-\alpha$ 置信区间分别为

$$\left(-\infty,\bar{X}-\bar{Y}+t_{1-\alpha}(m+n-2)S_w\sqrt{\frac{1}{m}+\frac{1}{n}}\right]$$

和

$$\left[\bar{X}-\bar{Y}-t_{1-\alpha}(m+n-2)S_w\sqrt{\frac{1}{m}+\frac{1}{n}},+\infty\right).$$

例 7.19 一个小麦新品种经过 6 代选育,从第 5 代中抽出 10 株,株高(单位:cm)为 66,65,66,68,62,65,63,66,68,62,又从第 6 代中抽出 10 株,株高(单位:cm)为 64,61,57,65,65,63,62,63,64,60.已知小麦株高服从正态分布,且第 5 代与第 6 代小麦株高方差相同,求平均株高差异在置信水平为 0.95 下的双侧置信区间.

解 设第 5 代的样本为 $X_1,X_2,\cdots,X_{10},X\sim N(\mu_1,\sigma^2)$,$\mu_1,\sigma^2$ 都未知,第 6 代的样本为 $Y_1,Y_2,\cdots,Y_{10},Y\sim N(\mu_2,\sigma^2)$,$\mu_2,\sigma^2$ 都未知,故 $\mu_1-\mu_2$ 的双侧 $1-\alpha$ 置信区间为

$$\left[\bar{X}-\bar{Y}-t_{1-\frac{\alpha}{2}}(m+n-2)S_w\sqrt{\frac{1}{m}+\frac{1}{n}},\bar{X}-\bar{Y}+t_{1-\frac{\alpha}{2}}(m+n-2)S_w\sqrt{\frac{1}{m}+\frac{1}{n}}\right].$$

由样本观测值得

$$\bar{x}-\bar{y}=65.1-62.4=2.7,\quad S_X^2=4.7667,\quad S_Y^2=6.2667,$$

$$S_w^2=\frac{(m-1)S_X^2+(n-1)S_Y^2}{m+n-2}=\frac{9\times4.7667+9\times6.2667}{10+10-2}=5.5167,\quad S_w=2.3488,$$

查表得到 $t_{0.975}(10+10-2)=t_{0.975}(18)=2.1009$,故 $\mu_1-\mu_2$ 的双侧 0.95 置信区间的观测值为

$$\left[2.7-2.1009\times2.3488\times\sqrt{\frac{1}{10}+\frac{1}{10}},2.7+2.1009\times2.3488\times\sqrt{\frac{1}{10}+\frac{1}{10}}\right],$$

即为 $[0.4932,4.9068]$.

2. 方差比的置信区间

（1）μ_1,μ_2 已知,求 $\dfrac{\sigma_1^2}{\sigma_2^2}$ 的置信区间.

由最大似然估计,$\widehat{\sigma_1^2}=\dfrac{1}{m}\sum_{i=1}^{m}(X_i-\mu_1)^2$,$\widehat{\sigma_2^2}=\dfrac{1}{n}\sum_{i=1}^{n}(Y_i-\mu_2)^2$,不妨取 $\dfrac{\sigma_1^2}{\sigma_2^2}$ 的估计为 $\dfrac{\widehat{\sigma_1^2}}{\widehat{\sigma_2^2}}$,令 $G=\dfrac{\dfrac{m\widehat{\sigma_1^2}}{\sigma_1^2}/m}{\dfrac{n\widehat{\sigma_2^2}}{\sigma_2^2}/n}$,由定理 6.8(3)知,$G\sim F(m,n)$. 又 $G=\dfrac{\widehat{\sigma_1^2}}{\widehat{\sigma_2^2}}\cdot\dfrac{\sigma_2^2}{\sigma_1^2}$,故 $\dfrac{\sigma_1^2}{\sigma_2^2}$ 的双侧 $1-\alpha$ 置信区间为

$$\left[\frac{\widehat{\sigma_1^2}/\widehat{\sigma_2^2}}{F_{1-\frac{\alpha}{2}}(m,n)},\frac{\widehat{\sigma_1^2}/\widehat{\sigma_2^2}}{F_{\frac{\alpha}{2}}(m,n)}\right].$$

$\dfrac{\sigma_1^2}{\sigma_2^2}$ 的单侧 $1-\alpha$ 置信区间分别为

$$\left(-\infty\,,\dfrac{\widehat{\sigma_1^2}/\widehat{\sigma_2^2}}{F_\alpha(m,n)}\right]\quad \text{和}\quad \left[\dfrac{\widehat{\sigma_1^2}/\widehat{\sigma_2^2}}{F_{1-\alpha}(m,n)}\,,+\infty\right).$$

（2）μ_1,μ_2 未知，求 $\dfrac{\sigma_1^2}{\sigma_2^2}$ 的置信区间.

由最大似然估计，取 $\widehat{\sigma_1^2}=S_X^2,\widehat{\sigma_2^2}=S_Y^2$，不妨取 $\dfrac{\sigma_1^2}{\sigma_2^2}$ 的估计为 $\dfrac{S_X^2}{S_Y^2}$，令 $G=$

$$\dfrac{\dfrac{\sum\limits_{i=1}^{m}(X_i-\overline{X})^2}{\sigma_1^2}/(m-1)}{\dfrac{\sum\limits_{i=1}^{n}(Y_i-\overline{Y})^2}{\sigma_2^2}/(n-1)}$$，则由定理 6.8(2) 知，$G \sim F(m-1,n-1)$. 又 G 可以化简为

$G=\dfrac{S_X^2}{S_Y^2}\cdot\dfrac{\sigma_2^2}{\sigma_1^2}$，故 $\dfrac{\sigma_1^2}{\sigma_2^2}$ 的双侧 $1-\alpha$ 置信区间为

$$\left[\dfrac{S_X^2/S_Y^2}{F_{1-\frac{\alpha}{2}}(m-1,n-1)},\dfrac{S_X^2/S_Y^2}{F_{\frac{\alpha}{2}}(m-1,n-1)}\right],$$

$\dfrac{\sigma_1^2}{\sigma_2^2}$ 的单侧 $1-\alpha$ 置信区间分别为

$$\left(-\infty\,,\dfrac{S_X^2/S_Y^2}{F_\alpha(m-1,n-1)}\right]\quad \text{和}\quad \left[\dfrac{S_X^2/S_Y^2}{F_{1-\alpha}(m-1,n-1)}\,,+\infty\right).$$

例 7.20 设甲、乙两个班学生的成绩 X,Y 分别服从正态分布 $N(\mu_1,\sigma_1^2)$ 和 $N(\mu_2,\sigma_2^2)$，甲班学生有 27 个，测得期末考试成绩的样本方差 $s_x^2=16$，乙班学生有 32 个，测得期末考试成绩的样本方差 $s_y^2=25$，求 $\dfrac{\sigma_1^2}{\sigma_2^2}$ 的双侧 0.9 置信区间.

解 $\dfrac{\sigma_1^2}{\sigma_2^2}$ 的估计为 $\dfrac{S_x^2}{S_y^2}=\dfrac{16}{25}$，$\mu_1,\mu_2$ 未知，故 $\dfrac{\sigma_1^2}{\sigma_2^2}$ 的双侧 0.9 置信区间为

$$\left[\dfrac{S_x^2/S_y^2}{F_{1-\frac{\alpha}{2}}(m-1,n-1)},\dfrac{S_x^2/S_y^2}{F_{\frac{\alpha}{2}}(m-1,n-1)}\right].$$ 在 Excel 中利用 FINV 函数算得 $F_{0.95}(26,31)=$

1.8574，$F_{0.05}(26,31)=0.5277$，代入置信区间公式，可得方差比 $\dfrac{\sigma_1^2}{\sigma_2^2}$ 的双侧 0.9 置信区间的观测值为 $[0.3446,1.2128]$.

习题 7.4

1. 为检测某种香烟的尼古丁含量（单位：mg），抽取 10 支香烟，测得尼古丁的平均含量为 $\overline{x}=$

0.25,设该香烟尼古丁含量 X 服从正态分布 $N(\mu, 2.25)$,求 μ 的单侧 0.95 置信上限.

2. 某手表厂生产的手表的日走时误差(单位:s/d)服从正态分布 $N(\mu, \sigma^2)$,检验员从装配线上随机地抽取 9 只进行检测,检测的结果如下:−4.0,3.1,2.5,−2.9,0.9,1.1,2.0,−3.0,2.8,求该厂生产手表的日走时误差的均值 μ 的双侧 0.95 置信区间.

3. 从一大批螺丝钉中随机地取 9 枚,测得其长度为 $x_1, x_2, \cdots, x_9$,并计算得 $\sum\limits_{i=1}^{9} x_i = 27, \sum\limits_{i=1}^{9} x_i^2 = 83$,设钉子的长度 X 服从正态分布 $N(\mu, \sigma^2)$,试分别求未知参数 μ 和 σ^2 的双侧 0.95 置信区间.

习题讲解
7-6

4. 自动包装机包装食品,若食品每袋净含量(单位:g)$X \sim N(\mu, \sigma^2)$,现随机抽取 4 袋,测得每袋净含量 x_1, x_2, x_3, x_4,并计算得 $\sum\limits_{i=1}^{10} x_i = 24, \sum\limits_{i=1}^{10} x_i^2 = 147$,试分别求未知参数 μ 和 σ 的双侧 0.9 置信区间.

5. 为了估计一批钢索所能承受的平均拉应力 X(单位:N/cm²),从中随机地选取 10 个样品进行试验,由试验所得数据算得 $\bar{x} = 6720, s = 220$.假定钢索所能承受的拉应力 X 服从正态分布,试在置信水平 0.95 下分别估计这批钢索所能承受的平均拉应力范围以及至少能承受的平均拉应力(保留一位小数).

习题讲解
7-7

6. 设 $X_1, X_2, \cdots, X_n$ 是取自正态总体 $N(\mu, \sigma^2)$ 的样本,其中 μ 未知,但 σ^2 已知.试问样本容量 n 至少取多大才能使双侧 $1-\alpha$ 置信区间长度不超过 l,其中 l 是预先指定的一个正数.

7. 某食品加工厂有甲、乙两条加工猪肉罐头的生产线.设罐头质量服从正态分布,从甲生产线抽取 10 只罐头,测得其平均质量 $\bar{x} = 501$ g,已知其总体标准差 $\alpha_1 = 5$ g;从乙生产线抽取 20 只罐头,测得其平均质量 $\bar{y} = 498$ g,已知其总体标准差 $\alpha_2 = 4$ g,求甲、乙两条猪肉罐头生产线生产罐头质量的均值 $\mu_1 - \mu_2$ 的双侧 0.99 置信区间.

8. 甲、乙两位化验员独立地对某种聚合物的含氯量用相同的方法各自做了 13 次测定,由各自的测定值分别算得 $s_X^2 = 0.5419, s_Y^2 = 0.6065$.假定测定值服从正态分布,求两个总体分布的方差比 σ_1^2 / σ_2^2 的双侧 0.90 置信区间.

*§7.5 总体比率的置信区间

一、大样本法

借助于统计量的渐近分布,在样本容量 n 较大,而样本的分布又未必是正态分布的情况下,构造近似置信区间的方法称为大样本法.概率论中的中心极限定理是大样本方法得以实现的基础.

设 $X_1, X_2, \cdots, X_n$ 是取自总体 X 的样本,总体均值 $\mu \cong E(X)$,总体方差 $\sigma^2 \cong \mathrm{Var}(X)$.当样本容量 n 较大时,我们分 σ 已知和 σ 未知两种情况分别来求 μ 的近似置信区间.

(1) 若 σ 已知时,由中心极限定理,$\sqrt{n}(\bar{X} - \mu)/\sigma \xrightarrow{L} N(0, 1)$. 因此,当 n 较大

时, $\sqrt{n}(\bar{X}-\mu)/\sigma$ 近似服从标准正态分布, 从而有 μ 的近似双侧 $1-\alpha$ 置信区间为

$$\left[\bar{X}-\frac{\sigma}{\sqrt{n}}u_{1-\frac{\alpha}{2}}, \bar{X}+\frac{\sigma}{\sqrt{n}}u_{1-\frac{\alpha}{2}}\right]. \tag{7.2}$$

(2) 若 σ 未知时, 可以证明 $\sqrt{n}(\bar{X}-\mu)/S \xrightarrow{L} N(0,1)$, 即 $\sqrt{n}(\bar{X}-\mu)/S$ 近似服从 $N(0,1)$, 得到 μ 的近似双侧 $1-\alpha$ 置信区间为

$$\left[\bar{X}-\frac{S}{\sqrt{n}}u_{1-\frac{\alpha}{2}}, \bar{X}+\frac{S}{\sqrt{n}}u_{1-\frac{\alpha}{2}}\right]. \tag{7.3}$$

这个方法可以在非正态总体的情况下, 对均值的置信区间进行近似估计, 近似的程度依赖于总体的分布和样本容量. 在大部分应用中, 当方差已知时, 利用(7.2)式求总体均值的区间估计, 样本容量 $n \geqslant 30$ 已经足够了. 当方差未知时, 利用(7.3)式求总体均值的区间估计. 当总体分布严重偏斜或者包含异常点时, 大部分统计学家建议将样本容量增加到 50 或者更大. 若总体的分布不是正态分布但大致对称, 则在样本容量为 15 时便能得到一个好的置信区间的近似. 仅当分析者坚信或者愿意假设总体的分布至少是近似正态分布时, 才可以在更小的样本容量下根据方差已知和未知利用(7.2)式或者(7.3)式求解置信区间.

特别地, 当总体分布为参数 p 的 0-1 分布的时候, 利用上述计算公式, 对方差进行下列特定计算, 可以求解在实际应用中使用非常广泛的抽样问题的置信区间:

$$\left[\hat{p}-\frac{\sqrt{\hat{p}(1-\hat{p})}}{\sqrt{n}}u_{1-\frac{\alpha}{2}}, \hat{p}+\frac{\sqrt{\hat{p}(1-\hat{p})}}{\sqrt{n}}u_{1-\frac{\alpha}{2}}\right].$$

当总体方差 σ^2 未知时, 可以用样本方差 S^2 来估计 σ^2, 但是更好的方法是用 $\hat{p}(1-\hat{p})$ 来估计 σ^2, 因为在总体分布为 0-1 分布时, 总体方差 $\sigma^2=p(1-p)$, 由于 $\hat{p}$ 为 p 的最大似然估计, 由不变原理, $\hat{p}(1-\hat{p})$ 为 σ^2 的最大似然估计.

二、盒子模型

我们知道总体指标变量有定量和定性两种. 当总体指标变量为定量指标变量时, 抽样调查的研究方法与前面介绍的一致, 毋庸赘述. 这里着重介绍总体指标为**定性指标变量**的情形.

设总体按某种标志将个体分成两类: 有该种标志的和没该种标志的. 例如, 工厂产品可根据产品质量分为合格品和不合格品, 家庭收入可分为高收入和低收入. 将这种标志属性量化为: 个体有该种标志的标记为数字"1", 而不具该标志的标记为数字"0". 此时, 总体就被模拟成一个盒子, 其中装有标有"0"和"1"的大小、形状相同的标签. 抽样过程就模拟成在设定抽样方案下在该盒子中抽取 n 张标签的过程. 我们称此数学模型为**盒子模型**.

重难点讲解
7-3

经过这样量化处理后,总体与盒子的分布是相同的,即参数为 p 的 0-1 分布,其中 p 为抽到"1"的概率.

在盒子模型中,样本 $X_1, X_2, \cdots, X_n$ 只取 0,1 值,$\overline{X} = \dfrac{1}{n}\sum\limits_{i=1}^{n}X_i$ 为样本中"1"的比率,因此,样本均值 $\overline{X}$ 是总体均值 p 的一个合理的估计量.

盒子内的标签数一般是有限的. 不过我们这里只考虑标签非常多,几乎可以当作无限多的模型;或者虽然是有限量,但是采用的是有放回抽样模型;或者虽然是无放回抽样模型,但是抽样数远小于盒子内的标签数,比如小于 $\dfrac{1}{10}$ 时,这时的不放回抽样可以当做有放回抽样来讨论.

三、抽样误差及标准差

假定在抽样调查中,没有系统误差,只有随机误差.

设已有样本 $X_1, X_2, \cdots, X_n$,ε_i 为单个样本 X_i 的随机误差,则有

$$X_i = \mu + \varepsilon_i, \quad i = 1, 2, \cdots, n,$$

ε_i 可以为正或为负. 对于样本平均,有

$$\overline{X} = \mu + \frac{1}{n}\sum_{i=1}^{n}\varepsilon_i = \mu + \overline{\varepsilon}.$$

称 $\overline{\varepsilon}$ 为抽样误差.

$\overline{\varepsilon}$ 的意义有两重:其一是 $\overline{\varepsilon} = \dfrac{1}{n}\sum\limits_{i=1}^{n}\varepsilon_i$ 为随机误差的算术平均;其二是 $\overline{\varepsilon} = \overline{X} - \mu$,用样本均值估计总体均值,除非 $n = N$,N **为有限总体的个体数**,否则以样本代表总体总会存在差异.

抽样误差是不可观测的随机变量,其大小可由其标准差来度量,记抽样误差的标准差为 SE,也叫标准误,有

$$SE = \sqrt{\text{Var}(\overline{X})}.$$

下面给出 SE 的计算公式.

记盒子模型的总体标准差为 σ,则由 $\sigma = \sqrt{p(1-p)}$ 易知:

当抽样为有放回抽样或虽然是不放回抽样,但抽样数远少于盒子内的标签数时,

$SE = \dfrac{\sqrt{p(1-p)}}{\sqrt{n}}$,其中 $\sigma = \sqrt{p(1-p)}$ 正是样本 X_i 的标准差.

例 7.21 在某大学 10500 个学生的总体中,有 1500 个得了流感. 现在随机不放回地抽取 100 人,观察其中患流感的比率,求样本中患流感学生比率的 SE.

解 注意到总体均值 $p = \dfrac{1500}{10500} = 0.1429$，因而

$$SE = \sqrt{\frac{p(1-p)}{n}} = \sqrt{\frac{0.1429 \times 0.8571}{100}} = 0.0350.$$

这表明学生中得流感比率为 0.1429，也就是 14.29%，而 SE 为 0.0350，因此，样本中可能的流感学生比率为 0.1429，标准误为 0.0350.

例 7.22 某市某车行调研发现，2020 年 10 月黄金周购车人数共 320 名，其中有 80 名购车者购买了 30 万元以上的车. 据此估计该车行销售车价在 30 万元以上的百分数及抽样误差 SE.

解 本例中 p 未知，且 p 正是需要估计的对象. 已知样本均值 $\bar{x} = \dfrac{80}{320} = 0.25$. 因此，$p$ 的估计为 $\hat{p} = 0.25$.

在前面计算 SE 的公式中，用 $\hat{p}$ 代替 p，即得

$$\widehat{SE} = \sqrt{\frac{\hat{p}(1-\hat{p})}{n}} = \sqrt{\frac{0.25 \times 0.75}{320}} \approx 0.0242.$$

因此，该车行销售车价在 30 万元以上的比率估计为 0.25，也就是 25%，标准误为 0.0242.

例 7.23 某市某大学需要调查学生中玩手机游戏的比率，该校注册学生有 10500 名. 今随机抽取 400 人，发现有 53 人玩，试求该校大学生玩手机游戏比率的近似双侧 0.95 置信区间.

解 由于 $n = 400$，$N = 10500$，$\dfrac{n}{N} = 0.0381 < 0.10$，故可将抽样近似看成有放回抽样. 样本均值 $\bar{x} = \dfrac{53}{400} = 0.1325$，$u_{1-\frac{\alpha}{2}}\widehat{SE} = u_{1-\frac{\alpha}{2}}\dfrac{\hat{\sigma}}{\sqrt{n}} = u_{1-\frac{\alpha}{2}}\dfrac{\sqrt{\bar{x}(1-\bar{x})}}{\sqrt{n}}$，计算可得 $u_{1-\frac{\alpha}{2}}\widehat{SE} = 1.96 \times 0.0170 = 0.0333$，从而该比率的近似双侧 0.95 置信区间的观测值为 $[0.0992, 0.1658]$.

这表示，在所有抽样中，约有 95% 的抽样后算出的置信区间能包含玩手机游戏学生的比率，而另外 5% 不包含. 也说明该校大学生中玩手机游戏比率大致在 10% 到 16%.

习题 7.5

1. 为检测某种香烟的尼古丁含量（单位：mg），抽取 100 支香烟，测得尼古丁的平均含量 $\bar{x} = 0.25$，样本方差为 2.25，试求 μ 的近似单侧 0.95 置信上限.

2. 某厂销售部近几天不断接到一些商店的投诉电话或信件,抱怨目前该厂商品的开箱合格率很低,对即将发货的一批 2000 件产品,销售部从中随机抽取 400 件检测,结果发现其中 60 件是不合格的. 问如何计算产品不合格率的双侧 0.99 置信区间?

3. 某市有 100000 个年满 18 岁的居民,他们中已婚的占 60%,年收入超过 25 万元的占 10%,受过高等教育的占 20%. 今从中抽取 1600 人作为随机样本.

(1) 为求"样本中不超过 58% 的人已婚"的比率,需要一个盒子模型,盒中票数应为 1600 还是 100000? 问此比率是多少?

(2) 为求样本中"不少于 11% 的人的年收入超过 25 万元"的比率,需要一个盒子模型,盒中每张票子应该写上人们的收入吗? 试求此比率.

(3) 试求样本中"19%~21% 的人受过高等教育"的比率.

4. 某镇有 25000 户家庭,平均每户拥有汽车 1.2 辆,标准差为 0.90 辆,又这些家庭中的 10% 没有汽车. 今有 1600 户家庭的随机样本,试求:9%~11% 的样本家庭没有汽车的比率.

习题讲解 7-8

*§7.6 两个总体比率差的置信区间

类似于上节的想法,借助于统计量的渐近分布,在样本容量 m, n 较大,且两个样本分别来自于独立的两个总体,总体分布非正态分布时,构造两样本均值差的近似置信区间.

设 $X_1, X_2, \cdots, X_m$ 是取自总体 X 的样本,$Y_1, Y_2, \cdots, Y_n$ 是取自总体 Y 的样本. X 与 Y 相互独立. 设 X 的总体均值 $E(X) \hat{=} \mu_1$,总体方差 $\mathrm{Var}(X) \hat{=} \sigma_1^2$,设 Y 的总体均值 $E(Y) \hat{=} \mu_2$,总体方差 $\mathrm{Var}(Y) \hat{=} \sigma_2^2$. 根据方差已知和未知,分两种情况讨论.

(1) 若 σ_1, σ_2 已知,当样本容量 m, n 较大时,均值差 $\mu_1 - \mu_2$ 的近似双侧 $1-\alpha$ 置信区间为

$$\left[\bar{X} - \bar{Y} - \sqrt{\frac{\sigma_1^2}{m} + \frac{\sigma_2^2}{n}} u_{1-\frac{\alpha}{2}}, \bar{X} - \bar{Y} + \sqrt{\frac{\sigma_1^2}{m} + \frac{\sigma_2^2}{n}} u_{1-\frac{\alpha}{2}} \right].$$

这里利用了 $\dfrac{[\bar{X} - \bar{Y} - (\mu_1 - \mu_2)]}{\sqrt{\dfrac{\sigma_1^2}{m} + \dfrac{\sigma_2^2}{n}}} \xrightarrow{L} N(0,1)$ 这个结果,此处不予证明.

(2) 若 σ_1, σ_2 未知,此时亦有相似结论,即 $\dfrac{[\bar{X} - \bar{Y} - (\mu_1 - \mu_2)]}{\sqrt{\dfrac{S_1^2}{m} + \dfrac{S_2^2}{n}}} \xrightarrow{L} N(0,1)$,因而

可以得到 $\mu_1 - \mu_2$ 的近似双侧 $1-\alpha$ 置信区间为

$$\left[\bar{X} - \bar{Y} - \sqrt{\frac{S_1^2}{m} + \frac{S_2^2}{n}} u_{1-\frac{\alpha}{2}}, \bar{X} - \bar{Y} + \sqrt{\frac{S_1^2}{m} + \frac{S_2^2}{n}} u_{1-\frac{\alpha}{2}} \right].$$

特殊地,若两个总体分布分别为参数 p_1,p_2 的 0-1 分布,则上述近似双侧 $1-\alpha$ 置信区间为

$$\left[\hat{p}_1-\hat{p}_2-\sqrt{\frac{\hat{p}_1(1-\hat{p}_1)}{m}+\frac{\hat{p}_2(1-\hat{p}_2)}{n}}\,u_{1-\frac{\alpha}{2}},\hat{p}_1-\hat{p}_2+\sqrt{\frac{\hat{p}_1(1-\hat{p}_1)}{m}+\frac{\hat{p}_2(1-\hat{p}_2)}{n}}\,u_{1-\frac{\alpha}{2}}\right].$$

这里同样利用了参数为 p 的 0-1 分布的方差为 $p(1-p)$ 这个结论.

利用上面公式,我们可以处理抽样调查中两总体比率差的置信区间.

例 7.24 某市某车行调研发现,2020 年 10 月黄金周购车人数共 320 名,其中有 80 名购车者购买了 30 万元以上的车. 2021 年 10 月黄金周的购车人数共 250 名,其中有 100 名购车者购买了 30 万元以上的车. 试求两年中购车价在 30 万元以上购车者所占比率差的近似双侧 0.95 置信区间.

解 $\hat{p}_1=\dfrac{80}{320}=0.25,\hat{p}_2=\dfrac{100}{250}=0.40,m=320,n=250,u_{1-\frac{\alpha}{2}}=u_{0.975}=1.96.$ 从而有比率差的 95% 近似置信区间为

$$\left[\hat{p}_1-\hat{p}_2\pm u_{1-\frac{\alpha}{2}}\sqrt{\frac{\hat{p}_1(1-\hat{p}_1)}{m}+\frac{\hat{p}_2(1-\hat{p}_2)}{n}}\right]$$

$$=\left[0.25-0.40\pm1.96\times\sqrt{\frac{0.25\times(1-0.25)}{320}+\frac{0.40\times(1-0.40)}{250}}\right]$$

$$=\left[-0.2271,-0.0729\right].$$

也即比率差的 95% 近似置信区间的观测值为 $[-0.2271,-0.0729]$,这说明该车行 2021 年比 2020 年在黄金周有更高比率的购车者购买 30 万元以上的车.

习题 7.6

1. 有甲、乙两台机床加工同类产品,从两台机床加工的产品中各随机抽取若干件,测得产品直径(单位:mm)的样本均值及标准差分别为 $\bar{x}=19.8,s_x=0.37,n_1=100,\bar{y}=20.0,s_Y=0.40,n_2=80.$ 取置信水平 $1-\alpha=0.99$,你能求出 $\mu_1-\mu_2$(即两个总体均值之差)的近似双侧置信区间吗?

2. 某品牌照相机厂为分析其生产的照相机在市场上的竞争能力,委托一个咨询机构进行市场调查,该咨询机构在北京市场上随机抽选了 300 名购买照相机的顾客,其中 100 人购买了该品牌照相机;在广州市场上随机抽选了 500 名购买照相机的顾客,其中 120 人购买了该品牌照相机. 若取置信水平为 0.99,试求两个市场上该品牌照相机市场占有率差异的近似双侧置信区间.

相关数学家及其成就

皮尔逊（Karl Pearson）
（1857—1936）

　　皮尔逊是英国应用数学家、生物统计学家. 1857 年 3 月 27 日生于伦敦, 1936 年 4 月 27 日卒于萨里.

　　皮尔逊继高尔顿之后进一步发展了"回归"与"相关"的理论, 成功地创建了生物统计学, 并得到了"总体"的概念. 他提出统计研究不是研究样本本身, 而是根据样本对总体进行推断. 这种想法导致了拟合优度检验, 这是假设检验的先声. 皮尔逊用微分方程刻画总体分布的特征, 并将这些分布分为若干类型, 然后讨论了样本的频率分布是否拟合这些总体分布, 为了对此进行检验, 他提出了检验拟合优度的 χ^2 统计量, 并证明其极限分布是 χ^2 分布, 从而发展了 χ^2 分布. 他先后提出和发展了"众数""标准差""正态曲线""平均变差""均方根误差"等一系列数理统计学名词和概念.

　　皮尔逊引进了一个现在以他的姓氏命名的分布族, 包括正态分布及现在已知的一些偏分布. 他还引进了一种方法——矩估计法, 用来估计他所引进的分布族中的参数, 这个方法一直是一种重要的参数估计方法. 数学中还有以他的姓氏命名的皮尔逊曲线、皮尔逊统计量等.

　　皮尔逊 1900 年主持创办了著名的《生物统计学》杂志, 他还担任过《优生学记事》的编辑. 他的主要著作有:《科学的基本原理》《对进化论的数学贡献》《统计学家和生物统计学家用表》《死的可能性和进化论的其他研究》《高尔顿的生活、书信和工作》等. 皮尔逊建立了世界上第一个数理统计实验室, 吸引了大批训练有素的数理学家到这个实验室去做研究工作, 培养了不少杰出数理统计学家, 推动了这个学科的发展.

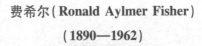

费希尔(Ronald Aylmer Fisher)

(1890—1962)

费希尔是英国统计学家、遗传学家. 1890 年 2 月 17 日生于伦敦,1962 年 7 月 29 日卒于澳大利亚阿德雷德.

费希尔是现代数理统计学的主要奠基人之一,他对现代数理统计的形成和发展作出了重大的贡献。20 世纪 20 年代,他系统地发展了正态总体下统计量的抽样分布,这标志着相关、回归和多元分析等分支的初步建立;1912 年—1925 年,他建立了以最大似然估计为中心的点估计理论;20 世纪 30 年代,他与耶茨合作创立了实验设计,并发展了与这种设计相适应的数据分析方法——方差分析法,这在实用上很重要;他引进了"信任推断法",这种方法不是基于传统的概率思想,但对某些困难的统计问题,特别是著名的贝伦斯-费希尔问题,提供了简单可行的解法;他在假设检验的发展中也起过重要作用. 另外,费希尔发现戈塞特的 t 分布在分析试验结果时十分有用,但戈塞特推导 t 分布的方法是极不完整的,费希尔利用 n 维几何方法(多重积分法)给出了完整的证明.

费希尔还是一位很有建树的遗传学家、优生学家,他是统计遗传学的创始人之一,他用统计方法研究生物学,研究突变、连锁、自然淘汰、近亲婚姻、移居和隔离等因素对总体遗传特性的影响,并作出了贡献.

费希尔发表的近 300 篇论文收集在《费希尔文集》中;他还撰写了多部专著,如《研究人员用统计法》《实验设计法》《统计方法与科学推断》;他还编了《统计表》. 费希尔还是一位杰出的教师,他培养了一批优秀的学生,并形成了一个实力雄厚的学派. 在数学中以他的形式命名的有:费希尔 F 分布、费希尔 Z 分布、费希尔信息量、费希尔信息矩阵、费希尔方程、费希尔不等式、费希尔变换、费希尔距离等.

　　费希尔曾多次获得英国和许多其他国家的荣誉.

 第七章
重难点讲解

 第七章
习题讲解

 第七章
自测题

第八章

假设检验

年轻人更青睐咖啡还是奶茶？新型药物对变异毒株的治疗效果是不是更好？新能源汽车还是传统燃油车更受大众认可？自动驾驶的安全性比人类驾驶的安全性更高吗？喝咖啡真的会骨质疏松吗？类似的问题比比皆是，对此可以采用假设检验方法来做判断.

本章将介绍假设检验的基本原理和方法，包括假设的描述、两类错误、假设检验的过程和方法等内容.

§8.1 假设检验问题

2010 年世界杯最佳"预言帝"章鱼保罗"成功预测"了小组赛德国胜澳大利亚、加纳,输给塞尔维亚的小组赛结果,和 1/8 决赛预测德国胜英格兰,1/4 决赛德国队击败阿根廷队. 紧接着它又"成功预测"半决赛德国对战西班牙告负,三、四名决赛德国击败乌拉圭,最后它"成功预测"了西班牙战胜荷兰夺得世界杯冠军！章鱼保罗 8 次预言 8 次全中,名声大噪成功出圈,带来了无限的商机. 众所周知章鱼一定是没有预测能力的,任何预言都是噱头,是商家借用章鱼来进行的一次非常成功的营销活动. 可以看成是商家进行的魔术表演,商家只是将自己的预测结果通过章鱼保罗的表演展示出来. 那么,为什么人们会认为章鱼保罗有预测能力呢？不妨从假设检验的角度来分析一下：

假设 H_0：章鱼保罗只是随机地从两个箱子中任选其一.

即章鱼不具备任何选择偏好,每次都是随机地选择,则每次"预测"对的概率为 0.5,那么八次都"预测"对的概率为 $0.5^8 = 0.00390625$,这是一个"小概率事件". 而现在这个小概率事件在全世界的球迷面前发生了. 我们之所以认为"章鱼保罗八次都'预测'

对"是小概率事件,是基于假设 H_0 成立这个前提条件得到的. 根据实际推断原理,我们可以认为"章鱼保罗八次都'预测'对"并不是小概率事件,从而,我们可以认为假设 H_0 并不成立,因此不认为章鱼保罗是随机地从两个箱子中任选其一. 当然从理论的角度来说这样的事情也不是绝对不可能发生,所以较科学的说法是,我们宁愿冒着 0.00390625 的风险(这就是后面说的第一类错误)也要否定"章鱼保罗只是随机地从两个箱子中任选其一"的说法.

这就是费希尔给出的假设检验基本的统计思维:即不妨先认为某一假设(记为 H_0)是成立的,如果试验数据呈现出一个与实际推断原理相矛盾的结果,则认为该假设 H_0 不成立,即拒绝假设 H_0,而倾向于与之对立的另外一个假设(记为 H_1)成立. 反之,则不能拒绝假设 H_0.

我们通过下面的一个例子介绍假设检验的一些基本概念.

例 8.1　已知每次体检测量身高(单位:cm),得到的数据都会存在一定误差,设测量值是一个随机变量,服从分布 $N(0,0.25)$. 欢欢同学一直坚定地称自己身高是 180 cm,他在体检时,五次测量数据如下:

$$179.5,\quad 179.3,\quad 179.2,\quad 179.9,\quad 179.6,$$

能否相信欢欢同学的身高是 180 cm?

在这个问题中,设欢欢同学的身高 $X \sim N(\mu,0.25)$,我们要讨论的是欢欢同学的身高是不是 180 cm,即 μ 是否等于 180. 不妨事先提出两个假设,假设一为"欢欢同学的身高是 180 cm",即"$\mu=180$",称其为原假设(零假设),记为 $H_0:\mu=180$;假设二为"欢欢同学的身高不是 180 cm",即"$\mu\neq180$",称其为备择假设(对立假设),记为 $H_1:\mu\neq180$.

我们的任务是利用若干个样本数据信息去判断原假设是否成立. 通过样本对原假设作出"拒绝 H_0"和"不拒绝 H_0"的具体判断,在统计学中称这个过程为对于该假设的检验. 若总体分布类型已知,但存在未知参数,原假设和备择假设是关于总体分布的未知参数的,称为参数假设检验,如上面的例子. 若总体分布类型未知,相应的假设检验称为非参数假设检验,例如:当欢欢同学的身高 X 的分布未知时,要检验欢欢的身高是否服从正态分布;要检验欢欢的身高分布的中位数是否为 180 cm 等都属于非参数假设检验.

一、假设检验的基本步骤

假设检验的基本步骤如下:

1. 设立统计假设

统计假设是关于总体的一种陈述,一般包含原假设 H_0 和备择假设 H_1. 从形式来看,原假设和备择假设是可以互换的,但其实不然,一般认为建立的原假设多多少少是

有一定依据的,通常不能轻易加以否定. 关于总体未知参数 θ 的假设检验问题一般有三种常用的形式:

(Ⅰ) $H_0:\theta=\theta_0\leftrightarrow H_1:\theta\neq\theta_0$,在 θ_0 的两侧讨论与 θ 的可能不同,这样的检验问题也称为双侧检验;

重难点讲解
8-1

(Ⅱ) $H_0:\theta\leq\theta_0\leftrightarrow H_1:\theta>\theta_0$,在 θ_0 的右侧讨论与 θ 的可能不同,这样的检验问题也称为单侧(右侧)检验;

(Ⅲ) $H_0:\theta\geq\theta_0\leftrightarrow H_1:\theta<\theta_0$,在 θ_0 的左侧讨论与 θ 的可能不同,这样的检验问题也称为单侧(左侧)检验.

在上面的三种形式中,备择假设是与原假设完全对立的,因此又可称为对立假设;(Ⅱ)和(Ⅲ)的单侧检验有时也可有如下两种形式:

$$(\text{Ⅱ})H_0:\theta=\theta_0\leftrightarrow H_1:\theta>\theta_0,\quad(\text{Ⅲ})H_0:\theta=\theta_0\leftrightarrow H_1:\theta<\theta_0,$$

此时,备择假设与原假设不是完全对立,也是可以的. 如果我们有很大的把握认为 $\theta\geq\theta_0$,就可以检验假设(Ⅱ)$H_0:\theta=\theta_0\leftrightarrow H_1:\theta>\theta_0$.

2. 给出拒绝域的形式

在例 8.1 中,根据描述,可知欢欢同学的身高测量值 $X\sim N(\mu,0.25)$,共采集了 5 个样本观测值,计算样本均值可得 $\bar{x}=179.5$. 由参数的点估计内容可知,均值 μ 的一个最大似然估计为 $\hat{\mu}=\bar{X}$,一个自然的想法是 $\bar{X}$ 与 180 的偏差不会很大,如果 $\bar{X}$ 与 180 的偏差偏大,就有理由拒绝原假设 $H_0:\mu=180$. 将该想法表述为数学描述:$\{|\bar{X}-180|\geq c\}$ 发生时就拒绝原假设,问题是 c 取何值呢? 在后面详细求解,这里不妨先假定 c 已确定. 记 $W_1=\{(x_1,x_2,\cdots,x_n):|\bar{x}-180|\geq c\}$,称 W_1 为检验问题的拒绝域,当试验采集的样本数据满足 $|\bar{x}-180|\geq c$ 时,即表示样本落在拒绝域 W_1 内,就拒绝原假设 H_0. 记 $W_0=\{(x_1,x_2,\cdots,x_n):|\bar{x}-180|<c\}$,称 W_0 为检验问题的接受域,当试验采集的样本数据满足 $|\bar{x}-180|<c$ 时,即表示样本落在接受域 W_0 内,就不能拒绝原假设 H_0. 这样就大致构成了一个统计上的假设检验全过程.

一般地,在假设检验问题中,首先根据样本提供的信息,给出未知参数 θ 的点估计量 $\hat{\theta}=\hat{\theta}(X_1,X_2,\cdots,X_n)$,基于备择假设的内容,构造拒绝域 W_1 的形式:

若检验问题是双侧检验 $H_0:\theta=\theta_0\leftrightarrow H_1:\theta\neq\theta_0$,则拒绝域 W_1 形如

$$W_1=\{(x_1,x_2,\cdots,x_n):|\hat{\theta}-\theta_0|\geq c\};$$

若检验问题是 $H_0:\theta\leq\theta_0\leftrightarrow H_1:\theta>\theta_0$,则拒绝域 W_1 形如

$$W_1=\{(x_1,x_2,\cdots,x_n):\hat{\theta}-\theta_0\geq c_1\};$$

若检验问题是 $H_0:\theta\geq\theta_0\leftrightarrow H_1:\theta<\theta_0$,则拒绝域 W_1 形如

$$W_1=\{(x_1,x_2,\cdots,x_n):\hat{\theta}-\theta_0\leq c_2\},$$

其中临界值 c, c_1, c_2 待定. 这里值得注意的是, 关于原假设 H_0 的检验, 拒绝域的形式却是考虑有利于备择假设而构造的. 从这里可以看出, 拒绝域 W_1 相当于在样本空间中划分出了一个子集, 当收集了一组样本观测值后, 若样本观测值落在该子集中, 则拒绝 H_0; 反之, 则不拒绝 H_0. 如图 8.1 所示.

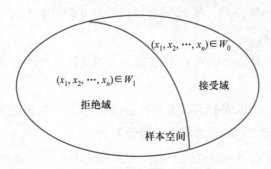

图 8.1 假设检验的拒绝域

因此, 对于一个假设检验问题, 给出一个拒绝域 W_1 就是给出了一个检验规则, 如何建立拒绝域 W_1 成为假设检验的一个关键问题, 这不仅依赖于备择假设是什么, 还需考虑检验结果的评价标准, 为此, 需要介绍假设检验中可能犯的两类错误.

3. 两类错误和显著性水平

一个假设检验通过拒绝域的方式将样本数据的取值范围进行了划分, 通过这种划分, 作出一个决策: 不拒绝 H_0 或拒绝 H_0. 所谓尺有所短寸有所长, 即使有了足够多的样本, 相比总体来说, 样本也仅是其中随机抽取的一部分数据, 基于样本提供的不完全信息对未知的总体参数做出的决策, 总会存在不正确的风险. 所以借助于样本来进行的假设检验可能有四种结果, 具体内容见下表 8.1.

表 8.1 假设检验的两类错误

检验带来的后果		根据样本观测值所得的结论	
		当 $(x_1, x_2, \cdots, x_n) \in W_0$ 时, 不拒绝 H_0	当 $(x_1, x_2, \cdots, x_n) \in W_1$ 时, 拒绝 H_0
总体分布的实际情况 (未知)	H_0 成立	判断正确	犯第一类错误
	H_0 不成立	犯第二类错误	判断正确

其中**第一类错误**(又称为**弃真错误**)即原假设 H_0 原本是正确的, 而样本观测值 $(x_1, x_2, \cdots, x_n) \in W_1$, 于是错误地做出了拒绝原假设 H_0 的决定; **第二类错误**(又称为**取伪错误**)即原假设 H_0 原本是不正确的, 而 $(x_1, x_2, \cdots, x_n) \notin W_1$, 于是错误地做出了不拒绝原假设 H_0 的决定. 犯两类错误的大小用概率来衡量, 犯第一类错误的概率为 $P($拒绝原假设 $| H_0$ 成立$) = P((X_1, X_2, \cdots, X_n) \in W_1 | H_0$ 成立$)$, 也称它为检验的 I 类风险; 犯

第二类错误的概率为 $P($不拒绝原假设$|H_1$ 成立$)=P((X_1,X_2,\cdots,X_n)\notin W_1|H_1$ 成立$)$,也称它为检验的 Ⅱ 类风险.

虽然我们希望犯两类错误的概率都尽可能地小,但事与愿违,一般来说,样本容量 n 确定后,当犯第一类错误的概率变小时,犯第二类错误的概率就会变大,我们以正态总体 $X\sim N(\mu,1)$ 的参数 μ 的检验为例:检验 $H_0:\mu=0\leftrightarrow H_1:\mu>0$,拒绝域 $W_1=\left\{(x_1,x_2,\cdots,x_n):\bar{x}\geq\dfrac{1}{\sqrt{n}}u_{1-\alpha}\right\}$. 该检验犯两类错误的概率见图 8.2 所示,其中左边曲线是 H_0 成立时 $\bar{X}$ 的密度函数图形,而右边曲线表示 H_1 成立时 $\bar{X}$ 的密度函数图形. 显然,在样本容量 n 给定时,当犯第一类错误的概率变小时,犯第二类错误的概率变大;反之亦然. 从这个例子我们能看出:在样本容量给定的条件下,两个概率中一个数值减小必然导致另一个增大,也就是说不可能找到一个能同时让犯两类错误的概率都小的检验. 由于犯第二类错误的概率较犯第一类错误的概率在很多时候是不容易求出的,一般的做法是:保证犯第一类错误的概率不超过事先设定的 α,称 α 为**显著性水平**,满足上述要求的检验称为**显著性水平 α 的检验**. 最常用的选择是 $\alpha=0.05$,有时也选择 $0.1,0.01$ 或其他相对较小的值. 由定义可知,显著性水平 α 的检验只保证犯第一类错误的概率不超过 α,而没有对犯第二类错误的概率大小作出数量表示,这就是为什么通常要将不想轻易被否定的假设作为原假设. 使用显著性检验时,原假设和备择假设的地位是不平等的,原假设成立时原假设被拒绝的概率很小,因此,原假设不会被轻易拒绝. 若原假设在受到如此保护的条件下最终检验结论仍为拒绝原假设 H_0,则可以认为结论是比较可靠的,因此,当检验结果是拒绝原假设时,称检验结果**显著**. 当显著性水平 $\alpha=0.05$ 时拒绝原假设,称检验结果**一般显著**;当 $\alpha\leq0.01$ 时拒绝原假设,则称检验结果**高度显著**.

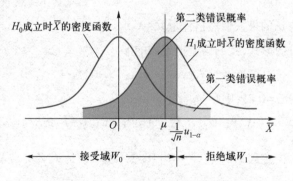

图 8.2 犯两类错误的概率的示意图

例 8.2 设总体 X 服从正态分布 $N(\mu,1)$,其中 μ 为未知参数,$X_1,X_2,\cdots,X_{16}$ 是取自该总体的样本. 关于正态总体 $N(\mu,1)$ 的参数 μ 的检验问题为检验 $H_0:\mu=0\leftrightarrow H_1:\mu>0$,对某一拒绝域 $W_1=\{(x_1,x_2,\cdots,x_{16}):\bar{x}\geq0.49\}$,试写出该检验犯第一类错误的概

率,并在 $\mu = 0.5$ 时计算犯第二类错误的概率.

解　检验问题为 $H_0 : \mu = 0 \leftrightarrow H_1 : \mu > 0$.

由定理 6.6(1)知 $\overline{X} \sim N\left(\mu, \dfrac{1}{n}\right)$,当 H_0 成立时,$\overline{X} \sim N\left(0, \dfrac{1}{16}\right)$,犯第一类错误的

概率

$$P((X_1, X_2, \cdots, X_{16}) \in W_1 \,|\, H_0 \text{ 成立})$$

$$= P(\overline{X} \geqslant 0.49 \,|\, \mu = 0) = 1 - \Phi\left(\frac{0.49}{\sqrt{\dfrac{1}{16}}}\right) = 1 - \Phi(1.96) = 0.025.$$

当 H_1 成立即 $\mu = 0.5$ 时,$\overline{X} \sim N\left(0.5, \dfrac{1}{16}\right)$,犯第二类错误的概率

$$P((X_1, X_2, \cdots, X_{16}) \in W_0 \,|\, H_1 \text{ 成立})$$

$$= P(\overline{X} < 0.49 \,|\, \mu = 0.5) = \Phi\left(\frac{0.49 - 0.5}{\sqrt{\dfrac{1}{16}}}\right) = \Phi(-0.04) = 0.4840.$$

4. 构造检验统计量,确定临界值

在确定了显著性水平 α 后,通过 $P((X_1, X_2, \cdots, X_n) \in W_1 \,|\, H_0 \text{ 成立}) \leqslant \alpha$ 就可以确定拒绝域中的临界值 c 了.

通过下面的例子来介绍具体步骤.

例 8.3　设总体 X 服从正态分布 $N(\mu, 1)$,其中 μ 为未知参数,$X_1, X_2, \cdots, X_n$ 是取自该总体的样本,对于假设检验问题 $H_0 : \mu = 0 \leftrightarrow H_1 : \mu \neq 0$,在显著性水平 $\alpha = 0.05$ 下,求该检验问题的拒绝域.

解　未知参数 μ 的最大似然估计量 $\hat{\mu} = \overline{X}$.

根据备择假设的形式,我们构造拒绝域的形式

$$W_1 = \{(x_1, x_2, \cdots, x_n) : |\overline{x} - 0| \geqslant c\}.$$

对给定显著性水平 $\alpha = 0.05$,则

$$P((X_1, X_2, \cdots, X_n) \in W_1 \,|\, H_0 \text{成立}) = P(|\overline{X}| \geqslant c \,|\, H_0 \text{成立}) = \alpha = 0.05.$$

考虑当 H_0 成立时,由定理 6.6(1),$\overline{X} \sim N\left(0, \dfrac{1}{n}\right)$,将 $\overline{X}$ 改造成 $Z = \sqrt{n}\,\overline{X} \sim N(0, 1)$,故最终的拒绝域为

$$W_1 = \left\{(x_1, x_2, \cdots, x_n) : |z| \geqslant u_{1-\alpha/2}\right\} = \left\{(x_1, x_2, \cdots, x_n) : |\overline{x}| \geqslant \frac{1}{\sqrt{n}} u_{1-\frac{\alpha}{2}}\right\}.$$

从上述过程可以看出,为了精确求出临界值 c 的值,我们构造了检验统计量 Z,它

在原假设 H_0 下的分布是完全已知的或可以计算的,称符合这个要求的统计量为检验统计量,检验的名称可以由检验统计量服从的分布来命名,例如这里 Z 服从标准正态分布,故该检验又称为 **Z-检验**.

综上所述,在给定显著性水平 α 下,求拒绝域 W_1 的一般步骤如下:

(1)建立针对未知参数 θ 的原假设 H_0 和备择假设 H_1;

(2)给出未知参数 θ 的点估计 $\hat{\theta}(X_1, X_2, \cdots, X_n)$;

(3)根据备择假设 H_1 的实际意义,构造一个拒绝域的表达形式(通常由一个或两个不等式组成);

(4)构造检验统计量 $T = \varphi(\hat{\theta})$,要求当 H_0 成立时 T 的分布的分位数易求得(通常检验统计量 T 服从常用分布,其分位数可以通过查表或计算机软件得到.);

(5)根据检验需满足 $P((X_1, X_2, \cdots, X_n) \in W_1 \mid H_0 \text{成立}) \leqslant \alpha$ 来确定拒绝域 W_1 中不等式所含的待定常数.

二、p 值与统计显著性

上述求拒绝域 W_1 的一般步骤给出的假设检验的方法,就是根据原假设与备择假设给出拒绝域的形式,再根据显著性水平确定临界值,完成拒绝域的构造. 一旦样本构造的检验统计量观测值落入拒绝域内就拒绝原假设,而并不关心检验统计量观测值具体的大小. 直观地想,检验统计量的观测值(在拒绝域内)离临界值越远,拒绝原假设的把握越大,拒绝的理由越充分,检验越显著. 如何来衡量这一个把握的程度呢?可以采用 p 值.

给定样本观测值 $(x_1, x_2, \cdots, x_n)$,由检验统计量 T 给出的拒绝域下做出拒绝原假设 H_0 的最小显著性水平称为这个**检验的 p 值**.

p 值检验法和显著性水平检验法的关系是:若记显著性水平为 α,当 p 值 $\leqslant \alpha$,则在显著性水平 α 下拒绝原假设 H_0;反之,若 p 值 $> \alpha$,则在显著性水平 α 下不拒绝原假设 H_0. 通常当 $0.01 < p$ 值 $\leqslant 0.05$ 时,称结果一般显著;当 p 值 $\leqslant 0.01$ 时,称结果高度显著.

在例 8.3 中,给出的检验问题的拒绝域为 $W_1 = \{(x_1, x_2, \cdots, x_n) : |\sqrt{n}\,\bar{x}| \geqslant u_{1-\alpha/2}\}$. 若取显著性水平 $\alpha = 0.05$,根据观测得 16 个观测值,计算得 $\bar{x} = 0.72$,采用拒绝域的检验方式,可知拒绝域为 $W_1 = \{(x_1, x_2, \cdots, x_{16}) : |4\bar{x}| \geqslant 1.96\}$,显然 $\bar{x} = 0.72$ 落在拒绝域 W_1 内,因此可以做出拒绝原假设的决定. 事实上,当 H_0 成立时,$\bar{X} \sim N\left(0, \dfrac{1}{16}\right)$,可计算

$$p \text{ 值} = P(|\bar{X}| \geqslant 0.72 \mid H_0 \text{ 成立}) = 2\left[1 - \Phi\left(\frac{0.72 - 0}{0.25}\right)\right] = 0.004.$$

见图 8.3,显然 p 值比显著性水平 α 提供了更多的信息,根据 p 值,可以知道在任何给定显著性水平下的检验结果是否显著,例如在本例的显著性水平 $\alpha = 0.05$ 假定下,检验结果是显著的;但若显著性水平 $\alpha = 0.001$,则不显著. 因为显著性水平变小,会导致检验的拒绝域变小,原本落在拒绝域内的数据可能落到了接受域内,因而导致更不容易拒绝 H_0. 显然同一个问题,在不同的显著性水平下可能会得到不同的结论,这就给实际工作带来一定的困扰,因此换一个角度,给出 p 值,由使用者自己决定以多大的显著性水平来拒绝原假设.

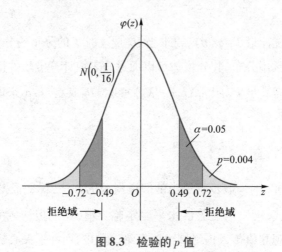

图 8.3　检验的 p 值

习题 8.1

1. 某制药厂进行有关疫苗效果的研究,个体接受疫苗注射后的抗体持续时间用 X 表示. 假定 X 服从正态分布,需了解疫苗有效期是否能持续 1 年以上,请构造原假设和备择假设,并给出两类错误.

2. 某教改政策实施后,学校要考察高中学生的课后作业是否显著减少,用学生每天的夜间睡眠时间 X 表示,假设规定高中生每天的夜间睡眠时间应达到 8 h,请构造原假设和备择假设,并给出两类错误.

习题讲解
8-1

3. 假设有一关于本科毕业生继续深造比率的讨论,记本科毕业生继续深造比率为 p,有人提出如下假设检验问题 $H_0 : p \leqslant 0.5 \leftrightarrow H_1 : p > 0.5$,基于样本数据,请判断下列决策是否有错误,分别是哪一类错误?

（1）最后做出拒绝原假设,而事实上,真值 $p = 0.4$;

（2）最后做出接受原假设,而事实上,真值 $p = 0.7$.

4. 请问第一类错误和第二类错误的区别是什么?

5. 设 $X_1, X_2, \cdots, X_{25}$ 为来自正态分布 $N(\mu, 1)$ 的样本,检验假设

$$H_0 : \mu = 0 \leftrightarrow H_1 : \mu = 1,$$

拒绝域为 $W_1 = \{(x_1, x_2, \cdots, x_{25}) : \bar{x} \geqslant 0.465\}$. 求

（1）此检验犯两类错误的概率；

（2）若要使检验犯第一类错误的概率不大于 0.001，样本容量最少取多少？

（3）该检验的 p 值有多大？

6. 设 $(X_1, X_2, \cdots, X_4)$ 为来自 0-1 分布总体的样本，检验假设

$$H_0: p = 0.4 \leftrightarrow H_1: p = 0.6,$$

拒绝域为 $W_1 = \{(x_1, x_2, \cdots, x_4): \bar{x} \geqslant 0.7\}$，求此检验犯两类错误的概率.

7. 设样本 X（容量为 1）来自具有概率密度 $f(x)$ 的总体，今有关于总体的假设：

$$H_0: X \sim E(1) \leftrightarrow H_1: X \sim E(2),$$

检验的拒绝域为 $W_1 = \{x: x \geqslant 4\}$，试求该检验犯两类错误的概率.

习题讲解

8-2

§8.2　正态总体均值和方差的假设检验

本节对单正态总体和双正态总体的均值和方差的各种检验分别进行讨论.

一、单正态总体均值的假设检验

设 $X_1, X_2, \cdots, X_n$ 是取自正态总体 $X \sim N(\mu, \sigma^2)$ 的样本，考虑如下三种关于均值 μ 的检验问题：

$$H_0: \mu = \mu_0 \leftrightarrow H_1: \mu \neq \mu_0,$$
$$H_0: \mu \leqslant \mu_0 \leftrightarrow H_1: \mu > \mu_0,$$
$$H_0: \mu \geqslant \mu_0 \leftrightarrow H_1: \mu < \mu_0,$$

其中 μ_0 是已知常数. 同置信区间求解过程相似，由于正态分布中有两个参数 μ 和 σ^2，σ^2 是否已知对均值 μ 的检验是有影响的. 下面就 σ^2 已知和 σ^2 未知两种情况分别展开讨论.

1. 方差 σ^2 已知时，均值 μ 的 Z-检验

明确原假设 H_0 和备择假设 H_1. 以如下双侧检验为例：

$$H_0: \mu = \mu_0 \leftrightarrow H_1: \mu \neq \mu_0,$$

其中 μ_0 已知.

给出 μ 的一个点估计 $\hat{\mu} = \bar{X}$. 从直观上看，由于备择假设 $H_1: \mu \neq \mu_0$ 分散在两侧，故当 $|\bar{X} - \mu_0|$ 偏大到一定程度时与 H_0 背离，应该拒绝原假设 H_0，假设存在一个临界值 c，拒绝域的形式为

$$W_1 = \{(x_1, x_2, \cdots, x_n): |\bar{x} - \mu_0| \geqslant c\}.$$

对给定显著性水平 α，要求犯第一类错误的概率

$$P\{|\overline{X}-\mu_0|\geqslant c\,|\,H_0\,\text{成立}\}=\alpha.$$

构造检验统计量 Z,当原假设 H_0 成立时,由定理 6.6(1)知,

$$Z=\frac{\sqrt{n}\,(\overline{X}-\mu_0)}{\sigma}\sim N(0,1),$$

则犯第一类错误概率可等价转化为

$$P\{|\overline{X}-\mu_0|\geqslant c\,|\,H_0\,\text{成立}\}=P\{|Z|\geqslant c^*\,|\,H_0\,\text{成立}\}=\alpha.$$

此处,$c^*=u_{1-\alpha/2}$,拒绝域的完整表达式为

$$W_1=\{(x_1,x_2,\cdots,x_n):|z|\geqslant u_{1-\alpha/2}\}=\left\{(x_1,x_2,\cdots,x_n):\left|\frac{\sqrt{n}\,(\overline{x}-\mu_0)}{\sigma}\right|\geqslant u_{1-\alpha/2}\right\},$$

其中 u_α 表示标准正态分布的 α 分位数,如图 8.4 所示.

基于数据,算出 Z 的观测值 z,若 $z\in W_1$,则拒绝原假设 H_0,否则,不拒绝 H_0.

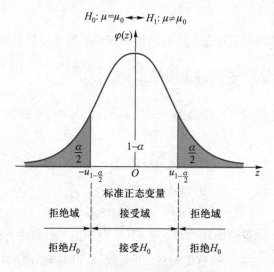

图 8.4 正态总体均值的双侧检验

上述过程中的检验为双侧检验问题,若换成如下单侧检验问题:

$$H_0:\mu\leqslant\mu_0\leftrightarrow H_1:\mu>\mu_0,$$

则检验的讨论过程完全相似,但在构造拒绝域时,由于备择假设是 $H_1:\mu>\mu_0$,故仅考虑当 $\overline{X}$ 偏大到一定程度时与 H_0 背离,应该拒绝原假设 H_0,假设存在一个临界值 c,拒绝域的形式为 $W_1=\{(x_1,x_2,\cdots,x_n):\overline{x}-\mu_0\geqslant c\}$. 对给定显著性水平 α,要求犯第一类错误的概率 $P\{\overline{X}\geqslant c\,|\,H_0\,\text{成立}\}=\alpha$,检验统计量仍为 $Z=\dfrac{\sqrt{n}\,(\overline{X}-\mu_0)}{\sigma}$,拒绝域完整表达式为

$$W_1=\{(x_1,x_2,\cdots,x_n):z\geqslant u_{1-\alpha}\}=\left\{(x_1,x_2,\cdots,x_n):\frac{\sqrt{n}\,(\overline{x}-\mu_0)}{\sigma}\geqslant u_{1-\alpha}\right\}.$$

事实上,

$$P\left\{\frac{\sqrt{n}(\overline{X}-\mu_0)}{\sigma}\geqslant u_{1-\alpha}\,|\,H_0成立\right\}=P\left\{\frac{\sqrt{n}(\overline{X}-\mu)}{\sigma}-\frac{\sqrt{n}(\mu_0-\mu)}{\sigma}\geqslant u_{1-\alpha}\,|\,H_0成立\right\}$$

$$=P\left\{\frac{\sqrt{n}(\overline{X}-\mu)}{\sigma}\geqslant u_{1-\alpha}+\frac{\sqrt{n}(\mu_0-\mu)}{\sigma}\,|\,H_0成立\right\}\leqslant P\left\{\frac{\sqrt{n}(\overline{X}-\mu)}{\sigma}\geqslant u_{1-\alpha}\,|\,H_0成立\right\}=\alpha.$$

同理,对单侧检验问题 $H_0:\mu\geqslant\mu_0\leftrightarrow H_1:\mu<\mu_0$,拒绝域完整表达式为

$$W_1=\left\{(x_1,x_2,\cdots,x_n):z\leqslant-u_{1-\alpha}\right\}=\left\{(x_1,x_2,\cdots,x_n):\frac{\sqrt{n}(\overline{x}-\mu_0)}{\sigma}\leqslant-u_{1-\alpha}\right\}.$$

例8.4 在自动流水线上封装茶叶以制作某袋装茶叶,在正常工作情况下,每袋茶叶的质量(单位:g)$X\sim N(250,25)$. 为了检查自动流水线工作是否正常,随机抽取了9袋样品,测得它们的均值 $\overline{x}=242$ g,试问此时自动流水线的工作是否正常? 即能否认为该自动流水线上封装的一袋茶叶的质量平均值仍然是 250 g? 假定标准差保持不变,仍然是 5 g,显著性水平 α 取为 0.05.

解 设原假设与备择假设分别为

$$H_0:\mu=250\leftrightarrow H_1:\mu\neq250,$$

由于 $\sigma^2=25$ 已知,所以构造检验统计量 $Z=\dfrac{3(\overline{X}-250)}{5}$,这是个双侧检验,故拒绝域为
$W_1=\{(x_1,x_2,\cdots,x_n):|z|\geqslant u_{1-\alpha/2}\}$. 临界值 $u_{0.975}=1.96$,计算检验统计量 Z 的观测值 z,有

$$|z|=\left|\frac{3\times(242-250)}{5}\right|=|-4.8|>1.96,$$

因而拒绝 H_0,即认为自动流水线工作发生了异常,需及时维修.

2. 方差 σ^2 未知时,均值 μ 的 t-检验

在实际应用中,参数 σ^2 常常是未知的,此时,不能采用 Z-检验,需要用样本方差 S^2 来替代 σ^2,从而得到检验统计量

$$T=\frac{\sqrt{n}(\overline{X}-\mu_0)}{S},$$

对双侧检验问题

$$H_0:\mu=\mu_0\leftrightarrow H_1:\mu\neq\mu_0,$$

当 H_0 成立时,由定理 6.7 得到 $T\sim t(n-1)$,类似方差 σ^2 已知时的推导,可得检验问题的拒绝域

$$W_1=\left\{(x_1,x_2,\cdots,x_n):|t|\geqslant t_{1-\alpha/2}(n-1)\right\},$$

其中 $t=\dfrac{\sqrt{n}(\overline{x}-\mu_0)}{s}$. 由于在该检验中的检验统计量 T 服从 t 分布,故称这样的检验为

t-检验.

对单侧(右侧)检验问题

$$H_0:\mu\leqslant\mu_0\leftrightarrow H_1:\mu>\mu_0,$$

拒绝域为

$$W_1=\{(x_1,x_2,\cdots,x_n):t\geqslant t_{1-\alpha}(n-1)\};$$

对单侧(左侧)检验问题

$$H_0:\mu\geqslant\mu_0\leftrightarrow H_1:\mu<\mu_0,$$

拒绝域为

$$W_1=\{(x_1,x_2,\cdots,x_n):t\leqslant -t_{1-\alpha}(n-1)\}.$$

例 8.5　设乐乐同学的一千米跑成绩平均水平为 210 s. 乐乐假期在家休息了 2 个月之后,开学回到学校参加社团跑步活动,近 9 次成绩如下:

229.4,　220.9,　220.2,　216.9,　220.5,　222.8,　222.0,　215.9,　218.6.

假设成绩服从正态分布,能否认为乐乐同学保持了原有平均水平($\alpha=0.05$)?

解　原假设与备择假设分别为

$$H_0:\mu\leqslant 210\leftrightarrow H_1:\mu>210,$$

由于 σ 未知,故采用 t-检验,拒绝域为 $W_1=\{(x_1,x_2,\cdots,x_n):t\geqslant t_{1-\alpha}(n-1)\}.$

计算可得 $\overline{x}=220.8,s=3.9357$,检验统计量的观测值为

$$t=\frac{3(\overline{x}-210)}{s}=8.2323,$$

临界值 $c=t_{1-\alpha}(n-1)=t_{0.95}(8)=1.8595.$ 因 $t>c$,故拒绝原假设 H_0,即认为乐乐同学的一千米跑水平下降了,有待加强训练!

表 8.2　单正态总体均值的假设检验汇总

检验参数		原假设与备择假设	检验统计量	拒绝域 W_1
均值 μ	σ^2 已知	$H_0:\mu=\mu_0\leftrightarrow H_1:\mu\neq\mu_0$	当 $\mu=\mu_0$ 时, $Z=\dfrac{\sqrt{n}(\overline{X}-\mu_0)}{\sigma}\sim N(0,1)$	$\left\|\dfrac{\sqrt{n}(\overline{x}-\mu_0)}{\sigma}\right\|\geqslant u_{1-\frac{\alpha}{2}}$
		$H_0:\mu\leqslant\mu_0\leftrightarrow H_1:\mu>\mu_0$.		$\dfrac{\sqrt{n}(\overline{x}-\mu_0)}{\sigma}\geqslant u_{1-\alpha}$
		$H_0:\mu\geqslant\mu_0\leftrightarrow H_1:\mu<\mu_0$		$\dfrac{\sqrt{n}(\overline{x}-\mu_0)}{\sigma}\leqslant -u_{1-\alpha}$
	σ^2 未知	$H_0:\mu=\mu_0\leftrightarrow H_1:\mu\neq\mu_0$	当 $\mu=\mu_0$ 时, $T=\dfrac{\sqrt{n}(\overline{X}-\mu_0)}{S}\sim t(n-1)$	$\left\|\dfrac{\sqrt{n}(\overline{x}-\mu_0)}{s}\right\|\geqslant t_{1-\frac{\alpha}{2}}(n-1)$
		$H_0:\mu\leqslant\mu_0\leftrightarrow H_1:\mu>\mu_0$		$\dfrac{\sqrt{n}(\overline{x}-\mu_0)}{s}\geqslant t_{1-\alpha}(n-1)$
		$H_0:\mu\geqslant\mu_0\leftrightarrow H_1:\mu<\mu_0$		$\dfrac{\sqrt{n}(\overline{x}-\mu_0)}{s}\leqslant -t_{1-\alpha}(n-1)$

二、单正态总体方差的假设检验

设 $X_1, X_2, \cdots, X_n$ 是取自正态总体 $X \sim N(\mu, \sigma^2)$ 的样本, μ 是否已知对 σ^2 的检验也是有影响的. 由于在实际情况中, 我们通常假定 μ 是未知的, σ^2 的估计通常采用 σ^2 的无偏估计样本方差 S^2.

考虑方差 σ^2 的双侧检验问题:

$$H_0 : \sigma^2 = \sigma_0^2 \leftrightarrow H_1 : \sigma^2 \neq \sigma_0^2,$$

其中 σ_0^2 是已知常数. 根据备择假设的内容, 无论 S^2 比 σ_0^2 偏大太多还是偏小太多都应该拒绝原假设, 考虑到 σ^2 的非负性, 拒绝域的形式表示为

$$W_1 = \left\{ (x_1, x_2, \cdots, x_n) : \frac{S^2}{\sigma^2} \geq c_1 \text{ 或 } \frac{S^2}{\sigma^2} \leq c_2 \right\}.$$

对给定显著性水平 α, 要求犯第一类错误的概率

$$P \left\{ \frac{S^2}{\sigma^2} \geq c_1 \text{ 或 } \frac{S^2}{\sigma^2} \leq c_2 \mid H_0 \text{成立} \right\} = \alpha.$$

当原假设 H_0 成立时, 由定理 6.6(2) 得到, 检验统计量

$$\chi^2 = \frac{(n-1)S^2}{\sigma_0^2} = \frac{\sum_{i=1}^{n} (X_i - \overline{X})^2}{\sigma_0^2} \sim \chi^2(n-1).$$

则犯第一类错误的概率可等价转化为

$$P\{\chi^2 \geq c_1^* \text{ 或 } \chi^2 \leq c_2^* \mid H_0 \text{成立}\} = \alpha,$$

此处, $c_1^* = \chi_{1-\frac{\alpha}{2}}^2(n-1), c_2^* = \chi_{\frac{\alpha}{2}}^2(n-1)$, 拒绝域的完整表达式为

$$W_1 = \{ (x_1, x_2, \cdots, x_n) : \chi^2 \geq \chi_{1-\frac{\alpha}{2}}^2(n-1) \text{ 或 } \chi^2 \leq \chi_{\frac{\alpha}{2}}^2(n-1) \},$$

其中 $\chi^2 = \frac{(n-1)s^2}{\sigma_0^2}$. 由于在该检验中的检验统计量服从 χ^2 分布, 故称这样的检验为 χ^2-检验.

同理可得, 方差 σ^2 的单侧(右侧)检验问题

$$H_0 : \sigma^2 \leq \sigma_0^2 \leftrightarrow H_1 : \sigma^2 > \sigma_0^2,$$

拒绝域的完整表达式为

$$W_1 = \{ (x_1, x_2, \cdots, x_n) : \chi^2 \geq \chi_{1-\alpha}^2(n-1) \},$$

其中 $\chi^2 = \frac{(n-1)s^2}{\sigma_0^2}$.

方差 σ^2 的单侧(左侧)检验问题:

$$H_0 : \sigma^2 \geq \sigma_0^2 \leftrightarrow H_1 : \sigma^2 < \sigma_0^2,$$

拒绝域的完整表达式为

$$W_1 = \left\{ (x_1, x_2, \cdots, x_n) : \chi^2 \leqslant \chi^2_\alpha (n-1) \right\},$$

其中 $\chi^2 = \dfrac{(n-1)s^2}{\sigma_0^2}$.

例 8.6 一位心理研究人员要研究青年人的心理健康与睡眠时间长短的关系,发现心理健康程度除了与每天的睡眠时间长短有关,还取决于每天是否规律地在某个时间段入睡. 研究人员随机地采集了某受试者 25 天的入睡时间点,其样本方差为 225,假设常态的入睡时间点 X 服从方差为 100 的正态分布,问受试者的入睡时间波动性是否明显异于常规(取显著性水平为 0.05)?

解 要检验假设: $H_0: \sigma^2 = 100 \leftrightarrow H_1: \sigma^2 \neq 100$. 拒绝域为

$$W_1 = \left\{ (x_1, x_2, \cdots, x_n) : \chi^2 \geqslant \chi^2_{1-\frac{\alpha}{2}} (n-1) \ \text{或} \ \chi^2 \leqslant \chi^2_{\frac{\alpha}{2}} (n-1) \right\}.$$

根据数据资料计算可得,检验统计量的观测值为 $\chi^2 = \dfrac{(n-1)s^2}{\sigma_0^2} = \dfrac{24 \times 225}{100} = 54$. 查表可得 $\chi^2_{0.975}(24) = 39.3641$, $\chi^2_{0.025}(24) = 12.4012$, $\chi^2 = 54 > 39.3641$,说明样本落在拒绝域内,故拒绝原假设 H_0,即受试者的入睡时间点差异很大,建议规律作息.

表 8.3 单正态总体方差的假设检验汇总

检验参数		原假设与备择假设	检验统计量	拒绝域 W_1
方差 σ^2	μ 已知	$H_0: \sigma^2 = \sigma_0^2 \leftrightarrow H_1: \sigma^2 \neq \sigma_0^2$	当 $\sigma^2 = \sigma_0^2$ 时, $\chi^2 = \dfrac{\sum\limits_{i=1}^n (X_i - \mu)^2}{\sigma_0^2} \sim$ $\chi^2(n)$	$\dfrac{\sum\limits_{i=1}^n (x_i - \mu)^2}{\sigma_0^2} \leqslant \chi^2_{\frac{\alpha}{2}}(n)$ 或 $\dfrac{\sum\limits_{i=1}^n (x_i - \mu)^2}{\sigma_0^2} \geqslant \chi^2_{1-\frac{\alpha}{2}}(n)$
		$H_0: \sigma^2 \leqslant \sigma_0^2 \leftrightarrow H_1: \sigma^2 > \sigma_0^2$		$\dfrac{\sum\limits_{i=1}^n (x_i - \mu)^2}{\sigma_0^2} \geqslant \chi^2_{1-\alpha}(n)$
		$H_0: \sigma^2 \geqslant \sigma_0^2 \leftrightarrow H_1: \sigma^2 < \sigma_0^2$		$\dfrac{\sum\limits_{i=1}^n (x_i - \mu)^2}{\sigma_0^2} \leqslant \chi^2_{\alpha}(n)$
	μ 未知	$H_0: \sigma^2 = \sigma_0^2 \leftrightarrow H_1: \sigma^2 \neq \sigma_0^2$	当 $\sigma^2 = \sigma_0^2$ 时, $\chi^2 = \dfrac{\sum\limits_{i=1}^n (X_i - \bar{X})^2}{\sigma_0^2} \sim$ $\chi^2(n-1)$	$\dfrac{\sum\limits_{i=1}^n (x_i - \bar{x})^2}{\sigma_0^2} \leqslant \chi^2_{\frac{\alpha}{2}}(n-1)$ 或 $\dfrac{\sum\limits_{i=1}^n (x_i - \bar{x})^2}{\sigma_0^2} \geqslant \chi^2_{1-\frac{\alpha}{2}}(n-1)$
		$H_0: \sigma^2 \leqslant \sigma_0^2 \leftrightarrow H_1: \sigma^2 > \sigma_0^2$		$\dfrac{\sum\limits_{i=1}^n (x_i - \bar{x})^2}{\sigma_0^2} \geqslant \chi^2_{1-\alpha}(n-1)$
		$H_0: \sigma^2 \geqslant \sigma_0^2 \leftrightarrow H_1: \sigma^2 < \sigma_0^2$		$\dfrac{\sum\limits_{i=1}^n (x_i - \bar{x})^2}{\sigma_0^2} \leqslant \chi^2_{\alpha}(n-1)$

习题 8.2

1. 在正态总体 $N(\mu,\sigma^2)$ 中抽取了 16 个样品, 计算得 $\overline{x}=5$.

(1) 当 $\sigma^2=1$ 时, 试检验假设 $H_0:\mu=5.5\leftrightarrow H_1:\mu<5.5$ (取显著性水平 $\alpha=0.01$);

(2) 当 $s^2=1$ 时, 试检验假设 $H_0:\mu=5.5\leftrightarrow H_1:\mu<5.5$ (取显著性水平 $\alpha=0.01$);

(3) 计算 (1) 中的检验在 $\mu=5$ 时犯第二类错误的概率.

习题讲解 8-3

2. 某新能源汽车厂声称, 该厂的新能源车在一定的操作和一定的环境条件下续航里程可达 600 km, 假定续航里程服从正态分布, 现随机跟踪了 16 辆新车的续航里程, 其平均续航里程为 549 km, 标准差为 14 km. 试检验该厂商的声称是否合理 (显著性水平 $\alpha=0.05$).

3. 设参加概率论与数理统计课程考试的考生成绩服从分布 $N(\mu,100)$ (单位: 分), 从中随机抽取 100 位考生的成绩, 算出 $\overline{x}=78$ (分), 问在显著性水平 $\alpha=0.05$ 下可否认为考生的平均成绩 $\mu=80$?

4. 自从开通了地铁 10 号线以后, 沿线周边的居民改用绿色出行替代私家车出行, 大大缓解了交通拥堵程度, 原来经过沿线某路段平均需要 10 min, 现随机采集了 64 辆经过该路段的车辆的驶入和驶出时间, 测得平均经过时长为 6 min, 标准差为 2 min, 能否认为地铁的开通确实缓解了交通拥堵程度? (取显著性水平 $\alpha=0.05$)

5. 某企业想了解员工们上下班往返花在路途上的平均时间是否超过 2 h, 抽样测得 100 个员工的平均时间为 138 min, 标准差为 20 min. 试问能否认为每天通勤时间超过 2 h? (取显著性水平 $\alpha=0.05$)

§8.3 双正态总体均值差和方差比的假设检验

在两个独立正态总体的假设检验问题中, 我们通常感兴趣的是比较两个总体的均值与方差, 例如男、女性每天平均睡眠时间是否一致? 在睡眠时间上男、女性谁更规律? 也就是要对均值差 $\mu_1-\mu_2$ 和方差比 $\dfrac{\sigma_1^2}{\sigma_2^2}$ 做假设检验. 同单正态总体的假设检验一样, 关于两个总体的未知参数的检验问题都有一对原假设和备择假设, 同样也存在双侧和单侧假设检验, 单侧检验根据备择假设可以分成右侧检验和左侧检验. 在考查均值差的假设检验问题时还需分方差已知或未知两种情况, 在考察方差比的假设检验问题时需分均值已知或未知两种情况.

设 $X_1,X_2,\cdots,X_m$ 为取自总体 $N(\mu_1,\sigma_1^2)$ 的样本, $Y_1,Y_2,\cdots,Y_n$ 为取自总体 $N(\mu_2,\sigma_2^2)$ 的样本, 且 $X_1,X_2,\cdots,X_m,Y_1,Y_2,\cdots,Y_n$ 相互独立. 显著性水平为 α, 记 $\overline{X}=$

$$\frac{1}{m}\sum_{i=1}^{m}X_i,\ \overline{Y}=\frac{1}{n}\sum_{i=1}^{n}Y_i,\ S_X^2=\frac{1}{m-1}\sum_{i=1}^{m}(X_i-\overline{X})^2,\ S_Y^2=\frac{1}{n-1}\sum_{i=1}^{n}(Y_i-\overline{Y})^2,\ S_w^2=$$

$$\frac{1}{m+n-2}\left[\sum_{i=1}^{m}(X_i-\overline{X})^2+\sum_{i=1}^{n}(Y_i-\overline{Y})^2\right]=\frac{1}{m+n-2}\left[(m-1)S_X^2+(n-1)S_Y^2\right].$$

一、双正态总体均值差 $\mu_1-\mu_2$ 的假设检验

1. 方差 σ_1^2,σ_2^2 已知时，均值差 $\mu_1-\mu_2$ 的 Z-检验

考虑双侧检验问题：$H_0:\mu_1-\mu_2=0\leftrightarrow H_1:\mu_1-\mu_2\neq0$. 取 $\mu_1-\mu_2$ 的最大似然估计为 $\overline{X}-\overline{Y}$，显然，当原假设 H_0 成立时，$|\overline{X}-\overline{Y}|$ 取值应较小，根据备择假设的直观含义，拒绝域的形式为

$$W_1=\{(x_1,x_2,\cdots,x_m,y_1,y_2,\cdots,y_n):|\overline{x}-\overline{y}|\geq c\}.$$

对给定显著性水平 α，要求第一类错误概率

$$P\{|\overline{X}-\overline{Y}|\geq c\mid H_0\ 成立\}=\alpha.$$

构造检验统计量 $Z=\dfrac{\overline{X}-\overline{Y}}{\sqrt{\dfrac{\sigma_1^2}{m}+\dfrac{\sigma_2^2}{n}}}$，当 $H_0:\mu_1-\mu_2=0$ 成立时，由定理 6.8(1) 知，$Z\sim N(0,1)$，

犯第一类错误的概率可等价转化为

$$P\{|\overline{X}-\overline{Y}|\geq c\mid H_0\ 成立\}=P\{|Z|\geq c^*\mid H_0\ 成立\}=\alpha.$$

此处，$c^*=u_{1-\alpha/2}$，拒绝域的完整表达式为

$$W_1=\{(x_1,x_2,\cdots,x_m,y_1,y_2,\cdots,y_n):|z|\geq u_{1-\alpha/2}\}$$

$$=\left\{(x_1,x_2,\cdots,x_m,y_1,y_2,\cdots,y_n):\frac{|\overline{x}-\overline{y}|}{\sqrt{\dfrac{\sigma_1^2}{m}+\dfrac{\sigma_2^2}{n}}}\geq u_{1-\alpha/2}\right\}.$$

类似可得，对单侧（右侧）检验 $H_0:\mu_1-\mu_2\leq0\leftrightarrow H_1:\mu_1-\mu_2>0$，拒绝域的完整表达式为

$$W_1=\left\{(x_1,x_2,\cdots,x_m,y_1,y_2,\cdots,y_n):\frac{\overline{x}-\overline{y}}{\sqrt{\dfrac{\sigma_1^2}{m}+\dfrac{\sigma_2^2}{n}}}\geq u_{1-\alpha}\right\}.$$ 对单侧（左侧）检验 $H_0:\mu_1-\mu_2$

$\geq0\leftrightarrow H_1:\mu_1-\mu_2<0$，拒绝域的完整表达式为

$$W_1=\left\{(x_1,x_2,\cdots,x_m,y_1,y_2,\cdots,y_n):\frac{\overline{x}-\overline{y}}{\sqrt{\dfrac{\sigma_1^2}{m}+\dfrac{\sigma_2^2}{n}}}\leq -u_{1-\alpha}\right\}.$$

例 **8.7** 某钣金车间用 A,B 两台不同激光打孔仪器加工同样的零件,现从两台激光打孔仪器加工的零件中随机地抽取一些样品,测得他们的内径数据(单位:μm)如下:

激光打孔仪器 A:20.5,19.8,19.7,20.4,20.1,20.0,19.0,19.9;

激光打孔仪器 B:19.7,20.8,20.5,19.8,19.4,20.6,19.2.

假定零件的内径 X,Y 分别服从正态分布 $N(\mu_1,\sigma_1^2)$ 和 $N(\mu_2,\sigma_2^2)$,且 $\sigma_1^2=\sigma_2^2=0.25$,给定显著性水平 $\alpha=0.05$,试问这两台激光打孔仪器加工的零件内径有无显著性差异?

解 建立原假设和备择假设: $H_0:\mu_1-\mu_2=0\leftrightarrow H_1:\mu_1-\mu_2\neq0$,拒绝域为

$$W_1=\left\{(x_1,x_2,\cdots,x_m,y_1,y_2,\cdots,y_n):\frac{|\bar{x}-\bar{y}|}{\sqrt{\dfrac{\sigma_1^2}{m}+\dfrac{\sigma_2^2}{n}}}\geq u_{1-\alpha/2}\right\}.$$

今 $\alpha=0.05,m=8,n=7,\sigma_1^2=\sigma_2^2=0.25$,计算可得 $\bar{x}=19.925,\bar{y}=20$,而 $u_{0.975}=1.96$,$|z|=$

$$\frac{|\bar{x}-\bar{y}|}{\sqrt{\dfrac{\sigma_1^2}{m}+\dfrac{\sigma_2^2}{n}}}=\frac{|19.925-20|}{\sqrt{\dfrac{0.25}{8}+\dfrac{0.25}{7}}}=0.2898<u_{0.975}=1.96$$,因此不能拒绝 H_0,即认为两台激

光打孔仪器加工的零件内径无显著性差异.

2. $\sigma_1^2=\sigma_2^2=\sigma^2$ **未知时,** $\mu_1-\mu_2$ **的** t**-检验**

在实际应用中,通常参数 σ_1^2,σ_2^2 是未知的,但假定 $\sigma_1^2=\sigma_2^2=\sigma^2$,$\sigma^2$ 未知. 取参数 σ^2 的一个无偏估计 $S_w^2=\dfrac{1}{m+n-2}[(m-1)S_X^2+(n-1)S_Y^2]$,$Z=\dfrac{\bar{X}-\bar{Y}}{\sigma\sqrt{\dfrac{1}{m}+\dfrac{1}{n}}}$ 不能作为检

验统计量. 因为 σ 未知,故用 S_w 代替 σ,从而得到检验统计量为 $T=\dfrac{\bar{X}-\bar{Y}}{S_w\sqrt{\dfrac{1}{m}+\dfrac{1}{n}}}$.

对双侧检验问题

$$H_0:\mu_1-\mu_2=0\leftrightarrow H_1:\mu_1-\mu_2\neq0,$$

当 $H_0:\mu_1-\mu_2=0$ 成立时,由定理 6.8(4)知,$T\sim t(m+n-2)$. 拒绝域为

$$W_1=\{(x_1,x_2,\cdots,x_m,y_1,y_2,\cdots,y_n):|t|\geq t_{1-\alpha/2}(m+n-2)\},$$

其中 t 是检验统计量 $T=\dfrac{\bar{X}-\bar{Y}}{S_w\sqrt{\dfrac{1}{m}+\dfrac{1}{n}}}$ 的观测值.

类似可得,对单侧(右侧)检验 $H_0:\mu_1-\mu_2\leq0\leftrightarrow H_1:\mu_1-\mu_2>0$,拒绝域为

$$W_1 = \left\{ (x_1, x_2, \cdots, x_m, y_1, y_2, \cdots, y_n) : t \geqslant t_{1-\alpha}(m+n-2) \right\}.$$

对单侧(左侧)检验 $H_0 : \mu_1 - \mu_2 \geqslant 0 \leftrightarrow H_1 : \mu_1 - \mu_2 < 0$,拒绝域为

$$W_1 = \left\{ (x_1, x_2, \cdots, x_m, y_1, y_2, \cdots, y_n) : t \leqslant -t_{1-\alpha}(m+n-2) \right\}.$$

例 8.8 某英语社团为了比较 a,b 两种学习方法对英语学习的帮助,找了 20 名同学做了一个教学实验,其中 10 名同学用 a 方法学习,另外 10 名同学用 b 方法学习,一个学期后,这 20 名同学的大学英语四级考试成绩(单位:分)如下:

a 方法:537,455,486,521,464,517,505,493,532,482;

b 方法:557,538,530,552,549,532,589,592,539,511.

假设两组学生的成绩 X, Y 分别服从正态分布 $N(\mu_1, \sigma_1^2)$ 和 $N(\mu_2, \sigma_2^2)$,$\sigma_1^2 = \sigma_2^2$ 未知,能否认为两种学习方法的效果一样?(显著性水平 $\alpha = 0.05$)

解 建立原假设和备择假设 $H_0 : \mu_1 - \mu_2 = 0 \leftrightarrow H_1 : \mu_1 - \mu_2 \neq 0$,拒绝域为

$$W_1 = \left\{ (x_1, x_2, \cdots, x_m, y_1, y_2, \cdots, y_n) : \frac{|\bar{x} - \bar{y}|}{s_w \sqrt{\dfrac{1}{m} + \dfrac{1}{n}}} \geqslant t_{1-\frac{\alpha}{2}}(m+n-2) \right\}.$$

今 $\alpha = 0.05, m = n = 10$,计算可得 $\bar{x} - \bar{y} = -49.70$,$s_w = 26.7379$,查表知分位数 $t_{0.975}(18) = 2.1009$,代入得检验统计量的观测值

$$t = \frac{-49.70}{26.7379 \sqrt{\dfrac{1}{10} + \dfrac{1}{10}}} \approx -4.1564,$$

$|t| = 4.1564 > t_{0.975}(18) = 2.1009$,因此拒绝 H_0,即认为两种学习方法对英语成绩的提升有显著性差异.

表 8.4　两个正态总体均值差的假设检验汇总

检验参数		原假设与备择假设	检验统计量	拒绝域 W_1
均值差 $\mu_1 - \mu_2$	σ_1^2, σ_2^2 已知	$H_0 : \mu_1 - \mu_2 = 0 \leftrightarrow H_1 : \mu_1 - \mu_2 \neq 0$	当 $\mu_1 = \mu_2$ 时,$Z = \dfrac{\bar{X} - \bar{Y}}{\sqrt{\dfrac{\sigma_1^2}{m} + \dfrac{\sigma_2^2}{n}}} \sim N(0,1)$	$\dfrac{|\bar{x} - \bar{y}|}{\sqrt{\dfrac{\sigma_1^2}{m} + \dfrac{\sigma_2^2}{n}}} \geqslant u_{1-\frac{\alpha}{2}}$
		$H_0 : \mu_1 - \mu_2 \leqslant 0 \leftrightarrow H_1 : \mu_1 - \mu_2 > 0$		$\dfrac{\bar{x} - \bar{y}}{\sqrt{\dfrac{\sigma_1^2}{m} + \dfrac{\sigma_2^2}{n}}} \geqslant u_{1-\alpha}$
		$H_0 : \mu_1 - \mu_2 \geqslant 0 \leftrightarrow H_1 : \mu_1 - \mu_2 < 0$		$\dfrac{\bar{x} - \bar{y}}{\sqrt{\dfrac{\sigma_1^2}{m} + \dfrac{\sigma_2^2}{n}}} \leqslant -u_{1-\alpha}$

检验参数		原假设与备择假设	检验统计量	拒绝域 W_1
均值差 $\mu_1-\mu_2$	$\sigma_1^2=\sigma_2^2=\sigma^2$ 未知	$H_0:\mu_1-\mu_2=0\leftrightarrow H_1:\mu_1-\mu_2\neq0$	当 $\mu_1=\mu_2$ 时,$T=\dfrac{\overline{X}-\overline{Y}}{S_w\sqrt{\frac{1}{m}+\frac{1}{n}}}\sim t(m+n-2)$	$\dfrac{|\bar{x}-\bar{y}|}{s_w\sqrt{\frac{1}{m}+\frac{1}{n}}}\geq t_{1-\frac{\alpha}{2}}(m+n-2)$
		$H_0:\mu_1-\mu_2\leq0\leftrightarrow H_1:\mu_1-\mu_2>0$		$\dfrac{\bar{x}-\bar{y}}{s_w\sqrt{\frac{1}{m}+\frac{1}{n}}}\geq t_{1-\alpha}(m+n-2)$
		$H_0:\mu_1-\mu_2\geq0\leftrightarrow H_1:\mu_1-\mu_2<0$		$\dfrac{\bar{x}-\bar{y}}{s_w\sqrt{\frac{1}{m}+\frac{1}{n}}}\leq -t_{1-\alpha}(m+n-2)$

二、双正态总体方差比 $\dfrac{\sigma_1^2}{\sigma_2^2}$ 的假设检验

在实际问题中,当处理两样本均值差的检验问题时,首先要检验两总体方差是否相等(齐性),再进行两总体均值的比较. 若在一定的显著性水平下,检验结果为两总体方差相等,则可以采用 t-检验来比较两总体的均值,否则需采用大样本 Z-检验来比较两总体的均值.

假定 μ_1,μ_2 均是未知的,考虑关于 σ_1^2,σ_2^2 的双侧检验问题

$$H_0:\frac{\sigma_1^2}{\sigma_2^2}=1\leftrightarrow H_1:\frac{\sigma_1^2}{\sigma_2^2}\neq1.$$

σ_1^2,σ_2^2 的无偏估计分别为样本方差 S_X^2,S_Y^2. 不妨取 $\dfrac{S_X^2}{S_Y^2}$ 作为 $\dfrac{\sigma_1^2}{\sigma_2^2}$ 的点估计,根据备择假设的直观含义,拒绝域的形式为

$$W_1=\left\{(x_1,x_2,\cdots,x_m,y_1,y_2,\cdots,y_n):\frac{s_X^2}{s_Y^2}\leq c_1 \text{ 或 } \frac{s_X^2}{s_Y^2}\geq c_2\right\}.$$

取 $F=\dfrac{S_X^2/\sigma_1^2}{S_Y^2/\sigma_2^2}$,当 H_0 成立时,由定理 6.8(2)知,$F=\dfrac{S_X^2}{S_Y^2}\sim F(m-1,n-1)$,$F$ 为检验统计量,因此检验的拒绝域为

$$W_1=\left\{(x_1,x_2,\cdots,x_m,y_1,y_2,\cdots,y_n):\frac{s_X^2}{s_Y^2}\leq F_{\alpha/2}(m-1,n-1) \text{ 或 } \frac{s_X^2}{s_Y^2}\geq F_{1-\alpha/2}(m-1,n-1)\right\}.$$

由于在该检验中的检验统计量服从 F 分布,故称这样的检验为 F-检验.

类似可得,单侧(右侧)检验 $H_0:\dfrac{\sigma_1^2}{\sigma_2^2}\leq1\leftrightarrow H_1:\dfrac{\sigma_1^2}{\sigma_2^2}>1$ 的拒绝域为

$$W_1 = \left\{ (x_1, x_2, \cdots, x_m, y_1, y_2, \cdots, y_n) : \frac{s_X^2}{s_Y^2} \geq F_{1-\alpha}(m-1, n-1) \right\}.$$

单侧(左侧)检验 $H_0 : \dfrac{\sigma_1^2}{\sigma_2^2} \geq 1 \leftrightarrow H_1 : \dfrac{\sigma_1^2}{\sigma_2^2} < 1$ 的拒绝域为

$$W_1 = \left\{ (x_1, x_2, \cdots, x_m, y_1, y_2, \cdots, y_n) : \frac{s_X^2}{s_Y^2} \leq F_{\alpha}(m-1, n-1) \right\}.$$

例 8.9 从某锡矿的南北两支矿脉中,各抽取了样本容量分别为 9 和 8 的样品进行测试,得样品含锡量平均值(单位:品位,%)和样本方差分别如下:$\bar{x} = 0.23$,$\bar{Y} = 0.269$,$s_X^2 = 0.1337$,$s_Y^2 = 0.1736$,$s_W^2 = 0.1523$. 假设南北两支矿脉中的含锡量均服从正态分布,问这南北两支矿脉中的平均含锡量有无显著差异? 取显著性水平为 0.10.

解 设 X 为南支矿脉中的含锡量,Y 为北支矿脉中的含锡量,$X_1, X_2, \cdots, X_9, Y_1, Y_2, \cdots, Y_8$ 分别是来自总体 X 及总体 Y 的样本,$X \sim N(\mu_1, \sigma_1^2)$,$Y \sim N(\mu_2, \sigma_2^2)$. 由题意可知这是一个要求检验两个总体均值是否相等的问题,且关于这两个总体的方差未知,但并没有明确告知方差是否相等,为此先做一个关于两个总体的方差是否相等的假设检验,即检验

$$H_0 : \frac{\sigma_1^2}{\sigma_2^2} = 1 \leftrightarrow H_1 : \frac{\sigma_1^2}{\sigma_2^2} \neq 1.$$

只有当该检验的原假设没有被拒绝的前提下,才能继续用 t-检验的方法做均值差的假设检验问题.

注意到检验问题的拒绝域为

$$W_1 = \left\{ (x_1, x_2, \cdots, x_m, y_1, y_2, \cdots, y_n) : \frac{s_X^2}{s_Y^2} \leq F_{\alpha/2}(m-1, n-1) \text{ 或 } \frac{s_X^2}{s_Y^2} \geq F_{1-\alpha/2}(m-1, n-1) \right\},$$

显著性水平 $\alpha = 0.10$,则 $F_{0.05}(8, 7) = 0.2857$,$F_{0.95}(8, 7) = 3.73$,计算检验统计量 $F = \dfrac{S_X^2}{S_Y^2}$ 的观测值为 $F = \dfrac{0.1337}{0.1736} = 0.7702$,介于 $F_{0.05}(8, 7) = 0.2857$ 和 $F_{0.95}(8, 7) = 3.73$ 之间,因而不能拒绝 H_0,即可以认为 $\sigma_1^2 = \sigma_2^2$.

因此,可在方差未知但相等的条件下检验假设 $H_0' : \mu_1 - \mu_2 = 0 \leftrightarrow H_1' : \mu_1 - \mu_2 \neq 0$,拒绝域为 $W_1 = \left\{ (x_1, x_2, \cdots, x_m, y_1, y_2, \cdots, y_n) : \dfrac{|\bar{x} - \bar{y}|}{s_w \sqrt{\dfrac{1}{m} + \dfrac{1}{n}}} \geq t_{1-\frac{\alpha}{2}}(m+n-2) \right\}$. 经计算可得,

检验统计量 T 的观测值 $t = \dfrac{0.23 - 0.269}{\sqrt{0.1523} \times \sqrt{\dfrac{1}{9} + \dfrac{1}{8}}} = -0.2056$,查表可得 $t_{0.975}(15) =$

2.1314，所以 $|t|<2.1314$，数据不落在拒绝域内，因此不能拒绝 H_0'，即认为南北两支矿脉中的平均含锡量无显著差异.

本题主要是关于均值 $\mu_1=\mu_2$ 的检验，但是要求 $\sigma_1^2=\sigma_2^2$，所以在对均值检验之前，需先对两个总体的方差是否相等做检验.

表 8.5 两个正态总体方差比的假设检验汇总

检验参数	原假设与备择假设	检验统计量	拒绝域 W_1
方差比 $\dfrac{\sigma_1^2}{\sigma_2^2}$ μ_1,μ_2 已知	$H_0:\dfrac{\sigma_1^2}{\sigma_2^2}=1 \leftrightarrow H_1:\dfrac{\sigma_1^2}{\sigma_2^2}\neq 1$	当 $\sigma_1^2=\sigma_2^2$ 时， $F=\dfrac{\dfrac{\sum_{i=1}^{m}(X_i-\mu_1)^2}{m}}{\dfrac{\sum_{i=1}^{n}(Y_i-\mu_2)^2}{n}}\sim$ $F(m,n)$	$\dfrac{\dfrac{\sum_{i=1}^{m}(x_i-\mu_1)^2}{m}}{\dfrac{\sum_{i=1}^{n}(y_i-\mu_2)^2}{n}}\geqslant F_{1-\frac{\alpha}{2}}(m,n)$ 或 $\dfrac{\dfrac{\sum_{i=1}^{m}(x_i-\mu_1)^2}{m}}{\dfrac{\sum_{i=1}^{n}(y_i-\mu_2)^2}{n}}\leqslant F_{\frac{\alpha}{2}}(m,n)$
	$H_0:\dfrac{\sigma_1^2}{\sigma_2^2}\leqslant 1 \leftrightarrow H_1:\dfrac{\sigma_1^2}{\sigma_2^2}>1$		$\dfrac{\dfrac{\sum_{i=1}^{m}(x_i-\mu_1)^2}{m}}{\dfrac{\sum_{i=1}^{n}(y_i-\mu_2)^2}{n}}\geqslant F_{1-\alpha}(m,n)$
	$H_0:\dfrac{\sigma_1^2}{\sigma_2^2}\geqslant 1 \leftrightarrow H_1:\dfrac{\sigma_1^2}{\sigma_2^2}<1$		$\dfrac{\dfrac{\sum_{i=1}^{m}(x_i-\mu_1)^2}{m}}{\dfrac{\sum_{i=1}^{n}(y_i-\mu_2)^2}{n}}\leqslant F_{\alpha}(m,n)$
μ_1,μ_2 未知	$H_0:\dfrac{\sigma_1^2}{\sigma_2^2}=1 \leftrightarrow H_1:\dfrac{\sigma_1^2}{\sigma_2^2}\neq 1$	当 $\sigma_1^2=\sigma_2^2$ 时， $F=\dfrac{\dfrac{\sum_{i=1}^{m}(X_i-\overline{X})^2}{m-1}}{\dfrac{\sum_{i=1}^{n}(Y_i-\overline{Y})^2}{n-1}}$ $=\dfrac{S_X^2}{S_Y^2}\sim F(m-1,n-1)$	$\dfrac{s_X^2}{s_Y^2}\geqslant F_{1-\frac{\alpha}{2}}(m-1,n-1)$ 或 $\dfrac{s_X^2}{s_Y^2}\leqslant F_{\frac{\alpha}{2}}(m-1,n-1)$
	$H_0:\dfrac{\sigma_1^2}{\sigma_2^2}\leqslant 1 \leftrightarrow H_1:\dfrac{\sigma_1^2}{\sigma_2^2}>1$		$\dfrac{s_X^2}{s_Y^2}\geqslant F_{1-\alpha}(m-1,n-1)$
	$H_0:\dfrac{\sigma_1^2}{\sigma_2^2}\geqslant 1 \leftrightarrow H_1:\dfrac{\sigma_1^2}{\sigma_2^2}<1$		$\dfrac{s_X^2}{s_Y^2}\leqslant F_{\alpha}(m-1,n-1)$

习题讲解
8-4

习题 8.3

1. 在漂白工艺中要考察温度对某种针织品的断裂强力的影响,在 70 ℃ 和 80 ℃ 下分别做了 6 次试验,测得断裂强力数据(单位:kg)如下:

70 ℃:34　35　39　32　33　34;

80 ℃:29　27　32　33　28　31.

设 70 ℃ 和 80 ℃ 下的针织品断裂强力分别服从正态分布 $N(\mu_1, \sigma^2)$ 和 $N(\mu_2, \sigma^2)$. 试问在这两种温度下的断裂强力有无显著差异?（显著性水平 $\alpha = 0.05$）

2. 为比较两种品牌电池质量,两种品牌电池各买 10 个,测得电压(单位:V)如下:

a 品牌:1.5, 1.45, 1.49, 1.44, 1.5, 1.45, 1.46, 1.42, 1.51, 1.48;

b 品牌:1.49, 1.37, 1.47, 1.38, 1.48, 1.48, 1.38, 1.27, 1.48, 1.47.

能否认为这两种品牌电池电压的方差没有差异?

3. 甲乙两家不同的公司生产同一种汽车零配件,假设零件的直径(单位:mm)服从正态分布,分别从这两公司的成品仓库随机地抽取 8 个和 10 个产品,测得它们的直径分别为

甲公司:19.5, 19.8, 20.6, 20.1, 19.9, 20.3, 20.5, 20.0;

乙公司:19.9, 19.9, 19.9, 19.8, 20.4, 19.9, 20.2, 19.6, 20.1, 20.4.

请问这两家公司生产的汽车零配件直径是否有明显差异?

4. 设随机变量 X 与 Y 相互独立,都服从正态分布,分别为 $N(\mu_1, \sigma_1^2)$, $N(\mu_2, \sigma_2^2)$, $\mu_1, \mu_2, \sigma_1^2, \sigma_2^2$ 都未知,现有样本观测值 $(x_1, x_2, \cdots, x_{16})$ 和 $(y_1, y_2, \cdots, y_{10})$,由数据算得:$\sum_{i=1}^{16} x_i = 84$, $\sum_{i=1}^{10} y_i = 18$, $\sum_{i=1}^{16} x_i^2 = 563$, $\sum_{i=1}^{10} y_i^2 = 72$,在显著性水平 $\alpha = 0.05$ 下,检验 $H_0: \sigma_1^2 \leq \sigma_2^2 \leftrightarrow H_1: \sigma_1^2 > \sigma_2^2$.

§8.4　总体比率的假设检验

总体比率 p 为研究所关注的某事件发生的概率,例如研究生入学的升学率,二胎出生率,雨天高速公路的事故率,肺癌 5 年内的死亡率等,也可视作伯努利试验中某事件发生的概率,即为 0-1 分布 $B(1,p)$ 中的参数 p.

设 $X_1, X_2, \cdots, X_n$ 为取自总体 $X \sim B(1,p)$ 的样本,p 未知,先考虑单侧(右侧)检验问题

$$H_0: p = p_0 \leftrightarrow H_1: p > p_0,$$

易知,$X_1, X_2, \cdots, X_n$ 相互独立且都服从分布 $B(1,p)$,p 的最大似然估计为 $\bar{X}$,$n\bar{X} = \sum_{i=1}^{n} X_i \sim B(n,p)$,结合备择假设的具体含义,一个自然的想法是当 $\sum_{i=1}^{n} X_i$ 偏大时应拒

绝原假设 H_0,因此拒绝域的形式可为

$$W_1 = \left\{ (x_1, x_2, \cdots, x_n) : \sum_{i=1}^{n} x_i \geq c \right\}.$$

对给定显著性水平 α,要求犯第一类错误的概率

$$P\left(\sum_{i=1}^{n} X_i \geq c \mid H_0 \text{ 成立} \right) \leq \alpha.$$

由于原假设 H_0 成立时 $\sum_{i=1}^{n} X_i \sim B(n, p_0)$,由上式可求得满足条件的最小的 c 值,若由样本观测值得到 $\sum_{i=1}^{n} x_i \geq c$,则拒绝原假设 H_0.

事实上,确定拒绝域中的 c 值的大小要依赖于样本容量、原假设中的 p_0 和显著性水平 α,比较繁琐,不易求得,故改用 p 值法,检验过程则更为简捷. 当原假设 H_0 成立时,$\sum_{i=1}^{n} X_i \sim B(n, p_0)$,计算检验的 p 值

$$p \text{ 值} = P\left(\sum_{i=1}^{n} X_i \geq \sum_{i=1}^{n} x_i \right),$$

将 p 值与事先给定的显著性水平 α 比较,若 p 值 $\leq \alpha$,则拒绝原假设.

对于单侧(左侧)检验问题 $H_0:p \geq p_0 \leftrightarrow H_1:p < p_0$,$p$ 值 $= P\left(\sum_{i=1}^{n} X_i \leq \sum_{i=1}^{n} x_i \right)$. 对双侧检验问题 $H_0:p = p_0 \leftrightarrow H_1:p \neq p_0$,$p$ 值 $= 2 \min \left\{ P\left(\sum_{i=1}^{n} X_i \geq \sum_{i=1}^{n} x_i \right), P\left(\sum_{i=1}^{n} X_i \leq \sum_{i=1}^{n} x_i \right) \right\}$.

例 8.10 据统计,小学生近视率高达 20%,这一现象引起了广泛的关注,政府出台了多项措施来降低小学生的近视率. 经过 2 年的实施,有人认为小学生近视率不超过 10%. 为了验证这些措施的有效性,随机抽取了 100 名小学生,其中有 15 个近视,据此能否认为这些措施是有效的?(显著性水平 α 取 0.05)

解 由题意,建立原假设和备择假设

$$H_0:p \leq 0.1 \leftrightarrow H_1:p > 0.1.$$

设 $\sum_{i=1}^{100} X_i \sim B(100, 0.1)$,$p$ 值 $= P\left(\sum_{i=1}^{100} X_i \geq 15 \right) = 0.072573 > 0.05$,其中 0.072573 可由 Excel 中的 BINOM. DIST 函数直接算得,所以不能拒绝 H_0,认为措施是有效的,降低了小学生的近视率.

实际中,当 n 很大时即使用 p 值法,计算仍然不太方便,而此时常常可以采用大样本检验,即当 np 和 $n(1-p)$ 都大于 5 时,$\sum_{i=1}^{n} X_i$ 的分布近似为正态分布,记 $\hat{p} = \dfrac{\sum_{i=1}^{n} X_i}{n}$,

可以构造 $Z = \dfrac{\hat{p} - p}{\sqrt{\dfrac{p(1-p)}{n}}}$，对于双侧检验问题 $H_0 : p = p_0 \leftrightarrow H_1 : p \neq p_0$，当原假设 H_0 成立时，

由棣莫弗-拉普拉斯中心极限定理，检验统计量 $Z = \dfrac{\hat{p} - p_0}{\sqrt{\dfrac{p_0(1-p_0)}{n}}} \overset{\text{近似}}{\sim} N(0,1)$. 拒绝域为

$$W_1 = \left\{ (x_1, x_2, \cdots, x_n) : \dfrac{|\hat{p} - p_0|}{\sqrt{\dfrac{p_0(1-p_0)}{n}}} \geqslant u_{1-\alpha/2} \right\}.$$ 对于单侧（左侧）检验问题 $H_0 : p \geqslant p_0 \leftrightarrow$

$H_1 : p < p_0$，拒绝域为 $W_1 = \left\{ (x_1, x_2, \cdots, x_n) : \dfrac{\hat{p} - p_0}{\sqrt{\dfrac{p_0(1-p_0)}{n}}} \leqslant -u_{1-\alpha} \right\}$；对于单侧（右侧）检

验问题 $H_0 : p \leqslant p_0 \leftrightarrow H_1 : p > p_0$，拒绝域为 $W_1 = \left\{ (x_1, x_2, \cdots, x_n) : \dfrac{\hat{p} - p_0}{\sqrt{\dfrac{p_0(1-p_0)}{n}}} \geqslant u_{1-\alpha} \right\}$.

例 8.11 消费者投诉热线接到群众电话投诉称，某快递公司经常遗失客户的包裹，而且断定遗失率高达 5% 以上. 现随机抽取 400 份通过该快递公司寄送的包裹单，发现其中有 15 单包裹遗失，这能否证明群众的投诉是合理的？（给定显著性水平 $\alpha = 0.05$）

解 由题意，建立原假设和备择假设

$$H_0 : p \geqslant 0.05 \leftrightarrow H_1 : p < 0.05.$$

包裹遗失率 p 的估计值为 $\hat{p} = \dfrac{15}{400} = 0.0375$，拒绝域为

$$W_1 = \left\{ (x_1, x_2, \cdots, x_n) : \dfrac{\hat{p} - p_0}{\sqrt{\dfrac{p_0(1-p_0)}{n}}} \leqslant -u_{1-\alpha} \right\}.$$

计算检验统计量的观测值 $z = \dfrac{\hat{p} - p_0}{\sqrt{\dfrac{p_0(1-p_0)}{n}}} = \dfrac{0.0375 - 0.05}{\sqrt{\dfrac{0.05 * 0.95}{400}}} = -1.1471$，查表得

$u_{0.05} = -1.645$，由于 $z = -1.1471 > -1.645$，所以不能拒绝 H_0，也即可以认为该快递平台的遗失率确实不低于 5%.

再来看一个有趣的现象，若在本例中，建立原假设和备择假设如下：

$$H_0 : p \leqslant 0.05 \leftrightarrow H_1 : p > 0.05.$$

此时,拒绝域为 $W_1 = \left\{ (x_1, x_2, \cdots, x_n) : \dfrac{\hat{p} - p_0}{\sqrt{\dfrac{p_0(1-p_0)}{n}}} \geq u_{1-\alpha} \right\}$. 显然检验统计量的观测值

$z = -1.1471 < u_{0.95} = 1.645$,所以不能拒绝 H_0,也即认为该快递公司的遗失率并没有高于 5%.

　　同一个问题,同一批样本信息,只是将原假设和备择假设互换了一下顺序,得到了两个截然相反的结论,究其原因,在显著性检验中原假设受到了保护,显著性检验只保证当原假设成立时,拒绝原假设的概率不超过 α,而对原假设不成立时,错误地接受原假设的概率没有作出任何数量上的约束,即若以 $H_0 : p \geq 0.05 \leftrightarrow H_1 : p < 0.05$ 来进行检验,表示当遗失率确实是高于 5% 而错误地认为遗失率低于 5% 的概率不超过 0.05,可以看出这样的检验保护了消费者的利益. 而若以 $H_0 : p \leq 0.05 \leftrightarrow H_1 : p > 0.05$ 来进行检验,表示当遗失率确实是不高于 5% 而错误地认为遗失率高于 5% 的概率不超过 0.05,可以看出这样的检验保护了快递公司的利益. 因此,我们在确定原假设和备择假设的时候,需先考虑究竟要保护哪方的利益,即哪一种错误风险希望被严格控制.

习题 8.4

　　1. 为了研究大货车司机在驾驶车辆过程中疲劳驾驶的频率,在全国范围内随机选取了 1165 个司机作为样本,通过在驾驶室安装的检测装置发现,其中有 35 位驾驶员在驾驶过程中出现疲劳驾驶情况,用 p 值法检验司机疲劳驾驶的真实比率 p 是否等于 0.02?(显著性水平 α 取 0.05)

　　2. 公司生产的产品合格率一直保持在 95% 以上,近期对该厂生产的该类产品抽查 10 件,发现有 8 件合格品,能否认为这批产品的合格率也保持在 95% 以上?(显著性水平 α 取 0.05)

　　3. 某家电企业生产了一种新型扫地机器人,厂家声称市场上已有 10% 以上的家庭正在使用这一产品. 市场抽样调查人员在消费者群体中随机抽选了一个由 300 个家庭组成的随机样本,发现有 20 个家庭使用这一产品. 这些数据是否为证实厂家的说法提供了依据?(显著性水平 α 取 0.05)

　　4. 据往年情况总结,一大型社区里仅有 20% 的人会选择就地过年,腊月到来,社区服务中心需要规划组织春节期间的货源. 为了解今年春节就地过年的比率,社区工作人员随机在社区里了解了 100 人的计划,其中有 30 人选择就地过年,请问,能否建议社区服务中心仍然按照往年一样组织货源?(显著性水平 α 取 0.05)

习题讲解
8-5

§8.5　双总体比率差的假设检验

　　我们常常需要对两个不同的比率进行比较. 例如,我们需要比较小米手机在上海

和北京两地的市场占有率是否存在差异. 又例如,纽约和巴黎的新冠肺炎患者的死亡率是否存在差异?

设 $X_1, X_2, \cdots, X_m$ 是取自总体 $X \sim B(1, p_1)$ 的样本,$Y_1, Y_2, \cdots, Y_n$ 是取自总体 $Y \sim B(1, p_2)$ 的样本,p_1 和 p_2 都未知,$X_1, X_2, \cdots, X_m$ 与 $Y_1, Y_2, \cdots, Y_n$ 相互独立. 考虑双侧检验

$$H_0 : p_1 = p_2 \leftrightarrow H_1 : p_1 \neq p_2.$$

容易建立 p_1 和 p_2 的最大似然估计为 $\hat{p}_1 = \overline{X}$ 和 $\hat{p}_2 = \overline{Y}$,结合备择假设的含义,给出拒绝域的形式为 $W_1 = \{(x_1, x_2, \cdots, x_m, y_1, y_2, \cdots, y_n) : |\overline{x} - \overline{y}| \geq c\}$.

可以证明,当 m 和 n 都较大并且 mp_1, $m(1-p_1)$, np_2 和 $n(1-p_2)$ 都大于 5 时,

$$Z = \frac{(\overline{X} - \overline{Y}) - (p_1 - p_2)}{\sqrt{\dfrac{p_1(1-p_1)}{m} + \dfrac{p_2(1-p_2)}{n}}}$$

的分布近似于 $N(0,1)$. 因为其中 p_1, p_2 是未知参数,所以不能作为检验统计量. 当原假设 $H_0 : p_1 = p_2$ 成立时,记 $p = p_1 = p_2$,p 的估计量为 $\hat{p} = \dfrac{m\overline{X} + n\overline{Y}}{m+n}$,$\overline{X} - \overline{Y}$ 的方差的估计量为 $\dfrac{\hat{p}(1-\hat{p})}{m} + \dfrac{\hat{p}(1-\hat{p})}{n}$. 于是,当 $H_0 : p_1 = p_2$ 成立且样本容量 m, n 都较大时,构造检验统计量

$$Z = \frac{(\overline{X} - \overline{Y})}{\sqrt{\dfrac{\hat{p}(1-\hat{p})}{m} + \dfrac{\hat{p}(1-\hat{p})}{n}}} \overset{近似}{\sim} N(0,1),$$

拒绝域为 $W_1 = \left\{ (x_1, x_2, \cdots, x_m, y_1, y_2, \cdots, y_n) : \dfrac{|\overline{x} - \overline{y}|}{\sqrt{\dfrac{\hat{p}(1-\hat{p})}{m} + \dfrac{\hat{p}(1-\hat{p})}{n}}} \geq u_{1-\alpha/2} \right\}$, 其中

$\hat{p} = \dfrac{m\overline{x} + n\overline{y}}{m+n}$.

可以证明,对于单侧(左侧)检验 $H_0 : p_1 \geq p_2 \leftrightarrow H_1 : p_1 < p_2$,拒绝域为

$$W_1 = \left\{ (x_1, x_2, \cdots, x_m, y_1, y_2, \cdots, y_n) : \dfrac{\overline{x} - \overline{y}}{\sqrt{\dfrac{\hat{p}(1-\hat{p})}{m} + \dfrac{\hat{p}(1-\hat{p})}{n}}} \leq -u_{1-\alpha} \right\}.$$

对于单侧(右侧)检验 $H_0 : p_1 = p_2 \leftrightarrow H_1 : p_1 > p_2$,拒绝域为

$$W_1 = \left\{ (x_1, x_2, \cdots, x_m, y_1, y_2, \cdots, y_n) : \dfrac{\overline{x} - \overline{y}}{\sqrt{\dfrac{\hat{p}(1-\hat{p})}{m} + \dfrac{\hat{p}(1-\hat{p})}{n}}} \geq u_{1-\alpha} \right\}.$$

例 8.12 某商业医疗保障险种拟对抽烟者加收一定的保费. 在此之前,他们比较抽烟者与不抽烟者患心脏疾病的比率是否存在差异,调查了 80 位抽烟者,其中有 20 位有心脏疾病;调查了 120 位不抽烟者,其中有 15 位有心脏疾病. 能否认为抽烟者患心脏疾病的比率显著高于不抽烟者(显著性水平 α 取 0.05)?

解 设 p_1 和 p_2 分别为抽烟者和不抽烟者患心脏疾病的比率,抽烟者患心脏疾病指标 $X \sim B(1, p_1)$,不抽烟者患心脏疾病指标 $Y \sim B(1, p_2)$,要检验

$$H_0 : p_1 = p_2 \leftrightarrow H_1 : p_1 > p_2.$$

$\hat{p}_1 = \bar{x} = \dfrac{20}{80}$,$\hat{p}_2 = \bar{y} = \dfrac{15}{120}$. 当原假设 H_0 成立时,p 的估计量观测值 $\hat{p} = \dfrac{20+15}{80+120} = 0.175$,$\overline{X} - \overline{Y}$ 的标准差的估计量观测值

$$\sqrt{\frac{\hat{p}(1-\hat{p})}{m} + \frac{\hat{p}(1-\hat{p})}{n}} = \sqrt{\frac{0.175(1-0.175)}{80} + \frac{0.175(1-0.175)}{120}} = 0.0548,$$

计算得检验统计量观测值 $z = \dfrac{\bar{x} - \bar{y}}{\sqrt{\dfrac{\hat{p}(1-\hat{p})}{m} + \dfrac{\hat{p}(1-\hat{p})}{n}}} = 2.28 > u_{0.95} = 1.645$,所以拒绝原

假设 H_0,即可以认为抽烟者患心脏疾病的比率高于不抽烟者,故加收一定的保费是有依据的,且检验的结果是显著的.

习题 8.5

1. 研究人员对两种治疗疼痛的药物疗效做了比较研究,他们随机地选取了一部分患有偏头痛的患者,然后把这些人随机地划分成两个组. 120 人服用 A 药物,结果有 80 人表示疼痛感明显减轻了. 80 人服用了 B 药物,有 60 人报告疼痛感有所缓解,请问两种药物的疗效有差异吗?(显著性水平 α 取 0.05)

习题讲解
8-6

2. 由 200 家大型购物中心的商铺组成的随机样本显示,60% 的商铺会采用直播带货模式进行销售,而由同样数量的在线网店商铺组成的随机样本显示,75% 的商铺会采用直播带货模式进行销售,试问,两种不同商铺的直播带货比率是否一致?(显著性水平 α 取 0.05)

3. 一学期共有 1000 名学生选修概率论与数理统计课程,其中男生 600 名,女生 400 名. 某位老师认为该课程的及格率女生要高于男生. 为了证实自己的想法,他分别随机抽选了 60 名男生和 40 名女生,发现其中有 55 名男生和 36 名女生通过考试. 这些能否说明这位老师的看法正确?(显著性水平 α 取 0.05)

§8.6 拟合优度检验

前面的几节内容是在假设总体服从正态分布或者假设总体服从 0-1 分布的前提

下,对分布的参数进行的假设检验. 但在实际问题中,总体服从的分布有时也是未知的,这时也可以通过假设检验的方法,先假定其具有某种分布形式,根据样本数据来检验该假设是否合理,即检验假设的总体分布形式是否可以被接受.

设总体未知的分布函数为 $F(x)$,又设 $F_0(x)$ 是某类型已知的分布函数(可能含有若干未知参数),需检验

$$H_0 : F(x) = F_0(x).$$

常用的方法是皮尔逊 χ^2 拟合优度检验. 该方法的基本思想是,对总体 X 的取值分成两两互不相容的 k 类,记为 $A_1, A_2, \cdots, A_k$. 设 $X_1, X_2, \cdots, X_n$ 是取自该总体的样本,记 N_i 分别表示样本值落在 A_i 类的个数,$i = 1, 2, \cdots, k$. 当 $F_0(x)$ 完全已知时,可以计算 $p_i = P(X \in A_i | H_0$ 成立$)$,当 H_0 成立时,样本 $X_1, X_2, \cdots, X_n$ 中落在 A_i 类的个数 N_i 服从二项分布 $B(n, p_i)$,"期望个数" $E(N_i)$ 应为 np_i,在假设检验中,称 np_i 为**理论频数**,而样本观测值中落在 A_i 类的个数记为 n_i,称为**实际频数**. 一个很自然的想法就是,当 H_0 成立时,实际频数与理论频数偏差比较小,不同的类有些是正偏差,有些是负偏差,用常用的偏差平方和的方式来度量所有类内出现的总偏差. 如果总偏差太大,超过了临界值 c,就有理由拒绝原假设,因此构造拒绝域的形式为

$$W_1 = \left\{ (n_1, n_2, \cdots, n_k) : \sum_{i=1}^{k} w_i (n_i - np_i)^2 \geq c \right\},$$

其中 $w_i, i = 1, 2, \cdots, k$ 为权重,根据显著性水平的定义,临界值 c 需满足

$$P((X_1, X_2, \cdots, X_n) \in W_1 | H_0 \text{ 成立}) = P\left(\sum_{i=1}^{k} w_i (N_i - np_i)^2 \geq c | H_0 \text{ 成立} \right) \leq \alpha.$$

统计学家 K. 皮尔逊基于上述拒绝域的形式提出了检验统计量

$$\chi^2 = \sum_{i=1}^{k} \frac{(N_i - np_i)^2}{np_i},$$

并证明了如下重要的结论,我们以定理的方式不加证明地给出.

定理 8.1 若原假设 H_0 成立,则当样本量 $n \to +\infty$ 时,$\chi^2 = \sum_{i=1}^{k} \frac{(N_i - np_i)^2}{np_i}$ 依分布收敛于自由度为 $k-1$ 的 χ^2 分布,其中 k 为分类个数,

$$\chi^2 = \sum_{i=1}^{k} \frac{(N_i - np_i)^2}{np_i} \xrightarrow{\text{近似}} \chi^2(k-1).$$

有

$$P((X_1, X_2, \cdots, X_n) \in W_1 | H_0 \text{ 成立}) = P\left(\sum_{i=1}^{k} \frac{(N_i - np_i)^2}{np_i} \geq \chi^2_{1-\alpha}(k-1) | H_0 \text{ 成立} \right) = \alpha,$$

即拒绝域的具体形式为 $W_1 = \left\{ (n_1, n_2, \cdots, n_k) : \sum_{i=1}^{k} \frac{(n_i - np_i)^2}{np_i} \geq \chi^2_{1-\alpha}(k-1) \right\}$. 由于检验

重难点讲解
8-3

统计量服从 χ^2 分布,因此该检验也可称为 χ^2-检验.

例 8.13 某葡萄酒俱乐部想了解 5 种葡萄酒哪一种更受中国消费者的青睐. 该俱乐部举办了多场品尝推广活动,在其中随机抽取了 1000 名葡萄酒饮用者分别品尝了 5 杯葡萄酒并记录下每个人最喜欢的一杯酒的编号,表 8.6 是根据样本资料整理得到的 5 种葡萄酒受欢迎程度的频数分布表,请判断消费者对这 5 种葡萄酒的偏好是否有差别(显著性水平 $\alpha = 0.05$)?

表 8.6 例 8.13 频数分布表

葡萄酒种类	1	2	3	4	5
最喜欢的人数	210	312	170	85	223

解 若没有差别,则可以认为最喜欢的人数在不同种类葡萄酒之间呈离散型均匀分布,即可以看成每种葡萄酒的受欢迎度都为 20%. 据此建立原假设

$$H_0 : P(X=i) = p_i = 0.2, i = 1, 2, \cdots, 5,$$

其中 X 表示随机抽取的一名葡萄酒饮用者最喜欢的葡萄酒的种类. 将计算结果写在表 8.7 中.

表 8.7 例 8.13 理论频数和实际频数汇总表

类别	实际频数观测值 n_i	理论频数 np_i	$\dfrac{(n_i-np_i)^2}{np_i}$
1	210	200	0.5
2	312	200	62.72
3	170	200	4.5
4	85	200	66.125
5	223	200	2.645
总和	1000	1000	136.49

可计算出检验统计量的观测值为

$$\chi^2 = \sum_{i=1}^{5} \frac{(n_i-np_i)^2}{np_i} = 136.49,$$

显著性水平 $\alpha = 0.05$,查表得临界值 $\chi^2_{0.95}(4) = 9.4877$,即拒绝域为 $W = \{(n_1, n_2, \cdots, n_5) : \chi^2 \geqslant 9.4877\}$. 观测结果的 $\chi^2 = 136.49$ 大大超出了临界值 9.4877,因此拒绝 H_0,即认为消费者对 5 种葡萄酒的喜好程度是有显著性差异的.

在上面这个例子中,$F_0(x)$ 分布是完全已知的,因此每一类的概率值 p_i 都是已知的. 但在实际问题中,有时 $F_0(x)$ 分布类型虽然已知,但含有 r 个独立的未知参数,这里 r 个独立的未知参数是指这 r 个未知参数之间没有约束条件. 而这 r 个未知参数需

要利用样本来估计,可先给出 r 个未知参数的最大似然估计值,再给出理论频率 p_i 的最大似然估计值 $\hat{p}_i, i = 1, 2, \cdots, k.$ 这时定义检验统计量

$$\chi^2 = \sum_{i=1}^{k} \frac{(N_i - n\hat{p}_i)^2}{n\hat{p}_i}.$$

费希尔在 1924 年证明了,当样本量 $n \to +\infty$ 时,上式近似服从 χ^2 分布,自由度为 $k-r-1$,即

$$\chi^2 = \sum_{i=1}^{k} \frac{(N_i - n\hat{p}_i)^2}{n\hat{p}_i} \overset{\text{近似}}{\sim} \chi^2(k-r-1).$$

则拒绝域的具体形式为 $W_1 = \left\{ (n_1, n_2, \cdots, n_k) : \sum_{i=1}^{k} \frac{(n_i - n\hat{p}_i)^2}{n\hat{p}_i} \geqslant \chi^2_{1-\alpha}(k-r-1) \right\}.$

例 8.14 某大型制造企业的质保部门抽检了 180 班次的产品值,发现每个班次所生产的废品数如表 8.8 所示:

表 8.8 例 8.14 数据表

废品数	0	1	2	3	4	$\geqslant 5$
班次数(实测)	36	66	24	21	18	15

能否认为每个班次所生产的废品数服从泊松分布(显著性水平 α 取 0.05)?

解 由题意,建立假设检验 H_0:每个班次所生产的废品数 X 服从泊松分布 $P(\lambda)$.

由最大似然估计法得 $\hat{\lambda} = \bar{X}$,即 λ 的估计值 $\hat{\lambda} = \bar{x} = 1.8$,由此可计算 $\hat{p}_i = \dfrac{1.8^i}{i!} e^{-1.8}$,

$i = 0, 1, 2, 3, 4, \hat{p}_{\geqslant 5} = 1 - \sum_{i=0}^{4} \hat{p}_i.$ 当原假设 H_0 成立时,计算可得每个班次所生产的废品数的理论频数,和实际频数汇总列出下表:

表 8.9 例 8.14 理论频数和实际频数汇总表

类别 i	废品数	实际频数 n_i	理论频率 $\hat{p}_i$	理论频数 $n\hat{p}_i$	$\dfrac{(n_i - n\hat{p}_i)^2}{n\hat{p}_i}$
1	0	36	0.165299	29.7538	1.311262
2	1	66	0.297538	53.55684	2.890989
3	2	24	0.267784	48.20116	12.15108
4	3	21	0.160671	28.92069	2.16929
5	4	18	0.072302	13.01431	1.909981
6	$\geqslant 5$	15	0.036407	6.553199	10.88758
总和		$n = 180$	1	180	31.32017

可计算出检验统计量的观测值为

$$\chi^2 = \sum_{i=1}^{6} \frac{(n_i - n\hat{p}_i)^2}{n\hat{p}_i} = 31.32017,$$

显著性水平 $\alpha = 0.05$，查表得临界值 $\chi^2_{0.95}(4) = 9.4877$，检验统计量的观测值 $\chi^2 = 31.32017 > 9.4877$，因此拒绝 H_0，即认为每个班次所生产的废品数不服从泊松分布.

上述两个例题中总体的分布都是离散型的，如果总体 X 是连续型的随机变量，分布函数为 $F(x)$，较之离散型总体，在检验过程中，则增加一个将总体取值离散化分类的过程，一般可采用下列方法：选 $k-1$ 个实数 $a_1 < a_2 < \cdots < a_{k-1}$，将实数轴分为 k 个区间

$$(-\infty, a_1], (a_1, a_2], \cdots, (a_{k-1}, +\infty).$$

当观测值落在第 i 个区间内，就把这个观测值看作属于第 i 类，因此，这 k 个区间就相当于是 k 个类. 在 H_0 成立时，记

$$p_i = P(a_{i-1} < X \leqslant a_i) = F(a_i) - F(a_{i-1}), \quad i = 1, 2, \cdots, k,$$

其中 $a_0 = -\infty$, $a_k = +\infty$，以 n_i 表示样本观测值 $x_1, x_2, \cdots, x_n$ 落在区间 $(a_{i-1}, a_i]$ 内的个数 $(i = 1, 2, \cdots, k)$，这里的区间个数和区间划分点可根据样本容量及样本的实际取值范围而定. 其后的求解过程与总体只取有限个值的情况一样.

例 8.15 某新药研究中心就研发的新降糖药的疗效开展测试，现随机抽取了 100 位糖尿病患者在餐前服用了该药，测得他们的餐后 1 h 血糖值（单位：mmol/L）为

8.662,	6.292,	5.392,	7.824,	7.363,	7.547,	7.958,	8.01,	7.421,	6.144,
6.162,	5.789,	8.334,	8.244,	7.27,	7.945,	5.938,	5.374,	5.927,	8.647,
7.622,	7.07,	6.737,	7.196,	6.615,	6.163,	6.747,	7.081,	6.624,	7.514,
5.306,	7.784,	5.822,	8.119,	6.525,	8.216,	6.717,	5.189,	6.106,	5.745,
6.809,	6.328,	7.491,	5.83,	5.736,	6.437,	7.067,	6.717,	5.831,	7.569,
7.547,	7.551,	7.009,	6.265,	7.633,	7.69,	7.25,	8.111,	8.291,	5.606,
9.318,	5.149,	8.475,	7.491,	7.483,	8.366,	9.302,	7.37,	4.839,	5.114,
7.916,	6.275,	7.511,	6.626,	8.543,	5.933,	6.603,	6.808,	6.815,	7.595,
8.135,	7.079,	6.473,	8.334,	5.362,	7.911,	6.186,	8.145,	6.057,	6.403,
7.144,	8.086,	7.241,	6.117,	6.369,	5.418,	8.489,	6.772,	6.671,	7.383.

问服药后的餐后 1 h 血糖指标是否服从正态分布（显著性水平 α 取 0.05）？

解 设餐后 1 h 的血糖指标为 X，建立假设检验

$$H_0: X \text{ 的分布为正态分布 } N(\mu, \sigma^2).$$

正态分布的参数 μ, σ^2 的最大似然估计值分别为 $\hat{\mu} = 6.992, \widehat{\sigma^2} = 1.017^2$. 根据实际取值的特点，我们按表 8.10 中第二列分组表示，将数据分成 6 组，

表 8.10 例 8.15 理论频数和实际频数汇总表

类别 i	观测值	实际频数	理论频率 $\hat{p}_i = \Phi\left(\dfrac{a_i - \hat{\mu}}{\hat{\sigma}}\right) - \Phi\left(\dfrac{a_{i-1} - \hat{\mu}}{\hat{\sigma}}\right)$	理论频数 $n\hat{p}_i$	$\dfrac{(n_i - n\hat{p}_i)^2}{n\hat{p}_i}$
1	$(0, 5.5)$	9	0.07118	7.12	0.496404
2	$(5.5, 6.3)$	20	0.176935	17.69	0.301645
3	$(6.3, 7.1)$	24	0.294171	29.42	0.998518
4	$(7.1, 7.9)$	24	0.271738	27.17	0.369853
5	$(7.9, 8.7)$	21	0.139444	13.95	3.562903
6	$(8.7, +\infty)$	2	0.046532	4.65	1.510215
总和		100	1	100	7.239539

可计算出检验统计量的观测值为

$$\chi^2 = \sum_{i=1}^{6} \frac{(n_i - n\hat{p}_i)^2}{n\hat{p}_i} = 7.239539,$$

显著性水平 $\alpha = 0.05$，查表得临界值 $\chi^2_{0.95}(3) = 7.8147$，检验统计量的观测值 $\chi^2 = 7.239539 < 7.8147$，因此不能拒绝 H_0，即可以认为餐后 1 h 的血糖指标服从正态分布.

习题 8.6

习题讲解
8-7

1. 从十年前的数据来看，大学生春节返乡使用的交通工具中，飞机占 30%，高铁占 45%，私家车占 25%，随着公共交通网络的快速发展，调查学生选择返乡交通工具是否发生了变化，随机对 200 个同学进行调查，其中 93 人选择飞机，88 人选择高铁，19 人选择私家车来接. 请问学生对返乡工具的选择是否与十年前发生了变化?（显著性水平 α 取 0.05）

2. 某 24 h 便利店为了探究在午夜 0:00 到凌晨 6:00 消费者进店购物的人流量，采集了若干天的数据，统计结果如表 8.11 所示.

表 8.11 便利店统计数据

到店人次	0	1	2	3	4	5	6	≥7
实际天数 n_k	7	20	27	17	13	4	7	3

可否认为夜间到店人次服从泊松分布?（显著性水平 α 取 0.05）

3. 某汽车厂商非常注重企业决策的公平性和广泛性. 设有主管人员和技术专家组成的 10 人委员会，负责审议并通过每一项待审核的企业建议. 每个委员会成员要对一项待审核的新建议做出赞成或反对的投票表决. 首席执行官认为这一投票过程服从以 0.25 为赞成比例的二项分布，即每位委员会成员有 25% 的可能性对一项待审核的新建议投赞成票，从历史积累的大量记录中抽取了 100 例，其赞成票的频数如表 8.12 所示.

表 8.12　投票记录统计数据

赞成票数	0	1	2	3	4	5	≥6
实际案例数 n_k	6	24	32	21	14	2	1

可否认为这一委员会的审核程序服从以 0.25 为赞成比例的二项分布?（显著性水平 α 取 0.05）

4. 任课教师声称概率论与数理统计课程的期中考试成绩服从正态分布,待成绩公布后,瑶瑶同学了解到周边同学们的成绩分布过于分散,她便对成绩是否服从正态分布产生了疑惑. 在调查了参加此次考试的 70 名同学的成绩之后,通过整理计算得:$\bar{x}=83, s=10$. 成绩分段情况如表 8.13 所示.

表 8.13　概率论与数理统计课程的期中考试成绩统计数据

分段(单位:分)	$[90,100]$	$[80,90)$	$[70,80)$	$[60,70)$	$[0,60)$
人数	19	26	15	5	5

可否认为此次期中考试的成绩服从正态分布?（显著性水平 α 取 0.05）

§8.7　独立性检验

在实际问题中,常常会遇到两个特性 A, B,需要分析两个特性之间的相互依赖关系,例如高糖摄入与抑郁症的发病是否有关? 阿尔茨海默病是否与受教育水平相关? 对广告的态度是否与年龄有关? 机动车事故发生频率是否与驾龄有关? 等等. 我们关心的是按照两个特性进行分类的方法是否相互依赖. χ^2 检验也可以用于两个特性是否存在相互依赖关系的判别. 若经检验两个特性不存在相互依赖关系,则也可称为独立,所以这一检验又称为独立性检验. 假设特性 A 有 r 个分类,特性 B 有 s 个分类,属于 A_iB_j 类的频数为 N_{ij},其观测值记为 $n_{ij}(i=1,2,\cdots,r;j=1,2,\cdots,s)$. 现将 n 个个体分到 $r\times s$ 个类内,频数的具体结果可以通过如表 8.14 的形式给出,该表称为 $r\times s$ **列联表**.

重难点讲解
8-4

表 8.14　$r\times s$ 频数列联表

A	B				$n_{i.}$
	1	2	$\cdots$	s	
1	n_{11}	n_{12}	$\cdots$	n_{1s}	$n_{1.}$
2	n_{21}	n_{22}	$\cdots$	n_{2s}	$n_{2.}$
$\vdots$	$\vdots$	$\vdots$		$\vdots$	$\vdots$
r	n_{r1}	n_{r2}	$\cdots$	n_{rs}	$n_{r.}$
$n_{.j}$	$n_{.1}$	$n_{.2}$	$\cdots$	$n_{.s}$	n

其中，$n_{i.} = \sum\limits_{j=1}^{s} n_{ij}$ 表示具有 A_i 特性的所有频数，$n_{.j} = \sum\limits_{i=1}^{r} n_{ij}$ 表示具有 B_j 特性的所有频数，$n = \sum\limits_{j=1}^{s} \sum\limits_{i=1}^{r} n_{ij}$ 为样本容量. 对于每个个体而言，记其在特性 A 下所处的类为 X 类，其在特性 B 下所处的类为 Y 类，对应于 $r \times s$ 频数列联表可建立 $r \times s$ 概率列联表如表 8.15 所示.

表 8.15　$r \times s$ 概率列联表

A	B				$p_{i.}$
	1	2	$\cdots$	s	
1	p_{11}	p_{12}	$\cdots$	p_{1s}	$p_{1.}$
2	p_{21}	p_{22}	$\cdots$	p_{2s}	$p_{2.}$
$\vdots$	$\vdots$	$\vdots$		$\vdots$	$\vdots$
r	p_{r1}	p_{r2}	$\cdots$	p_{rs}	$p_{r.}$
$p_{.j}$	$p_{.1}$	$p_{.2}$	$\cdots$	$p_{.s}$	1

其中，$p_{ij} = P(X=i, Y=j)$ 表示同时具有 A_i 特性和 B_j 特性的概率，$p_{i.} = \sum\limits_{j=1}^{s} p_{ij} = P(X=i)$ 表示具有 A_i 特性的概率，$p_{.j} = \sum\limits_{i=1}^{r} p_{ij} = P(Y=j)$ 表示具有 B_j 特性的概率. 特性 A 与 B 是否独立的假设检验问题可表述为

$$H_0 : X 与 Y 相互独立 \leftrightarrow H_1 : X 与 Y 不相互独立.$$

利用离散型随机变量独立的充要条件，有

$$H_0 : p_{ij} = p_{i.} p_{.j} (i=1,2,\cdots,r; j=1,2,\cdots,s) \leftrightarrow H_1 : p_{ij} \neq p_{i.} p_{.j}, 对某个 (i,j).$$

当 H_0 成立时，$\hat{p}_{i.} = \dfrac{n_{i.}}{n}$，$\hat{p}_{.j} = \dfrac{n_{.j}}{n}$ 和 $\hat{p}_{ij} = \hat{p}_{i.} \hat{p}_{.j} = \dfrac{n_{i.}}{n} \dfrac{n_{.j}}{n}$ 分别是 $p_{i.}$，$p_{.j}$ 和 p_{ij} 的最大似然估计 $(i=1,2,\cdots,r; j=1,2,\cdots,s)$.

根据假设检验的基本步骤，构造拒绝域，考虑实际频数与理论频数的偏差应该都比较小，类似于总体分布的拟合优度检验构造原理，构造检验统计量

$$\chi^2 = \sum\limits_{i=1}^{r} \sum\limits_{j=1}^{s} \dfrac{(n_{ij} - n\hat{p}_{ij})^2}{n\hat{p}_{ij}}.$$

当 H_0 成立时，检验统计量 χ^2 近似服从自由度为 $rs-(r-1+s-1)-1=(r-1)(s-1)$ 的 χ^2 分布. 这里可类比拟合优度检验中 $F_0(x)$ 分布类型虽然已知，但含有 r 个未知参数时的检验统计量的自由度: $k-r-1$，由于独立性检验中一共分成 rs 个类，而分布中须估计 r 个 $\hat{p}_{i.}$ 和 s 个 $\hat{p}_{.j}$，但是由于 $\sum\limits_{j=1}^{s} p_{.j} = \sum\limits_{i=1}^{r} p_{i.} = 1$，因此这里只需估计 $r-1+s-1$ 个独立的未知参数，故检验统计量服从自由度为 $rs-(r-1+s-1)-1=(r-1)(s-1)$ 的 χ^2 分布. 对给

定的显著性水平 α, 检验问题的拒绝域为

$$W_1 = \left\{ (n_{11}, n_{12}, \cdots, n_{rs}) : \sum_{i=1}^{r} \sum_{j=1}^{s} \frac{\left(n_{ij} - n\dfrac{n_{i.}}{n}\dfrac{n_{.j}}{n}\right)^2}{n\dfrac{n_{i.}}{n}\dfrac{n_{.j}}{n}} \geqslant \chi_{1-\alpha}^2((r-1)(s-1)) \right\}.$$

通过简单计算可以得到下面的简化计算公式:

$$\sum_{i=1}^{r} \sum_{j=1}^{s} \frac{\left(n_{ij} - n\dfrac{n_{i.}}{n}\dfrac{n_{.j}}{n}\right)^2}{n\dfrac{n_{i.}}{n}\dfrac{n_{.j}}{n}} = \sum_{i=1}^{r} \sum_{j=1}^{s} \frac{(nn_{ij} - n_{i.}n_{.j})^2}{nn_{i.}n_{.j}} = n \sum_{i=1}^{r} \sum_{j=1}^{s} \frac{n_{ij}^2}{n_{i.}n_{.j}} - n.$$

例 8.16 某学院统计了男生和女生在本科毕业后的去向,结果如表 8.16 所示.

表 8.16 例 8.16 的 3×2 频数列联表

本科毕业去向	性别		合计
	男	女	
继续深造读研	40	60	100
直接就业	50	30	80
其他	10	10	20
合计	100	100	200

试问不同性别的学生毕业去向是不是有差异(显著性水平 α 取 0.05)?

解 特性 A 表示本科毕业去向,它有 3 个取值;特性 B 表示性别,它有 2 个取值. 首先建立原假设和备择假设

$$H_0 : p_{ij} = p_{i.}p_{.j}(i=1,2,3; j=1,2) \leftrightarrow H_1 : p_{ij} \neq p_{i.}p_{.j}, \text{对某个 } i,j.$$

当 H_0 成立时,$\hat{p}_{1.} = \dfrac{n_{1.}}{n} = \dfrac{100}{200} = 0.5$,类似可得 $\hat{p}_{2.} = 0.4, \hat{p}_{3.} = 0.1, \hat{p}_{.1} = \hat{p}_{.2} = 0.5$,从而可求出全部的 $\hat{p}_{ij}$ 如表 8.17 所示:

表 8.17 例 8.16 的 3×2 概率列联表

本科毕业去向	性别		合计
	男	女	
继续深造读研	0.25	0.25	0.5
直接就业	0.2	0.2	0.4
其他	0.05	0.05	0.1
合计	0.5	0.5	1

当 H_0 成立时,理论频数的计算结果列联表如表 8.18 所示:

表 8.18　例 8.16 的 3×2 理论频数列联表

本科毕业去向	性别		合计
	男	女	
继续深造读研	50	50	100
直接就业	40	40	80
其他	10	10	20
合计	100	100	200

由此,可计算检验统计量的观测值为

$$\chi^2 = \frac{(40-50)^2}{50} + \frac{(60-50)^2}{50} + \frac{(50-40)^2}{40} + \frac{(30-40)^2}{40} + \frac{(10-10)^2}{10} + \frac{(10-10)^2}{10} = 9,$$

此处 $r=3$, $s=2$, 显著性水平 $\alpha=0.05$, $\chi^2_{0.95}(2)=5.9915$, 由于检验统计量观测值 $\chi^2 = 9 > 5.9915$, 故拒绝原假设, 认为性别对本科毕业去向有显著影响.

习题 8.7

1. 某市交通部门想引入某项驾驶新规政策, 通过调查问卷获得群众反馈结果如表 8.19 所示:

表 8.19　调查问卷结果 2×3 频数列联表

性别	支持	反对	无所谓
男	32	17	87
女	28	25	65

试问性别是否影响了对该新政策的看法? (显著性水平 α 取 0.05)

2. 为了探究不同生源地的学生是否会对不同的菜品产生偏好, 后勤工作人员做了一次小调查, 表 8.20 是某天调查的部分数据:

习题讲解
8-8

表 8.20　调查问卷结果 3×3 频数列联表

生源地	点菜人数		
	菠萝咕咾肉	毛血旺	小鸡炖蘑菇
四川	31	62	45
江苏	59	23	42
辽宁	43	37	45

能否认为学生的生源地对菜品的喜爱存在影响? (显著性水平 α 取 0.05)

3. 为了探究大学生 "追星" 情况, 学校学生会随机抽取部分在校大学生进行调查, 调查结果如表 8.21 所示:

表 8.21 "追星"情况调查问卷结果 4×2 频数列联表

年级	追星	不追星
大一	231	156
大二	329	211
大三	178	207
大四及以上	157	193

请问能否认为不同年级的学生对追星有不同的态度？（显著性水平 α 取 0.05）

相关数学家及其成就

奈曼（Jerzy Neyman）
（1894—1981）

　　奈曼是美国统计学家. 1894 年 4 月 16 日生于俄国宾杰里, 1981 年 8 月 5 日卒于美国伯克利.

　　奈曼 1917—1921 年在乌克兰哈尔科夫理工学院任讲师. 1921 年到波兰深造, 曾师从于谢尔品斯基等数学家. 1923 年在华沙大学获博士学位, 后辗转于伦敦、巴黎、华沙、斯德哥尔摩等大学任教. 1938 年成为美国加利福尼大学伯克利分校数学教授.

　　奈曼是假设检验的统计理论的创始人之一. 他与 K. 皮尔逊的儿子 E. S. 皮尔逊合著《统计假设试验理论》, 发展了假设检验的数学理论, 其要旨是把假设检验问题作为一个最优化问题来处理. 他们把所有可能的总体分布族看作一个集合, 其中考虑了一个与解消假设相对应的备择假设, 引进了检验功效函数的概念, 以此作为判断检验程序好坏的标准. 这种思想使统计推断理论变得非常明确. 奈曼还想从数学上定义可信区间, 提出了置信区间的概念, 建立置信区间估计理论. 奈曼还对抽样引进某些随机操作, 以保证所得结果的客观性和可靠性, 在统计理论中有以他的姓氏命名的奈曼置信区间法、奈曼–皮尔森引理、奈曼结构等. 奈曼将统计理论应用于遗传学、医学诊断、天文学、气象学、农业统计学等领域, 取得丰硕的成果. 他获得过国际科学奖, 并在加利福尼亚大学创建了一个研究机构, 后来发展成为世界著名的数理统计中心.

 第八章
重难点讲解

 第八章
习题讲解

 第八章
自测题

第九章

相关分析和回归分析

在日常生活和工作中常常需要研究两个变量之间的相互关系. 例如:一个人的跳远成绩和百米成绩是否有关? 一般而言,百米成绩优秀的人,其跳远成绩也会很出色,但一个人的百米成绩并不能完全决定其跳远成绩. 否则,奥运会百米冠军就自动成为跳远冠军了. 一个人的跳远成绩和百米成绩之间是否存在线性联系? 相关分析就是研究两个变量线性联系紧密程度的方法. 一元线性回归分析进一步研究两个变量之间具体的线性相关关系方程式. 本章介绍相关分析和一元线性回归分析方法及其应用.

§9.1　相关分析和回归分析问题

1888 年的一个春日,英国生物学兼统计学家弗朗西斯·高尔顿正在郊外散步. 他边走边思考着一个困扰了一段时间的问题——孩子的身心特征与孩子的父母有什么关系? 高尔顿认为成年孩子的身高应该有一个与父母身高相等的期望值. 但如果是这样的话,那么高(矮)的人中大约一半的后代会比他们的父母更高(矮). 这样,每一代人都会有比上一代人更高的人和更矮的人出现. 但是实际情况并不是这样的. 数据表明人口的身高在相当长的一个时间段中是稳定的,没有出现极端分化的情况. 如何解释这种明显的矛盾呢?

经过反复思考,高尔顿终于发现孩子的身高平均值并不等于其父母的身高,而是介于其父母身高和整个人口的平均值之间. 因此,非常高的人其后代身高往往比父母矮. 同样,那些偏矮的人其后代往往比他们的父母高. 高尔顿将这种现象称为"**回归效应**",我们称之为回归均值.

高尔顿测量了 1078 对父与子的身高(单位:in,1 in = 2.54 cm),用横轴的 x 坐标表示父亲身高,纵轴的 y 坐标表示成年儿子的身高,把这些点画在直角坐标系中,如

图 9.1 所示,发现多数点位于角平分斜线的两侧椭圆形面积之内. 由点落在斜线周围说明,高个父亲有着较高个的儿子,矮个父亲的儿子往往也会比较矮,但都有一个向着平均线靠拢的趋势.

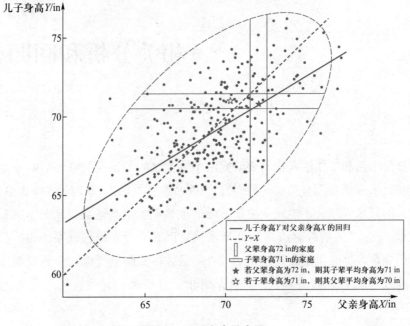

图 9.1 父子身高散点图

　　研究变量与变量间的关系,常用的方法之一是如图 9.1 所示散点图,从图中可以清晰地看出两个变量 X 与 Y 关系的密切程度.

　　散点图虽然很直观,但是缺乏量化指标. 如果希望能用量化的方法给出两个变量间关系的密切程度,就需要提出新的方法. 统计学家 K.皮尔逊最早提出了相关系数这个统计指标,用来度量变量之间线性相关的程度,我们称为**皮尔逊相关系数**,其公式为

$$R = \frac{\sum_{i=1}^{n}(X_i - \bar{X})(Y_i - \bar{Y})}{\sqrt{\sum_{i=1}^{n}(X_i - \bar{X})^2 \sum_{i=1}^{n}(Y_i - \bar{Y})^2}}, \tag{9.1}$$

其中(X_i, Y_i), $i=1,2,\cdots,n$ 是取自二维总体(X,Y)的容量为 n 的样本.

　　其实,样本的皮尔逊相关系数(即样本相关系数)为数字特征中总体相关系数的矩估计. 我们在第四章随机变量数字特征中介绍过随机变量 X 与 Y 的相关系数 $\mathrm{Corr}(X,Y)$ 的定义为

$$\mathrm{Corr}(X,Y) = \frac{\mathrm{Cov}(X,Y)}{\sqrt{\mathrm{Var}(X)\mathrm{Var}(Y)}} = \frac{E\{[X-E(X)][Y-E(Y)]\}}{\sqrt{E\{[X-E(X)]^2\}E\{[Y-E(Y)]^2\}}}.$$

而 $\mathrm{Corr}(X,Y)$ 的矩估计恰好就是(9.1)式定义的皮尔逊相关系数. 也因此,总体相关系

数的一些性质在样本相关系数中有同样的表现.

容易证明,样本相关系数也满足 $|R| \leqslant 1$,其中等号成立的条件是存在两个实数 a 与 b,对 $i=1,2,\cdots,n$,有 $y_i=a+bx_i$. 由此可见,n 个点 (x_i,y_i),$i=1,2,\cdots,n$ 在散点图上的位置与样本相关系数 R 有关,譬如:

(1) $R=\pm 1$,n 个点完全在一条上升或下降的直线上,此时称 X 与 Y 完全线性相关;

(2) $R>0$,当 X 增加时,Y 有线性增加趋势,此时称 X 与 Y 正相关;

(3) $R<0$,当 X 增加时,Y 有线性减少趋势,此时称 X 与 Y 负相关;

(4) $R=0$,n 个点可能在图中是无序的,杂乱无章,也可能呈某种曲线的趋势,此时称 X 与 Y 不相关.

依据经验,我们将变量**线性相关程度**按下面几种情况来区分:

(1) 当 $|R| \geqslant 0.8$ 时,一般认为 X 与 Y 高度相关;

(2) 当 $0.5 \leqslant |R| < 0.8$ 时,一般认为 X 与 Y 中度相关;

(3) 当 $0.3 \leqslant |R| < 0.5$ 时,一般认为 X 与 Y 低度相关;

(4) 当 $|R| < 0.3$ 时,一般认为 X 与 Y 相关程度极弱.

实际问题中,即使 X 与 Y 不相关,也鲜少有 $R=0$ 的情况发生. 所以 $|R|<0.3$ 大致是对 X 与 Y 线性关系非常薄弱的一种描述.

把散点图与相关系数结合起来,图 9.2 列出了散点图中点的形状与相关系数的一些样例.

利用高尔顿的数据可以算得父子身高的相关系数为 0.501,父子身高关系属于中度相关.

如果说,相关系数只是给出了 X 与 Y 线性关系的密切程度,那么回归分析就是进一步的分析,给出 X 与 Y 的定量关系.

回归分析探讨的是变量与变量间的定量关系. 变量间常见的关系有两类:一类称为确定性关系,另一类称为相关关系.

当变量间的关系完全确定时,两者可以用函数 $y=f(x)$ 来表示. 给定 x,就可以唯一确定 y 的值,这样的关系我们称为**确定性关系**. 如圆的面积 S 与半径 r 有这样的确定性关系:$S=\pi \cdot r^2$. 万有引力 F 由两个质点各自的质量及相互之间的距离所确定,$F=G \cdot \dfrac{Mm}{r^2}$,其中 F 为万有引力,G 为引力常量,M 和 m 为两个质点各自的质量,r 为两个质点间的距离. 这些都是确定性关系的范例.

当变量间的关系不能完全确定时,变量间虽然有关系,但不是确定的关系,不能用函数唯一地来表示各自的关系,这种关系我们称为**相关关系**. 一般而言,身高较高的人体重也会较重,但是同样身高的人,其体重可以是不同的. 体重和身高就是相关关

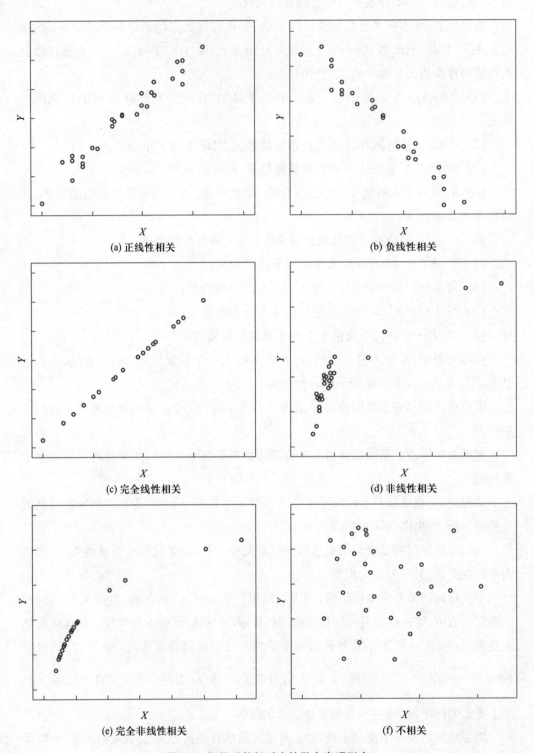

图 9.2　相关系数相对应的散点表现形态

系,而不是确定性关系.

要注意,相关关系不是因果关系. 在统计分析工作中,大量实际问题中的变量往往具有相关关系,但是不一定有因果关系. 比如对一个小学的全体学生做速算测试,会发现速算成绩和身高有很强的相关关系,但是不能由此得出身材越高的孩子速算成绩越好的结论. 事实上,小学生正是长身体的时候,高年级的孩子一般比低年级的孩子身高要高,速算成绩要好,这是年龄决定的. 在速算成绩和身高之间其实有个年龄的隐含变量在起作用.

变量间的相关关系不能用完全确定的函数形式表示,但在平均意义下可以找到两者之间的定量关系,寻找这种定量关系的表达式是回归分析的主要任务.

例如,在父子身高的散点图(见图 9.1)中,高尔顿找到一条直线,这 1078 个点基本在这条直线的附近,并给出了该直线的方程:

$$\hat{y} = 34.22 + 0.51x,$$

这表明:

(1) 父亲身高每增加 1 in,其儿子的身高平均增加 0.51 in;

(2) 高个子父亲有生高个子儿子的趋势,但是一群高个子父亲的儿子们,其平均高度会低于父辈的平均高度,譬如父辈平均高度为 75 in(191 cm),也就是 $x = 75$ in,则可以得知子辈的平均高度是 $\hat{y} = 72.47$ in(184 cm),也就是低于父辈的平均高度;

(3) 矮个子父辈的子辈虽为矮个子,但是其平均身高要比父辈高一些,譬如 $x = 60$ in(152 cm),那么 $\hat{y} = 64.82$ in,即 165 cm,高于父辈的平均高度.

子代的平均高度回归到均值的现象,使得人类的身高总体比较稳定. 这就是"回归"这个名称的由来.

回归分析的思想逐渐渗透到了数理统计的很多分支以及其他很多学科. 随着计算机技术的高度发展,很多新的回归理论和应用方法的提出,使得回归分析得到了长足的发展,在各学科都得到了越来越广泛的应用.

回归分析是研究变量间相关关系的一门学科. 借助样本数据,寻找隐藏在数据背后变量的相关关系,给出它们的表达形式——回归函数的估计.

本章中的所有理论推导和计算都没有利用计算机统计软件. 事实上,随着各种统计软件的出现,回归的计算工作基本都已经交由计算机处理了. 各种统计软件都能处理回归的基本工作.

习题 9.1

1. 在工程实践中,H 型钢梁较普通工字钢承载能力大大提高,且用材少,便于拼装组合成各种构件,从而缩短工期. H 型钢梁受弯失稳以及变形破坏的三个主要因素为位移、荷载和转角,下表给

习题讲解
9-1

出了某次 H 型钢梁受弯试验的部分数据：

表 9.1　习题 9.1 第 1 题的数据表

位移/mm	荷载/kN	应变	转角/rad
484.28	−4.786	−24.161	−0.0760
479.61	−4.808	−20.222	−0.0663
473.30	−4.721	−18.879	−0.0637
468.90	−4.674	−18.187	−0.0606
467.80	−4.688	−17.022	−0.0589
466.70	−4.724	−16.796	−0.0571
454.34	−4.608	−15.354	−0.0540
449.12	−4.558	−14.971	−0.0528
446.65	−4.547	−14.714	−0.0514
441.70	−4.539	−13.647	−0.0497
442.80	−4.666	−13.284	−0.0480
413.69	−4.362	−11.087	−0.0432
384.84	−4.065	−9.131	−0.0358
357.10	−3.851	−6.120	−0.0284
328.53	−3.648	−4.323	−0.0217
273.32	−3.180	−3.110	−0.0182

（1）画出该数据组中位移、荷载和转角与应变的散点图；

（2）由散点图是否可以找出与应变关系较大的是位移、荷载和转角中的哪个因素？

（3）计算应变与其关系较大的那个因素的相关系数.

§9.2　相关性检验

　　按（9.1）式给出的皮尔逊相关系数，较好地反映了 X 与 Y 线性关系的密切程度. 但因为样本本身的随机性，导致样本相关系数的值会随着样本取值的不同而波动，它只是总体相关系数 $\mathrm{Corr}(X, Y)$ 的一个估计. 我们来看下面这个例子.

　　例 9.1　混凝土构件受到荷载作用时，会产生应力，发生变形. 在混凝土实验中，采样 15 次，获得位移（单位：mm）、荷载 Y（单位：kN）数据，由位移差可以算得纵向压缩量 X（单位：mm）. 现利用如表 9.2 所示部分实验数据，分析荷载和纵向压缩量之间的关系.

表 9.2　混凝土实验荷载和纵向压缩量数据

纵向压缩量 x/mm	−2.38	−1.65	−1.05	−0.68	−0.19	0.22	0.61	0.93
荷载 y/kN	12.6	50.96	101.37	141.37	186.85	235.62	276.16	340.82
纵向压缩量 x/mm	1.38	1.38	1.67	2.13	2.57	2.99	3.27	
荷载 y/kN	373.15	360	437.81	484.93	536.44	585.21	569.32	

首先画出荷载与纵向压缩量关系的散点图, 如图 9.3 所示.

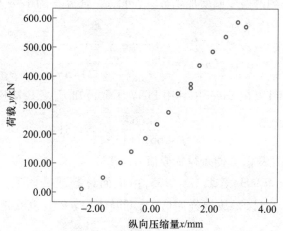

图 9.3　混凝土实验荷载和纵向压缩量散点图

利用 (9.1) 式给出的相关系数公式或者使用计算机软件可以算得 R 的观测值
$$r = 0.993,$$
说明纵向压缩量与荷载的相关度非常高, 几乎接近于 1. 也即纵向压缩量与荷载几乎完全线性相关.

反之, 如果 r 接近于 0, 是不是表示二维总体 (X, Y) 的相关系数 $\mathrm{Corr}(X, Y) = 0$? 由于实际样本的相关系数取到零几乎不可能, 所以 $r \neq 0$ 并不代表 $\mathrm{Corr}(X, Y) \neq 0$.

考察两个随机变量 X 与 Y 间的线性相关关系, 记 $\rho = \mathrm{Corr}(X, Y)$, 则 $\rho = 0$ 表示 X 与 Y 不相关. 这个不相关性可以通过对二维总体相关系数 ρ 的显著性检验来进行. 原假设与备选假设如下:

$$H_0 : \rho = 0 \leftrightarrow H_1 : \rho \neq 0 .$$

根据样本相关系数的上述性质, 上述检验问题的拒绝域为

$$W_1 = \left\{ (x_1, y_1), (x_2, y_2), \cdots, (x_n, y_n) : |r| > c \right\},$$

其中临界点 c 可由 H_0 成立时样本相关系数 R 的分布给出. $R = \dfrac{\sum (X_i - \bar{X})(Y_i - \bar{Y})}{\sqrt{\sum (X_i - \bar{X})^2 \sum (Y_i - \bar{Y})^2}}$,

对给定的显著性水平 α, 由 $P(\{ (X_1, Y_1), (X_2, Y_2), \cdots, (X_n, Y_n) \} \in W_1) = P(|R| > c) =$

α 知,临界值 c 应是 H_0 成立情况下 $|R|$ 的分布的 $1-\alpha$ 分位点,记为 $c=r_{1-\alpha}(n-2)$. 临界值 $r_{1-\alpha}(n-2)$ 可以通过查附表 6 得到.

利用下面定理的结论,可以用 F 分布来确定临界值 c.

定理 9.1 如果总体 (X,Y) 服从二维正态分布,则

$$R^2 = \frac{F}{F+(n-2)},$$

其中随机变量 $F \sim F(1, n-2)$.

显然,$|R|$ 是 F 的严格单调增加函数,故可以从 F 分布的 $1-\alpha$ 分位数 $F_{1-\alpha}(1, n-2)$ 得到 $|R|$ 的 $1-\alpha$ 分位数为

$$c = r_{1-\alpha}(n-2) = \sqrt{\frac{F_{1-\alpha}(1, n-2)}{F_{1-\alpha}(1, n-2)+n-2}},$$

譬如,对 $\alpha=0.05$, $n=15$,在 Excel 中利用 FINV 函数可知 $F_{0.95}(1,13)=4.6672$,于是

$$r_{0.95}(13) = \sqrt{\frac{4.6672}{4.6672+15-2}} = 0.5140.$$

也可以根据后面的附表 6,方便查得临界值 $r_{0.95}(13)$.

由前面计算,$r=0.993$,若取 $\alpha=0.05$,由上面计算或查附表 6 可知 $r_{0.95}(13)=0.5140$. 由于 $0.993 > 0.5140$. 故拒绝原假设,可以认为 $\rho \neq 0$,也就是认为 X 与 Y 是相关的.

若总体 (X,Y) 不服从二维正态分布,则可以选用 Spearman 秩相关检验或 Kendall-τ 相关系数检验,具体方法参见文献[9]第八章.

习题 9.2

1. 某驾校的教练对 12 名学员进行了两次模拟考试,成绩如表 9.3 所示:

表 9.3 驾校模拟考试数据

学员编号	1	2	3	4	5	6	7	8	9	10	11	12
模拟考试 x	97	60	52	87	77	89	79	98	94	83	74	73
模拟考试 y	94	61	48	85	76	87	85	97	92	80	71	72

(1) 求两次考试成绩的相关系数;

(2) 问两次考试的成绩有无相关关系?

§9.3 一元线性回归模型参数的估计与检验

设 X 与 Y 有相关关系,称 X 为解释变量(协变量),Y 为响应变量. 在很多统计软

件中,把 X 称为自变量,Y 称为因变量,这容易给人误解,以为两者具有确定性关系. 事实上,在知道 X 取值后,Y 的取值并不是确定的,它是一个随机变量,其密度函数是一个条件密度函数 $f_{Y\mid X}(y\mid x)$,即给定 $X=x$ 条件下 Y 的条件密度函数. 我们关心的是 Y 的条件均值 $E(Y\mid X=x)$,它是 x 的函数,这个函数是确定性的:

$$f(x) = E(Y\mid x) = \int_{-\infty}^{+\infty} y f_{Y\mid X}(y\mid x)\,\mathrm{d}y.$$

这里 $f(x)$ 是 Y 关于 X 的回归函数——条件期望,也就是我们要寻找的相关关系的表达式.

上述说明是在 X 与 Y 均为随机变量场合下回归问题的表达. 实际上还有第二类回归问题,更为常见. 在第二类回归问题中,解释变量 x 非随机,为可控变量,只有 Y 是随机变量,它们之间的相关关系一般用下式表示

$$Y = g(x) + \varepsilon, \tag{9.2}$$

其中 ε 是随机误差,一般假设 ε 的均值为零,方差为 σ^2. ε 的随机性,导致 Y 为随机变量. 本节主要研究第二类回归问题.

要进行回归分析,要确定回归函数 $g(x)$. $g(x)$ 可以非常复杂,也可以是简单的线性函数. 当 Y 只有一个解释变量时,通常可用制作散点图的方式来观察 $g(x)$ 的形状,从而给出回归函数的正确表达式.

从例 9.1 的散点图(图 9.3)可以发现,混凝土构件的荷载 Y 与纵向压缩量 x 具有很强的相关关系,这 15 个点基本在一条直线附近,$r=0.993$ 也说明这两个变量的回归函数应该是线性的,因而可以假设 $g(x)=a+bx$. 我们把两者的相关关系表示为

$$Y = a + bx + \varepsilon,$$

这里假定 x 为一般变量,非随机变量,其值是可以精确测量或严格控制的,a,b 为未知参数,b 是回归直线 $g(x)=a+bx$ 的斜率,b 表示 x 每增加一个单位时 $E(Y)$ 的增加量. ε 是随机误差,无法观测,无法知道.

由于 a,b 均未知,需要从收集到的数据即样本 (x_i, Y_i) 的观测值 (x_i, y_i),$i=1,2,\cdots,n$ 来进行估计. 收集数据时,一般要求观测独立地进行,即假定 $Y_1, Y_2, \cdots, Y_n$ 相互独立.

综上所述,可以写出样本 $Y_1, Y_2, \cdots, Y_n$ 所满足的数学模型:

$$Y_i = a + bx_i + \varepsilon_i, \quad i=1,2,\cdots,n, \tag{9.3}$$

其中 $\varepsilon_1, \varepsilon_2, \cdots, \varepsilon_n$ 相互独立,$E(\varepsilon_i)=0$,$\mathrm{Var}(\varepsilon_i)=\sigma^2$,$i=1,2,\cdots,n$.

称上述模型为一元线性回归模型,a,b,σ^2 是三个未知参数,其中 b 称为回归系数,σ^2 称为误差方差.

若能得到参数 a,b 的估计值 $\hat{a}, \hat{b}$,则称

$$y = \hat{a} + \hat{b}x$$

为 Y 关于 x 的**经验回归函数**,简称为**回归方程**.

在一元线性回归模型 (9.3) 中,假设 $\varepsilon_1,\varepsilon_2,\cdots,\varepsilon_n$ 独立同分布,且 $\varepsilon_i \sim N(0,\sigma^2)$, $i=1,2,\cdots,n$. 则称此模型为**一元正态线性回归模型**. 本章主要介绍一元正态线性回归模型的有关结论,包括参数的估计、参数的检验、回归的预测等.

如果 (9.2) 式中 $g(x)$ 不是线性的,则称其为非线性回归模型. 本章的最后部分探讨一些特殊的可以线性化的非线性回归模型,用线性回归模型的有关理论来解决这类问题.

一、a,b 的最小二乘估计

要利用 n 个数据 $(x_1,y_1),(x_2,y_2),\cdots,(x_n,y_n)$ 来估计 (9.3) 式中的未知参数 a 和 b 来得到回归方程,常用的方法是最小二乘法. 令

$$Q(a,b)=\sum(y_i-a-bx_i)^2$$

为任意一条直线 $y=a+bx$ 与这 n 个数据点偏离程度的指标. 选取适当的 a,b,使得 $Q(a,b)$ 的值尽可能小,用这种方法得到 a,b 的估计 $\hat{a},\hat{b}$ 称为最小二乘估计. 这种估计方法称为**最小二乘法**,得到的参数的估计量称为**最小二乘估计量**,记为

$$Q(\hat{a},\hat{b})=\min_{a,b}Q(a,b). \tag{9.4}$$

注意到 $\hat{y_i}=\hat{a}+\hat{b}x_i$, $Q(\hat{a},\hat{b})=\sum(y_i-\hat{y_i})^2$,我们称 $y_i-\hat{y_i}$ 为第 i 个残差,$i=1,2,\cdots,n$. $Q(\hat{a},\hat{b})$ 也称为残差平方和. 从图 9.4 可以看出最小二乘法的思想就是选取适当的 $\hat{a},\hat{b}$,使得垂线距离(即残差)平方和最小.

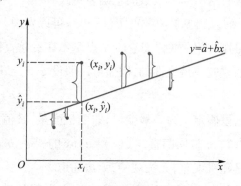

图 9.4　残差计算示意图

由于 $Q\geqslant0$,且对 a,b 的导数存在,因此 (9.4) 式的最小值可以通过偏导求 $Q(a,b)$ 的驻点得到

$$\begin{cases} \dfrac{\partial Q}{\partial a}=-2\sum_{i=1}^{n}(y_i-a-bx_i)=0, \\[2mm] \dfrac{\partial Q}{\partial b}=-2\sum_{i=1}^{n}(y_i-a-bx_i)x_i=0. \end{cases}$$

经过整理,可得

$$\begin{cases} na+n\bar{x}b=n\bar{y}, \\[2mm] n\bar{x}a+\left(\sum_{i=1}^{n}x_i^2\right)b=\sum_{i=1}^{n}x_iy_i, \end{cases}$$

称这个方程组为正则(或正规)方程组,其中 $\overline{x}=\dfrac{1}{n}\sum\limits_{i=1}^{n}x_i,\overline{y}=\dfrac{1}{n}\sum\limits_{i=1}^{n}y_i.$

记

$$l_{xy}=\sum_{i=1}^{n}(x_i-\overline{x})(y_i-\overline{y})=\sum_{i=1}^{n}x_iy_i-n\,\overline{x}\,\overline{y}=\sum_{i=1}^{n}x_iy_i-\frac{1}{n}\sum_{i=1}^{n}x_i\sum_{i=1}^{n}y_i,$$

$$l_{xx}=\sum_{i=1}^{n}(x_i-\overline{x})^2=\sum_{i=1}^{n}x_i^2-n\,\overline{x}^2=\sum_{i=1}^{n}x_i^2-\frac{1}{n}\left(\sum_{i=1}^{n}x_i\right)^2,$$

$$l_{yy}=\sum_{i=1}^{n}(y_i-\overline{y})^2=\sum_{i=1}^{n}y_i^2-n\,\overline{y}^2=\sum_{i=1}^{n}y_i^2-\frac{1}{n}\left(\sum_{i=1}^{n}y_i\right)^2,$$

由正则方程组可以解得

$$\begin{cases}\hat{b}=\dfrac{l_{xy}}{l_{xx}},\\[2mm]\hat{a}=\overline{y}-\hat{b}\,\overline{x},\end{cases}$$

这就是参数的最小二乘估计,其计算通常可列表进行.

例 9.2 在例 9.1 中,试求 a,b 的最小二乘估计值及经验回归函数.(保留两位小数)

解 计算表格如下:

表 9.4 最小二乘估计求解表

i	x_i	y_i	x_i^2	y_i^2	x_iy_i
1	−2.38	12.60	5.66	158.76	−29.99
2	−1.65	50.96	2.72	2596.92	−84.08
3	−1.05	101.37	1.10	10275.88	−106.44
4	−0.68	141.37	0.46	19985.48	−96.13
5	−0.19	186.85	0.04	34912.92	−35.50
6	0.22	235.62	0.05	55516.78	51.84
7	0.61	276.16	0.37	76264.35	168.46
8	0.93	340.82	0.86	116158.27	316.96
9	1.38	373.15	1.90	139240.92	514.95
10	1.38	360.00	1.90	129600.00	496.80
11	1.67	437.81	2.79	191677.60	731.14
12	2.13	484.93	4.54	235157.10	1032.90
13	2.57	536.44	6.60	287767.87	1378.65
14	2.99	585.21	8.94	342470.74	1749.78
15	3.27	569.32	10.69	324125.26	1861.68
小计	11.20	4692.61	48.65	1965908.86	7951.01

从而有

$$\overline{x}=0.75,\quad \overline{y}=312.84,$$

$$l_{xy}=7951.01-\frac{1}{15}\times11.20\times4692.61=4447.19,$$

$$l_{xx}=48.65-\frac{1}{15}\times11.20\times11.20=40.29,\hat{b}=\frac{l_{xy}}{l_{xx}}=\frac{4447.19}{40.29}=110.38,$$

$$\hat{a}=\overline{y}-\hat{b}\,\overline{x}=312.84-110.38\times0.75=230.06,$$

经验回归函数为

$$y=230.06+110.38x.$$

这说明纵向压缩量每增加 1 mm,荷载平均增加 110.38 kN.

下面给出最小二乘估计量的性质.

考虑一元正态线性回归模型

$$Y_i=a+bx_i+\varepsilon_i,\quad i=1,2,\cdots,n,$$

其中 $\varepsilon_1,\varepsilon_2,\cdots,\varepsilon_n$ 相互独立,且均服从正态分布 $N(0,\sigma^2)$.

参数 a,b 的最小二乘估计量为 $\hat{a},\hat{b}$,则有

$$\hat{b}=\frac{l_{xY}}{l_{xx}},\quad \hat{a}=\overline{Y}-\hat{b}\,\overline{x}, \tag{9.5}$$

其中 $l_{xx}=\sum_{i=1}^{n}(x_i-\overline{x})^2,l_{xY}=\sum_{i=1}^{n}(x_i-\overline{x})(Y_i-\overline{Y}),l_{YY}=\sum_{i=1}^{n}(Y_i-\overline{Y})^2.$

*定理 9.2　在一元正态线性回归模型下,(9.5)式给出的 $\hat{a},\hat{b}$ 分别是 a,b 的无偏估计,且有

$$\hat{a}\sim N\left(a,\frac{\sigma^2\sum x_i^2}{nl_{xx}}\right),\quad \hat{b}\sim N\left(b,\frac{\sigma^2}{l_{xx}}\right).$$

重难点讲解
9-1

证明　先证 $\hat{a},\hat{b}$ 的无偏性:由于

$$l_{xY}=\sum_{i=1}^{n}(x_i-\overline{x})(Y_i-\overline{Y})=\sum_{i=1}^{n}(x_i-\overline{x})Y_i-\sum_{i=1}^{n}(x_i-\overline{x})\overline{Y}=\sum_{i=1}^{n}(x_i-\overline{x})Y_i,$$

$$l_{xx}=\sum_{i=1}^{n}(x_i-\overline{x})^2=\sum_{i=1}^{n}(x_i-\overline{x})x_i-\sum_{i=1}^{n}(x_i-\overline{x})\overline{x}=\sum_{i=1}^{n}(x_i-\overline{x})x_i,$$

由 $E(Y_i)=a+bx_i$ 得到

$$E(\hat{b})=E(l_{xY}/l_{xx})=E\left\{\frac{\sum_{i=1}^{n}(x_i-\overline{x})(Y_i-\overline{Y})}{\sum_{i=1}^{n}(x_i-\overline{x})^2}\right\}=E\left\{\frac{\sum_{i=1}^{n}(x_i-\overline{x})Y_i}{\sum_{i=1}^{n}(x_i-\overline{x})^2}\right\}$$

$$=\frac{\sum_{i=1}^{n}(x_i-\overline{x})E(Y_i)}{\sum_{i=1}^{n}(x_i-\overline{x})^2}=\frac{\sum_{i=1}^{n}(x_i-\overline{x})(a+bx_i)}{\sum_{i=1}^{n}(x_i-\overline{x})^2}$$

$$= b \frac{\sum\limits_{i=1}^{n} (x_i - \overline{x}) x_i}{\sum\limits_{i=1}^{n} (x_i - \overline{x})^2} = b,$$

这表明 $\hat{b}$ 具有无偏性. 由

$$E(\overline{Y}) = \frac{1}{n} \sum_{i=1}^{n} E(Y_i) = \frac{1}{n} \sum_{i=1}^{n} (a + b x_i) = a + b \overline{x},$$

得到

$$E(\hat{a}) = E(\overline{Y} - \hat{b}\,\overline{x}) = E(\overline{Y}) - \overline{x} E(\hat{b}) = (a + b\,\overline{x}) - \overline{x} b = a,$$

这表明 $\hat{a}$ 具有无偏性.

再来求 $\hat{a}, \hat{b}$ 的分布.

由于 $\hat{a}, \hat{b}$ 都是独立正态随机变量 $Y_1, Y_2, \cdots, Y_n$ 的线性函数, 因此, 它们都服从正态分布. 下面来计算它们各自的方差. 由方差的性质及 $\mathrm{Var}(Y_i) = \sigma^2, i = 1, 2, \cdots, n$ 得到

$$\mathrm{Var}(\hat{b}) = \mathrm{Var}\left\{ \frac{\sum\limits_{i=1}^{n} (x_i - \overline{x}) Y_i}{\sum\limits_{i=1}^{n} (x_i - \overline{x})^2} \right\} = \frac{\sum\limits_{i=1}^{n} \mathrm{Var}\{(x_i - \overline{x}) Y_i\}}{\left[\sum\limits_{i=1}^{n} (x_i - \overline{x})^2 \right]^2}$$

$$= \frac{\sum\limits_{i=1}^{n} (x_i - \overline{x})^2 \sigma^2}{\left[\sum\limits_{i=1}^{n} (x_i - \overline{x})^2 \right]^2} = \frac{\sigma^2}{\sum\limits_{i=1}^{n} (x_i - \overline{x})^2} = \frac{\sigma^2}{l_{xx}}.$$

类似地, 由于

$$\hat{a} = \overline{Y} - \hat{b}\,\overline{x} = \frac{1}{n} \sum_{i=1}^{n} Y_i - \overline{x} \frac{\sum\limits_{i=1}^{n} (x_i - \overline{x}) Y_i}{\sum\limits_{i=1}^{n} (x_i - \overline{x})^2} = \sum_{i=1}^{n} \left[\frac{1}{n} - \frac{\overline{x}(x_i - \overline{x})}{\sum\limits_{i=1}^{n} (x_i - \overline{x})^2} \right] Y_i,$$

因此,

$$\mathrm{Var}(\hat{a}) = \sum_{i=1}^{n} \left[\frac{1}{n} - \frac{\overline{x}(x_i - \overline{x})}{\sum\limits_{i=1}^{n} (x_i - \overline{x})^2} \right]^2 \sigma^2$$

$$= \sum_{i=1}^{n} \left\{ \frac{1}{n^2} - \frac{2\overline{x}(x_i - \overline{x})}{n \sum\limits_{i=1}^{n} (x_i - \overline{x})^2} + \left[\frac{\overline{x}(x_i - \overline{x})}{\sum\limits_{i=1}^{n} (x_i - \overline{x})^2} \right]^2 \right\} \sigma^2$$

$$= \sigma^2 \left[\frac{1}{n} + \frac{\overline{x}^2}{\sum\limits_{i=1}^{n} (x_i - \overline{x})^2} \right] = \frac{\sigma^2 \sum\limits_{i=1}^{n} x_i^2}{n \sum\limits_{i=1}^{n} (x_i - \overline{x})^2} = \frac{\sigma^2 \sum\limits_{i=1}^{n} x_i^2}{n l_{xx}}.$$

现在来讨论 σ^2 的点估计. $\sigma^2 = \mathrm{Var}(\varepsilon_i)$, $i = 1, 2, \cdots, n$, 表示随机误差的方差. 在数据中, 用 $Y_i - \hat{Y}_i$ 来表现, 其中

$$\hat{Y}_i = \hat{a} + \hat{b} x_i = \overline{Y} + \hat{b}(x_i - \overline{x}), \quad i = 1, 2, \cdots, n.$$

$\hat{Y}_i$ 是按经验回归函数算得当 $x = x_i$ 时 y 的值, 也可以看作是 x_i 偏离平均值 $\overline{x}$ 的部分对 $\overline{y}$ 的一个修正.

注意到**误差平方和** $SS_e = \sum\limits_{i=1}^{n}(Y_i - \hat{Y}_i)^2$, 这也是**误差平方和**常称为**残差平方和**的原因, 它是 n 次试验的累积误差, 其值恰是 $Q(a, b)$ 的最小值 $Q(\hat{a}, \hat{b})$, 因为

$$SS_e = \sum_{i=1}^{n}(Y_i - \hat{Y}_i)^2 = \sum_{i=1}^{n}[Y_i - (\hat{a} + \hat{b} x_i)]^2 = Q(\hat{a}, \hat{b}).$$

通常取 σ^2 的估计 $\widehat{\sigma_n^2}$ 为 $\widehat{\sigma_n^2} = \dfrac{1}{n} SS_e$.

当 n 较小时, σ^2 的估计一般写为 $\widehat{\sigma^2} = \dfrac{1}{n-2} SS_e$. 这是因为由下面的定理 9.3 可知 $\dfrac{1}{\sigma^2} SS_e \sim \chi^2(n-2)$. 由 χ^2 分布的数字特征, $E\left(\dfrac{1}{\sigma^2} SS_e\right) = n - 2$, 故 $E(\widehat{\sigma^2}) = \dfrac{\sigma^2}{n-2} E\left(\dfrac{1}{\sigma^2} SS_e\right) = \dfrac{\sigma^2}{n-2} \times (n-2) = \sigma^2$. 说明 $\widehat{\sigma^2}$ 是 σ^2 的无偏估计.

$\widehat{\sigma_n^2}$ 虽然不具有无偏性, 但它是 σ^2 的渐近无偏估计, 当 n 比较大时, 可以近似当作 σ^2 的无偏估计.

下面介绍线性回归分析中常用的平方和分解方法. 引入下列平方和统计量:

$$SS_{总} = l_{YY} = \sum_{i=1}^{n}(Y_i - \overline{Y})^2,$$

$SS_{总}$ 称为**总离差平方和**, 反映了数据中响应变量 Y 的波动.

$$SS_R = \sum_{i=1}^{n}(\hat{Y}_i - \overline{Y})^2,$$

其中 $\hat{Y}_i = \hat{a} + \hat{b} x_i$, $i = 1, 2, \cdots, n$, SS_R 称为**回归平方和**, 反映了回归引起的波动, 也即 $\hat{b}$ 对总离差平方和的贡献.

$$SS_e = \sum_{i=1}^{n}(Y_i - \hat{Y}_i)^2,$$

SS_e 称为**误差平方和**, 反映了随机误差引起的波动. 因而

$$
\begin{aligned}
SS_R &= \sum_{i=1}^{n}(\hat{Y}_i - \overline{Y})^2 = \sum_{i=1}^{n}(\hat{a} + \hat{b} x_i - \hat{a} - \hat{b}\,\overline{x})^2 = \hat{b}^2 \sum_{i=1}^{n}(x_i - \overline{x})^2 \\
&= \hat{b}^2 l_{xx} = \hat{b} l_{xY}.
\end{aligned}
\tag{9.6}
$$

$$SS_e = \sum_{i=1}^{n}(Y_i - \hat{Y}_i)^2 = \sum_{i=1}^{n}(Y_i - \hat{a} - \hat{b} x_i)^2 = \sum_{i=1}^{n}(Y_i - \overline{Y} + \hat{b}\,\overline{x} - \hat{b} x_i)^2$$

$$= \sum_{i=1}^{n} \left[(Y_i - \overline{Y}) - \hat{b}(x_i - \overline{x}) \right]^2 = l_{YY} + \hat{b}^2 l_{xx} - 2\hat{b} l_{xY} = l_{YY} - \hat{b} l_{xY}.$$

由此得到如下的总离差平方和的平方分解式:

$$SS_{总} = SS_R + SS_e,$$

这说明总离差平方和是由回归平方和与误差平方和两者构成的.

例 9.3　在例 9.2 中,试求 σ^2 的无偏估计值.

解　由例 9.2 中给出的计算结果可以得到 $l_{xx} = 40.29$, $l_{xy} = 4447.19$,

$$SS_{总} = l_{yy} = \sum_{i=1}^{n} y_i^2 - n\overline{y}^2 = 1965908.86 - 15 \times 312.84^2 = 497875.88.$$

因此,

$$SS_e = l_{yy} - \hat{b} l_{xy} = l_{yy} - \frac{l_{xy}^2}{l_{xx}} = 497875.88 - \frac{4447.19^2}{40.29} = 6997.28,$$

从而

$$\widehat{\sigma_n^2} = \frac{1}{15} \times 6997.28 = 466.49, \widehat{\sigma^2} = \frac{1}{13} \times 6997.28 = 538.25.$$

故 σ^2 的无偏估计值 $\widehat{\sigma^2}$ 为 538.25,其标准差 $\hat{\sigma} = \sqrt{538.25} = 23.20.$

二、回归系数的显著性检验

从 a, b 的最小二乘估计可以看出,对任意给出的 n 对数据 (x_i, y_i), $i = 1, 2, \cdots, n$, 我们都可以求出 $\hat{a}, \hat{b}$,从而可以写出回归方程 $y = \hat{a} + \hat{b}x$,但是这样给出的回归方程不一定有意义.

在使用回归方程做进一步的分析以前,首先应判断回归方程是否有意义. 两个未知参数 a, b 中,显然 b 对回归才具有本质意义. 正是 b 的取值表征了 x 与 y 的关系. 建立回归方程的目的是寻找 Y 的均值随 x 变化的规律,即找出回归方程 $E(Y) = a + bx$,如果 $b = 0$,那么不管 x 如何变化, $E(Y)$ 都不会变化,这时求得的一元线性回归方程毫无意义,这种情况称为回归效果不显著. 如果 $b \neq 0$,那么当 x 变化时, $E(Y)$ 随 x 的变化作线性变化,这时求得的回归方程才有意义,此时称回归效果是显著的.

由此,回归是否有效就是要检验如下假设:

$$H_0: b = 0, \leftrightarrow H_1: b \neq 0,$$

拒绝原假设 H_0 表示回归效果显著.

一元线性回归中对(9.5)式有三种等价的检验方法,实际使用中只要任选其一即可. 三种检验法中,相关系数检验法见上一节的介绍,下面主要介绍 F-检验和 t-检验.

1. F-检验

我们给出一元线性回归分析中的基本定理:

定理 9.3　对于一元正态线性回归模型,有

（1）$(\hat{a},\hat{b})$ 与 $\widehat{\sigma^2}$ 相互独立,且 $\dfrac{1}{\sigma^2}SS_e\sim\chi^2(n-2)$;

（2）当 $b=0$ 时,$\dfrac{1}{\sigma^2}SS_R\sim\chi^2(1)$.

定理 9.3 的证明参见[2]第 456—458 页.

由定理 9.3 得到:$SS_e=(n-2)\widehat{\sigma^2}$ 与 $SS_R=\hat{b}^2l_{xx}$ 相互独立. 取检验统计量

$$F=\frac{SS_R}{SS_e/(n-2)},$$

当 $b=0$ 时,由定理 9.3 可知,$F\sim F(1,n-2)$. 对给定的显著性水平 α,其拒绝域条件为

$$F>F_{1-\alpha}(1,n-2).$$

整个检验也可列成一张方差分析表,其实就是将这里的 F-检验的过程列成一张表. 大部分的统计软件计算结果都会自动列出这样的方差分析表.

检验也可用 p 值进行. 所谓 p 值指取到 $\dfrac{SS_R}{SS_e/(n-2)}$ 及比 $\dfrac{SS_R}{SS_e/(n-2)}$ 更大值的概率,p 值 $=P\left(F\geqslant\dfrac{SS_R}{SS_e/(n-2)}\right)$,其中 $F\sim F(1,n-2)$. 若此概率值小于或等于显著性水平 α,则拒绝原假设 H_0.

表 9.5　方差分析表

方差来源	平方和	自由度	均方	F 统计量值
回归	SS_R	1	$MSS_R=SS_R$	$F=\dfrac{MSS_R}{MSS_e}$
误差	SS_e	$n-2$	$MSS_e=SS_e/(n-2)$	
总和	$SS_总$	$n-1$		

例 9.4　在例 9.1 中,若显著性水平 $\alpha=0.05$,试问回归效果是否显著?（保留 2 位小数）

解　由例 9.2 和例 9.3 中给出的计算结果可以得到例 9.1 的方差分析表.

$$SS_总=497875.88,SS_e=6997.28,SS_R=SS_总-SS_e=490878.60,$$

这里 SS_R 也可以用 (9.6) 式来计算. $MSS_R=SS_R=490878.60,MSS_e=SS_e/(n-2)=538.25,$

$$F=\frac{MSS_R}{MSS_e}=\frac{490878.60}{538.25}=911.99.$$

表 9.6　荷载与纵向压缩量方差分析表

方差来源	平方和	自由度	均方	F 统计量值
回归	490878.60	1	490878.60	911.99
误差	6997.28	13	538.25	
总和	497875.88	14		

在 Excel 中利用 FINV 函数可知 $F_{0.95}(1,13)=4.6672$,现在 $F=911.99>4.6672$,故拒绝原假设 H_0,$b\neq0$,说明回归效果显著.

或者计算 p 值. $F\sim F(1,n\text{-}2)$,p 值 $=P(F\geqslant911.99)=1.995\times10^{-13}$,$p$ 值 $\ll0.01$,故拒绝原假设 H_0,回归效果显著.

现在假设检验会更看重 p 值. 因为这个值越小,拒绝原假设犯错的可能性就越小. 本例中,回归效果非常显著,因为 p 值太小了.

2. t-检验

对 $H_0:b=0$ 的检验也可基于 t 分布进行. 由于 $\hat{b}=\dfrac{\sum\limits_{i=1}^{n}(x_i-\bar{x})Y_i}{\sum\limits_{i=1}^{n}(x_i-\bar{x})^2}$ 是独立正态随

机变量 $Y_1,Y_2,\cdots,Y_n$ 的线性组合,因此 $\hat{b}$ 服从正态分布. 因为 $E(\hat{b})=b$,$\mathrm{Var}(\hat{b})=\dfrac{\sigma^2}{l_{xx}}$,

所以 $\hat{b}\sim N\left(b,\dfrac{\sigma^2}{l_{xx}}\right)$,结合定理 9.3,可知 $\dfrac{SS_e}{\sigma^2}\sim\chi^2(n\text{-}2)$,且 SS_e 与 $\hat{b}$ 相互独立. 记 $T=$

$\dfrac{\hat{b}\sqrt{l_{xx}}}{\sqrt{MSS_e}}$,由 t 分布定义知:在 H_0 为真时,有

$$T=\frac{\hat{b}\sqrt{l_{xx}}}{\sqrt{MSS_e}}\sim t(n\text{-}2).$$

于是,在显著性水平 α 下,检验统计量 T 可用来检验假设 H_0,拒绝域为

$$W_1=\left\{(x_1,y_1),(x_2,y_2),\cdots,(x_n,y_n):|t|>t_{1-\frac{\alpha}{2}}(n\text{-}2)\right\},$$

其中 t 是给定样本后统计量 T 的观测值.

例 9.5　在例 9.1 中,若显著性水平 $\alpha=0.05$,试问回归效果是否显著?

解　由例 9.2、例 9.3 和例 9.4 中得到的计算结果,可以知道:$\hat{b}=110.38$,$l_{xx}=40.29$,$MSS_e=538.25$,因而有 $t=30.1993$,p 值 $=P(|T|\geqslant30.1993)=1.995\times10^{-13}\ll0.01$,故拒绝原假设 H_0,回归效果显著.

可以看到,在一元正态线性回归中,F-检验和 t-检验的 p 值是一样的. 事实上,由(9.6)式容易得到:F-检验和 t-检验的检验统计量满足 $F=T^2$,这两个检验是等价的.

3. 相关系数检验

定理 9.4　在一元正态线性回归模型下,记 $R^2 = \dfrac{l_{xY}^2}{l_{xx}l_{YY}}$,则

$$R^2 = \frac{F}{F+(n-2)},$$

其中随机变量 $F \sim F(1, n-2)$.

　　证明　注意到 $R^2 = \dfrac{l_{xY}^2}{l_{xx}l_{YY}} = \dfrac{SS_R}{SS_总} = \dfrac{SS_R}{SS_R + SS_e} = \dfrac{SS_R/SS_e}{\dfrac{SS_R}{SS_e}+1}$,由定理 9.3,$F = \dfrac{SS_R}{SS_e/(n-2)}$,

其中 $F \sim F(1, n-2)$,可得统计量 R 与 F 之间的关系

$$R^2 = \frac{F}{F+(n-2)},$$

由此可见 F-检验、t-检验和相关系数检验是等价的.

　　原假设 $H_0: \rho = 0$ 的拒绝域为

$$W_1 = \{(x_1, y_1), (x_2, y_2), \cdots, (x_n, y_n): |r| > r_{1-\alpha}(n-2)\}.$$

临界值 $r_{1-\alpha}(n-2)$ 可以通过查附表 6 得到.

　　R^2 表示由 Y 随 x 的线性变化引起的变差 SS_R 占总离差平方和 $SS_总$ 的比例. R^2 越接近 1,Y 随 x 的变化越接近于由回归方程给出的趋势,回归效果越显著.

习题 9.3

1. 已知 29 例儿童的血红蛋白(单位:g)与铁(单位:μg)的含量,试做下面工作:

（1）求出铁与血红蛋白之间的相关系数,并检验其是否为 0;

（2）找出儿童血红蛋白与铁之间的线形回归关系;

（3）使用 F-检验和 t-检验检测回归的有效性.

表 9.7　习题 9.3 第 1 题数据表

血红蛋白/g	13.50	13.00	13.75	14.00	14.25	12.75	12.50	12.25	12.00	11.75
铁/μg	448.70	467.30	425.61	469.80	456.55	395.78	448.70	440.13	394.40	405.60
血红蛋白/g	11.50	11.25	11.00	10.75	10.50	10.25	10.00	9.75	9.50	9.25
铁/μg	446.00	383.20	416.70	430.80	445.80	409.80	384.10	342.90	326.29	388.54
血红蛋白/g	9.00	8.75	8.50	8.25	8.00	7.80	7.50	7.25	7.00	
铁/μg	331.10	258.94	292.80	292.60	312.80	283.00	344.20	312.50	294.70	

　　2. 试利用下表数据建立学童体重作为其身高的函数. 其中身高 y(单位:in,1 in = 2.54 cm),体重 x(单位:lb,1 lb = 453.59 g).

习题讲解
9-3

表9.8 习题 9.3 第 2 题数据表

身高 y/in	56.3	62.5	62.0	64.5	65.3	61.8	63.3	65.5
体重 x/lb	85.0	112.5	94.5	123.5	107.0	85.0	101.0	140.0
身高 y/in	64.3	62.3	62.8	61.3	59.5	60.0	61.3	64.5
体重 x/lb	110.5	99.5	102.5	94.0	93.5	109.0	107.0	102.5

*§9.4　回归的应用:预测与控制

利用最小二乘估计得到回归方程后,很多时候需要对响应变量 Y 的取值进行预测. 在回归分析中解释变量 x 的值常常可以进行控制,而响应变量 Y 的取值无法控制,例如:父母的平均身高 x 对子女的身高 Y 有影响,一个青少年篮球教练想了解他的一个学生将来能长多高,经过家访了解到这个学生的父母的平均身高 $x_0 = 1.80$ m,现在要预测这个学生成年后的身高 Y_0. 通过 10 年前培养的学生们的父母的平均身高 x 和子女的身高 Y 的数据,可以建立线性回归模型. 当经过显著性检验,得到回归效果显著的结论后,可以认为经验回归函数 $y = \hat{a} + \hat{b}x$ 能够在一定程度上反映解释变量 x 对响应变量 Y 的影响程度.

现在若有一个新的点 x_0,$Y_0 = a + bx_0 + \varepsilon_0$,$\varepsilon_0 \sim N(0, \sigma^2)$,且 ε_0 与 $\varepsilon_1, \varepsilon_2, \cdots, \varepsilon_n$ 相互独立,从而 $Y_0, Y_1, Y_2, \cdots, Y_n$ 相互独立. Y_0 的点估计显然会取 $\hat{Y}_0 = \hat{a} + \hat{b}x_0$,此时预测误差为 $\hat{Y}_0 - Y_0$,这是一个随机变量. 利用下面的定理 9.5,我们可以求得 Y_0 的置信区间,通常称为预测区间.

定理9.5　假定 $\varepsilon_0, \varepsilon_1, \varepsilon_2, \cdots, \varepsilon_n$ 相互独立,那么,$\hat{Y}_0 - Y_0 \sim N(0, d^2\sigma^2)$,其中

$$d = \sqrt{1 + \frac{1}{n} + \frac{(x_0 - \bar{x})^2}{l_{xx}}}.$$

重难点讲解

9-3

*证明　首先说明 $\hat{Y}_0 - Y_0$ 是独立正态随机变量 $Y_0, Y_1, Y_2, \cdots, Y_n$ 的线性函数,

$$\hat{Y}_0 - Y_0 = \bar{Y} + \hat{b}(x_0 - \bar{x}) - Y_0 = \bar{Y} + (x_0 - \bar{x})\frac{l_{xY}}{l_{xx}} - Y_0$$

$$= \sum_{i=1}^{n} \frac{1}{n}Y_i + \frac{x_0 - \bar{x}}{l_{xx}} \sum_{i=1}^{n}(x_i - \bar{x})Y_i - Y_0 = \sum_{i=1}^{n} \left[\frac{1}{n} + \frac{(x_0 - \bar{x})(x_i - \bar{x})}{l_{xx}}\right]Y_i - Y_0.$$

因此,$\hat{Y}_0 - Y_0$ 是 $Y_0, Y_1, Y_2, \cdots, Y_n$ 的线性函数,而 $Y_0, Y_1, Y_2, \cdots, Y_n$ 相互独立,且都服从正态分布,故 $\hat{Y}_0 - Y_0$ 服从正态分布. 由 $E(Y_0) = a + bx_0$,$\hat{a}$ 和 $\hat{b}$ 的无偏性可以推得

$$E(\hat{Y}_0 - Y_0) = E(\hat{Y}_0) - E(Y_0) = E(\hat{a} + \hat{b}x_0) - (a + bx_0) = 0.$$

由 $\hat{Y}_0$ 与 Y_0 相互独立及 $\mathrm{Var}(Y_0) = \sigma^2$ 可以算得,

$$\operatorname{Var}(\hat{Y}_0 - Y_0) = \operatorname{Var}(\hat{Y}_0) + \operatorname{Var}(Y_0) = \operatorname{Var}\left\{\sum_{i=1}^{n}\left[\frac{1}{n} + \frac{(x_0 - \bar{x})(x_i - \bar{x})}{l_{xx}}\right]Y_i\right\} + \sigma^2$$

$$= \sigma^2 + \sum_{i=1}^{n}\left[\frac{1}{n} + \frac{(x_0 - \bar{x})(x_i - \bar{x})}{l_{xx}}\right]^2 \sigma^2$$

$$= \sigma^2 + \left[\sum_{i=1}^{n}\frac{1}{n^2} + 2\sum_{i=1}^{n}\frac{(x_0 - \bar{x})(x_i - \bar{x})}{n l_{xx}} + \sum_{i=1}^{n}\frac{(x_0 - \bar{x})^2 (x_i - \bar{x})^2}{l_{xx}^2}\right]\sigma^2$$

$$= \left[1 + \frac{1}{n} + \frac{(x_0 - \bar{x})^2}{l_{xx}}\right]\sigma^2 = d^2 \sigma^2.$$

由定理 9.3 知,$(\hat{a}, \hat{b})$ 与 $\widehat{\sigma^2}$ 相互独立,而 $\hat{Y}_0 = \hat{a} + \hat{b}x_0$,因此 $\hat{Y}_0$ 与 $\hat{\sigma}$ 相互独立. 又 Y_0 与 $\hat{\sigma}$ 和 $\hat{Y}_0$ 相互独立,因此 $\hat{Y}_0 - Y_0$ 与 $\hat{\sigma}$ 独立. 再由定理 9.3 可得,

$$\frac{\hat{Y}_0 - Y_0}{\hat{\sigma}d} = \frac{\dfrac{(\hat{Y}_0 - Y_0)}{d\sigma}}{\sqrt{\dfrac{1}{\sigma^2} \cdot \dfrac{SS_e}{(n-2)}}} \sim t(n-2),$$

于是由

$$P\left(\frac{|\hat{Y}_0 - Y_0|}{\hat{\sigma}d} \leqslant t_{1-\frac{\alpha}{2}}(n-2)\right) = 1 - \alpha$$

给出 Y_0 的一个置信水平为 $1-\alpha$ 的预测区间,其上、下限为

$$\hat{Y}_0 \pm t_{1-\frac{\alpha}{2}}(n-2)\hat{\sigma}d = (\hat{a} + \hat{b}x_0) \pm t_{1-\frac{\alpha}{2}}(n-2)\hat{\sigma}\sqrt{1 + \frac{1}{n} + \frac{(x_0 - \bar{x})^2}{l_{xx}}}.$$

例 9.6 在例 9.1 中,试求 $x_0 = 1$ 时 Y_0 的预测值及双侧 0.95 预测区间(保留两位小数).

解 在例 9.2 中,已经求得经验回归函数 $y = 230.06 + 110.38x$,于是,当 $x_0 = 1$ 时,Y_0 的预测值

$$\hat{y}_0 = 230.06 + 110.38 \times 1 = 340.44.$$

由 $t_{0.975}(13) = 2.1604$,$\hat{\sigma} = 23.20$ 及 $d = \sqrt{1 + \dfrac{1}{15} + \dfrac{(1 - 0.75)^2}{40.29}} = 1.03$,得到 Y_0 的双侧 0.95 预测区间的上、下限分别为

$$\hat{y}_0 \pm t_{0.975}(13)\hat{\sigma}d = 340.44 \pm 2.1604 \times 23.20 \times 1.03 = 340.44 \pm 51.62,$$

即所求预测区间为 $(288.82, 392.06)$. 这说明当纵向压缩量为 1 mm 时,荷载的估计值为 340.44 kN,所在范围为 $(288.82, 392.06)$ kN.

双侧 $1-\alpha$ 预测区间的长度为

$$2t_{1-\frac{\alpha}{2}}(n-2)\hat{\sigma}\sqrt{1 + \frac{1}{n} + \frac{(x_0 - \bar{x})^2}{l_{xx}}}.$$

显然,此区间长度越短,预测的精度越高. 当 $x_0 = \bar{x}$ 时,此预测区间的长度最短,预测效果最佳. 反之,当 x_0 的取值超出原始试验点 $x_1, x_2, \cdots, x_n$ 的范围之外时,预测效果会比较差. 超出距离越远,效果越差,因为这时预测区间的长度过宽,预测有效性大大降低了.

当 n 较大时,t 分布的分位数可以用标准正态分布的分位数近似,此时可以用 $u_{1-\frac{\alpha}{2}}$ 代替 $t_{1-\frac{\alpha}{2}}(n-2)$,用 $\hat{\sigma}_n$ 近似代替 $\hat{\sigma}$. 又当 x_0 离 $\bar{x}$ 较近时,d 接近 1,预测区间的上、下限可以简化为 $\hat{y}_0 \pm u_{1-\frac{\alpha}{2}} \hat{\sigma}_n$.

在实际应用问题中,除了预测之外,还会遇到另一类控制问题.

例如在例 9.1 中,如果希望荷载在 y_L 与 y_U 之间的概率达到预先给定的值 $1-\alpha$,那么,纵向压缩量应该控制在什么范围内? 这样的问题有很强的实际意义.

要求 Y_0 在 y_L 与 y_U 之间的概率达到预先给定的值 $1-\alpha$,要求解释变量 x 的控制区间 $[x_L, x_U]$. 求解方法是利用 Y_0 的预测区间,将 x 代替 x_0,y 代替 Y_0,得到两条平行直线 $y = (\hat{a} + \hat{b}x) \pm u_{1-\frac{\alpha}{2}} \hat{\sigma}_n$,其中 y 用 y_L 与 y_U 分别代入,反解可以得到 x_L 和 x_U.

下面的图 9.5 用图解法给出控制区间 $[x_L, x_U]$ 的求解方法.

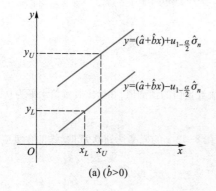 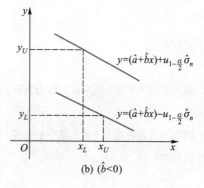

图 9.5 控制区间图解法

当 $\hat{b} > 0$ 时,解方程组

$$\begin{cases} y_L = (\hat{a} + \hat{b}x_L) - u_{1-\frac{\alpha}{2}} \hat{\sigma}_n, \\ y_U = (\hat{a} + \hat{b}x_U) + u_{1-\frac{\alpha}{2}} \hat{\sigma}_n, \end{cases}$$

得到

$$x_L = \frac{1}{\hat{b}} \left(y_L - \hat{a} + u_{1-\frac{\alpha}{2}} \hat{\sigma}_n \right), \quad x_U = \frac{1}{\hat{b}} \left(y_U - \hat{a} - u_{1-\frac{\alpha}{2}} \hat{\sigma}_n \right).$$

当 $\hat{b} < 0$ 时,解方程组

$$\begin{cases} y_L = (\hat{a} + \hat{b}x_U) - u_{1-\frac{\alpha}{2}} \hat{\sigma}_n, \\ y_U = (\hat{a} + \hat{b}x_L) + u_{1-\frac{\alpha}{2}} \hat{\sigma}_n, \end{cases}$$

得到

$$x_L = \frac{1}{\hat{b}}\left(y_U - \hat{a} - u_{1-\frac{\alpha}{2}}\hat{\sigma}_n\right), \quad x_U = \frac{1}{\hat{b}}\left(y_L - \hat{a} + u_{1-\frac{\alpha}{2}}\hat{\sigma}_n\right).$$

这里假定 n 较大. 另外, 假定区间 $[y_L, y_U]$ 的长度 $y_U - y_L \geqslant 2u_{1-\frac{\alpha}{2}}\hat{\sigma}_n$, 此时可以保证 $x_L \leqslant x_U$. 否则, 控制区间不存在, 即此时控制问题无解.

当然, 同置信区间类似, 预测区间与控制区间也可以推广到单侧的情形.

例 9.7　在例 9.1 中, 如果希望荷载(单位:kN)在 $(290, 380)$ 的概率达到 0.95, 问: 纵向压缩量应该控制在什么范围内?

解　在例 9.2 和例 9.3 中, 已经求得 $\widehat{\sigma_n^2} = 466.49$, 于是, $\hat{\sigma}_n = 21.60$, $\alpha = 0.05$, $u_{0.975} = 1.96$, $\hat{a} = 230.06$, $\hat{b} = 110.38$, $y_L = 290$, $y_U = 380$, 可以求得

$$x_L = \frac{1}{\hat{b}}\left(y_L - \hat{a} + u_{1-\frac{\alpha}{2}}\hat{\sigma}_n\right) = \frac{1}{110.38}(290 - 230.06 + 1.96 \times 21.60) = 0.9266,$$

$$x_U = \frac{1}{\hat{b}}\left(y_U - \hat{a} - u_{1-\frac{\alpha}{2}}\hat{\sigma}_n\right) = \frac{1}{110.38}(380 - 230.06 - 1.96 \times 21.60) = 0.9749.$$

也就是说, 纵向压缩量应该控制在 $(0.9266, 0.9749)$ mm 内.

习题 9.4

习题讲解
9-4

1. 试求习题 9.3 第 1 题中铁取值为 500 μg 时, 血红蛋白的预测值, 并给出其置信水平为 0.95 的预测区间.

2. 试问当希望习题 9.3 第 1 题中血红蛋白的值在 8~13 g 的概率达到 0.95 时, 铁的含量应该控制在什么范围?

§9.5　一元非线性回归的线性化方法

有时, 回归函数并非是解释变量的线性函数. 从散点图可以看出, 这 n 个数据点明显不在一条直线附近, 而是围绕在某条曲线周围. 这说明 x 与 Y 不存在线性相关关系, 或者线性相关关系很弱. 如果这时对数据进行一定的函数变换, 变换后的数据点在散点图中可以表现为落在一条直线附近, 我们就可以利用一元线性回归对其分析. 这样的问题虽然是非线性回归问题, 但属于可以线性化的非线性回归问题. 下面用一个案例说明上述非线性回归的分析步骤.

例 9.8　北京同仁医院耳鼻喉研究所曾对强噪声环境下(100 dB)研究了工人听力受损程度与工龄的关系, 有表 9.9 中的统计数据, 其中实际听力是指下班充分休息

后的听力(单位:dB),是多个工人量测值的平均数.

表 9.9 工龄与实际听力对照表

工龄/年	1	2	3	4	5	7	8	10
实际听力/dB	25.83	34.03	34.25	38.57	42.14	44.02	45.1	48.86
工龄/年	14	18	19	20	21	23	24	25
实际听力/dB	51.62	54.38	53.87	55	61.66	60.74	62.14	63.05

观察这 16 个点形成的散点图(见图 9.6),可以看出它们并不接近一条直线,用曲线拟合这些点应该是更恰当的.

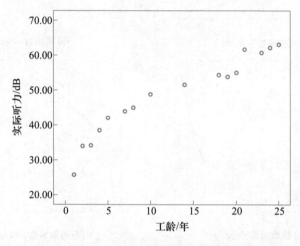

图 9.6 听力与工龄关系散点图

怎么来选择合适的曲线函数形式? 若由专业知识可以确定回归函数的形式,这是最好的情况,则尽可能用专业知识来处理. 若专业知识没法提供函数形式,则可将散点图与一些常见的函数关系的图形进行比较,选择合适的函数形式.

可线性化的非线性回归函数 $f(x)$,其回归模型可以通过函数变换成为线性回归模型,常见的函数形式大致有以下几种:

(1)双曲函数 $\dfrac{1}{y}=a+b\dfrac{1}{x}$:作变换,令 $y'=\dfrac{1}{y},x'=\dfrac{1}{x}$,从而将上述双曲函数化为 $y'=a+bx'$.

(2)幂函数 $y=ax^b$:作变换,令 $y'=\ln y,x'=\ln x,a'=\ln a$,可将上述幂函数化为 $y'=a'+bx'$.

(3)指数函数 $y=ae^{bx}$:作变换,令 $y'=\ln y,a'=\ln a$,将上述指数函数化为 $y'=a'+bx$.

(4)对数函数 $y=a+b\ln x$:作变换,令 $x'=\ln x$,可将对数函数化为 $y=a+bx'$.

（5）S 型曲线 $y=\dfrac{1}{a+be^{-x}}$：作变换，令 $y'=\dfrac{1}{y}$，$x'=e^{-x}$，可化为 $y'=a+bx'$．

这些常见的可线性化函数的图像如下图（图 9.7）．

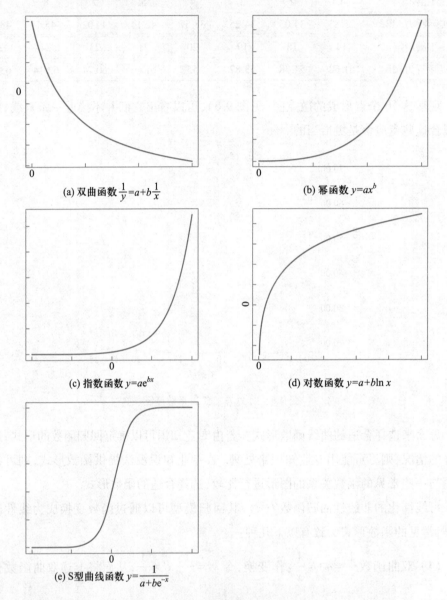

(a) 双曲函数 $\dfrac{1}{y}=a+b\dfrac{1}{x}$

(b) 幂函数 $y=ax^b$

(c) 指数函数 $y=ae^{bx}$

(d) 对数函数 $y=a+b\ln x$

(e) S型曲线函数 $y=\dfrac{1}{a+be^{-x}}$

图 9.7 常见可线性化的非线性函数

实际问题中，还有其他一些可以线性化的函数，比如 $y=a+bx^2$，完全可以用类似的方法加以解决，只需要将 x^2 用 x' 代替即可．

例 9.9（例 9.8 续） 将图 9.6 的听力与工龄关系散点图与图 9.7 比对，可以发现对数函数比较接近现有数据的散点图．为此，令 $x'=\ln x$，重新作图，可得图 9.8．

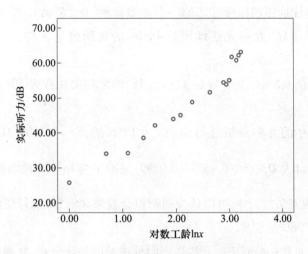

图 9.8 听力与对数工龄关系散点图

显然,现在的散点图中的数据点基本围绕在一条直线附近.

将 x' 与 y 进行线性回归,得方差分析表如表 9.10 所示:

表 9.10 听力与对数工龄方差分析表

方差来源	平方和	自由度	均方	F 统计量
回归	1856.60	1	1856.60	338.80
误差	76.71	14	5.48	
总和	1933.31	15		

在 Excel 中利用 FINV 函数可知 $F_{0.95}(1,14)=4.6001$,现在 $F=338.80>4.6001$,说明回归效果显著.

可得回归方程如下:$y=23.893+11.176x'$,也就是 $y=23.893+11.176\ln x$.

由于响应变量的随机性,散点图中数据点的图形很可能并不一定可以直观看出接近哪种曲线. 这时可能有多条比较接近的曲线可以用来拟合. 如果用多条曲线进行了回归拟合,那么哪条曲线的拟合效果会更好一些呢? 如何来评判拟合效果的优劣呢?

通常我们可采用如下两个指标进行选择:

(1)复相关系数 R^2,类似于一元线性回归分析中相关系数的平方,复相关系数定义为

$$R^2=\frac{SS_R}{SS_{总}}=1-\frac{SS_e}{SS_{总}}=1-\frac{\sum(Y_i-\hat{Y}_i)^2}{\sum(Y_i-\bar{Y})^2},$$

其中 Y_i 是未经变换的原始数据,而 $\hat{Y}_i$ 是 Y 关于 x 的曲线回归方程中相应于原始数据 x_i 的回归值. R^2 的观测值越大,说明残差越小,回归曲线拟合越好,R^2 的观测值从总体上给出一个拟合好坏程度的度量.

R^2 也是评判线性回归拟合好坏的一个重要标准. $0 \leqslant R^2 \leqslant 1$. R^2 的观测值越接近 1,回归拟合效果越好. 在一元线性回归中,R^2 的观测值是 x 与 Y 样本相关系数的平方.

例 9.10 在例 9.8 中,求 Y 与 $\ln x$ 线性回归的复相关系数 R^2,并问回归拟合程度是否好?

解 由例 9.9 的方差分析表可知,$SS_R = 1856.60$,$SS_总 = 1933.31$,因而可得 $r^2 = \dfrac{SS_R}{SS_总} = \dfrac{1856.60}{1933.31} = 0.9603$,$r = \sqrt{0.9603} = 0.9799$,说明 Y 与 $\ln x$ 高度线性相关.

由于 R^2 的观测值接近 1,可以认为回归拟合效果非常好,解释变量 x 在回归方程中可以解释 Y 的 96% 的变异.

(2)剩余标准差 s,类似于一元线性回归标准差的估计公式,此剩余标准差可用残差平方和来获得,即

$$s = \sqrt{\frac{SS_e}{n-2}} = \sqrt{\frac{\sum (y_i - \hat{y}_i)^2}{n-2}},$$

s 为各观测点 y_i 与由曲线给出的拟合值 $\hat{y}_i$ 间的平均偏离程度的度量,也即平均残差平方和的标准差. s 越小,拟合越好.

在观测数据给定后,不同的曲线选择不会影响总离差平方和 $SS_总$(即 $\sum (y_i - \bar{y})^2$)的取值,但会影响到残差平方和 SS_e(即 $\sum (y_i - \hat{y}_i)^2$)的取值. 因此,对选定的曲线,复相关系数和剩余标准差都取决于残差平方和,故而,这两种评价准则本质上是一致的,只是从不同侧面和程度对拟合效果作出评价.

习题 9.5

1. 在斜槽内滚下小球,用定时摄影法测得各时刻(单位:s)球心与原始位置间的距离(单位:cm)的数据如表 9.11 所示. 已知 $y = kt^2 + \varepsilon$,试求经验回归函数.

表 9.11 习题 9.5 第 1 题数据表

时间 t/s	0.50	0.55	0.60	0.65	0.70	0.75	0.80	0.85	0.90	0.95	1.00
距离 y/cm	23.3	28.4	33.6	39.1	45.8	52.1	58.8	67.1	75.1	83.8	93.2

2. 对不同的黄沙堆测得数据如表 9.12 所示,试用幂函数和指数函数求跨度(单位:m)l 与质量(单位:kg)y 之间的经验公式,并根据复相关系数 R^2 选择何者更好.

表 9.12 习题 9.5 第 2 题数据表

跨度 l/m	2.90	3.14	3.20	3.25	4.02	5.07
质量 y/kg	2131	2590	2705	2813	5181	11103

3. 若干城市 9—17 岁女子的平均体重资料如表 9.13 所示,试分别拟合直线回归方程、二次抛物线、三次抛物线,并选择一种最适合的回归模型.

表 9.13　习题 9.5 第 3 题数据表

年龄/岁	9	10	11	12	13	14	15	16	17
体重/kg	24.6	27.1	30.5	34.1	38.5	42.3	45.4	47.4	48.6

相关数学家及其成就

高尔顿(Francis Galton)
(1822—1911)

高尔顿是英国人类学家、生物统计学家. 1822 年 2 月 16 日生于伯明翰,1911 年 1 月 17 日卒于萨里郡黑斯尔米尔.

高尔顿是生物学家达尔文的表弟. 他早年在剑桥学习数学,后到伦敦攻读医学. 1860 年当选为皇家学会会员,1909 年被封为爵士. 1845—1852 年深入非洲腹地探险、考察.

高尔顿是生物统计学派的奠基人. 他的表哥达尔文的巨著《物种起源》问世,触动他用统计方法研究智力遗传进化问题,第一次将概率统计原理等数学方法用于生物科学,明确提出"生物统计学"的名词. 现在统计学上的"相关"和"回归"的概念也是高尔顿第一次使用的,1870 年,高尔顿在研究人类身高的遗传时,发现高个子父母的子女,其身高有低于其父母身高的趋势,而矮个子父母的子女,其身高有高于其父母的趋势,即有"回归"到平均数去的趋势,这就是统计学上最初出现"回归"时的涵义. 高尔顿揭示了统计方法在生物学研究中是有用的,引进了回归直线、相关系数的概念,创立了回归分析,开创了生物统计学研究的先河. 他于 1889 年在《自然遗传》中,应用百分位数法和四分位偏差法代替离差度量. 在现在的随机过程中有以他的姓氏命名的高尔顿-沃森过程(简称 G-W 过程).

高尔顿发表了 200 篇论文和出版了十几部专著,涉及人体测量学、实验心理学等领域,其中数学始终起着重要作用.

 第九章
重难点讲解

 第九章
习题讲解

 第九章
自测题

附 表

附表 1　泊松分布函数表

$$P(X \leq k) = \sum_{i=0}^{k} \frac{\lambda^i}{i!} e^{-\lambda}$$

λ \ k	0	1	2	3	4	5	6	7	8
0.1	0.905	0.995	1.000						
0.2	0.819	0.982	0.999	1.000					
0.3	0.741	0.963	0.996	1.000					
0.4	0.670	0.938	0.992	0.999	1.000				
0.5	0.607	0.910	0.986	0.998	1.000				
0.6	0.549	0.878	0.977	0.997	1.000				
0.7	0.497	0.844	0.966	0.994	0.999	1.000			
0.8	0.449	0.809	0.953	0.991	0.999	1.000			
0.9	0.407	0.772	0.937	0.987	0.998	1.000			
1.0	0.368	0.736	0.920	0.981	0.996	0.999	1.000		
1.1	0.333	0.699	0.900	0.974	0.995	0.999	1.000		
1.2	0.301	0.663	0.879	0.966	0.992	0.998	1.000		
1.3	0.273	0.627	0.857	0.957	0.989	0.998	1.000		
1.4	0.247	0.592	0.833	0.946	0.986	0.997	0.999	1.000	
1.5	0.223	0.558	0.809	0.934	0.981	0.996	0.999	1.000	
1.6	0.202	0.525	0.783	0.921	0.976	0.994	0.999	1.000	
1.7	0.183	0.493	0.757	0.907	0.970	0.992	0.998	1.000	
1.8	0.165	0.463	0.731	0.891	0.964	0.990	0.997	0.999	1.000
1.9	0.150	0.434	0.704	0.875	0.956	0.987	0.997	0.999	1.000
2.0	0.135	0.406	0.677	0.857	0.947	0.983	0.995	0.999	1.000

λ \ k	0	1	2	3	4	5	6	7	8	9	10	11	12
2.1	0.122	0.380	0.650	0.839	0.938	0.980	0.994	0.999	1.000				
2.2	0.111	0.355	0.623	0.819	0.928	0.975	0.993	0.998	1.000				
2.3	0.100	0.331	0.596	0.799	0.916	0.970	0.991	0.997	0.999	1.000			
2.4	0.091	0.308	0.570	0.779	0.904	0.964	0.988	0.997	0.999	1.000			
2.5	0.082	0.287	0.544	0.758	0.891	0.958	0.986	0.996	0.999	1.000			
2.6	0.074	0.267	0.518	0.736	0.877	0.951	0.983	0.995	0.999	1.000			
2.7	0.067	0.249	0.494	0.714	0.863	0.943	0.979	0.993	0.998	0.999	1.000		
2.8	0.061	0.231	0.469	0.692	0.848	0.935	0.976	0.992	0.998	0.999	1.000		
2.9	0.055	0.215	0.446	0.670	0.832	0.926	0.971	0.990	0.997	0.999	1.000		
3.0	0.050	0.199	0.423	0.647	0.815	0.916	0.966	0.988	0.996	0.999	1.000		
3.1	0.045	0.185	0.401	0.625	0.798	0.906	0.961	0.986	0.995	0.999	1.000		
3.2	0.041	0.171	0.380	0.603	0.781	0.895	0.955	0.983	0.994	0.998	1.000		
3.3	0.037	0.159	0.359	0.580	0.763	0.883	0.949	0.980	0.993	0.998	0.999	1.000	
3.4	0.033	0.147	0.340	0.558	0.744	0.871	0.942	0.977	0.992	0.997	0.999	1.000	
3.5	0.030	0.136	0.321	0.537	0.725	0.858	0.935	0.973	0.990	0.997	0.999	1.000	
3.6	0.027	0.126	0.303	0.515	0.706	0.844	0.927	0.969	0.988	0.996	0.999	1.000	
3.7	0.025	0.116	0.285	0.494	0.687	0.830	0.918	0.965	0.986	0.995	0.998	1.000	
3.8	0.022	0.107	0.269	0.473	0.668	0.816	0.909	0.960	0.984	0.994	0.998	0.999	1.000
3.9	0.020	0.099	0.253	0.453	0.648	0.801	0.899	0.955	0.981	0.993	0.998	0.999	1.000
4.0	0.018	0.092	0.238	0.433	0.629	0.785	0.889	0.949	0.979	0.992	0.997	0.999	1.000

续表

λ \ k	0	1	2	3	4	5	6	7	8	9	10	11	12	13	14
5	0.007	0.040	0.125	0.265	0.440	0.616	0.762	0.867	0.932	0.968	0.986	0.995	0.998	0.999	1.000
6	0.002	0.017	0.062	0.151	0.285	0.446	0.606	0.744	0.847	0.916	0.957	0.980	0.991	0.996	0.999
7	0.001	0.007	0.030	0.082	0.173	0.301	0.450	0.599	0.729	0.830	0.901	0.947	0.973	0.987	0.994
8	0.000	0.003	0.014	0.042	0.100	0.191	0.313	0.453	0.593	0.717	0.816	0.888	0.936	0.966	0.983
9	0.000	0.001	0.006	0.021	0.055	0.116	0.207	0.324	0.456	0.587	0.706	0.803	0.876	0.926	0.959
10	0.000	0.000	0.003	0.010	0.029	0.067	0.130	0.220	0.333	0.458	0.583	0.697	0.792	0.864	0.917
11	0.000	0.000	0.001	0.005	0.015	0.038	0.079	0.143	0.232	0.341	0.460	0.579	0.689	0.781	0.854
12	0.000	0.000	0.001	0.002	0.008	0.020	0.046	0.090	0.155	0.242	0.347	0.462	0.576	0.682	0.772
13	0.000	0.000	0.000	0.001	0.004	0.011	0.026	0.054	0.100	0.166	0.252	0.353	0.463	0.573	0.675
14	0.000	0.000	0.000	0.000	0.002	0.006	0.014	0.032	0.062	0.109	0.176	0.260	0.358	0.464	0.570
15	0.000	0.000	0.000	0.000	0.001	0.003	0.008	0.018	0.037	0.070	0.118	0.185	0.268	0.363	0.466

λ \ k	15	16	17	18	19	20	21	22	23	24	25	26	27	28	29
6	1.000														
7	0.999	0.999	1.000												
8	0.992	0.996	0.998	0.999	1.000										
9	0.978	0.989	0.995	0.998	0.999	1.000									
10	0.951	0.973	0.986	0.993	0.997	0.998	0.999	1.000							
11	0.907	0.944	0.968	0.982	0.991	0.995	0.998	0.999	1.000						
12	0.844	0.899	0.937	0.963	0.979	0.988	0.994	0.997	0.999	0.999	1.000				
13	0.764	0.835	0.890	0.930	0.957	0.975	0.986	0.992	0.996	0.998	0.999	1.000			
14	0.669	0.756	0.827	0.883	0.923	0.952	0.971	0.983	0.991	0.995	0.997	0.999	0.999	1.000	
15	0.568	0.664	0.749	0.819	0.875	0.917	0.947	0.967	0.981	0.989	0.994	0.997	0.998	0.999	1.000

附表 2　标准正态分布函数表

$$\Phi(u) = \frac{1}{\sqrt{2\pi}} \int_{-\infty}^{u} e^{-t^2/2} dt$$

u	0.00	0.01	0.02	0.03	0.04	0.05	0.06	0.07	0.08	0.09
0.0	0.5000	0.5040	0.5080	0.5120	0.5160	0.5199	0.5239	0.5279	0.5319	0.5359
0.1	0.5398	0.5438	0.5478	0.5517	0.5557	0.5596	0.5636	0.5675	0.5714	0.5753
0.2	0.5793	0.5832	0.5871	0.5910	0.5948	0.5987	0.6026	0.6064	0.6103	0.6141
0.3	0.6179	0.6217	0.6255	0.6293	0.6331	0.6368	0.6406	0.6443	0.6480	0.6517
0.4	0.6554	0.6591	0.6628	0.6664	0.6700	0.6736	0.6772	0.6808	0.6844	0.6879
0.5	0.6915	0.6950	0.6985	0.7019	0.7054	0.7088	0.7123	0.7157	0.7190	0.7224
0.6	0.7257	0.7291	0.7324	0.7357	0.7389	0.7422	0.7454	0.7486	0.7517	0.7549
0.7	0.7580	0.7611	0.7642	0.7673	0.7704	0.7734	0.7764	0.7794	0.7823	0.7852
0.8	0.7881	0.7910	0.7939	0.7967	0.7995	0.8023	0.8051	0.8078	0.8106	0.8133
0.9	0.8159	0.8186	0.8212	0.8238	0.8264	0.8289	0.8315	0.8340	0.8365	0.8389
1.0	0.8413	0.8438	0.8461	0.8485	0.8508	0.8531	0.8554	0.8577	0.8599	0.8621
1.1	0.8643	0.8665	0.8686	0.8708	0.8729	0.8749	0.8770	0.8790	0.8810	0.8830
1.2	0.8849	0.8869	0.8888	0.8907	0.8925	0.8944	0.8962	0.8980	0.8997	0.9015
1.3	0.9032	0.9049	0.9066	0.9082	0.9099	0.9115	0.9131	0.9147	0.9162	0.9177
1.4	0.9192	0.9207	0.9222	0.9236	0.9251	0.9265	0.9279	0.9292	0.9306	0.9319

续表

u	0.00	0.01	0.02	0.03	0.04	0.05	0.06	0.07	0.08	0.09
1.5	0.9332	0.9345	0.9357	0.9370	0.9382	0.9394	0.9406	0.9418	0.9429	0.9441
1.6	0.9452	0.9463	0.9474	0.9484	0.9495	0.9505	0.9515	0.9525	0.9535	0.9545
1.7	0.9554	0.9564	0.9573	0.9582	0.9591	0.9599	0.9608	0.9616	0.9625	0.9633
1.8	0.9641	0.9649	0.9656	0.9664	0.9671	0.9678	0.9686	0.9693	0.9699	0.9706
1.9	0.9713	0.9719	0.9726	0.9732	0.9738	0.9744	0.9750	0.9756	0.9761	0.9767
2.0	0.9772	0.9778	0.9783	0.9788	0.9793	0.9798	0.9803	0.9808	0.9812	0.9817
2.1	0.9821	0.9826	0.9830	0.9834	0.9838	0.9842	0.9846	0.9850	0.9854	0.9857
2.2	0.9861	0.9864	0.9868	0.9871	0.9875	0.9878	0.9881	0.9884	0.9887	0.9890
2.3	0.9893	0.9896	0.9898	0.9901	0.9904	0.9906	0.9909	0.9911	0.9913	0.9916
2.4	0.9918	0.9920	0.9922	0.9925	0.9927	0.9929	0.9931	0.9932	0.9934	0.9936
2.5	0.9938	0.9940	0.9941	0.9943	0.9945	0.9946	0.9948	0.9949	0.9951	0.9952
2.6	0.9953	0.9955	0.9956	0.9957	0.9959	0.9960	0.9961	0.9962	0.9963	0.9964
2.7	0.9965	0.9966	0.9967	0.9968	0.9969	0.9970	0.9971	0.9972	0.9973	0.9974
2.8	0.9974	0.9975	0.9976	0.9977	0.9977	0.9978	0.9979	0.9979	0.9980	0.9981
2.9	0.9981	0.9982	0.9982	0.9983	0.9984	0.9984	0.9985	0.9985	0.9986	0.9986

u	0.0	0.1	0.2	0.3	0.4	0.5	0.6	0.7	0.8	0.9
3	$0.9^2 8650$	$0.9^3 0324$	$0.9^3 3129$	$0.9^3 5166$	$0.9^3 6631$	$0.9^3 7674$	$0.9^3 8409$	$0.9^3 8922$	$0.9^4 2765$	$0.9^4 5190$
4	$0.9^4 6833$	$0.9^4 7934$	$0.9^4 8665$	$0.9^5 1460$	$0.9^5 4587$	$0.9^5 6602$	$0.9^5 7888$	$0.9^5 8699$	$0.9^6 2067$	$0.9^6 5208$
5	$0.9^6 7133$	$0.9^6 8302$	$0.9^7 0036$	$0.9^7 4210$	$0.9^7 6668$	$0.9^7 8101$	$0.9^7 8928$	$0.9^8 4010$	$0.9^8 6684$	$0.9^8 8182$
6	$0.9^9 0134$									

注:$0.9^2 8650$ 表示 0.998650,其他同.

附表 3 χ^2 分布分位数 $\chi_p^2(n)$ 表

$$P(\chi^2(n) \leqslant \chi_p^2(n)) = p$$

n	p												
	0.005	0.01	0.025	0.05	0.1	0.9	0.95	0.975	0.99	0.995
1	0.0000	0.0002	0.0010	0.0039	0.0158	2.7055	3.8415	5.0239	6.6349	7.8794
2	0.0100	0.0201	0.0506	0.1026	0.2107	4.6052	5.9915	7.3778	9.2103	10.5966
3	0.0717	0.1148	0.2158	0.3518	0.5844	6.2514	7.8147	9.3484	11.3449	12.8382
4	0.2070	0.2971	0.4844	0.7107	1.0636	7.7794	9.4877	11.1433	13.2767	14.8603
5	0.4117	0.5543	0.8312	1.1455	1.6103	9.2364	11.0705	12.8325	15.0863	16.7496
6	0.6757	0.8721	1.2373	1.6354	2.2041	10.6446	12.5916	14.4494	16.8119	18.5476
7	0.9893	1.2390	1.6899	2.1673	2.8331	12.0170	14.0671	16.0128	18.4753	20.2777
8	1.3444	1.6465	2.1797	2.7326	3.4895	13.3616	15.5073	17.5345	20.0902	21.9550
9	1.7349	2.0879	2.7004	3.3251	4.1682	14.6837	16.9190	19.0228	21.6660	23.5894
10	2.1559	2.5582	3.2470	3.9403	4.8652	15.9872	18.3070	20.4832	23.2093	25.1882
11	2.6032	3.0535	3.8157	4.5748	5.5778	17.2750	19.6751	21.9200	24.7250	26.7568
12	3.0738	3.5706	4.4038	5.2260	6.3038	18.5493	21.0261	23.3367	26.2170	28.2995
13	3.5650	4.1069	5.0088	5.8919	7.0415	19.8119	22.3620	24.7356	27.6882	29.8195
14	4.0747	4.6604	5.6287	6.5706	7.7895	21.0641	23.6848	26.1189	29.1412	31.3193
15	4.6009	5.2293	6.2621	7.2609	8.5468	22.3071	24.9958	27.4884	30.5779	32.8013
16	5.1422	5.8122	6.9077	7.9616	9.3122	23.5418	26.2962	28.8454	31.9999	34.2672
17	5.6972	6.4078	7.5642	8.6718	10.0852	24.7690	27.5871	30.1910	33.4087	35.7185
18	6.2648	7.0149	8.2307	9.3905	10.8649	25.9894	28.8693	31.5264	34.8053	37.1565
19	6.8440	7.6327	8.9065	10.1170	11.6509	27.2036	30.1435	32.8523	36.1909	38.5823
20	7.4338	8.2604	9.5908	10.8508	12.4426	28.4120	31.4104	34.1696	37.5662	39.9968

续表

n	p									
	0.005	0.01	0.025	0.05	0.1	0.9	0.95	0.975	0.99	0.995
21	8.0337	8.8972	10.2829	11.5913	13.2396	29.6151	32.6706	35.4789	38.9322	41.4011
22	8.6427	9.5425	10.9823	12.3380	14.0415	30.8133	33.9244	36.7807	40.2894	42.7957
23	9.2604	10.1957	11.6886	13.0905	14.8480	32.0069	35.1725	38.0756	41.6384	44.1813
24	9.8862	10.8564	12.4012	13.8484	15.6587	33.1962	36.4150	39.3641	42.9798	45.5585
25	10.5197	11.5240	13.1197	14.6114	16.4734	34.3816	37.6525	40.6465	44.3141	46.9279
26	11.1602	12.1981	13.8439	15.3792	17.2919	35.5632	38.8851	41.9232	45.6417	48.2899
27	11.8076	12.8785	14.5734	16.1514	18.1139	36.7412	40.1133	43.1945	46.9629	49.6449
28	12.4613	13.5647	15.3079	16.9279	18.9392	37.9159	41.3371	44.4608	48.2782	50.9934
29	13.1211	14.2565	16.0471	17.7084	19.7677	39.0875	42.5570	45.7223	49.5879	52.3356
30	13.7867	14.9535	16.7908	18.4927	20.5992	40.2560	43.7730	46.9792	50.8922	53.6720
31	14.4578	15.6555	17.5387	19.2806	21.4336	41.4217	44.9853	48.2319	52.1914	55.0027
32	15.1340	16.3622	18.2908	20.0719	22.2706	42.5847	46.1943	49.4804	53.4858	56.3281
33	15.8153	17.0735	19.0467	20.8665	23.1102	43.7452	47.3999	50.7251	54.7755	57.6484
34	16.5013	17.7891	19.8063	21.6643	23.9523	44.9032	48.6024	51.9660	56.0609	58.9639
35	17.1918	18.5089	20.5694	22.4650	24.7967	46.0588	49.8018	53.2033	57.3421	60.2748
36	17.8867	19.2327	21.3359	23.2686	25.6433	47.2122	50.9985	54.4373	58.6192	61.5812
37	18.5858	19.9602	22.1056	24.0749	26.4921	48.3634	52.1923	55.6680	59.8925	62.8833
38	19.2889	20.6914	22.8785	24.8839	27.3430	49.5126	53.3835	56.8955	61.1621	64.1814
39	19.9959	21.4262	23.6543	25.6954	28.1958	50.6598	54.5722	58.1201	62.4281	65.4756
40	20.7065	22.1643	24.4330	26.5093	29.0505	51.8051	55.7585	59.3417	63.6907	66.7660

附表 4　t 分布分位数 $t_p(n)$ 表

$$P(t(n) \leq t_p(n)) = p$$

n	\multicolumn{8}{c}{p}
	0.75	0.80	0.90	0.95	0.975	0.99	0.995	0.999
1	1.0000	1.3764	3.0777	6.3138	12.7062	31.8205	63.6567	318.3088
2	0.8165	1.0607	1.8856	2.9200	4.3027	6.9646	9.9248	22.3271
3	0.7649	0.9785	1.6377	2.3534	3.1824	4.5407	5.8409	10.2145
4	0.7407	0.9410	1.5332	2.1318	2.7764	3.7469	4.6041	7.1732
5	0.7267	0.9195	1.4759	2.0150	2.5706	3.3649	4.0321	5.8934
6	0.7176	0.9057	1.4398	1.9432	2.4469	3.1427	3.7074	5.2076
7	0.7111	0.8960	1.4149	1.8946	2.3646	2.9980	3.4995	4.7853
8	0.7064	0.8889	1.3968	1.8595	2.3060	2.8965	3.3554	4.5008
9	0.7027	0.8834	1.3830	1.8331	2.2622	2.8214	3.2498	4.2968
10	0.6998	0.8791	1.3722	1.8125	2.2281	2.7638	3.1693	4.1437
11	0.6974	0.8755	1.3634	1.7959	2.2010	2.7181	3.1058	4.0247
12	0.6955	0.8726	1.3562	1.7823	2.1788	2.6810	3.0545	3.9296
13	0.6938	0.8702	1.3502	1.7709	2.1604	2.6503	3.0123	3.8520
14	0.6924	0.8681	1.3450	1.7613	2.1448	2.6245	2.9768	3.7874
15	0.6912	0.8662	1.3406	1.7531	2.1314	2.6025	2.9467	3.7328
16	0.6901	0.8647	1.3368	1.7459	2.1199	2.5835	2.9208	3.6862
17	0.6892	0.8633	1.3334	1.7396	2.1098	2.5669	2.8982	3.6458
18	0.6884	0.8620	1.3304	1.7341	2.1009	2.5524	2.8784	3.6105
19	0.6876	0.8610	1.3277	1.7291	2.0930	2.5395	2.8609	3.5794
20	0.6870	0.8600	1.3253	1.7247	2.0860	2.5280	2.8453	3.5518

续表

n	p								
	0.75	0.80	0.90	0.95	0.975	0.99	0.995	0.999
21	0.6864	0.8591	1.3232	1.7207	2.0796	2.5176	2.8314	3.5272
22	0.6858	0.8583	1.3212	1.7171	2.0739	2.5083	2.8188	3.5050
23	0.6853	0.8575	1.3195	1.7139	2.0687	2.4999	2.8073	3.4850
24	0.6848	0.8569	1.3178	1.7109	2.0639	2.4922	2.7969	3.4668
25	0.6844	0.8562	1.3163	1.7081	2.0595	2.4851	2.7874	3.4502
26	0.6840	0.8557	1.3150	1.7056	2.0555	2.4786	2.7787	3.4350
27	0.6837	0.8551	1.3137	1.7033	2.0518	2.4727	2.7707	3.4210
28	0.6834	0.8546	1.3125	1.7011	2.0484	2.4671	2.7633	3.4082
29	0.6830	0.8542	1.3114	1.6991	2.0452	2.4620	2.7564	3.3962
30	0.6828	0.8538	1.3104	1.6973	2.0423	2.4573	2.7500	3.3852
31	0.6825	0.8534	1.3095	1.6955	2.0395	2.4528	2.7440	3.3749
32	0.6822	0.8530	1.3086	1.6939	2.0369	2.4487	2.7385	3.3653
33	0.6820	0.8526	1.3077	1.6924	2.0345	2.4448	2.7333	3.3563
34	0.6818	0.8523	1.3070	1.6909	2.0322	2.4411	2.7284	3.3479
35	0.6816	0.8520	1.3062	1.6896	2.0301	2.4377	2.7238	3.3400
36	0.6814	0.8517	1.3055	1.6883	2.0281	2.4345	2.7195	3.3326
37	0.6812	0.8514	1.3049	1.6871	2.0262	2.4314	2.7154	3.3256
38	0.6810	0.8512	1.3042	1.6860	2.0244	2.4286	2.7116	3.3190
39	0.6808	0.8509	1.3036	1.6849	2.0227	2.4258	2.7079	3.3128
40	0.6807	0.8507	1.3031	1.6839	2.0211	2.4233	2.7045	3.3069

附表 5.1 F 分布 0.90 分位数 $F_{0.90}(f_1, f_2)$ 表

f_2 \ f_1	1	2	3	4	5	6	7	8	9	10	12	14	16	18	20	25	30	60	120	$+\infty$
1	39.86	49.50	53.59	55.83	57.24	58.20	58.91	59.44	59.86	60.19	60.71	61.07	61.35	61.57	61.74	62.05	62.26	62.79	63.06	63.31
2	8.53	9.00	9.16	9.24	9.29	9.33	9.35	9.37	9.38	9.39	9.41	9.42	9.43	9.44	9.44	9.45	9.46	9.47	9.48	9.49
3	5.54	5.46	5.39	5.34	5.31	5.28	5.27	5.25	5.24	5.23	5.22	5.20	5.20	5.19	5.18	5.17	5.17	5.15	5.14	5.13
4	4.54	4.32	4.19	4.11	4.05	4.01	3.98	3.95	3.94	3.92	3.90	3.88	3.86	3.85	3.84	3.83	3.82	3.79	3.78	3.76
5	4.06	3.78	3.62	3.52	3.45	3.40	3.37	3.34	3.32	3.30	3.27	3.25	3.23	3.22	3.21	3.19	3.17	3.14	3.12	3.11
6	3.78	3.46	3.29	3.18	3.11	3.05	3.01	2.98	2.96	2.94	2.90	2.88	2.86	2.85	2.84	2.81	2.80	2.76	2.74	2.72
7	3.59	3.26	3.07	2.96	2.88	2.83	2.78	2.75	2.72	2.70	2.67	2.64	2.62	2.61	2.59	2.57	2.56	2.51	2.49	2.47
8	3.46	3.11	2.92	2.81	2.73	2.67	2.62	2.59	2.56	2.54	2.50	2.48	2.45	2.44	2.42	2.40	2.38	2.34	2.32	2.29
9	3.36	3.01	2.81	2.69	2.61	2.55	2.51	2.47	2.44	2.42	2.38	2.35	2.33	2.31	2.30	2.27	2.25	2.21	2.18	2.16
10	3.29	2.92	2.73	2.61	2.52	2.46	2.41	2.38	2.35	2.32	2.28	2.26	2.23	2.22	2.20	2.17	2.16	2.11	2.08	2.06
12	3.18	2.81	2.61	2.48	2.39	2.33	2.28	2.24	2.21	2.19	2.15	2.12	2.09	2.08	2.06	2.03	2.01	1.96	1.93	1.91
14	3.10	2.73	2.52	2.39	2.31	2.24	2.19	2.15	2.12	2.10	2.05	2.02	2.00	1.98	1.96	1.93	1.91	1.86	1.83	1.80
16	3.05	2.67	2.46	2.33	2.24	2.18	2.13	2.09	2.06	2.03	1.99	1.95	1.93	1.91	1.89	1.86	1.84	1.78	1.75	1.72
18	3.01	2.62	2.42	2.29	2.20	2.13	2.08	2.04	2.00	1.98	1.93	1.90	1.87	1.85	1.84	1.80	1.78	1.72	1.69	1.66
20	2.97	2.59	2.38	2.25	2.16	2.09	2.04	2.00	1.96	1.94	1.89	1.86	1.83	1.81	1.79	1.76	1.74	1.68	1.64	1.61
25	2.92	2.53	2.32	2.18	2.09	2.02	1.97	1.93	1.89	1.87	1.82	1.79	1.76	1.74	1.72	1.68	1.66	1.59	1.56	1.52
30	2.88	2.49	2.28	2.14	2.05	1.98	1.93	1.88	1.85	1.82	1.77	1.74	1.71	1.69	1.67	1.63	1.61	1.54	1.50	1.46
60	2.79	2.39	2.18	2.04	1.95	1.87	1.82	1.77	1.74	1.71	1.66	1.62	1.59	1.56	1.54	1.50	1.48	1.40	1.35	1.30
120	2.75	2.35	2.13	1.99	1.90	1.82	1.77	1.72	1.68	1.65	1.60	1.56	1.53	1.50	1.48	1.44	1.41	1.32	1.26	1.20
$+\infty$	2.71	2.31	2.09	1.95	1.85	1.78	1.72	1.67	1.63	1.60	1.55	1.51	1.47	1.45	1.42	1.38	1.35	1.25	1.18	1.06

附表 5.2　F 分布 0.95 分位数 $F_{0.95}(f_1, f_2)$ 表

f_2	f_1 1	2	3	4	5	6	7	8	9	10	12	14	16	18	20	25	30	60	120	$+\infty$
1	161.45	199.50	215.71	224.58	230.16	233.99	236.77	238.88	240.54	241.88	243.91	245.36	246.46	247.32	248.01	249.26	250.10	252.20	253.25	254.25
2	18.51	19.00	19.16	19.25	19.30	19.33	19.35	19.37	19.38	19.40	19.41	19.42	19.43	19.44	19.45	19.46	19.46	19.48	19.49	19.50
3	10.13	9.55	9.28	9.12	9.01	8.94	8.89	8.85	8.81	8.79	8.74	8.71	8.69	8.67	8.66	8.63	8.62	8.57	8.55	8.53
4	7.71	6.94	6.59	6.39	6.26	6.16	6.09	6.04	6.00	5.96	5.91	5.87	5.84	5.82	5.80	5.77	5.75	5.69	5.66	5.63
5	6.61	5.79	5.41	5.19	5.05	4.95	4.88	4.82	4.77	4.74	4.68	4.64	4.60	4.58	4.56	4.52	4.50	4.43	4.40	4.37
6	5.99	5.14	4.76	4.53	4.39	4.28	4.21	4.15	4.10	4.06	4.00	3.96	3.92	3.90	3.87	3.83	3.81	3.74	3.70	3.67
7	5.59	4.74	4.35	4.12	3.97	3.87	3.79	3.73	3.68	3.64	3.57	3.53	3.49	3.47	3.44	3.40	3.38	3.30	3.27	3.23
8	5.32	4.46	4.07	3.84	3.69	3.58	3.50	3.44	3.39	3.35	3.28	3.24	3.20	3.17	3.15	3.11	3.08	3.01	2.97	2.93
9	5.12	4.26	3.86	3.63	3.48	3.37	3.29	3.23	3.18	3.14	3.07	3.03	2.99	2.96	2.94	2.89	2.86	2.79	2.75	2.71
10	4.96	4.10	3.71	3.48	3.33	3.22	3.14	3.07	3.02	2.98	2.91	2.86	2.83	2.80	2.77	2.73	2.70	2.62	2.58	2.54
12	4.75	3.89	3.49	3.26	3.11	3.00	2.91	2.85	2.80	2.75	2.69	2.64	2.60	2.57	2.54	2.50	2.47	2.38	2.34	2.30
14	4.60	3.74	3.34	3.11	2.96	2.85	2.76	2.70	2.65	2.60	2.53	2.48	2.44	2.41	2.39	2.34	2.31	2.22	2.18	2.13
16	4.49	3.63	3.24	3.01	2.85	2.74	2.66	2.59	2.54	2.49	2.42	2.37	2.33	2.30	2.28	2.23	2.19	2.11	2.06	2.01
18	4.41	3.55	3.16	2.93	2.77	2.66	2.58	2.51	2.46	2.41	2.34	2.29	2.25	2.22	2.19	2.14	2.11	2.02	1.97	1.92
20	4.35	3.49	3.10	2.87	2.71	2.60	2.51	2.45	2.39	2.35	2.28	2.22	2.18	2.15	2.12	2.07	2.04	1.95	1.90	1.85
25	4.24	3.39	2.99	2.76	2.60	2.49	2.40	2.34	2.28	2.24	2.16	2.11	2.07	2.04	2.01	1.96	1.92	1.82	1.77	1.71
30	4.17	3.32	2.92	2.69	2.53	2.42	2.33	2.27	2.21	2.16	2.09	2.04	1.99	1.96	1.93	1.88	1.84	1.74	1.68	1.63
60	4.00	3.15	2.76	2.53	2.37	2.25	2.17	2.10	2.04	1.99	1.92	1.86	1.82	1.78	1.75	1.69	1.65	1.53	1.47	1.39
120	3.92	3.07	2.68	2.45	2.29	2.18	2.09	2.02	1.96	1.91	1.83	1.78	1.73	1.69	1.66	1.60	1.55	1.43	1.35	1.26
$+\infty$	3.85	3.00	2.61	2.38	2.22	2.10	2.01	1.94	1.88	1.84	1.76	1.70	1.65	1.61	1.58	1.51	1.46	1.32	1.23	1.08

附表

附表 5.3 F 分布 0.975 分位数 $F_{0.975}(f_1, f_2)$ 表

f_2	f_1																				
	1	2	3	4	5	6	7	8	9	10	12	14	16	18	20	25	30	60	120	$+\infty$
1	647.79	799.50	864.16	899.58	921.85	937.11	948.22	956.66	963.28	968.63	976.71	982.53	986.92	990.35	993.10	998.08	1001.41	1009.80	1014.02	1018.00
2	38.51	39.00	39.17	39.25	39.30	39.33	39.36	39.37	39.39	39.40	39.41	39.43	39.44	39.44	39.45	39.46	39.46	39.48	39.49	39.50
3	17.44	16.04	15.44	15.10	14.88	14.73	14.62	14.54	14.47	14.42	14.34	14.28	14.23	14.20	14.17	14.12	14.08	13.99	13.95	13.90
4	12.22	10.65	9.98	9.60	9.36	9.20	9.07	8.98	8.90	8.84	8.75	8.68	8.63	8.59	8.56	8.50	8.46	8.36	8.31	8.26
5	10.01	8.43	7.76	7.39	7.15	6.98	6.85	6.76	6.68	6.62	6.52	6.46	6.40	6.36	6.33	6.27	6.23	6.12	6.07	6.02
6	8.81	7.26	6.60	6.23	5.99	5.82	5.70	5.60	5.52	5.46	5.37	5.30	5.24	5.20	5.17	5.11	5.07	4.96	4.90	4.85
7	8.07	6.54	5.89	5.52	5.29	5.12	4.99	4.90	4.82	4.76	4.67	4.60	4.54	4.50	4.47	4.40	4.36	4.25	4.20	4.15
8	7.57	6.06	5.42	5.05	4.82	4.65	4.53	4.43	4.36	4.30	4.20	4.13	4.08	4.03	4.00	3.94	3.89	3.78	3.73	3.67
9	7.21	5.71	5.08	4.72	4.48	4.32	4.20	4.10	4.03	3.96	3.87	3.80	3.74	3.70	3.67	3.60	3.56	3.45	3.39	3.34
10	6.94	5.46	4.83	4.47	4.24	4.07	3.95	3.85	3.78	3.72	3.62	3.55	3.50	3.45	3.42	3.35	3.31	3.20	3.14	3.08
12	6.55	5.10	4.47	4.12	3.89	3.73	3.61	3.51	3.44	3.37	3.28	3.21	3.15	3.11	3.07	3.01	2.96	2.85	2.79	2.73
14	6.30	4.86	4.24	3.89	3.66	3.50	3.38	3.29	3.21	3.15	3.05	2.98	2.92	2.88	2.84	2.78	2.73	2.61	2.55	2.49
16	6.12	4.69	4.08	3.73	3.50	3.34	3.22	3.12	3.05	2.99	2.89	2.82	2.76	2.72	2.68	2.61	2.57	2.45	2.38	2.32
18	5.98	4.56	3.95	3.61	3.38	3.22	3.10	3.01	2.93	2.87	2.77	2.70	2.64	2.60	2.56	2.49	2.44	2.32	2.26	2.19
20	5.87	4.46	3.86	3.51	3.29	3.13	3.01	2.91	2.84	2.77	2.68	2.60	2.55	2.50	2.46	2.40	2.35	2.22	2.16	2.09
25	5.69	4.29	3.69	3.35	3.13	2.97	2.85	2.75	2.68	2.61	2.51	2.44	2.38	2.34	2.30	2.23	2.18	2.05	1.98	1.91
30	5.57	4.18	3.59	3.25	3.03	2.87	2.75	2.65	2.57	2.51	2.41	2.34	2.28	2.23	2.20	2.12	2.07	1.94	1.87	1.79
60	5.29	3.93	3.34	3.01	2.79	2.63	2.51	2.41	2.33	2.27	2.17	2.09	2.03	1.98	1.94	1.87	1.82	1.67	1.58	1.49
120	5.15	3.80	3.23	2.89	2.67	2.52	2.39	2.30	2.22	2.16	2.05	1.98	1.92	1.87	1.82	1.75	1.69	1.53	1.43	1.32
$+\infty$	5.03	3.70	3.12	2.79	2.57	2.41	2.29	2.20	2.12	2.05	1.95	1.87	1.81	1.76	1.72	1.63	1.57	1.40	1.28	1.09

317

附表 5.4　F 分布 0.99 分位数 $F_{0.99}(f_1, f_2)$ 表

f_2	f_1=1	2	3	4	5	6	7	8	9	10	12	14	16	18	20	25	30	60	120	+∞
1	4052.18	4999.50	5403.35	5624.58	5763.65	5858.99	5928.36	5981.07	6022.47	6055.85	6106.32	6142.67	6170.10	6191.53	6208.73	6239.83	6260.65	6313.03	6339.39	6364.27
2	98.50	99.00	99.17	99.25	99.30	99.33	99.36	99.37	99.39	99.40	99.42	99.43	99.44	99.44	99.45	99.46	99.47	99.48	99.49	99.50
3	34.12	30.82	29.46	28.71	28.24	27.91	27.67	27.49	27.35	27.23	27.05	26.92	26.83	26.75	26.69	26.58	26.50	26.32	26.22	26.13
4	21.20	18.00	16.69	15.98	15.52	15.21	14.98	14.80	14.66	14.55	14.37	14.25	14.15	14.08	14.02	13.91	13.84	13.65	13.56	13.47
5	16.26	13.27	12.06	11.39	10.97	10.67	10.46	10.29	10.16	10.05	9.89	9.77	9.68	9.61	9.55	9.45	9.38	9.20	9.11	9.03
6	13.75	10.92	9.78	9.15	8.75	8.47	8.26	8.10	7.98	7.87	7.72	7.60	7.52	7.45	7.40	7.30	7.23	7.06	6.97	6.89
7	12.25	9.55	8.45	7.85	7.46	7.19	6.99	6.84	6.72	6.62	6.47	6.36	6.28	6.21	6.16	6.06	5.99	5.82	5.74	5.65
8	11.26	8.65	7.59	7.01	6.63	6.37	6.18	6.03	5.91	5.81	5.67	5.56	5.48	5.41	5.36	5.26	5.20	5.03	4.95	4.86
9	10.56	8.02	6.99	6.42	6.06	5.80	5.61	5.47	5.35	5.26	5.11	5.01	4.92	4.86	4.81	4.71	4.65	4.48	4.40	4.32
10	10.04	7.56	6.55	5.99	5.64	5.39	5.20	5.06	4.94	4.85	4.71	4.60	4.52	4.46	4.41	4.31	4.25	4.08	4.00	3.91
12	9.33	6.93	5.95	5.41	5.06	4.82	4.64	4.50	4.39	4.30	4.16	4.05	3.97	3.91	3.86	3.76	3.70	3.54	3.45	3.37
14	8.86	6.51	5.56	5.04	4.69	4.46	4.28	4.14	4.03	3.94	3.80	3.70	3.62	3.56	3.51	3.41	3.35	3.18	3.09	3.01
16	8.53	6.23	5.29	4.77	4.44	4.20	4.03	3.89	3.78	3.69	3.55	3.45	3.37	3.31	3.26	3.16	3.10	2.93	2.84	2.76
18	8.29	6.01	5.09	4.58	4.25	4.01	3.84	3.71	3.60	3.51	3.37	3.27	3.19	3.13	3.08	2.98	2.92	2.75	2.66	2.57
20	8.10	5.85	4.94	4.43	4.10	3.87	3.70	3.56	3.46	3.37	3.23	3.13	3.05	2.99	2.94	2.84	2.78	2.61	2.52	2.43
25	7.77	5.57	4.68	4.18	3.85	3.63	3.46	3.32	3.22	3.13	2.99	2.89	2.81	2.75	2.70	2.60	2.54	2.36	2.27	2.18
30	7.56	5.39	4.51	4.02	3.70	3.47	3.30	3.17	3.07	2.98	2.84	2.74	2.66	2.60	2.55	2.45	2.39	2.21	2.11	2.01
60	7.08	4.98	4.13	3.65	3.34	3.12	2.95	2.82	2.72	2.63	2.50	2.39	2.31	2.25	2.20	2.10	2.03	1.84	1.73	1.61
120	6.85	4.79	3.95	3.48	3.17	2.96	2.79	2.66	2.56	2.47	2.34	2.23	2.15	2.09	2.03	1.93	1.86	1.66	1.53	1.39
+∞	6.65	4.62	3.79	3.33	3.03	2.81	2.65	2.52	2.42	2.33	2.19	2.09	2.01	1.94	1.89	1.78	1.71	1.48	1.34	1.11

附表 6　相关系数检验的临界值表

$n-2$	α		$n-2$	α		$n-2$	α	
	0.05	0.01		0.05	0.01		0.05	0.01
1	0.9969	0.9999	16	0.4683	0.5897	35	0.3246	0.4182
2	0.9500	0.9900	17	0.4555	0.5751	40	0.3044	0.3932
3	0.8783	0.9587	18	0.4438	0.5614	45	0.2876	0.3721
4	0.8114	0.9172	19	0.4329	0.5487	50	0.2732	0.3542
5	0.7545	0.8745	20	0.4227	0.5368	60	0.2500	0.3248
6	0.7067	0.8343	21	0.4132	0.5256	70	0.2319	0.3017
7	0.6664	0.7977	22	0.4044	0.5151	80	0.2172	0.2830
8	0.6319	0.7646	23	0.3961	0.5052	90	0.2050	0.2673
9	0.6021	0.7348	24	0.3882	0.4958	100	0.1946	0.2540
10	0.5760	0.7079	25	0.3809	0.4869	125	0.1743	0.2278
11	0.5529	0.6835	26	0.3739	0.4785	150	0.1593	0.2083
12	0.5324	0.6614	27	0.3673	0.4705	200	0.1381	0.1809
13	0.5140	0.6411	28	0.3610	0.4629	300	0.1129	0.1480
14	0.4973	0.6226	29	0.3550	0.4556	400	0.0978	0.1283
15	0.4821	0.6055	30	0.3494	0.4487	1000	0.0619	0.0813

部分习题参考答案

习题1.1

1. (1) $\Omega=\{$优,良,中,及格,不及格$\}$, $A=\{$不及格$\}$;

   (2) $\Omega=\{(x,y):x,y=1,2,3,4,5,6\}$, $A=\{(1,1),(2,2),(3,3),(4,4),(5,5),$
$(6,6)\}$;

   (3) $\Omega=\{0,1,2,\cdots\}$, $A=\{0,1,2,3,4,5\}$;

   (4) $\Omega=\{t:t\geqslant 0\}$, $A=\{t:0\leqslant t\leqslant 2\}$;

   (5) $\Omega=\{(x,y):\sqrt{x^2+y^2}\leqslant 1, x,y\in\mathbf{R}\}$. $A=\{(x,y):0.5<\sqrt{x^2+y^2}\leqslant 1, x,y\in\mathbf{R}\}$.

2. (1) $E_1=A\overline{B}\,\overline{C}$; (2) $E_2=A\overline{B}\,\overline{C}\cup\overline{A}\,B\,\overline{C}\cup\overline{A}\,\overline{B}C$; (3) $E_3=AB\cup BC\cup AC\cup ABC$;

   (4) $E_4=ABC$.

3. (1) A; (2) $\overline{B}$.

习题1.2

1. (1) $\dfrac{1}{6}$; (2) $\dfrac{7}{12}$; (3) $\dfrac{1}{2}$.   2. (1) $\dfrac{1}{120}$; (2) $\dfrac{1}{36}$.

3. (1) $\dfrac{5}{22}$; (2) $\dfrac{6}{11}$; (3) $\dfrac{17}{22}$.   4. 1.7985×10^{-5}.

5. (1) $\dfrac{1}{22}$; (2) $\dfrac{6}{11}$; (3) $\dfrac{9}{220}$.

6. $\dfrac{1}{9}$.   7. $\dfrac{3}{4}$.   8. (1) 0.6; (2) 0.6.   9. $\dfrac{\pi}{4}$.   10. 0.01.   11. $\dfrac{\pi+2}{2\pi}$.

12. (1) $P(\overline{A})=0.6, P(\overline{B})=0.4, P(\overline{A}\cap\overline{B})=0.4, P(AB)=0.4, P(A-B)=0$,

     $P(\overline{A}B)=0.2, P(\overline{A}\cup B)=1$;

(2) $P(\overline{A})=0.6,P(\overline{B})=0.4,P(\overline{A}\cap\overline{B})=0,P(AB)=0,P(A-B)=0.4,$
    $P(\overline{AB})=0.6,P(\overline{A}\cup B)=0.6;$

(3) $P(\overline{A})=0.6,P(B)=0.4,P(\overline{A}\cap\overline{B})=0.2,P(AB)=0.2,P(A-B)=0.2,$
    $P(\overline{AB})=0.4,P(\overline{A}\cup B)=0.8.$

13. (1) 由 $1\geqslant P(A\cup B)=P(A)+P(B)-P(AB)$ 可得.

(2) 由 $1\geqslant P(A\cup B\cup C)=P(A)+P(B)+P(C)-P(AB)-P(AC)-P(BC)+P(ABC)$
    移项后 $P(ABC)\geqslant 0$ 可得.

(3) 由 $P(A)\geqslant P(AB\cup AC)=P(AB)+P(AC)-P(ABC)\geqslant P(AB)+P(AC)-P(BC)$
    可得.

习题 1.3

1. $\dfrac{4}{5}$.　2. $\dfrac{1}{10}$.　3. $\dfrac{1}{4}$.　4. 0.1055.　5. 0.2.　6. $\dfrac{1}{4}$.

7. $P(A-B)=0.14,P(A\,|\,A\cup B)=\dfrac{1}{22}$.　8. $P(A)=P(B)=\dfrac{3}{4}$.

9. (1) $P(A\cup B\cup C)=0.488$;　(2) $P((B-C)\cap A)=0.032$.　10. 0.13184.

11. (1) 0.796;　(2) 至少要 5 人一起玩,才能使"顺利出逃"的概率大于 95%.

12. 由事件 A 与 B 相互独立可得 $P(AB)=P(A)P(B)>0$. 因此事件 A 与 B 相容.

13. 由 $P(A)=0$ 可得 $P(AB)=0$. 因此 $P(A)P(B)=P(AB)$,事件 A 与 B 相互独立.

习题 1.4

1. (1) $\dfrac{5}{18}$;　(2) $\dfrac{1}{10}$.　2. (1) 0.525;　(2) $\dfrac{2}{21}$.　3. (1) 0.375;　(2) $\dfrac{2}{3}$.

4. 第一家.　5. (1) 0.56;　(2) $\dfrac{7}{15}$;　(3) 0.84.　6. (1) 0.56;　(2) 0.75.

7. (1) $\dfrac{1}{10}$;　(2) 0.028.

习题 2.1

1. (1) 记随机变量 X 为某公园从早上 6:00 开园到下午 17:00 闭园的游客入园人数,
    值域 $\Omega_X=\{0,1,2,\cdots\}$.令事件 A 为"入园人数超过 500",它可以表示成 $\{X>500\}$,事件 A 发生的概率 $P(A)$ 可表示成 $P(X>500)$.

(2) 记随机变量 X 为明天是否下雨,约定"明天下雨"对应数字 1,"明天不下雨"对应数字 0,值域 $\Omega_X=\{0,1\}$.令事件 A 为"明天不下雨",它可以表示成 $\{X=0\}$,

事件 A 发生的概率 $P(A)$ 可表示成 $P(X=0)$.

(3) 记随机变量 X 为品牌服装售卖的件数,值域 $\Omega_X=\{0,1,2,\cdots,1000\}$. 若该人售卖这些品牌服装赔钱,令事件 A 为"该人售卖这些品牌服装赔钱",它可以表示成 $\{200X-80\times1000<0\}$,即 $\{X<400\}$.事件 A 发生的概率 $P(A)$ 可表示成 $P(X<400)$.

2. (1) $\Omega_X=\{0,1,\cdots,15\}$;   (2) $\Omega_X=\{2,3,\cdots,12\}$;   (3) $\Omega_X=\{0,1,2,\cdots\}$;

(4) $\Omega_X=(0,+\infty)$;   (5) $\Omega_X=[0,+\infty)$.

习题 2.2

1. (1) $\dfrac{1}{21}$;   (2) 2.

2. $P(X=3)=0.1, P(X<4)=0.5$.

3. X 的分布律为

X	0	20	40
P	0.874	0.122	0.004

4. X 的分布律为

X	0	1	2	3
P	$\dfrac{1}{22}$	$\dfrac{7}{22}$	$\dfrac{21}{44}$	$\dfrac{7}{44}$

5. X 的分布律为

X	0	1	2	3	4	5
P	$\dfrac{1}{6}$	$\dfrac{5}{18}$	$\dfrac{2}{9}$	$\dfrac{1}{6}$	$\dfrac{1}{9}$	$\dfrac{1}{18}$

6. X 的分布律为

X	0	1	2
P	0.01	0.18	0.81

至少投中 1 次的概率为 0.99.

7. X 的分布律为

X	0	1	2
P	0.3	0.6	0.1

2 块被检查芯片中不超过 1 块有缺陷的概率为 0.9.

8. （1）0.0582；（2）$\dfrac{5}{16}$.

习题 2.3

1. 由于级数 $\displaystyle\sum_{i=1}^{\infty}|x_i|\,p_i=\sum_{k=1}^{\infty}2^k\frac{1}{2^k}=\sum_{k=1}^{\infty}1=+\infty$ 不收敛，因此 X 的数学期望 $E(X)$ 不存在.

2. 0.75 台.   **3.** $E(X)=\dfrac{n+1}{2}$.   **4.** 0.4.

5. X 的分布律为

X	2	3	4
P	$\dfrac{28}{45}$	$\dfrac{14}{45}$	$\dfrac{1}{15}$

数学期望为 $E(X)=\dfrac{22}{9}$.

6. $E(|X|)=\dfrac{5}{4}$, $E(2X^2+1)=\dfrac{31}{6}$.   **7.** $E(X)=0.3$, $\mathrm{Var}(X)=0.27$.

8. $E(X)=0.3$, $\sigma(X)=0.5$.   **9.** $\lambda=2$.   **10.** $E(2X-3)=-1.8$, $\mathrm{Var}(2X-3)=12.96$.

11. 该合伙人获得酬金的期望值为 6 万元, 标准差为 1.2 万元.   **12.** $\sigma(X)=\sqrt{3}$.

习题 2.4

1. Y 的分布律为

Y	0	1	2	3
P	$\dfrac{1}{27}$	$\dfrac{2}{9}$	$\dfrac{4}{9}$	$\dfrac{8}{27}$

2. 0.2788.   **3.** 9.   **4.**（1）0.4967；（2）$E(X)=1.6$, $\mathrm{Var}(X)=1.28$.   **5.** 1.8.

6. $P(A)=1-2\mathrm{e}^{-1}$, $P(B)=\mathrm{e}^{-1}$, $P(A\cup B)=1-\mathrm{e}^{-1}$, $P(B|\bar{A})=1/2$.

7.（1）e^{-3}；（2）$1-4\mathrm{e}^{-3}$.   **8.** 4.   **9.** 3.   **10.** 0.6160.

11.（1）0.0028；（2）0.9786.   **12.** $P(X=2)=0.1875$, $E(X)=\dfrac{4}{3}$.

13.（1）0.0655；（2）0.6723.

14. X 的分布律为

X	0	1	2	3
P	$\dfrac{24}{91}$	$\dfrac{45}{91}$	$\dfrac{20}{91}$	$\dfrac{2}{91}$

数学期望为 $E(X) = 1$.

习题 2.5

1. $Y = X - 2$ 的分布律为

Y	-3	-2	-1	0
P	$\dfrac{1}{8}$	$\dfrac{1}{4}$	$\dfrac{1}{2}$	$\dfrac{1}{8}$

2. $Y = \sin X$ 的分布律为

Y	-1	0	1
P	$\dfrac{1}{15}$	$\dfrac{2}{3}$	$\dfrac{4}{15}$

3. （1） $Y = X^2 + X$ 的分布律为

Y	0	2	12
P	$\dfrac{2}{5}$	$\dfrac{4}{15}$	$\dfrac{1}{3}$

（2） $E(X^2) = \dfrac{61}{15}$, $\mathrm{Var}(X) = \dfrac{866}{225}$；（3） $\dfrac{2}{3}$.

4. （1） $Y = 0.5X^2$ 的分布律为

Y	0	0.5	2	4.5	8
P	0.6561	0.2916	0.0486	0.0036	0.0001

（2）0.26 元.

习题 3.1

1. $F(x) = \begin{cases} 0, & x < 0, \\ \dfrac{1}{4}, & 0 \leqslant x < 1, \\ \dfrac{3}{4}, & 1 \leqslant x < 2, \\ 1, & x \geqslant 2, \end{cases}$ 图像略.

2. （1）$P(X=0)=\dfrac{1}{8}$，$P(X=1)=\dfrac{3}{8}$，$P(X=2)=\dfrac{1}{2}$;

   （2）$P(X<1)=\dfrac{1}{8}$，$P(X\leqslant1)=\dfrac{1}{2}$，$P\left(\dfrac{1}{2}<X<2\right)=\dfrac{3}{8}$，$P(1<X<2)=0$.

3. （1）$F(x)=\begin{cases}0, & x<0, \\ x^2, & 0\leqslant x<1, \\ 1, & x\geqslant1;\end{cases}$

   （2）$P(X\geqslant0.9)=0.19$，$P(0.8\leqslant X<0.9)=0.17$，$P(0.7\leqslant X<0.8)=0.15$，

   $P(X<0.6)=0.36$.

4. $F(x)=\begin{cases}1-\mathrm{e}^{-0.1x}, & x\geqslant0, \\ 0, & x<0.\end{cases}$ 5. $a=\dfrac{1}{2}$，$b=2$. 6.（1）$a=\dfrac{1}{2}$，$b=\dfrac{1}{\pi}$; （2）$\dfrac{1}{3}$.

7. （1）不是； （2）不是； （3）不是； （4）当 $\displaystyle\int_{-\infty}^{+\infty}f(t)\,\mathrm{d}t=1$ 时是，否则不是.

8. （1）$P(X=0)=\dfrac{1}{2}$，$P(X=1)=\dfrac{1}{2}-\mathrm{e}^{-1}$，$P(X>1)=\mathrm{e}^{-1}$，$P(0.5<X\leqslant2)=\dfrac{1}{2}-\mathrm{e}^{-2}$.

   （2）图像略.

9. （1）0； （2）$\ln2$； （3）1. 10. 略.

习题 3.2

1. （4）可以作为某一连续型随机变量的密度函数.

2. （1）$c=\dfrac{3}{26}$; （2）$F(x)=\begin{cases}0, & x<1, \\ \dfrac{1}{26}(x^3-1), & 1\leqslant x<3, \\ 1, & x\geqslant3;\end{cases}$ （3）图像略；

   （4）$P(1.5<X\leqslant2.5)=\dfrac{49}{104}$，$P(X\geqslant2)=\dfrac{19}{26}$; （5）略.

3. （1）$f(x)=\begin{cases}\dfrac{6}{11}(-5x^2+3x^2+2), & 0<x<1, \\ 0, & 其他;\end{cases}$ （2）$\dfrac{4}{11}$.

4. （1）$a=\dfrac{1}{2}$，$b=\dfrac{1}{\pi}$; （2）$\dfrac{1}{2}$; （3）$f(x)=\dfrac{1}{\pi(1+x^2)}$，$-\infty<x<+\infty$.

5. （1）2； （2）$F(x)=\begin{cases}1-\mathrm{e}^{-x^2}, & x\geqslant0, \\ 0, & 其他;\end{cases}$ （3）e^{-100}.

6. （1）$F(x)=\begin{cases}1-\dfrac{100}{x}, & x\geqslant100, \\ 0, & 其他;\end{cases}$ （2）图像略； （3）$\dfrac{1}{2}$; （4）$\dfrac{1}{2}$; （5）$\dfrac{1}{32}$;

(6) $\dfrac{31}{32}$.

7. (1) $F(t) = \begin{cases} 0, & t < 200, \\ \dfrac{(t-200)^2}{5000}, & 200 \leqslant t < 250, \\ 1 - \dfrac{(300-t)^2}{5000}, & 250 \leqslant t < 300, \\ 1, & t \geqslant 300; \end{cases}$ (2) 0.32.

8. (1) 略；ᅠ(2) $f(x) = \dfrac{67719x^2 - 108352x + 243359}{\pi\left[1 + (22573x^3 - 54176x^2 + 243359x - 11572)^2\right]}, \ -\infty < x < +\infty$.

9. (1) $\dfrac{1}{2}$；ᅠ(2) $F(x) = \begin{cases} 0, & x < 0, \\ \dfrac{1}{2}(1 - \cos x), & 0 \leqslant x < \pi, \\ 1, & x \geqslant \pi; \end{cases}$ (3) $\dfrac{2 - \sqrt{3}}{4}$.

10. (1) $\dfrac{1}{4}$；ᅠ(2) $F(x) = \begin{cases} \dfrac{1}{2}e^{\frac{1}{2}x}, & x < 0, \\ 1 - \dfrac{1}{2}e^{-\frac{1}{2}x}, & x \geqslant 0; \end{cases}$ (3) $e^{-\frac{1}{2}}$.

习题 3.3

1. (1) $E(X) = \dfrac{3}{10}, E(X^2) = \dfrac{1}{10}, E\left(\dfrac{1}{X^2}\right)$ 不存在, $\mathrm{Var}(X) = \dfrac{1}{100}$；

ᅠ(2) $E(2X-3) = -\dfrac{12}{5}, \mathrm{Var}(2X-3) = \dfrac{1}{25}$.

2. (1) $E(X) = \dfrac{3}{2}, E(X^2) = \dfrac{12}{5}, E\left(\dfrac{1}{X^2}\right) = \dfrac{3}{4}, \mathrm{Var}(X) = \dfrac{3}{20}$；

ᅠ(2) $E(Y) = \dfrac{35}{4}, \mathrm{Var}(Y) = \dfrac{35}{32}$.

3. (1) $\displaystyle\int_{-\infty}^{+\infty} f(x)\,\mathrm{d}x = \int_{-1}^{0}(1+x)\,\mathrm{d}x + \int_{0}^{1}(1-x)\,\mathrm{d}x = 1$；

ᅠ(2) $E(X) = 0, E(X^2) = \dfrac{1}{6}, \mathrm{Var}(X) = \dfrac{1}{6}$；

ᅠ(3) $E(-2X+3) = 3, \mathrm{Var}(-2X+3) = \dfrac{2}{3}$.

4. (1) $\displaystyle\int_{-\infty}^{+\infty} f(x)\,\mathrm{d}x = \int_{a}^{+\infty} \dfrac{2a^2}{x^3}\,\mathrm{d}x = 1$；ᅠ(2) 期望存在, 方差不存在.

5. （1）17； （2）45. 6. $E(X) = \dfrac{\sqrt{2\pi}}{4}, \mathrm{Var}(X) = \dfrac{4-\pi}{8}$. 7. 略.

习题 3.4

1. （1）$f(x) = \begin{cases} \dfrac{1}{4}, & 1<x<5, \\ 0, & \text{其他；} \end{cases}$ （2）$F(x) = \begin{cases} 0, & x<1, \\ \dfrac{x-1}{4}, & 1\leqslant x<5, \\ 1, & x\geqslant 5; \end{cases}$

（3）$E(X) = 3, \mathrm{Var}(X) = \dfrac{4}{3}$.

2. 提示：通过极坐标变换证明 $\left(\displaystyle\int_{-\infty}^{+\infty} \dfrac{1}{\sqrt{2\pi}\,\sigma} \mathrm{e}^{-\frac{(x-\mu)^2}{2\sigma^2}} \mathrm{d}x \right)^2 = 1$.

3. $E(|X|) = \sqrt{\dfrac{2}{\pi}}\,\sigma, \mathrm{Var}(|X|) = \dfrac{\pi-2}{\pi}\sigma^2$.

4. （1）均值为 1，方差为 $\dfrac{1}{4}$； （2）均值为 2，方差为 $\dfrac{1}{2}$.

5. （1）$c = u_{0.05} = -1.645$； （2）$c = u_{0.525} = 0.0627$； （3）$c = u_{0.95} = 1.645$；

（4）$c = u_{0.975} = 1.96$.

6. $a\Phi\left(\dfrac{4}{3}\right) + \dfrac{b}{3} = 1$.

7. 一等品的概率是 0.6827，二等品的概率是 0.9545，三等品的概率是 0.9973，不合格品的概率是 0.0027.

8. 水体是极贫营养的概率为 0.0808，贫营养的概率为 0.0382，贫—中营养的概率为 0.1356，中营养的概率为 0.3325，中—富营养的概率为 0.3885，富营养的概率为 0.0244，极富营养的概率为 0.

9. （1）0.0026； （2）101.4222. 10. （1）$a = 1.8816$； （2）0.1401.

11. （1）176.6826； （2）0.2266. 12. $\mu = 15, \sigma^2 = 4$.

13. （1）0.0641； （2）0.009. 14. （1）第二条路； （2）第一条路.

15. （1）e^{-1}； （2）$\mathrm{e}^{-\frac{2}{3}}$. 16. -0.6.

17. （1）$f(x) = \begin{cases} \dfrac{1}{5}\mathrm{e}^{-\frac{1}{5}x}, & x>0, \\ 0, & \text{其他}, \end{cases}$ $F(x) = \begin{cases} 1-\mathrm{e}^{-\frac{1}{5}x}, & x\geqslant 0, \\ 0, & x<0; \end{cases}$

（2）$\mathrm{e}^{-1} - \mathrm{e}^{-\frac{6}{5}}$； （3）$\mathrm{e}^{-\frac{1}{5}}$； （4）$x_p = -5\ln(1-p)$；

（5）$E(X^2) = 50, E\left(\mathrm{e}^{-\frac{X^2}{2}+3X}\right) = \dfrac{\sqrt{2\pi}}{5}\mathrm{e}^{\frac{98}{25}}\Phi(2.8)$.

18. (1) $\dfrac{1}{\alpha}$; (2) $F_T(t)=\begin{cases}1-e^{-\alpha t}, & t\geqslant 0,\\ 0, & t<0;\end{cases}$ (3) $e^{-\frac{1}{3}}-e^{-\frac{2}{3}}$; (4) $c=\dfrac{\ln 1.5}{\alpha}$;

(5) e^{-1}.

19. $E(Y)=e^{\frac{13}{2}}$, $\mathrm{Var}(Y)=e^{13}(e^9-1)$. 20. 3500. 21. 10.8256.

22. $E(X)=\dfrac{1}{p}$, $\mathrm{Var}(X)=\dfrac{1-p}{p^2}$. 23. $E(X)=\sqrt{\dfrac{\pi}{2}}\sigma$, $\mathrm{Var}(X)=\dfrac{4-\pi}{2}\sigma^2$.

24. $E(X)=\dfrac{2a}{\sqrt{\pi}}$, $\mathrm{Var}(X)=\dfrac{3\pi-8}{2\pi}a^2$.

25. $E(X)=\dfrac{2p-1}{\lambda}$, $\mathrm{Var}(X)=\dfrac{-4p^2+4p+1}{\lambda^2}$. 26. $\dfrac{\alpha(\alpha+1)\cdots(\alpha+m-1)}{(\alpha+\beta)(\alpha+\beta+1)\cdots(\alpha+\beta+m-1)}$.

27. (1) $c=\dfrac{1}{\pi}$; (2) $F(x)=\dfrac{1}{\pi}\left(\arctan x+\dfrac{\pi}{2}\right)$, $-\infty<x<+\infty$; (3) 不存在.

习题 3.5

1. (1) $f_Y(y)=\begin{cases}\dfrac{\sqrt{2}}{\sqrt{\pi}\,\sigma}e^{-\frac{y^2}{2\sigma^2}}, & y>0,\\ 0, & \text{其他};\end{cases}$ (2) $f_Y(y)=\begin{cases}\sqrt{\dfrac{1}{2\pi}}\left(e^{-\frac{(y-1)^2}{2}}+e^{-\frac{(y+1)^2}{2}}\right), & y>0,\\ 0, & \text{其他}.\end{cases}$

(3) $f_Y(y)=\begin{cases}\dfrac{1}{\sqrt{2\pi y}}e^{-\frac{y}{2}}, & y>0,\\ 0, & \text{其他},\end{cases}$ $E(Y)=1$, $\mathrm{Var}(Y)=2$, $E(e^X)=e^{\frac{1}{2}}$.

2. $f_E(t)=\begin{cases}\dfrac{1}{\sigma}\sqrt{\dfrac{1}{\pi m t}}e^{-\frac{t}{m\sigma^2}}, & t>0,\\ 0, & \text{其他}.\end{cases}$

3. (1) $f_Y(y)=\dfrac{1}{2\sqrt{2\pi}}e^{-\frac{(y-3)^2}{8}}$, $-\infty<x<+\infty$; (2) $E(Y)=3$, $\mathrm{Var}(Y)=4$.

4. 当 $a>0$ 时, $f_Y(y)=\begin{cases}\dfrac{1}{a}, & b\leqslant y\leqslant a+b,\\ 0, & \text{其他};\end{cases}$ 当 $a<0$ 时, $f_Y(y)=\begin{cases}-\dfrac{1}{a}, & a+b\leqslant y\leqslant b,\\ 0, & \text{其他}.\end{cases}$

5. (1) $f_Y(y)=\begin{cases}\dfrac{1}{2\sqrt{y}}, & 0<y<1,\\ 0, & \text{其他};\end{cases}$ (2) $\dfrac{\sqrt{2}}{2}$.

6. (1) $f_Y(y)=\begin{cases}2y, & 0<y<1,\\ 0, & \text{其他};\end{cases}$ (2) $f_Z(z)=\begin{cases}\dfrac{1}{z^2}, & z>1,\\ 0, & \text{其他}.\end{cases}$

7. $f_Y(y) = \begin{cases} \dfrac{2\pi y}{b-a}, & \sqrt{\dfrac{a}{\pi}} < y < \sqrt{\dfrac{b}{\pi}}, \\ 0, & \text{其他}. \end{cases}$

8. 记 $Y = \tan\Theta$,分布函数 $F_Y(y) = \displaystyle\int_{-\infty}^{y} \dfrac{1}{\pi}\dfrac{1}{1+t^2}\,dt = \dfrac{1}{\pi}\arctan y + \dfrac{1}{2}, -\infty < y < +\infty.$ 密度函

数 $f_Y(y) = f(g(y))\,|g'(y)| = \dfrac{1}{\pi(1+y^2)}, -\infty < y < +\infty.$

9. 记 $Y = \sin\Theta$,分布函数 $F_Y(y) = \begin{cases} 0, & y < -1, \\ \dfrac{1}{\pi}\arcsin y + \dfrac{1}{2}, & -1 \leqslant y < 1, \\ 1, & y \geqslant 1, \end{cases}$ 密度函数 $f_Y(y) =$

$\begin{cases} \dfrac{1}{\pi\sqrt{1-y^2}}, & -1 < y < 1, \\ 0, & \text{其他}. \end{cases}$

10. (1) $f_V(v) = \begin{cases} \dfrac{5}{2\pi}\left\{\dfrac{3v}{4\pi} + 8\right\}^{-\frac{2}{3}}, & \dfrac{61}{6}\pi < v < \dfrac{1596}{125}\pi, \\ 0, & \text{其他}; \end{cases}$ (2) $3.5972 \times 10^6.$

11. (1) $f_Y(y) = \begin{cases} 1, & 0 < y < 1, \\ 0, & \text{其他}; \end{cases}$ (2) $E(Y) = \dfrac{1}{2}, \mathrm{Var}(Y) = \dfrac{1}{12}.$

12. $f_Y(y) = e^{y - e^y}, -\infty < x < +\infty.$

13. (1) $F(y) = \begin{cases} 1 - e^{-50(y-5)}, & y \geqslant 5, \\ 0, & y < 5; \end{cases}$ (2) $f_Y(y) = \begin{cases} 50e^{-50(y-5)}, & y > 5, \\ 0, & \text{其他}; \end{cases}$

(3) 期望为 $\dfrac{251}{50}$,方差为 $\dfrac{1}{2500}.$

14. (1) $\lambda = 0.1$; (2) $f(x) = \begin{cases} 0.1e^{-0.1x}, & x > 0, \\ 0, & \text{其他}; \end{cases}$

(3) $E(3X - 5) = 25, \mathrm{Var}(3X - 5) = 900.$

15. $f_Y(y) = \begin{cases} \dfrac{1}{a^3}\sqrt{\dfrac{128y}{m^3\pi}}\,e^{-\frac{2y}{ma^2}}, & y > 0, \\ 0, & \text{其他}. \end{cases}$

习题 3.6

1. 中位数为 $\dfrac{a+b}{2}$,0.8 分位数为 $0.8b + 0.2a.$

2. 中位数为 $\dfrac{\ln 2}{\lambda}$,0.6 分位数为 $\dfrac{\ln 5-\ln 2}{\lambda}$.

3. X 的变异系数为 $\dfrac{\sqrt{3}(b-a)}{3\,|a+b|}$,偏度为 0,峰度为 $-\dfrac{6}{5}$.

4. X 的变异系数为 1,偏度为 2,峰度为 6.

5. X 的变异系数为 $\lambda^{-1/2}$,偏度为 $\lambda^{-1/2}$,峰度为 λ^{-1}.

6. X 的变异系数为 $\sqrt{(e^{\sigma^2}-1)}$,中位数为 e^{μ}.

习题 4.1

1. (1) 0.375; (2) 0.125.

2. (1)

X	Y -1	1
-1	$\dfrac{1}{6}$	$\dfrac{2}{6}$
-1	$\dfrac{2}{6}$	$\dfrac{1}{6}$

(2) $\dfrac{1}{2}$. 3. (1) $\dfrac{1}{3}$; (2) $\dfrac{7}{24}$; (3) $\dfrac{61}{84}$.

4. (1) X 与 Y 的联合概率分布如下:

X	Y 1	2	3	4	5	6
1	$\dfrac{1}{36}$	$\dfrac{1}{36}$	$\dfrac{1}{36}$	$\dfrac{1}{36}$	$\dfrac{1}{36}$	$\dfrac{1}{36}$
2	0	$\dfrac{1}{18}$	$\dfrac{1}{36}$	$\dfrac{1}{36}$	$\dfrac{1}{36}$	$\dfrac{1}{36}$
3	0	0	$\dfrac{1}{12}$	$\dfrac{1}{36}$	$\dfrac{1}{36}$	$\dfrac{1}{36}$
4	0	0	0	$\dfrac{1}{9}$	$\dfrac{1}{36}$	$\dfrac{1}{36}$
5	0	0	0	0	$\dfrac{5}{36}$	$\dfrac{1}{36}$
6	0	0	0	0	0	$\dfrac{1}{6}$

(2) $P(X^2>Y)=\dfrac{3}{4}$,$P(X=Y)=\dfrac{7}{12}$,$P(X^2+Y^2<10)=\dfrac{1}{9}$.

5. (1) $f(x,y)=\begin{cases}6, & x^2<y<x,0<x<1,\\0, & \text{其他};\end{cases}$ (2) $\sqrt{2}-\dfrac{5}{4}$.

6. $\dfrac{3}{8}$. 7. (1) $e^{-4}-e^{-5}$; (2) $(1-e^{-1})^2$.

习题 4.2

1. (1)

X	Y		
	2	3	4
1	$\dfrac{1}{6}$	$\dfrac{1}{6}$	$\dfrac{1}{6}$
2	0	$\dfrac{1}{6}$	$\dfrac{1}{6}$
3	0	0	$\dfrac{1}{6}$

(2)

X	1	2	3
P	$\dfrac{3}{6}$	$\dfrac{2}{6}$	$\dfrac{1}{6}$

Y	2	3	4
P	$\dfrac{1}{6}$	$\dfrac{2}{6}$	$\dfrac{3}{6}$

(3) 不相互独立. (4) $\dfrac{1}{3}$.

2. (1) $f_X(x)=\begin{cases}\dfrac{21}{8}x^2(1-x^4), & -1<x<1,\\0, & \text{其他},\end{cases}$ $f_Y(y)=\begin{cases}\dfrac{7}{2}y^2\sqrt{y}, & 0<y<1,\\0, & \text{其他}.\end{cases}$

(2) 不独立; (3) $f_{Y|X}\left(y\bigg|\dfrac{1}{2}\right)=\begin{cases}\dfrac{32}{15}y, & \dfrac{1}{4}\leqslant y<1,\\0, & \text{其他};\end{cases}$ (4) $\dfrac{7}{15}$.

3. (1) 8; (2) $f_X(x)=\begin{cases}4x^3, & 0<x<1,\\0, & \text{其他},\end{cases}$ $f_Y(y)=\begin{cases}4y-4y^3, & 0<y<1,\\0, & \text{其他};\end{cases}$ (3) 不独立;

(4) $\dfrac{1}{6}$.

4. (1) $f(x,y)=\begin{cases}15x^2y, & 0<x<y<1,\\0, & \text{其他};\end{cases}$ (2) $f_{Y|X}(y|x)=\begin{cases}\dfrac{2y}{1-x^2}, & 0<x<y<1,\\0, & \text{其他}.\end{cases}$

5. (1) $f(x,y)=\begin{cases}\dfrac{1}{4}, & |x|<2-y, \ 0<y<2,\\0, & \text{其他};\end{cases}$ (2) $f_X(x)=\begin{cases}\dfrac{1}{4}(2-|x|), & |x|<2,\\0, & \text{其他};\end{cases}$

(3) $f_{Y|X}(y|1)=\begin{cases}1, & 0<y<1,\\0, & \text{其他},\end{cases}$ $E(Y|X=1)=0.5.$

6. (1) $f_X(x)=\begin{cases}e^{-x}, & x>0,\\0, & \text{其他},\end{cases}$ $f_Y(y)=\begin{cases}ye^{-y}, & y>0,\\0, & \text{其他};\end{cases}$ (2) 不独立;

(3) $e^{-1}-2e^{-\frac{1}{2}}+1$.

7. (1) $f(x,y)=\begin{cases}\dfrac{1}{2}, & |x|+|y|<1,\\ 0, & \text{其他};\end{cases}$

(2) $f_X(x)=\begin{cases}1-|x|, & |x|<1,\\ 0, & \text{其他},\end{cases}$ $f_Y(y)=\begin{cases}1-|y|, & |y|<1,\\ 0, & \text{其他};\end{cases}$ (3) 不独立;

(4) $\dfrac{1}{4}$.

8. (1) 独立; (2) $e^{-4}-e^{-13}$.

9. (1) $f_X(x)=\begin{cases}1, & -0.5<x<0.5,\\ 0, & \text{其他},\end{cases}$ $f_Y(y)=\begin{cases}1, & -0.5<y<0.5,\\ 0, & \text{其他};\end{cases}$ (2) 不独立

(3) $\dfrac{331}{384}$; (4) $f_{X|Y}(x|y)=\begin{cases}1+xy, & |x|<0.5,0<y<0.5,\\ 0, & \text{其他}.\end{cases}$

*习题 4.3

1. (1) X_1 与 X_2 的联合分布律为

X_1	X_2	
	0	1
0	$1-e^{-1}$	0
1	$e^{-1}-e^{-2}$	e^{-2}

(2) Z 的分布律为

Z	0	1	2
P	$1-e^{-1}$	$e^{-1}-e^{-2}$	e^{-2}

2. $k=12$. $f_Z(z)=\begin{cases}\dfrac{1}{2}z^3, & 0<z<1,\\ \dfrac{z^3}{2}-4(z-1)^3, & 1<z<2,\\ 0, & \text{其他}.\end{cases}$

3. U 的分布律为

U	0	1	2	3
P	$\dfrac{25}{48}$	$\dfrac{13}{48}$	$\dfrac{7}{48}$	$\dfrac{1}{16}$

4. $P(Z=1)=\dfrac{1}{3}, P(Z=0)=\dfrac{2}{3}, F(z)=\begin{cases}0, & z<0, \\ \dfrac{2}{3}, & 0\leqslant z<1, \\ 1, & z\geqslant 1.\end{cases}$

5. (1) (X,Y) 的联合分布律为

X	Y		
	−1	0	1
0	$\dfrac{1}{4}$	$\dfrac{1}{6}$	$\dfrac{1}{4}$
1	0	$\dfrac{1}{3}$	0

(2) Z 的分布律为

Z	−1	0	1
P	$\dfrac{1}{4}$	$\dfrac{1}{6}$	$\dfrac{7}{12}$

(3) $P(W=0)=1$.

6. $f_J(x)=\begin{cases}9.375\times10^{10}x^{-7}, & x>50, \\ 0, & 其他.\end{cases}$

7. $f_Z(z)=\begin{cases}\dfrac{1-e^{-z}}{2}, & 0<z<2, \\ \dfrac{e^{2-z}-e^{-z}}{2}, & z>2, \\ 0, & 其他.\end{cases}$

8. (1) $P(U=k)=3\cdot\left(\dfrac{1}{4}\right)^k, k=1,2,\cdots, P(V=k)=\left(\dfrac{1}{2}\right)^{k-1}-3\cdot\left(\dfrac{1}{2}\right)^{2k}, k=1,2,\cdots$;

(2) 当 $i=j=1,2,3,\cdots$ 时, $P(U=V=i)=\left(\dfrac{1}{2}\right)^{2i}, i=1,2,3,\cdots$;

当 $j>i=1,2,3,\cdots$ 时, $P(U=i,V=j)=\left(\dfrac{1}{2}\right)^{i+j-1}, j>i=1,2,3,\cdots$.

习题 **4.4**

1. $E(X)=\dfrac{13}{8}, E(Y)=\dfrac{13}{8}, E(X-2Y)=-\dfrac{13}{8}, \mathrm{Var}(X)=\dfrac{47}{64}, \mathrm{Var}(Y)=\dfrac{31}{64}$,

$\mathrm{Cov}(X,Y)=-\dfrac{9}{64}, \mathrm{Corr}(X,Y)=-\dfrac{9}{\sqrt{1457}}$.

2. （1） 0; （2） 0, 不相关;

（3） U 的分布律为

U	−1	0	1
P	$\dfrac{1}{8}$	$\dfrac{1}{2}$	$\dfrac{3}{8}$

3. （1） $f(z)=\dfrac{1}{\sqrt{22\pi}}\,\mathrm{e}^{-\frac{(z-1)^2}{22}},z\in(-\infty,+\infty)$; （2） $E(XY)=2,\mathrm{Var}(XY)=17.$

4. （1） (X_1,Y) 的联合分布律为

X_1	Y		
	0	1	2
0	$\dfrac{1}{4}$	$\dfrac{1}{4}$	0
1	0	$\dfrac{1}{4}$	$\dfrac{1}{4}$

（2） $P(X_1=0)=\dfrac{1}{2},P(X_1=1)=\dfrac{1}{2}$;

$P(Y=0)=\dfrac{1}{4},P(Y=1)=\dfrac{1}{2},P(Y=2)=\dfrac{1}{4}$;

（3） 相关; （4） $\dfrac{3}{4}.$

5. （1） $\dfrac{5}{2}$; （2） $\dfrac{21}{4}.$ 6. $\dfrac{1}{3},\dfrac{\sqrt{2}}{6}.$

7. （1） X 和 Y 的联合分布律为

X_1	Y	
	−1	1
−1	$\dfrac{1}{4}$	0
1	$\dfrac{1}{2}$	$\dfrac{1}{4}$

（2）Z 的分布律为

Z	-2	0	2
P	$\dfrac{1}{4}$	$\dfrac{1}{2}$	$\dfrac{1}{4}$

（3）$\mathrm{Var}(Z)=2,\mathrm{Corr}(X,Z)=\dfrac{\sqrt{6}}{3}$.

8. 当 $i\neq j$ 时，$E(X_iX_j)=0,\mathrm{Var}(X_iX_j)=1,\quad i,j=1,2,\cdots.$

当 $i=j$ 时，$E(X_iX_j)=1,\mathrm{Var}(X_iX_j)=2^{2i}-1,\quad i=j=1,2,\cdots.$

9. （1）$f_Z(z)=\begin{cases}\dfrac{z}{4}, & 0<z\leqslant 2,\\[2mm] -\dfrac{z}{4}+1, & 2<z<4,\\[2mm] 0, & 其他；\end{cases}$

（2）U 和 V 的联合分布律为

U	V	
	0	1
0	$\dfrac{1}{4}$	$\dfrac{1}{4}$
1	0	$\dfrac{1}{2}$

（3）$\dfrac{\sqrt{3}}{3}$.

10. （1）$E(\xi)=E(\eta)=0,\mathrm{Var}(\xi)=\mathrm{Var}(\eta)=(k^2+l^2)\sigma^2,\mathrm{Corr}(\xi,\eta)=\dfrac{k^2-l^2}{k^2+l^2}$;

（2）$\dfrac{1}{\sqrt{2\pi(k^2+l^2)}\,\sigma}e^{-\frac{x^2}{2(k^2+l^2)\sigma^2}},x\in(-\infty,+\infty)$;（3）$k=\pm l\neq 0$.

11. （1）U 和 V 的联合分布律为

U	V	
	0	1
0	$\dfrac{1}{4}$	0
1	$\dfrac{1}{4}$	$\dfrac{1}{2}$

(2) 不相互独立； (3) $\dfrac{\sqrt{3}}{3}$.

12. $\operatorname{Cov}(X^2,Y^2)=0,\operatorname{Corr}(X,Y)=\dfrac{1}{12}$. 13. $\operatorname{Corr}(X,Y)=0$,不相关.

14. (1) $P(Z=k)=(k+1)p^2(1-p)^k,\ k=0,1,2,\cdots$;

(2) $P(X_1=k\,|\,Z=n)=\dfrac{1}{n+1},\ k=0,1,\cdots,n$； (3) $\dfrac{2(1-p)}{p}$.

15. (1) $f_X(x)=\begin{cases}2x^2+\dfrac{2}{3}x, & 0<x<1,\\[2mm]0, & \text{其他},\end{cases}$ $f_Y(y)=\begin{cases}\dfrac{1}{3}+\dfrac{1}{6}y, & 0<y<2,\\[2mm]0, & \text{其他};\end{cases}$

(2) 不相互独立； (3) $E(X)=\dfrac{13}{18},E(Y)=\dfrac{10}{9},\operatorname{Cov}(X,Y)=-\dfrac{1}{162}$.

16. (1) $f_X(x)=\begin{cases}x^2+\dfrac{4}{3}x, & 0<x<1,\\[2mm]0, & \text{其他},\end{cases}$ $f_Y(y)=\begin{cases}\dfrac{1}{3}+\dfrac{4}{3}y, & 0<y<1,\\[2mm]0, & \text{其他}；\end{cases}$

(2) 不相互独立,相关； (3) $\dfrac{29}{36}$.

17. (1)

X	Y		
	1	2	3
1	$\dfrac{1}{3}$	0	0
2	$\dfrac{1}{6}$	$\dfrac{1}{6}$	0
3	$\dfrac{1}{9}$	$\dfrac{1}{9}$	$\dfrac{1}{9}$

(2)

$Z=X+Y$	2	3	4	5	6
P	$\dfrac{1}{3}$	$\dfrac{1}{6}$	$\dfrac{5}{18}$	$\dfrac{1}{9}$	$\dfrac{1}{9}$

(3) $E(X)=2,E(Y)=\dfrac{3}{2},\operatorname{Cov}(X,Y)=\dfrac{1}{3}$.

18. (1) $f_X(x)=\begin{cases}\dfrac{1}{2}xe^{-x}+\dfrac{1}{2}e^{-x}, & x>0,\\[2mm]0, & \text{其他},\end{cases}$ $f_Y(y)=\begin{cases}\dfrac{1}{2}ye^{-y}+\dfrac{1}{2}e^{-y}, & y>0,\\[2mm]0, & \text{其他}；\end{cases}$

(2) 不相互独立； (3) $\operatorname{Cov}(X,Y)=-\dfrac{1}{4},\operatorname{Corr}(X,Y)=-\dfrac{1}{7}$；

(4) $F_Z(z)=\begin{cases}1-e^{-z}-ze^{-z}-\dfrac{1}{2}z^2e^{-z}, & z>0,\\[2mm]0, & z\leqslant 0.\end{cases}$

习题 5.1

1. $\dfrac{1}{4}$. 2. $\dfrac{8}{9}$. 3. $\dfrac{1}{4}$. 4. 略. 5. 提示:利用辛钦大数定律证明. 6. $\sigma^2+\mu^2$.

7. 服从. 8. 服从. 9. 略. 10. 略. 11. 服从.

习题 5.2

1.（1）0.8413； （2）0.6736. 2. 0.0228. 3. 0.8413. 4. 0.5588. 5. 0.4772.

6.（1）$\dfrac{19}{27}$； （2）0.3085. 7. 175. 8. 0.8413. 9. 0.8413. 10. 0.6826.

习题 6.1

1.（1）图略. （2）从直方图中可以看出数据比较集中,本地区大型建筑和出租公司
    出租的公寓每月的房屋租金金额主要集中在 1200 元至 1800 元,其中 1400 元到
    1600 元的租金占比最大(占比 33%),其次是 1600 元至 1800 元的和 1200 元至 1400
    元的,低于 800 元和高于 2000 元的租金占比很小.

2.（1）图略. （2）新型塑料(X)的温度数据较为集中,相对稳定,其中 47 ℃ 至 48 ℃
    的占比最大;旧型塑料的温度数据跨度更大,不稳定性更高,其中 45 ℃ 至 47 ℃ 的
    占比最大. 因此从大多数来看,旧型塑料上升的温度比新型塑料更低.

3. 图略.

4.（1）（2）图略. （3）从上述数据可以看出,个人计算机在家的使用情况比较分散,
    存在两极分化的情况. 该样本中使用计算机的时间主要集中在 2 至 6 h,其中每天
    使用电脑 4 h 至 6 h 的人占比最大(占比 34%),超过 14 h 的人占比很小.

习题 6.2

1. $p(x_1,x_2,\cdots,x_n;\lambda)=\lambda^n \mathrm{e}^{-\lambda\sum\limits_{i=1}^{n}x_i}$, $x_i>0,i=1,2,\cdots,n.$

2. $p(x_1,x_2,\cdots,x_n;\theta)=\dfrac{1}{\theta^n}$, $0<x_i<\theta,i=1,2,\cdots,n.$

3. $p(x_1,x_2,\cdots,x_n;p)=p^{\sum\limits_{i=1}^{n}x_i}(1-p)^{n-\sum\limits_{i=1}^{n}x_i}$, $x_i=0,1,i=1,2,\cdots,n.$

4. $p(x_1,x_2,\cdots,x_n;p)=(1-p)^{\sum\limits_{i=1}^{n}x_i-n}p^n$, $x_i=1,2,\cdots,i=1,2,\cdots,n.$

习题 6.3

1.（1）（3）（4）（6）是统计量. 2.（3）（5）是统计量.

$$3.\ \widetilde{F}_6(x) = \begin{cases} 0, & x<1.2, \\ \dfrac{1}{6}, & 1.2 \leqslant x<1.3, \\ \dfrac{1}{3}, & 1.3 \leqslant x<1.5, \\ \dfrac{1}{2}, & 1.5 \leqslant x<2.6, \\ \dfrac{2}{3}, & 2.6 \leqslant x<3.9, \\ 1, & x \geqslant 3.9. \end{cases} \qquad 4.\ \widetilde{F}_9(x) = \begin{cases} 0, & x<105, \\ \dfrac{1}{9}, & 105 \leqslant x<112, \\ \dfrac{1}{3}, & 112 \leqslant x<123, \\ \dfrac{4}{9}, & 123 \leqslant x<206, \\ \dfrac{2}{3}, & 206 \leqslant x<225, \\ \dfrac{7}{9}, & 225 \leqslant x<319, \\ \dfrac{8}{9}, & 319 \leqslant x<350, \\ 1, & x \geqslant 350. \end{cases}$$

习题 6.4

1. $1, \dfrac{1}{3n}, \dfrac{1}{3}, \dfrac{4}{3}$.   2. C, D.

3. （1）平均工资为 9470.3871，样本中位数为 8323，样本标准差为 2992.5841，极差为 11613，四分位极差为 2734.

  （2）东部：平均工资为 9853.5789，样本中位数为 8128，样本标准差为 3441.9936，极差为 11613，四分位极差为 5072，变异系数为 0.3493. 西部：平均工资为 8863.6667，样本中位数为 8441.5，样本标准差为 2093.4493，极差为 8002，四分位极差为 1246.5，变异系数为 0.2362.

  （3）图略. 东部各地区的年平均工资分散程度更高，也有更高的极大值和第三四分位数，存在个别地区（北京、上海）的年平均工资比其他东部地区高很多；西部各地区的年平均工资更集中，但存在个别地区（西藏）的年平均工资远高出其他西部地区.

4. （1）-0.8134.

  （2）x 的样本均值为 -3.75，样本方差为 451.1447，最大次序统计量为 34，最小次序统计量为 -37，样本极差为 71，四分位极差为 34. y 的样本均值为 6.55，样本方差为 595.7342，极大值为 49，极小值为 -29，极差为 78，四分位极差为 40.5.

5. B.

习题 **6.5**

1. 提示:因子分解定理. 　2. $\sum\limits_{i=1}^{n} X_i$. 　3. $(X_{(1)}, X_{(n)})$.

4. (1) $\sum\limits_{i=1}^{n} X_i$; 　(2) $\dfrac{1}{n-1} \sum\limits_{i=1}^{n} (X_i - \overline{X})^2$.

习题 **6.6**

1. $\dfrac{1}{3}, \dfrac{1}{2}, 2$. 　2. $c = t_{0.975}(10) = 2.228$.

3. $\chi^2_{0.99}(12) = 26.22, t_{0.05}(12) = -1.7823, F_{0.05}(3,8) = 0.1130$.

4. $C = 1$,自由度为 4. 　5. 0.2941. 　6. $\dfrac{\sqrt{2}}{2}, 2$.

7. 由 $T \sim t(n)$ 可知, $T = \dfrac{U}{\sqrt{\dfrac{\chi^2(n)}{n}}}$,其中 $U \sim N(0,1)$. $\chi^2(n)$ 与 U 相互独立,因此 $T^2 =$

$\dfrac{U^2}{\chi^2(n)/n} \sim \dfrac{\chi^2(1)/1}{\chi^2(n)/n} \sim F(1,n)$.

8. $\pm\sqrt{2}, (1,4)$. 　9. $c = \dfrac{2}{3}$,自由度为 $(1,1)$. 　10. 自由度为 1 的 t 分布.

习题 **6.7**

1. 0.87. 　2. 139. 　3. -0.2816. 　4. B. 　5. $\sqrt{\dfrac{n}{n+1}}, n-1$.

6. 期望为 $2(n-1)\sigma^2$,方差为 $8(n-1)\sigma^4$. 　7. $2n\sigma^2$. 　8. C.

9. $\sqrt{\dfrac{n}{a^2+b^2}}, 2n-2$. 　10. 0.0475.

习题 **6.8**

1. $f_{X_{(n)}}(x) = \begin{cases} \dfrac{nx^{n-1}}{\theta^n}, & 0 \leqslant x \leqslant \theta, \\ 0, & \text{其他,} \end{cases}$ 　$f_{X_{(1)}}(x) = \begin{cases} \dfrac{n(\theta-x)^{n-1}}{\theta^n}, & 0 \leqslant x \leqslant \theta, \\ 0, & \text{其他.} \end{cases}$

2. $\dfrac{1}{16}, \dfrac{15}{16}$.

3. $f_{X_{(n)}}(x)=n\dfrac{1}{\sqrt{2\pi}\sigma}\mathrm{e}^{-\frac{(x-\mu)^2}{2\sigma^2}}\left(\varPhi\left(\dfrac{x-\mu}{\sigma}\right)\right)^{n-1}$, $f_{X_{(1)}}(x)=n\dfrac{1}{\sqrt{2\pi}\sigma}\mathrm{e}^{-\frac{(x-\mu)^2}{2\sigma^2}}\left(1-\varPhi\left(\dfrac{x-\mu}{\sigma}\right)\right)^{n-1}$.

4. $(\lambda+1)^n\mathrm{e}^{-n\lambda}$, $(1-\mathrm{e}^{-\lambda})^n$.　5. $p^n(2-p)^n$, $(1-p)^n$.　6. 0.95.　7. $N\left(\dfrac{1}{\lambda},\dfrac{1}{n\lambda^2}\right)$.

8. $N\left(\lambda,\dfrac{\lambda}{n}\right)$.　9. $N\left(\lambda+\lambda^2,\dfrac{4\lambda^3+6\lambda^2+\lambda}{n}\right)$.　10. $N\left(\dfrac{\theta^2}{3},\dfrac{4\theta^4}{45n}\right)$.

习题 7.2

1. $\hat{a}=3\bar{X}$.　2. $\hat{\theta}=\dfrac{3\bar{X}}{2}$.

3. （1）矩估计量 $\widehat{\lambda}_1=\bar{X}$, 最大似然估计量为 $\hat{\lambda}=\bar{X}$;

　（2）矩估计值 $\widehat{\lambda}_1=1$, 最大似然估计值 $\hat{\lambda}=1$.

4. （1）矩估计量为 $\widehat{p}_1=\bar{X}$, 最大似然估计量为 $\hat{p}=\bar{X}$.

　（2）矩估计量为 $\widehat{\lambda}_1=\dfrac{1}{\bar{X}}$, 最大似然估计量为 $\hat{\lambda}=\dfrac{1}{\bar{X}}$.

5. 矩估计量为 $\widehat{\theta}_1=\dfrac{\bar{X}}{\bar{X}-1}$, 最大似然估计量为 $\hat{\theta}=\dfrac{n}{\sum\limits_{i=1}^{n}\ln X_i}$.

6. 矩估计量为 $\widehat{\theta}_1=\dfrac{1-2\bar{X}}{\bar{X}-1}$, 最大似然估计量为 $\hat{\theta}=-1-\dfrac{n}{\sum\limits_{i=1}^{n}\ln X_i}$.

7. θ 的矩估计量为 $\widehat{\theta}_1=\dfrac{2(\bar{X})^2}{\pi}$, 最大似然估计量为 $\hat{\theta}=\dfrac{\sum\limits_{i=1}^{n}X_i^2}{2n}$.

8. （1）矩估计量为 $\widehat{\theta}_1=2\bar{X}-1$;（2）最大似然估计量为 $\hat{\theta}=X_{(1)}$.

9. （1）矩估计量为 $\widehat{\theta}_1=\sqrt{\dfrac{\bar{X}}{2}}$;（2）最大似然估计量为 $\hat{\theta}=\dfrac{\sum\limits_{i=1}^{n}|X_i|}{n}$.

10. 最大似然估计量为 $\hat{\theta}=X_{(1)}$.

习题 7.3

1. 略.　2. θ 的最大似然估计量为 $\hat{\theta}=\dfrac{\sum\limits_{i=1}^{n}|X_i|}{n}$, $\hat{\theta}$ 是 θ 的无偏估计.

3. （1）$\widehat{\theta}_1=\dfrac{\bar{X}(k+1)}{k}$;　（2）$\hat{\theta}_2=X_{(n)}$, $\hat{\theta}_2$ 不是 θ 的无偏估计;　（3）$c=\dfrac{k+2}{kn}$;

（4）略.

4. $c_1 = \dfrac{1}{5}, c_2 = \dfrac{4}{5}$.　5. 证明略，$\hat{\mu}_1$ 更有效.　6. 略.　7. 略.

习题 7.4

1. 1.0279.　2. $[-1.8695, 2.4251]$.

3. μ 和 σ^2 的双侧 0.95 置信区间分别为 $[2.6157, 3.3843]$，$[0.1141, 0.9176]$.

4. μ 和 σ 的双侧 0.9 置信区间分别为 $[4.8233, 7.1767]$，$[0.6196, 2.9202]$.

5. 这批钢索所能承受的平均拉应力范围在 6562.6 至 6877.4 N/cm^2，至少能承受的平均拉应力为 6592.5 N/cm^2.

6. $\left[\dfrac{4u_{1-\frac{\alpha}{2}}^2 \sigma^2}{l^2}\right] + 1$.　7. $[-1.6795, 7.6795]$.　8. $[0.3322, 2.4148]$.

习题 7.5

1. 0.496.　2. $[0.1294, 0.1706]$.

3. （1）盒中票数应为 100000，所求比率为 0.9488；

（2）不用写上收入，所求比率为 0.0918；　（3）0.6826.

4. 0.8164.

习题 7.6

1. $[-0.3495, -0.0505]$.　2. $[0.0077, 0.1790]$.

习题 8.1

1. $H_0: X \leqslant 1 \leftrightarrow H_1: X > 1$. 第一类错误是疫苗有效期不超过 1 年，而我们拒绝原假设；第二类错误是疫苗有效期能持续 1 年以上，但我们接受原假设.

2. $H_0: X > 8 \leftrightarrow H_1: X \leqslant 8$. 第一类错误是每天夜间学生实际睡眠时间达到 8 h，而错误认为没达到；第二类错误是每天夜间学生实际睡眠时间不足 8 h，但错误认为至少 8 h.

3. （1）第一类错误；　（2）第二类错误.　4. 略.

5. （1）$\alpha = 0.0099, \beta = 0.0037$；　（2）42；　（3）0.0099.

6. $\alpha = 0.1792, \beta = 0.5248$.　7. $\alpha = 0.0183, \beta = 0.9997$.

习题 8.2

1. （1）不能拒绝原假设；　（2）不能拒绝原假设；　（3）0.5596.

2. 拒绝原假设，即试检验该厂商的声称不合理.

3. $H_0 : \mu = 80 \leftrightarrow H_1 : \mu \neq 80$，拒绝原假设．

4. 记经过沿线某路段平均时间为 μ，$H_0 : \mu = 10 \leftrightarrow H_1 : \mu < 10$，拒绝原假设．

5. 记员工上下班往返花在路途上的平均时间为 μ，$H_0 : \mu \leq 120 \leftrightarrow H_1 : \mu > 120$，拒绝原假设．

习题 8.3

1. $H_0 : \mu_1 = \mu_2 \leftrightarrow H_1 : \mu_1 \neq \mu_2$，拒绝原假设．

2. 记 σ_1^2, σ_2^2 为两种品牌电池电压的方差，$H_0 : \sigma_1^2 = \sigma_2^2 \leftrightarrow H_1 : \sigma_1^2 \neq \sigma_2^2$，拒绝原假设．

3. 记 μ_1, μ_2 为两家公司生产的汽车零配件的平均直径，$H_0 : \mu_1 = \mu_2 \leftrightarrow H_1 : \mu_1 \neq \mu_2$，不能拒绝原假设．

4. 不能拒绝原假设．

习题 8.4

1. $H_0 : p = 0.02 \leftrightarrow H_1 : p \neq 0.02$，拒绝原假设．

2. 记 p 为这批产品的合格率，$H_0 : p = 0.95 \leftrightarrow H_1 : p < 0.95$，不能拒绝原假设．

3. 记 p 为使用这一产品的家庭的比例，$H_0 : p \geq 0.1 \leftrightarrow H_1 : p < 0.1$，拒绝原假设．

4. 记 p 为会选择就地过年的人的比例，$H_0 : p = 0.2 \leftrightarrow H_1 : p \neq 0.2$，拒绝原假设．

习题 8.5

1. 记 p_1, p_2 为使用 A, B 两种药物后有效的比例，$H_0 : p_1 = p_2 \leftrightarrow H_1 : p_1 \neq p_2$，不能拒绝原假设．

2. 记 p_1, p_2 为两种不同商铺的直播带货比率，$H_0 : p_1 = p_2 \leftrightarrow H_1 : p_1 \neq p_2$，拒绝原假设．

3. 记 p_1 和 p_2 为女生、男生的及格率，$H_0 : p_1 \geq p_2 \leftrightarrow H_1 : p_1 < p_2$，不能拒绝原假设．

习题 8.6

1. 记 p_1, p_2, p_3 分别为选择飞机、高铁、私家车的比例，$H_0 : p_1 = 0.3, p_2 = 0.45, p_3 = 0.25$，拒绝原假设．

2. $H_0 : F(x) = F_0(x) \leftrightarrow H_1 : F(x) \neq F_0(x)$，其中 $F_0(x)$ 是泊松分布的分布函数，不能拒绝原假设．

3. 记 X 为赞成的人数，$H_0 : X$ 服从以 0.25 为赞成比例的二项分布 $\leftrightarrow H_1 : X$ 不服从以 0.25 为赞成比例的二项分布，不能拒绝原假设．

4. $H_0 : F(x) = F_0(x) \leftrightarrow H_1 : F(x) \neq F_0(x)$，其中 $F_0(x)$ 是正态分布的分布函数，拒绝原假设．

习题 8.7

1. H_0:性别与对该新政策的看法无关联,不能拒绝原假设.

2. H_0:学生的生源地不影响对菜品的喜爱,拒绝原假设.

3. H_0:年级与对追星的态度独立,拒绝原假设.

习题 9.1

1. (1) 图略. (2) 转角. (3) 0.9984.

习题 9.2

1. (1) 0.9830; (2) 有相关关系.

习题 9.3

1. (1) $R = 0.8634$,铁与血红蛋白之间的相关系数在 $\alpha = 0.05$ 的显著性水平下经检验不为 0.

   (2) $y = 0.0294x - 0.6655$.

   (3) $F = 79.0957 > 4.21$,经 F-检验说明回归效果显著;$t = 8.8936 > 2.0518$,经 t-检验说明回归效果显著.

2. $y = 0.1128x + 50.5727$.

习题 9.4

1. 血红蛋白的预测值为 14.0345 g,预测区间为 $(11.5623, 16.5067)$ g.

2. $(366.7848, 392.7729)$.

习题 9.5

1. $y = 92.8677t^2$.

2. 幂函数 $y = 85.9444l^{2.976}$,指数函数 $y = 237.0569e^{0.7612l}$,指数函数效果更好.

3. 直线回归方程 $y = 3.2483x - 4.6168$,二次抛物线 $y = 0.1231x^2 + 15.9865$,三次抛物线 $y = 0.006x^3 + 22.8691$,四次抛物线 $y = 0.0003x^4 + 26.9912$,用直线拟合最好.

应用案例

参考文献

［1］陈希孺. 数理统计引论. 北京：科学出版社，1981.

［2］茆诗松，程依明，濮晓龙. 概率论与数理统计教程. 3 版. 北京：高等教育出版社，2019.

［3］何书元. 概率论. 北京：北京大学出版社，2005.

［4］ROSS S M. Introductory Statistics. 3rd ed. Pittsburgh：Academic Press，2010.

［5］韦博成. 参数统计教程. 北京：高等教育出版社，2006.

［6］李贤平. 概率论基础. 3 版. 北京：高等教育出版社，2010.

［7］何迎晖，闵华玲. 数理统计. 北京：高等教育出版社，1989.

［8］王福保，等. 概率论及数理统计. 3 版. 上海：同济大学出版社，1994.

［9］王静龙，梁小筠. 非参数统计分析. 北京：高等教育出版社，2007.

［10］陈家鼎，孙山泽，李东风，等. 数理统计学讲义. 2 版. 北京：高等教育出版社，2006.

［11］同济大学概率统计教研组. 概率统计. 4 版. 上海：同济大学出版社，2009.

［12］同济大学数学系. 工程数学　新编统计学教程. 北京：高等教育出版社，2008.

［13］同济大学数学系. 工程数学　概率统计简明教程. 3 版. 北京：高等教育出版社，2021.

［14］盛骤，谢式千，潘承毅. 概率论与数理统计. 5 版. 北京：高等教育出版社，2019.

［15］RICE J A. Mathematical Statistics and Data Analysis. 2nd ed. North Scituate，Mass.：Duxbury Press，1995.

［16］SCHEAFFER R L，YOUNG L J. Introduction to Probability and Its Applications. 3rd ed. Boston：Cengage Learning，2010.

［17］王俊峰，冯玉龙. 光强对两种入侵植物生物量分配、叶片形态和相对生长速

率的影响[J]. 植物生态学报,2004,28(6):781-786.

[18] 程丽,何金平.调水工程监测效应量运行安全监控指标的分级方法[J].水电与新能源,2022,36(4):6-9.

[19] 邬华芝,郭海丁,高德平.疲劳破坏寿命的概率统计方法研究综述[J].强度与环境,2002,29(4):38-44.

[20] 胡春华,周文斌,肖化云,等.鄱阳湖富营养化现状及其正态分布特征分析[J].人民长江,2010,41(19):64-68.

[21] 杨笛,邹斌,孙柏雨,等.自然指数分布函数解析多种物理实际问题的教学研究[J].内蒙古师范大学学报(教育科学版),2021,34(2):152-156.

[22] 张文灿,郭咏梅,杨丽.稀土元素科普系列:铽[J].稀土信息,2021(4):31-34.

[23] 明英,蒋晶珏.视觉监视中基于柯西分布的统计变化检测[J].中国图象图形学报,2008,13(2):328-334.

郑重声明

高等教育出版社依法对本书享有专有出版权。任何未经许可的复制、销售行为均违反《中华人民共和国著作权法》,其行为人将承担相应的民事责任和行政责任;构成犯罪的,将被依法追究刑事责任。为了维护市场秩序,保护读者的合法权益,避免读者误用盗版书造成不良后果,我社将配合行政执法部门和司法机关对违法犯罪的单位和个人进行严厉打击。社会各界人士如发现上述侵权行为,希望及时举报,我社将奖励举报有功人员。

反盗版举报电话　(010) 58581999　58582371

反盗版举报邮箱　dd@ hep.com.cn

通信地址　北京市西城区德外大街4号　高等教育出版社法律事务部

邮政编码　100120

读者意见反馈

为收集对教材的意见建议,进一步完善教材编写并做好服务工作,读者可将对本教材的意见建议通过如下渠道反馈至我社。

咨询电话　400-810-0598

反馈邮箱　hepsci@ pub.hep.cn

通信地址　北京市朝阳区惠新东街4号富盛大厦1座

　　　　　高等教育出版社理科事业部

邮政编码　100029